Geschichte
der Geometrie

# Geschichte der Geometrie

*von*
Privatdozent Dr. Klaus Mainzer
*Universität Münster*

**Bibliographisches Institut Mannheim/Wien/Zürich**
B. I.-Wissenschaftsverlag

CIP-Kurztitelaufnahme der Deutschen Bibliothek

**Mainzer, Klaus:**
Geschichte der Geometrie / von Klaus Mainzer. –
Mannheim, Wien, Zürich: Bibliographisches Institut,
1980.
ISBN 3-411-01575-6


Satz: Copo-Satz, Seeheim-Jugenheim 2
Druck und Bindearbeit: Hain-Druck KG, Meisenheim/Glan
Printed in Germany
ISBN 3-411-01575-6

*ἀγεωμέτρητος μηδεὶς εἰσίτω**

* Platon zugeschriebene Inschrift über der philosophischen Akademie zu Athen

# Vorwort

Das Buch gibt eine Einführung in die Geschichte der Geometrie unter Berücksichtigung physikalischer, astronomischer und philosophischer Aspekte. Es beruht auf Übungen und Vorlesungen, die der Verfasser an der Universität Münster gehalten hat.

Der Text wendet sich an Studenten und Lehrer der Mathematik, Naturwissenschaftler, Philosophen und Historiker. Die Anmerkungen zu jedem Kapitel geben i.a. nicht nur Auskunft über die benutzten Quellen, sondern auch über weiterführende und zusätzliche Literatur.

Für ihre Anregungen und Unterstützung während meiner Habilitationszeit danke ich an dieser Stelle besonders den Herrn Prof. Dr. J. Diller (Münster), Prof. Dr. U. Hoyer (Münster), Prof. Dr. F. Kambartel (Konstanz), Prof. Dr. F. Kaulbach (Münster), Prof. Dr. S. Körner (Bristol/England), Prof. Dr. P. Lorenzen (Erlangen), Prof. Dr. J. Mittelstraß (Konstanz), Prof. Dr. H. J. Nastold (Münster), Prof. Dr. W. V. O. Quine (Harvard/USA), Prof. Dr. R. Remmert (Münster), Prof. Dr. H. Schepers (Münster).

Münster, im November 1979 K. Mainzer

# Inhalt

# 0. Einleitung: Bemerkungen über Wissenschaftsgeschichte

Der Name ‚Geometrie' taucht heute in weitverzweigten und spezialisierten Gebieten der Mathematik und Naturwissenschaften auf. Jedoch bleibt es meistens Spezialisten überlassen, diejenigen Gemeinamkeiten der verschiedenen Forschungsbereiche zu kennen, die den gemeinsamen Namen ‚Geometrie' rechtfertigen.

Welche Entwicklung ging dieser Spezialisierung voraus? Wie kam es z.B. zur Entstehung der analytischen Geometrie im 17. Jahrhundert oder der Differentialgeometrie und Topologie im 19. Jahrhundert? Waren dafür nur innermathematische Gründe maßgebend oder spielten z.B. Probleme der Physik oder Technik eine Rolle? Wie entstehen allgemein mathematische Probleme und Theorien? Wie wurden ihre Lösungen gefunden?

Wissenschaftsgeschichte wird also im folgenden nicht als bloßes Zusammenstellen von Fakten vergangener Epochen verstanden. Das Lösen und Finden eines Problems, so bemerkte bereits Descartes, habe ihn immer mehr interessiert als der fertige Beweis oder die fertige Theorie, denn so lerne er, wie zukünftige Aufgaben zu bewältigen seien.
Aus Descartes, auf den die analytische Geometrie zurückgeht, spricht deutlich das Interesse des ‚working mathematican' an Wissenschaftsgeschichte. Aber auch der Student der Mathematik kann durch Wissenschaftsgeschichte Einblicke in Zusammenhänge von Theorien erhalten, die sonst nur getrennte Ausbildungsblöcke bleiben. Gerade bei dem Spezialisierungsgrad, den die heutige Mathematik notwendigerweise mit sich bringt, geht der Zusammenhang mit anderen Disziplinen oft verloren. Auch hier kann Wissenschaftsgeschichte deutlich machen, wie eng z.B. physikalische oder technische Probleme mit der Entwicklung mathematischer Theorien verbunden waren. Schließlich aber war Mathmatik keine isolierte intellektuelle Tätigkeit, sondern stand immer in engem Zusammenhang mit der übrigen Kulturgeschichte, was sich besonders in der Diskussion ihrer Grundlagen im Rahmen der Philosophie niedergeschlagen hat. Die folgende Geschichte der Geometrie von ihren ersten Anfängen bis zu den heutigen Spezialisierungen wurde immer mit einem Blick auf die übrige Technik-, Physik-, Kultur- und Philosophiegeschichte geschrieben.

Nachdem im 1. Kapitel von ersten Beschäftigungen mit geometrischen Fragen in der ägyptischen und babylonischen Astronomie und Bautechnik berichtet wurde, folgt im 2. Kapitel eine Untersuchung der griechischen Geometrie. Gerade am Beispiel der Euklidischen *Elemente* lassen sich diejenigen Zusammenhänge der Geometriegeschichte mit der übrigen Wissenschafts- und Kulturgeschichte aufzeigen, von denen oben die Rede war.
Die axiomatische Methode der *Elemente* war seit Aristoteles Vorbild jeder beweisenden Wissenschaft, die ‚more geometrico' vorzugehen hatte. An der Platonischen Akademie hatte keiner Zutritt, der nicht mit Geometrie vertraut war – gleichgültig, ob er nun später Wissenschaftler oder Politiker werden wollte. Die *Elemente* galten bis ins 19. Jahrhundert als vorbildliches Lehrbuch. So entstand im Laufe der Jahrhunderte – mit den Worten von

Felix Klein – ein „Kultus der Euklidischen Elemente“[1)], der jedoch der tatsächlichen Strenge der Beweisführung und Klärung der geometrischen Grundlagen bei Euklid nicht entsprach.

Im 2. Kapitel werden besonders diejenigen Probleme der griechischen Geometrie diskutiert, an die neuere Entwicklungen angeschlossen haben: Kongruenz, Ähnlichkeit und Stetigkeit; die Lehre von den regulären Körpern, die für die Gruppentheorie und Topologie wichtig wurde; die Konstruktionsprobleme der griechischen Geometrie, die z.T. erst in der neueren Algebra (Galoissche Theorie) gelöst werden konnten; Kegelschnittlehre; Ansätze zur projektiven Geometrie; die Entwicklung der Trigonometrie im Zusammenhang mit der griechischen Astronomie.

Unter dem Einfluß der Indisch-Arabischen Kalkül- und Rechentechnik und der technischen Geometrie der europäischen Renaissance beginnt mit dem 17. Jahrhundert die Arithmetisierung und Algebraisierung der Geometrie, die Untersuchung von Kurvengleichungen, die erst die Behandlung physikalischer Probleme in den Bewegungsgleichungen der klassischen Mechanik ermöglichte. Das 17. und 18. Jahrhundert ist jedoch nicht nur die Zeit, in der die an anschaulichen Figurenkonstruktionen und axiomatischen Deduktionen orientierte ‚synthetische‘ Geometrie von der ‚analytischen‘ Geometrie abgelöst wurde. Von den Perspektivenproblemen neuzeitlicher Künstler (z.B. Leonardo, Dürer) bis zu Gaspard Monge's ersten Lehrbüchern der darstellenden Geometrie Ende des 18. Jahrhunderts zeigt sich ein wachsendes Interesse an einer anschaulichen, nicht-analytischen Geometrie, die in den technischen Zeichnungen der Anatomie, Botanik, Architektur etc. Anwendung fanden. Allgemein herrscht noch Mitte des 18. Jahrhunderts die Überzeugung, daß sowohl die Formen der räumlichen Anschauung als auch die Koordinatengeometrie der Physik den Gesetzen der Euklidischen Geometrie unterliegen. Hier ist besonders an Kants Philosophie der Mathematik und Naturwissenschaften zu erinnern. Allerdings reißen auch in dieser Zeit die Bemühungen nicht ab, das Euklidische Parallelitätspostulat durch andere Annahmen zu beweisen (Wallis, Saccheri, Lambert u.a.) und über die Möglichkeit beliebig dimensionaler Räume nachzusinnen (3. und 4. Kapitel).

Das 19. Jahrhundert wird nicht umsonst von einigen Autoren als das ‚heroische‘ Zeitalter der Geometrie bezeichnet, da sich damals die wesentlichen Richtungen heutiger geometrischer Forschung herauskristallisierten. In Frankreich führte die Tradition der darstellenden Geometrie unter Monge zur Ausbildung der projektiven Geometrie Poncelet's, die in Deutschland besonders von Steiner und Staudt ausgebaut wurde. Dabei ist interessant, daß sowohl in Frankreich als auch Deutschland die Ausbildung einer anschaulichen, nicht-analytischen projektiven Geometrie eng mit dem Interesse an Pädagogik verbunden war: In Frankreich entstammte Poncelet der von Monge gegründeten École Polytechnique, die sich seit der Revolutionszeit der Ausbildung zukünftiger Ingenieure und Offiziere verpflichtet wußte. In Deutschland ist besonders Steiner an Pestalozzis und Herbarts Ideen einer pädagogischen Schulung der Anschauung orientiert. Die einseitige Ausrichtung auf eine synthetische Geometrie bei Poncelet, Steiner und Staudt führte jedoch bald zu einer Komplizierung der Beweisführung, die durch analytische Methoden eleganter und kürzer erledigt werden konnte. Hier liegt ein Verdienst von Julius Plücker, dem Lehrer von Felix Klein, der durch die Einführung z.B. homogener Koordinaten in der projektiven Geometrie eine Fusion der Euklidisch-synthetischen und Cartesisch-analytischen Methoden anstrebte (Abschnitt 5.1).

Die philosophischen Überlegungen Herbarts über beliebig dimensionale Räume regten Hermann Graßmann zu seinen Untersuchungen über n-dimensionale ‚Ausdehnungen' an, die zusammen mit Cayley's Untersuchungen seit 1844 die Entwicklung der Vektoralgebra einleiteten. Mathematisch mündete diese Entwicklung in die lineare Algebra, in der u.a. der Vektorraumbegriff eingeführt wurde – ein mathematisches Werkzeug, das heute aus der Physik nicht mehr fortzudenken ist (Abschnitt 5.2).

Im Anschluß an Entwicklungen des 17. und 18. Jahrhunderts setzt im 19. Jahrhundert der Aufbau der Differentialgeometrie ein. Dabei ist interessant, daß Gaußens differentialgeometrische Untersuchungen von Flächen begleitet waren von einem Forschungsauftrag zur geodätischen Vermessung des Landes Hannover – eine Aufgabe, die während der Um- und Neuordnung im nachnapoleonischen Europa auch in anderen Ländern geleistet wurde. Eine physikalische ‚Nebenfrucht' im Zuge solcher Überlegungen war Gaußens ‚Prinzip des kleinsten Zwanges', das Ende des 19. Jahrhunderts in Heinrich Hertzens *Prinzipien der Mechanik* noch eine bedeutende Rolle spielen sollte. Im Unterschied zu Gaußens weitgehend anschaulicher Flächengeometrie sind Riemanns Verallgemeinerungen zu n-dimensionalen ‚Mannigfaltigkeiten' ein Beispiel dafür, wie innermathematische, nur mit analytischen und algebraischen Methoden nachvollziehbare Überlegungen zu zentralen Theorien der Mathematik führen können, deren physikalische Bedeutung erst später deutlich werden (im Beispiel Riemanns in der Einsteinschen Gravitationstheorie) (Abschnitt 5.3).

Die Frage nach der Geometrie des physikalisch wirklichen Raumes, die sich angesichts der Vielfalt geometrischer Theorien im 19. Jahrhundert stellen mußte, wurde besonders von Helmholtz aufgegriffen. Seine physikalische Voraussetzung der freien Beweglichkeit starrer Meßkörper führte ihn zu den Räumen mit konstanter Krümmung, d.h. der hyperbolischen, elliptischen und Euklidischen (parabolischen) Geometrie. Hermann von Helmholtz, einer der führenden Repräsentanten der mathematischen Naturwissenschaften am Ende des 19. Jahrhunderts, der nicht nur als Physiker und Geometer, sondern vor allem auch als Physiologe und Mediziner hervorgetreten war, beschäftigte sich auch mit psychologischen und physiologischen Fragen der nicht-euklidischen Geometrien. Untersuchungen über die Anatomie und Physiologie des Auges bildeten die Grundlage für seine Entwürfe nicht-euklidischer Wahrnehmungsbilder, die später von H. Poincaré und H. Reichenbach aufgegriffen wurden. Das grundlegende Problem, in welchem Maße unsere Anschauung und Wahrnehmung bereits durch angeborene (z.B. Euklidische) Strukturen organisiert wird oder durch Lernprozesse auf andere (z.B. nicht-euklidische) Verhältnisse ‚umgeschult' werden kann, spielt auch in neueren Untersuchungen zur Entwicklungspsychologie bei Kindern eine Rolle. Mathematisch führten allerdings erst die Präzisierungen von Sophus Lie zu einer befriedigenden Darstellung der Helmholtzschen Theorie der Räume mit konstanter Krümmung, insbesondere zu Untersuchungen stetiger Bewegungsgruppen, wie sie später von Hilbert, Kolmogoroff, Freudenthal u.a. fortgesetzt wurden (Abschnitt 5.4).

Auch die Entwicklung der Topologie, der Theorie der bei umkehrbar-eindeutigen und stetigen Transformationen invariant bleibenden geometrischen Gebilden, beginnt im 19. Jahrhundert mit Untersuchungen von Riemann, Möbius, Jordan u.a., nachdem bereits erste Ansätze mit Descartes' und Eulers Vorschlägen zur Polyederformel aus dem 17. und 18. Jahrhundert vorlagen. Im Rahmen der Topologie gelingt mit den Beiträgen von Poincaré, Brouwer u.a. auch eine befriedigende Klärung des Dimensionsbegriffs. Im Bündnis mit Cantors Mengenlehre wird schließlich in diesem Jahrhundert von Fréchet, Hausdorff u.a. einer der grundlegenden Begriffe heutiger Mathematik, der topologische Raum, eingeführt (Abschnitt 5.5).

Die alte Bedeutung von ‚Geometrie' im Sinne von ‚Erdmessung' konnte natürlich diese Vielfalt von Forschungsspezialisierungen im 19. Jahrhundert nicht abdecken. Erst Felix Kleins *Erlanger Programm* von 1872 lieferte mit dem Begriff der ‚geometrischen Invarianten', die bei metrischen, affinen, projektiven, topologischen etc. Transformationsgruppen unverändert bleiben, eine Möglichkeit, die verschiedenen Forschungsspezialisierungen in einer Hierarchie geometrischer Theorien zu ordnen (Abschnitt 5.6).

Hilberts *Grundlagen der Geometrie* gleich zu Beginn dieses Jahrhunderts leiteten mit Cantors, Freges und Russells Untersuchungen zur Mengenlehre und Logik eine allgemeine Grundlagendiskussion der Mathematik ein. Der Verzicht auf Anschauung und Psychologie in der Geometrie führte zum Begriff der formalen axiomatischen Theorie, deren Kriterien Widerspruchsfreiheit, Vollständigkeit und Zulässigkeit der Modelle sein sollten. Allerdings äußerte derselbe Hilbert einige Jahrzehnte später, „daß trotzdem die lebendige Anschauung auch bei allen diesen Theorien immer wieder richtungsgebende Kraft gewesen ist" und sah darin „ein glänzendes Beispiel für die Harmonie zwischen Anschauung und Denken".[2] Hilbert als ‚working mathematican' wußte nur zu genau, daß zwar die begriffliche Schärfe formaler axiomatischer Theorien für die Mathematik unverzichtbar geworden war, daß wir aber auch andererseits auf „das edle Organ der Raumanschauung, das wir von Hause aus besitzen" (Hilberts Lehrer Felix Klein) nicht verzichten können, ja, daß ein Verzicht darauf „den Tod aller Wissenschaft" bedeuten würde.[3] Demgegenüber fällt auf, daß von den intuitionistischen Grundlagentheoretikern wie L. E. J. Brouwer, A. Heyting u.a. die Geometrie auf analytische Geometrie reduziert wurde, deren Grundbegriffe alleine aus dem Koordinatenbegriff der intuitionistischen Analysis entwickelt werden. Als Beispiele für neuere Untersuchungen über die Grundlagen der Geometrie wird auf die Spiegelungsaxiome und Homogenitätsprinzipien verwiesen (Abschnitt 6.1

Im abschließenden Abschnitt wird die Geschichte der Geometrie gewissermaßen an Nahtstellen mit der gegenwärtigen Forschung und ihren Anwendungen geführt. Aus der Vielfalt heutiger Forschungsspezialisierungen können allerdings hier nur einige Entwicklungen skizziert werden.

Als Beispiel für die differentialgeometrische Forschung seit den 20-iger Jahren wird auf die Theorie der symmetrischen Räume verwiesen, in der sich Topologie, Gruppentheorie (Liesche Gruppen) und Differentialgeometrie berühren. Diese von E. Cartan begründete Theorie umfaßt auch die

Theorie der Räume mit konstanter Krümmung, die in der gegenwärtigen physikalischen Kosmologie (Friedmann-Modelle) eine große Rolle spielen. Schließlich wird an die algebraische Geometrie erinnert, die vom Studium algebraischer Kurven, Flächen, Mannigfaltigkeiten und ihren Schnitten ausging und mit den algebraischen Methoden von E. Noether, E. Artin, B. L. van der Waerden u.a. zu einer bedeutenden Theorie heutiger Mathematik ausgebaut wurde, die auch in anderen mathematischen Disziplinen erfolgreich angewendet wurde.

**Anmerkungen**

[1] F. Klein, Elementarmathematik vom höheren Standpunkt aus II, Berlin [3]1925, repr. 1968, 204.
[2] D. Hilbert, Geleitwort zu P. Alexandroff, Einfachste Grundbegriffe der Topologie, Moskau 1932, im Anhang zu D. Hilbert/S. Cohn-Vossen, Anschauliche Geometrie, Berlin/Heidelberg/New York, repr. Darmstadt 1973.
[3] F. Klein, s. Anm. 202; dazu auch H. Behnke, Der Strukturwandel der Mathematik in der ersten Hälfte des 20. Jahrhunderts, in: Arbeitsgemeinschaft für Forschung des Landes Nordrhein-Westfalen, Köln/Opladen 1956, 7–58; A. Weil. The Future of Mathematics, in: American Mathematical Monthly 57 1950, 295–306.

# 1. Vorgriechische Geometrie

Vorgeschichtliche Zeugnisse, wie sie bei Ausgrabungen zutage treten, belegen bereits eine frühe geometrische Praxis. Bestimmte Muster und Ornamente kehren auf Schmuck-, Kult- und Gebrauchsgegenständen immer wieder. Bestimmte Formen werden bei Ausgrabungen von Bauten gefunden. Auffallend auch hier der Sinn für Regelmäßigkeit und Symmetrie: Gleichseitiges Dreieck, Quadrat, Rechteck, Kreis, Quader, Würfel, Zylinder etc. scheinen seit frühster Zeit bekannt. Ihre Regelmäßigkeit führt zu einer Reihe zweckmäßiger Eigenschaften. Flächen lassen sich z.B. aus quader- und würfelförmigen Steinen zusammensetzen und abmessen. Regelmäßige Töpferwaren in Zylinder- oder Kugelform erweisen sich als stabiler und sparsamer im Materialverbrauch. Offenbar war für die Menschen dieser Kulturen auch die Natur selber Vorbild, die sich durch die Regelmäßigkeit einiger Formen und Ereignisse auszeichnet – von den Mineralien, über die Anatomie der Lebewesen bis hin zu den regelmäßig wiederkehrenden Konstellationen der Gestirne.[1)]

Seit der Entdeckung von Schriftsprachen finden wir das geometrische Wissen in praktischen Meßaufgaben der Baukunst, des Handwerks, der landwirtschaftlichen Feldvermessung und der Bestimmung astronomischer Ereignisse dokumentiert. Von den altorientalischen Kulturen am Nil, Euphrat und Tigris sind uns die ältesten Aufgabentexte überliefert.

## 1.1 Ägyptische Geometrie

Elementare geometrische Kenntnisse des alten Ägyptens zeigen sich unübersehbar in den Totendenkmälern am Nil. Konstruktionen wie die Pyramide von Gizeh (2900 v. C.) aus ca. 2 Millionen Steinblöcken errichtet von je 2,5 Tonnen Gewicht, die aus kilometerweit entfernten Steinbrüchen herbeigeschafft werden mußten, warfen Probleme des Transportwesens, der Bautechnik und Statik auf, deren exakte Ausführung (z.B. relativer Meßfehler des rechten Winkels 1 : 27000) unter den damaligen Arbeitsbedingungen in Erstaunen versetzt.

Geometrische Aufgabentexte in Hieroglyphenschrift finden sich vor allem im Moskauer Papyrus[2)] (1850 v. C.) und im Rhind Papyrus[3)] (1650 v. C.). Es handelt sich dabei um Musteraufgaben, in denen geometrische Probleme an Zahlenbeispielen manchmal mit Unterstützung von Zeichnungen vorgerechnet werden. Bautechniker und Verwaltungsbeamte werden so z.B. in der Berechnung von Landflächen und des Inhalts von Kornspeichern unterwiesen.

Problem 51 des von Ahmes verfaßten Rhind Papyrus berechnet die Fläche eines gleichschenkligen Dreiecks aus der Hälfte der Basis multipliziert mit der Höhe. Rechtfertigung ist die Zerlegung dieses Dreiecks durch die Höhe in zwei rechtwinklige Dreiecke, die zu einem Rechteck zusammengesetzt werden können.

In Problem 50 nimmt Ahmes an, daß die Fläche eines runden Feldes mit einem Durchmesser von 9 Einheiten so groß ist wie die Fläche eines Quadrates mit der Seite von 8 Einheiten. Nach der heutigen Kreisformel $F = \pi r^2$ erhalten wir also $8^2 \approx \pi\left(\frac{9}{2}\right)^2$, d.h. eine Näherung von $\pi \approx 4\left(\frac{8}{9}\right)^2 \approx 3\frac{1}{6}$. Problem 48 des Rhind Papyrus gibt möglicherweise einen Hinweis für die ägyptische Kreisberechnung. Danach wird zunächst ein Achteck aus einem Quadrat der Seitenlänge 9 durch Dreiteilung der Seitenlänge und Abtrennung der gleichschenkligen Dreiecke an den Ecken gewonnen (Abb. 1.1).

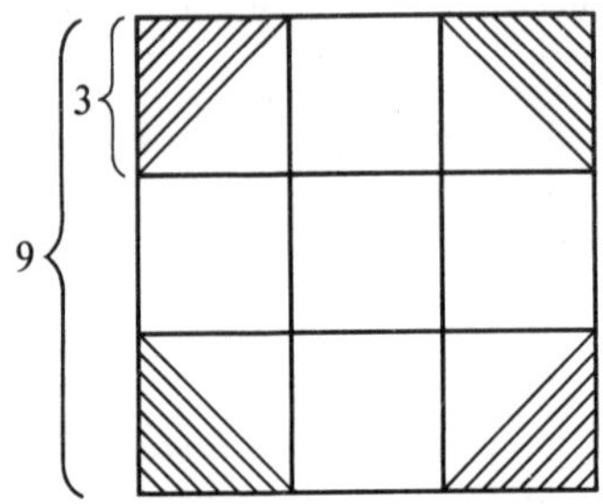

Abb. 1.1

Die Achteckfläche $A$ beträgt also $A = 9^2 - 4\frac{3^2}{2} = 63$ Einheiten. Identifiziert man $A$ mit der Kreisfläche $F$, die dem Quadrat der Fläche $9^2$ eingeschrieben ist, so ist angenähert $F \approx 64 = 8^2$ Einheiten mit $r = \frac{9}{2}$. Bezeichnend ist für die ägyptischen Aufgabentexte, daß zwischen einer solchen Annäherung und einer exakten Bestimmung noch nicht unterschieden wird. Krumme Flächen wie der Zylindermantel werden durch Abrollen auf der Ebene bestimmt. Das Zylindervolumen wird für das Beispiel eines rechten Zylinders durch (angenäherte) Basiskreisfläche mal Höhe berechnet.

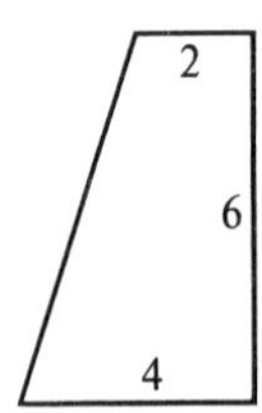

Abb. 1.2

Die bemerkenswerteste Volumenbestimmung findet sich jedoch in Aufgabe 14 des Moskauer Papyrus. Zur Berechnung eines Kegelstumpfes der Höhe 6 mit oberer Kante 2 und unterer Kante 4 gibt der Verfasser an, die Zahlen 2 und 4 zu quadrieren und zur Summe dieser Quadrate das Produkt von 2 und 4 zu addieren, um die so erhaltene Zahl 28 mit einem Drittel von 6 zu multiplizieren (Abb. 1.2). Diese Anweisung entspricht exakt der heutigen Formel $V = (a^2 + ab + b^2)\ \frac{h}{3}$ für einen Kegelstumpf der Höhe $h$ und den Kantenlängen $a$ und $b$. Es findet sich keine Begründung im ägyptischen Text, aber aus der früheren Bestimmung z.B. der Fläche gleichschenkliger Dreiecke kann hier ein analoges Verfahren vermutet werden[4]: Die zu bestimmenden Flächen bzw. Volumina werden in ‚einfachere' und bekannte Größen (z.B. Dreiecke, Prismen, Pyramiden) zerlegt, um sie dann zu den vorausgesetzten Größen wieder zusammenzusetzen. So läßt sich der Kegelstumpf in einen Quader $h \cdot b^2$, zwei Prismen $b(a - b)\ \frac{h}{2}$ und die Pyramide $(a - b)^2\ \frac{h}{3}$ zerlegen (Abb. 1.3). Setzt man die beiden Prismen zu einem Quader $b(a - b)h$ zusammen und faßt die Pyramide als einen Quader mit den beiden Kanten $(a - b)$ und Höhe $\frac{h}{3}$ auf, so sind die so erhaltenen Quader in drei Quader der Höhe $\frac{h}{3}$ zusammenzusetzen, um der Formel $V = \frac{h}{3}\ a^2 + \frac{h}{3}\ ab + \frac{h}{3}\ b^2$ zu entsprechen (Abb. 1.4).

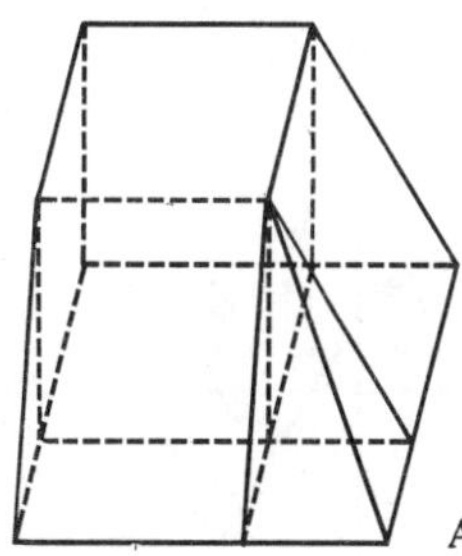
Abb. 1.3

Die späteren Methoden der Analyse (‚Zerlegen') und der Synthese (Zusammensetzen), die hier zum Ausdruck kommen, wurden aber bestenfalls nur als empirische Probierverfahren angewendet.[5]

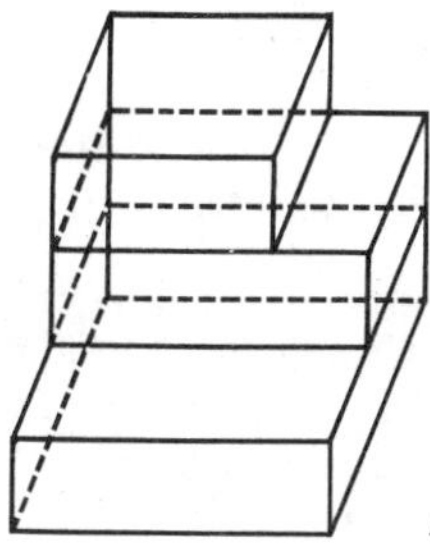
Abb. 1.4

## 1.2 Babylonische Geometrie

Die ca. 300 Keilschrifttafeln mathematischen Inhalts, die ältesten aus der Zeit der Sumerer (2100 v. C.), weisen die babylonischen Mathematiker als geschickte und ihren (insbesondere ägyptischen) Zeitgenossen weit überlegene Arithmetiker und Algebraiker aus.[6)]

Für das Rechnen im Sexagesimalsystem stehen Multiplikationstabellen zur Verfügung. Die Babylonier besitzen ferner Tabellen von z.B. Quadrat-, Kubikzahlen und von Zahlen $n^3 + n^2$. Neben kommerziellen und rein arithmetischen Rechnungen werden geometrische Probleme als angewandte Arithmetik verstanden und durch geschickte algebraische Manipulationen mit Hilfe der Rechentafeln gelöst. Algebraisch handelt es sich um die Lösung linearer, quadratischer und biquadratischer Gleichungen mit ein bis zwei Unbekannten. Kubische Gleichungen $x^3 + x^2 = b$ werden mit der Tabelle für Zahlen $n^3 + n^2$ gelöst.[7)]

Wie bei den Ägyptern werden Flächen von Quadraten, Rechtecken, Dreiecken, Trapezen etc. und Körper wie Würfel, Quader, Prismen etc. berechnet. Neben Näherungsberechnungen von Kegel- und Pyramidenstumpf durch das arithmetische Mittel von oberer und unterer Basis (Kreis- und Quadratfläche) mal Höhe wird der Pyramidenstumpf korrekt nach der Regel $V = h\left(\left(\frac{a+b}{2}\right)^2 + \frac{1}{3}\left(\frac{a-b}{2}\right)^2\right)$ berechnet, die der ägyptischen Vorschrift entspricht.

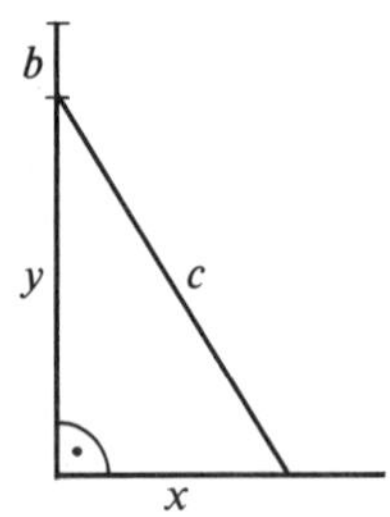


Abb. 1.5

Was jedoch die babylonische Geometrie über die ägyptische hebt und unmittelbar in die griechische Geometrie übergehen läßt, ist die Kenntnis des sogenannten ‚Lehrsatzes des Pythagoras‘: So behandelt ein altbabylonischer Aufgabentext eine Leiter gegebener Länge $c$, deren oberes Ende an einer senkrechten Wand gelehnt eine gegebene Strecke $b$ heruntergerutscht ist. Gesucht ist der Abstand $x$ des unteren Leiterendes von der Wand. Nachdem $y$ durch $c - b$ berechnet ist, wird $x$ eindeutig durch $\sqrt{c^2 - (c-b)^2}$ bestimmt (Abb. 1.5). Ein 1500 Jahre späterer Text fragt nach der Länge $x$ eines Rohres, dessen oberes Ende $b = 3$ Einheiten an einer Wand heruntergerutscht ist und dessen unteres Ende $a = 9$ Einheiten von der Wand absteht (Abb. 1.6). Die korrekte Antwort $x = 15$ Einheiten ergibt sich aus der Lösung der Gleichungen $y = x - b$ und $a^2 + y^2 = x^2$.[8)]

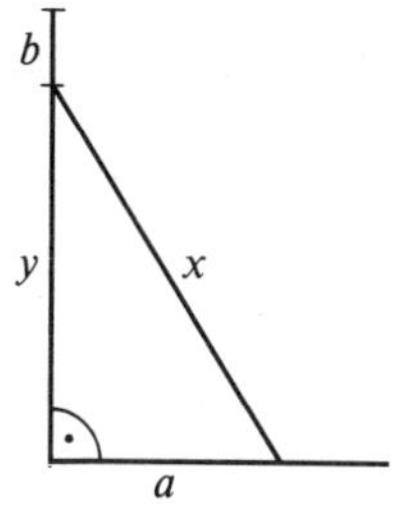


Abb. 1.6

Unter Voraussetzung des pythagoreischen Lehrsatzes wird auch die Diagonale $d$ in einem gleichschenkligen Trapez mit Schenkeln $a$ und Parallelseiten $b$ und $c$ bestimmt:

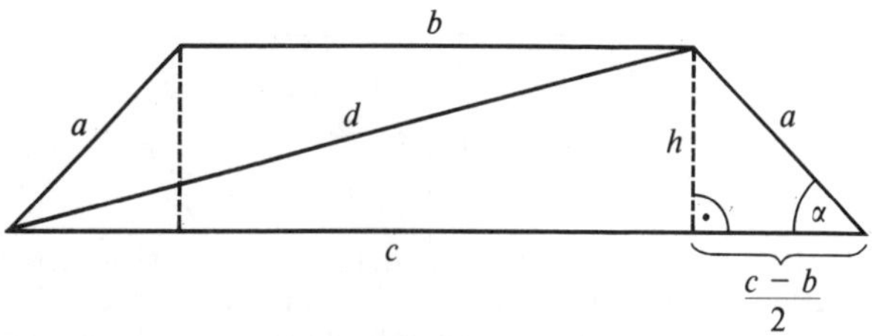


Abb. 1.7

Offenbar ist $h^2 = a^2 - \left(\frac{c-b}{2}\right)^2$ und $d^2 = h^2 + \left(c - \frac{c-b}{2}\right)^2$, also $d^2 = a^2 + bc$. Dieser Trapezsatz leistet für $\frac{c-b}{2} = a \cdot \cos\alpha$ (vgl. Abb. 1.7) dasselbe wie der Cosinussatz der ebenen Trigonometrie und erlaubt den Aufbau einer winkelfreien elementaren Geometrie.[9)]

Die Trigonometrie scheint sowieso ein Lieblingsthema der Tabellenbegeisterten Babylonier gewesen zu sein. Zwar kannten weder Babylonier noch Ägypter Winkelmaße im modernen Sinn. Doch gibt die Tafel Nr. 322 der Plimpton Sammlung (*Plimpton 322*) aus der babylonischen Periode 1900 bis 1600 v. C. bereits eine Vorform trigonometrischer Wertetabellen nach folgendem Verfahren an.[10)] Gesucht werden (sogenannte) pythagoreische ganze Zahlen $a$, $b$, $c$ mit $a^2 = c^2 - b^2$. Dazu werden zunächst rationale Zahlen $r_1 = \frac{b}{a}$ und $r_2 = \frac{c}{a}$ mit $1 = r_2^2 - r_1^2$ bestimmt. Setzt man $r_1 + r_2 = \frac{p}{q}$ mit ganzen Zahlen $p$ und $q$, dann folgt wegen $r_2^2 - r_1^2 = (r_2 + r_1)(r_2 - r_1) = 1$ die Gleichung $r_2 - r_1 = \frac{q}{p}$, d.h. $r_1 = \frac{1}{2}\left(\frac{p}{q} - \frac{q}{p}\right) = \frac{p^2 - q^2}{2pq}$

und $r_2 = \frac{1}{2}\left(\frac{p}{q} + \frac{q}{p}\right) = \frac{p^2 + q^2}{2pq}$, also setzt man $a = 2pq$, $b = p^2 - q^2$ und $c = p^2 + q^2$. Im *Plimpton 322* werden für solche pythagoreischen Tripel $a, b, c$ die Werte $r_2^2 = \left(\frac{c}{a}\right)^2$ berechnet, die trigonometisch in einem rechtwinkligen Dreieck den quadrierten Sekanswerten $\sec^2 \alpha$ entsprechen (während $r_1^2 = \left(\frac{b}{a}\right)^2$ den quadrierten Tangenswerten $\tan^2 \alpha$ entspricht):

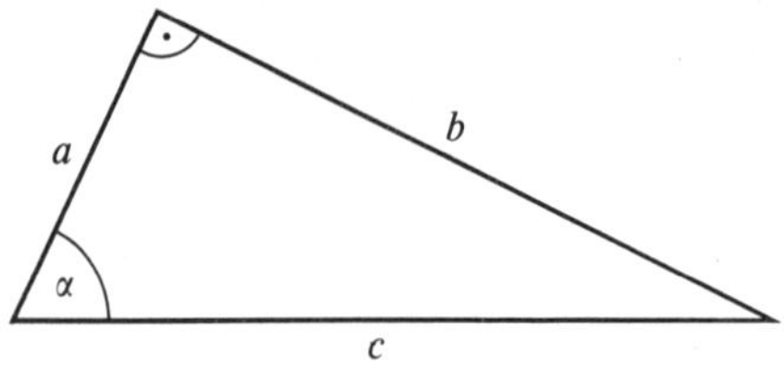


Abb. 1.8

In der babylonischen Vorliebe für Rechentabellen drückt sich nicht nur eine arithmetisch-algebraische Begabung aus. Wie die babylonische Astronomie beweist, waren die Babylonier scharfe Beobachter und Sammler von Meßdaten, aus denen die griechischen Astronomen erst ihre Planetensysteme entwickeln konnten. Mathematikgeschichtlich zeigt sich hier bereits der Nährboden, auf dem sich auch später die Trigonometrie ausbilden wird: Arithmetisch-algebraische Fertigkeiten bei geometrischen Grundkenntnissen und das Interesse an Tabellen zur Vereinfachung von Rechnungen – sei es am Himmel oder auf der Erde.

**Anmerkungen:**

[1] Vgl. K. Vogel, Vorgriechische Mathematik I, Vorgeschichte und Ägypten, Hannover/Paderborn 1958; A. Seidenberg, The Ritual Origin of Geometry, in: Archive for History of Exact Sciences 1 1962, 488–527.
[2] W. W. Struve/B. A. Turajeff (Hrsg.), Moskauer Papyrus, in: Quellen und Studien z. Geschichte d. Math., Astronomie u. Physik. A 1 Berlin 1930.
[3] A. B. Chace/L. S. Bull/ H. P. Manning/ R. C. Archibald (Hrsg.), The Rhind Mathematical Papyrus, 2 Bde. New York 1927–1929.
[4] Eine geometrische Herleitung diskutieren auch B. L. van der Waerden, Erwachende Wissenschaft – Ägyptische, Babylonische und Griechische Mathematik, Basel/Stuttgart [2]1966, 56 und C. B. Boyer, A History of Mathematics, New York etc. 1968, 21.
[5] Zu anderen Herleitungsmethoden vgl. B. L. van der Waerden, e.d., 57. Zur ägyptischen Geometrie ferner O. Neugebauer, Vorlesungen über Geschichte der antiken mathematischen Wissenschaften, 1. Bd. Vorgriechische Mathematik, Berlin/Heidelberg/New York [2]1969, 122–165. R. J. Gillings, Mathematics in the Time of the Pharaohs, Cambridge Mass. 1972.
[6] O. Neugebauer, Mathematische Keilschrifttexte, in: Quellen und Studien (s. Anm. 2), A 3 Berlin 1934/1937; F. Thureau-Dangin, Textes mathématiques Babyloniens, Leiden 1938.
[7] O. Neugebauer, Vorlesungen über Geschichte der antiken mathematischen Wissenschaften (s. Anm. 5), I. Kap. (Babylonische Rechentechnik), III. Kap. (Zahlensysteme), V. Kap. § 3 (Algebra).
[8] Vgl. auch B. L. van der Waerden, Erwachende Wissenschaft (s. Anm. 4) 122 f.
[9] Als Quelle zur babylonischen Geometrie vgl. besonders E. M. Bruins/M. Rutten (Hrsg.), Textes mathématiques de Suse, Paris 1961.
[10] Vgl. O. Neugebauer, The Exact Sciences in Antiquity, Providence [2]1957, 36–40; H. Eves, An Introduction to the History of Mathematics, New York u.a. [4]1976, 35–38.

# 2. Griechische Geometrie

Die Anfänge der griechischen Geometrie bei Thales und den Pythagoreern sind nicht so sehr durch neue Entdeckungen und Erfindungen ausgezeichnet. Neu ist der methodische Aspekt: An die Stelle rezeptartiger Musteraufgaben treten Beweise von allgemeinen Sätzen. So wird die babylonische Rechenregel über Katheten- und Hypothenusenquadrate am rechtwinkligen Dreieck zum ‚Lehrsatz des Pythagoras' und die Geometrie zur beweisenden Wissenschaft. Die Erklärungen, die heute für die griechische Beweissuche angegeben werden, sind verschiedenartig und treffen mehr oder weniger maßgebende Gründe. Da wird zum einen die zweckfreie Freude an Philosophie und Wissenschaft angeführt, welche die Griechen nach letzten Gründen geometrischer Sätze fragen lassen. Andere Autoren führen außermathematische Einflüsse an wie die Entstehung einer politisch-juristischen Diskussionskunst (Dialektik) in den griechischen Stadtparlamenten, die Behauptungen in Rede und Gegenrede prüfen. Hier finden sich in der Tat außermathematische Anwendungen des Beweises durch Widerspruch (reductio ad absurdum), der charakteristisch für die griechische Mathematik wird.[1)] Starke innermathematische Gründe für eine logisch-widerspruchsfreie Beweisführung liegen jedoch spätestens seit der pythagoreischen Entdeckung inkommensurabler Streckenverhältnisse und den damit verbundenen Problemen des Unendlichen vor, die nicht mehr anschaulich oder empirisch nachvollzogen werden können und durch deren ‚Labyrinth' – wie Leibniz später sagen wird – nur die ‚Ariadnefäden' logischer Beweisketten ein sicheres Geleit verschaffen.

Trotzdem wäre es eine wissenschaftsgeschichtliche Fehleinschätzung, die beweisende axiomatische Geometrie der Griechen als ‚fortschrittliche Überwindung' der babylonischen ‚Rechenkunst' einzustufen. Der algorithmisch-rechnende Charakter, der in der babylonischen Arithmetik bereits auf hohem Niveau zum Ausdruck kommt, hat sich gerade in der Neuzeit als zentraler Aspekt der Mathematik erwiesen.

Nachdem im folgenden zunächst die Anfänge griechischer Geometrie von Thales bis Pythagoras aufgezeigt werden (2.1), folgt eine Untersuchung ihrer Konstruktionsprobleme. Dieser Frage wird deshalb breiter Raum zugestanden, da sie sich als Motor zur Entdeckung neuer Kurven erweist, die ja dann erst die Mathematisierung der neuzeitlichen Physik und Astronomie ermöglicht haben. Zudem handelt es sich dabei um ein erstes Lehrstück höherer Algebra, wie erst im 19. Jahrhundert deutlich wurde (Galoissche Theorie!).

## 2.1 Von den Sätzen des Thales zu Pythagoras

Thales von Milet (624–547), einer der ‚sieben Weisen' aus vorattischer Zeit, wird von verschiedenen Autoren als erster griechischer Geometer angesprochen. Ursprünglich Kaufmann hat er sein mathematisches Wissen wahrscheinlich während seiner Aufenthalte in Ägypten erworben. Laut Plutarch beginnt Thales seine mathematische Arbeit mit der Berechnung von Pyramidenhöhen durch Messung des Schattens.[2)] Folgende Sätze werden Thales im einzelnen zugeschrieben:

(1) *Ein Kreis wird durch den Durchmesser in zwei gleich große Hälften geteilt.*

(2) *Die Basiswinkel eines gleichschenkligen Dreiecks sind gleich.*

(3) *Die gegenüberliegenden Winkel sich schneidender Geraden sind gleich.*

(4) *Stimmen zwei Dreiecke in zwei entsprechenden Winkeln und einer Seite überein, so stimmen sie in jeder Beziehung überein.*

(5) *Dreiecke im Halbkreis haben rechte Winkel an der Spitze.*

(6) *Die Winkelsumme im Dreieck beträgt zwei Rechte.*[3)]

In Buch I von Euklids *Elementen* entspricht (1) Definition 17, (2) Satz 5, (3) Satz 15, (4) Satz 26 und (5) Satz 31 in Buch III. Die Kreisteilung durch den Halbmesser (1) mag Thales auf ägyptischen Ornamenten als Kreissymmetrie aufgefallen sein.

Satz (4) findet Anwendung in einer damals bekannten Entfernungsberechnung für ein Schiff von einem Turm am Seeufer aus (Abb. 2.1). Benötigt wird zur Winkeleinstellung nur ein gerades Holzstück, an dem mit einem Nagel ein drehbarer Holzbalken befestigt ist. Das Holzstück wird senkrecht auf dem Turm aufgestellt, der Querbalken in Richtung des Schiffes gedreht und darauf eingestellt. Der Nagel $A$ des Holzkreuzes, der Fußpunkt $B$ des Turmes und das Schiff $C$ bilden nun ein rechtwinkliges Dreieck. Wird das Holzkreuz mit dem so eingestellten Winkel um die eigene Achse gedreht, bis der Querbalken auf einen erreichbaren Punkt $C'$ am Ufer zeigt, so bilden $A$, $B$ und $C'$ ein zum ursprünglichen Dreieck $ABC$ laut (4) kongruentes Dreieck, d.h. es genügt $BC'$ zu messen, da $BC' = BC$. Es wird berichtet, daß noch ein Ingenieur Napoleons diese einfache Überlegung des Thales für die Breitenabschätzung eines zu überquerenden Flusses einsetzte und so die Gunst seines Kaisers erwarb.

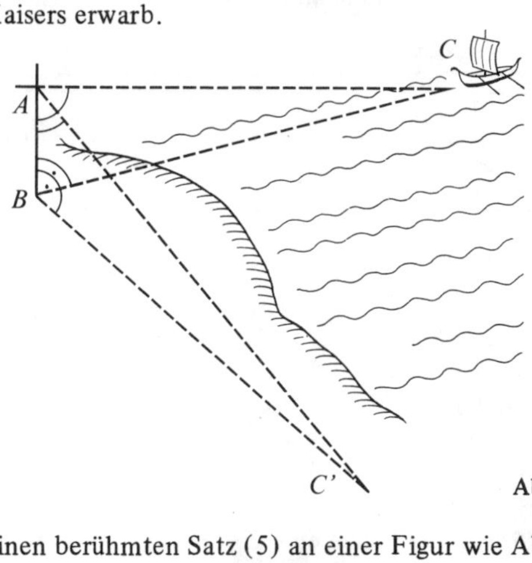

Abb. 2.1

Thales mag seinen berühmten Satz (5) an einer Figur wie Abb. 2.2, ‚entdeckt' haben, ohne allerdings so einen strengen Beweis zu geben: Sei $ABCD$ ein Rechteck mit vier rechten Winkeln und zwei Diagonalen $AC$, $BD$ (Abb. 2.2). Da in den Dreiecken $ABC$ und $DBC$ die Seiten $DC = AB$ und $CB = BC$ und die eingeschlossenen Winkel bei $B$ bzw. $C$ rechte sind, stimmen die

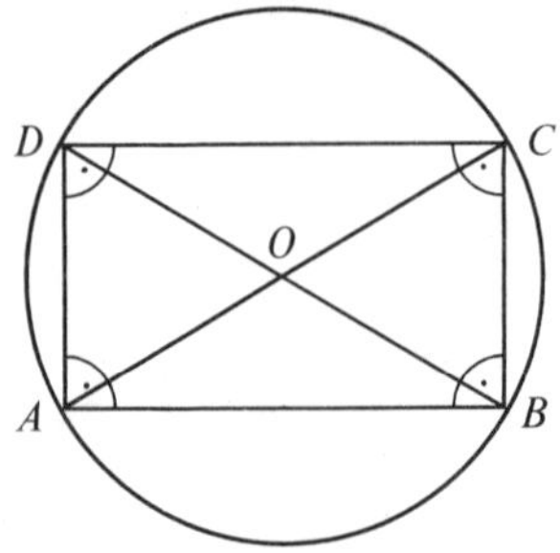


Abb. 2.2

Dreiecke in allen Stücken überein, insbesondere also in den Winkeln $\sphericalangle ACB = \sphericalangle DBC$ d.h. $\sphericalangle OCB = \sphericalangle OBC$. Dann muß nach (2) das Dreieck $BCO$ gleichschenklig sein, d.h. $OB = OC$. Startet man analog mit $AD = CB$ und den Dreiecken $DCA$ und $DCB$, so erhält man $OC = OD$, d.h. die Diagonalenabschnitte sind alle gleich, d.h. ein Kreis mit $O$ als Zentrum und $OD$ als Radius schneidet alle Eckpunkte des Rechtecks. Da $DOB$ eine Gerade ist, ist $DOB$ auch ein Kreisdurchmesser und teilt daher nach (1) den Kreis in zwei Halbkreise. Nach Voraussetzung ist $\sphericalangle DCB$ ein rechter Winkel. Warum aber alle Dreiecksspitzen im Halbkreis? Satz (6) über die Winkelsumme im Dreieck mag Thales zunächst an Abb. 2.2 für den Spezialfall rechtwinkliger Dreiecke gefunden haben.[3] Wenn nämlich das Rechteck $ABCD$ eine Winkelsumme von 4 Rechten besitzt und eine Diagonale das Rechteck in zwei in allen Stücken übereinstimmende rechtwinklige Dreiecke teilt, dann wird auch die Winkelsumme in jeweils zwei Rechte halbiert sein. Setzt man aber (3) und die Gleichheit von Wechselwinkeln an Parallelen voraus, ergibt sich auch der allgemeine Satz:

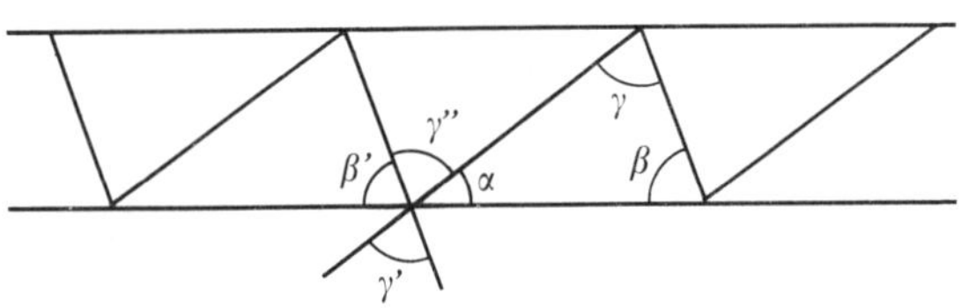


Abb. 2.3

Da nämlich $\gamma = \gamma'$ und $\gamma' = \gamma''$ (2), so ist $\gamma = \gamma''$. Dann folgt wegen $\beta = \beta'$ und $\gamma = \gamma''$ sofort $\alpha + \beta + \gamma = \alpha + \beta' + \gamma'' = 2$ Rechte. Der konstruktive Einfall zu einem solchen Beweis ist zudem durch die Zickzackmuster der damaligen Vasenmalereien nahegelegt.

Philosophie und Mathematik gehen eine für die griechische Wissenschaft charakteristische Verbindung bei Pythagoras von Samos (ca. 572 v. C.) ein. Seine mathematischen Kenntnisse erwarb Pythagoras wahrscheinlich bei Thales. Eine Reise nach Ägypten machte ihn zudem mit der ägyptisch-babylonischen Tradition bekannt. Danach ließ er sich in Unteritalien nieder und gründete dort eine ordensmäßig organisierte Akademie, deren Mitglieder einer strengen aristokratischen Lebensweise verpflichtet waren. Die pythagoreische Philosophie ging von der Überzeugung aus, daß alle Eigenschaften der Welt durch ganze Zahlenverhältnisse bestimmt seien. Damit wuchs das Interesse an einem intensiven Studium von Zahleneigenschaften in der Arithmethik, Geometrie, Musik und Astronomie. Die Arithmetik wurde wie schon in der babylonisch-ägyptischen Tradition als Mathematik im engeren Sinne verstanden, während die übrigen Disziplinen einschließlich der Geometrie zur Anwendung zählten. Dieses pythagoreische ‚Quadrivium' aus Arithmetik, Geometrie, Astronomie und Musik bestimmte bis zu Beginn der Neuzeit das Mathematikstudium (z.B. noch in der mittelalterlichen Artistenfakultät). Der Pythagoreer Archytas von Tarent (428–365) verfaßte eigens eine *Arithmetica Universalis*, die auf den drei Grundannahmen des arithmetischen, geometrischen und harmonischen Mittels aufbaute, um so auch mathematisch die Einheit von Arithmetik, Geometrie, Astronomie und Musik zu begründen.[4)]

Für den berühmten ‚Lehrsatz des Pythagoras' gibt es heute viele Beweise mit unterschiedlichen Voraussetzungen. Aufgrund der geometrischen Kenntnisse der Pythagoreer geht folgender Beweis wahrscheinlich auf Pythagoras selber zurück.[5)] Mit $a$, $b$, $c$ seien Katheten und Hypothenuse eines rechtwinkligen Dreiecks bezeichnet. Man betrachte die folgenden Quadrate mit der Seite $a + b$:

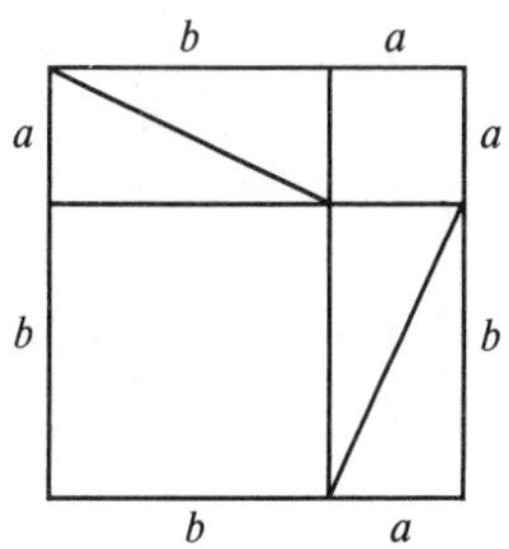


Abb. 2.4

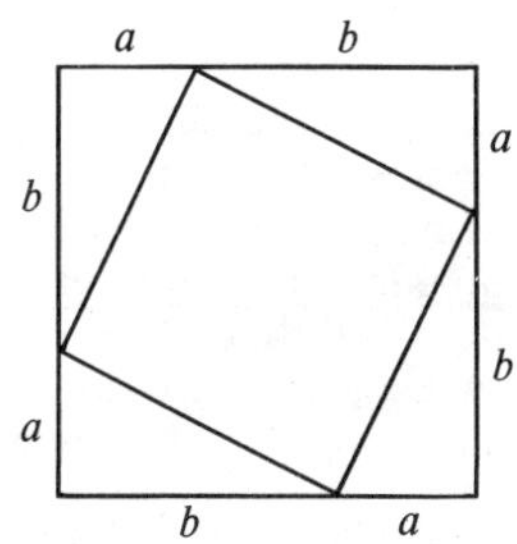


Abb. 2.5

Das erste Quadrat besteht aus den beiden Kathetenquadraten $a^2$, $b^2$ und vier rechtwinkligen Dreiecken, die kongruent zum gegebenen sind. Das zweite Quadrat besteht aus dem Hypothenusenquadrat und vier rechtwinkligen Dreiecken, kongruent zum gegebenen. Zieht man nun entsprechend gleiche Stücke (Dreiecke) von beiden Quadraten ab, so bleibt die pythagoreische Gleichung $c^2 = a^2 + b^2$ übrig. Für den Nachweis, daß die zentrale Fläche im zweiten Quadrat tatsächlich $c^2$ ist, muß nur der Spezialfall des Winkelsummensatzes für rechtwinklige Dreiecke vorausgesetzt werden.

Der folgende Beweis[6)] wird häufig den Pythagoreern zugeschrieben, ist jedoch unter pythagoreischen Voraussetzungen unbefriedigend, da er eine ausgebildete Proportionenlehre voraussetzt (Abb. 2.6). Da nämlich in einem rechtwinkligen Dreieck die durch die Höhe abgetrennten Teildreiecke dem

Gesamtdreieck ähnlich sind, also $p : a = a : c$ und $q : b = b : c$, folgt $a^2 = pc$ und $b^2 = qc$, d.h. $a^2 + b^2 = (p + q)c = c^2$. Dieser kurze Beweis setzt voraus, daß Strecken immer ein gemeinsames Maß haben. Den nur am empirischen Messen orientierten Ägyptern und Babyloniern, die zwischen exakter und näherungsweiser Rechnung noch nicht unterschieden, würde die gegenteilige Annahme widersinnig erscheinen, lassen sich doch ‚augenscheinlich' zwei Strecken durch einen nur klein genug gewählten Maßstab immer vergleichen. Nicht so für die logisch geschulten Griechen!

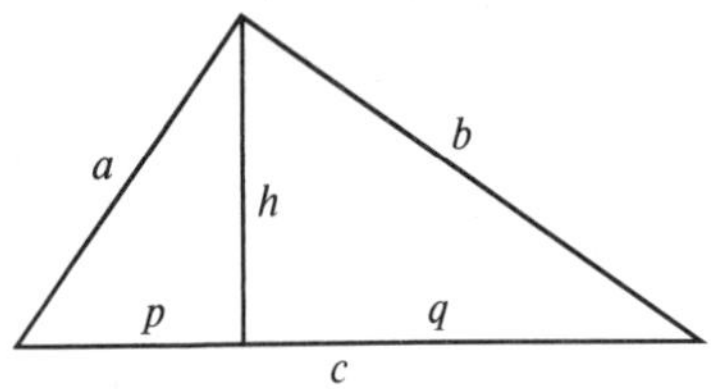


Abb. 2.6

Die Entdeckung inkommensurabler Strecken geht wahrscheinlich auf den Phytagoreer Hippasos von Metapont (ca. 450) zurück.[7)] Nach Aristoteles genügt für den Nachweis der Inkommensurabilität von Diagonale und Seite eines Quadrates, daß $\sqrt{2}$ irrational ist. Wäre nämlich $\sqrt{2}$ rational, so wäre $\sqrt{2} = \frac{a}{b}$, wobei $a$, $b$ o.B.d.A. teilerfremde ganze Zahlen ($b \neq 0$) seien. Dann ist $a = b\sqrt{2}$, also $a^2 = 2b^2$. Da $a^2$ 2-mal eine ganze Zahl ist, muß $a^2$ gerade, also auch $a$ gerade sein, d.h. $a = 2c$. Wir erhalten also $4c^2 = 2b^2$, d.h. $2c^2 = b^2$. Wieder muß $b^2$, also auch $b$ gerade sein. Dann hätten aber $a$ und $b$ einen gemeinsamen Teiler im Widerspruch zur Voraussetzung. Da die Annahme falsch war, gilt ihr Gegenteil, d.h. $\sqrt{2}$ irrational (reductio ad absurdum). Hätten nun Seite $s$ und Diagonale $d$ eines Quadrates eine gemeinsame Maßeinheit $e$, so wäre $s = be$ und $d = ae$ für positiv-ganze Zahlen $a$, $b$. Wegen $d = s\sqrt{2}$ nach dem ‚Satz des Pythagoras' wäre $a = b\sqrt{2}$, also $\sqrt{2} = \frac{a}{b}$ entgegen der Irrationalität von $\sqrt{2}$.

Mit diesen Überlegungen war der harte Kern des pythagoreischen Forschungsprogramms in Frage gestellt. Offenbar lassen sich nicht alle Eigenschaften in (ganzzahligen) Zahlenverhältnissen ausdrücken. Jedem (ganzzahligen) arithmetischem Zahlenverhältnis entspricht zwar ein geometrisches Streckenverhältnis, aber nicht umgekehrt. Da die Arithmetik nach pythagoreischer Auffassung nur die Theorie ganzer Zahlen umfaßt, reicht sie also zur mathematischen Beschreibung der Welt nicht mehr aus. An ihre Stelle muß daher die Geometrie treten. Die Entdeckung inkommensurabler Strecken hebt also das seit der babylonischen Tradition vorherrschende Primat der Arithmetik zugunsten der Geometrie auf.[8)]

Insbesondere müssen daher Gleichungen nach griechischer Auffassung geometrisch gelöst werden. Zu unterscheiden sind eine ältere anschauliche Methode der ‚Flächenanlegung' (παραβολὴ τῶν χωρίων), die auf die Pythagoreer selbst zurückgeht, von der Lösungsmethode mit Proportionen, die erst nach Ausbildung einer Proportionenlehre (vgl. 2.3) möglich war.[9)]

Die Gleichung $x^2 + 2px = a^2$ bedeutet geometrisch:

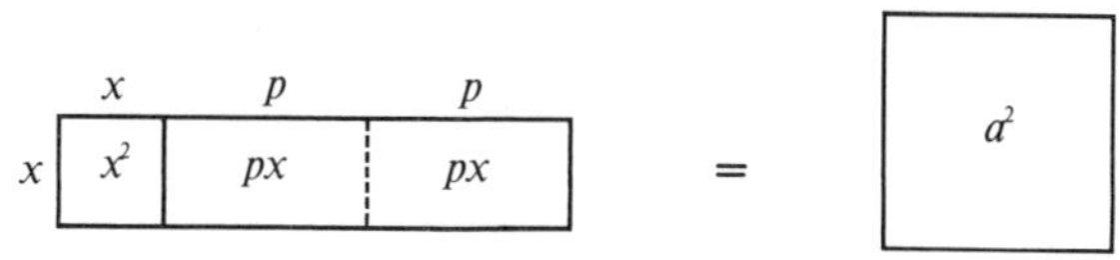


Abb. 2.7

Der heute üblichen quadratischen Ergänzung der Gleichung durch $(x + p)^2 = x^2 + 2px + p^2 = a^2 + p^2$ entspricht geometrisch eine ‚hyperbolische' Flächenanlegung durch Ergänzung einer Zusatzfläche $p^2$:

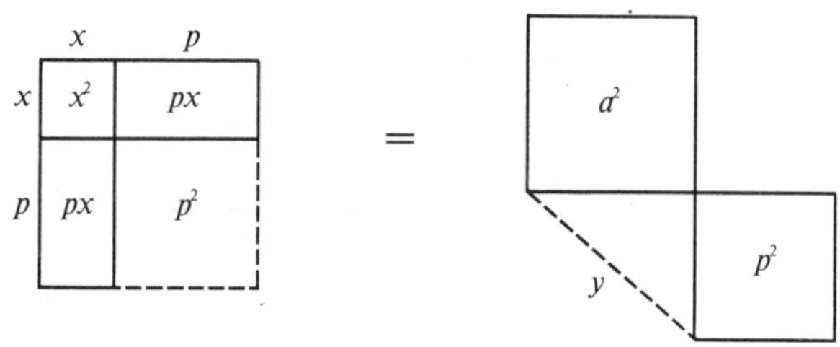


Abb. 2.8

Nach dem ‚Pythagoras' ist $y^2 = a^2 + p^2$.

Wegen $y^2 = (x + p)^2$ genügt also, auf der Dreieckshypothenuse die Strecke $p$ abzutragen, um $x$ zu erhalten.

Die Gleichung $2px - x^2 = a^2$ bedeutet geometrisch:

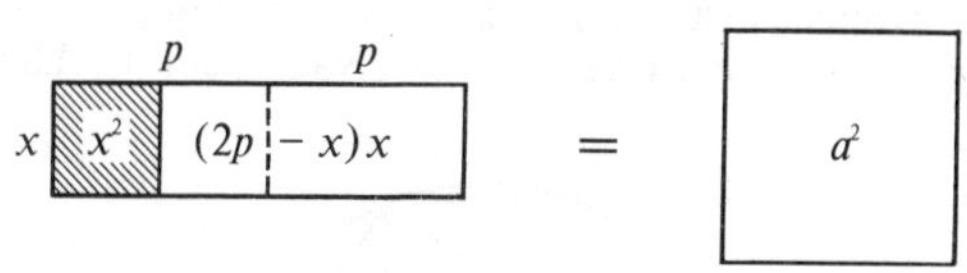


Abb. 2.9

Der quadratischen Verminderung der Gleichung durch $(p - x)^2 = p^2 - 2px + x^2 = p^2 - a^2$ entspricht geometrisch eine ‚elliptische' Flächenanlegung zur Flächenverminderung. Wegen $(p - x)^2 + a^2 = p^2$ sind also nach dem ‚Pythagoras' $p$ Hypothenuse, $(p - x)$ und $a$ Katheten eines rechtwinkligen Dreiecks. Es genügt also nach Thales (5), über einem Kreisdurchmesser $p$ von einem Endpunkt aus die Strecke $a$ auf den Halbkreis über $p$ abzutragen, um die Kathete $(p - x)$ zu bestimmen. Nach Abtragen von $(p - x)$ auf $p$ ist $x$ bestimmt.

Die Gleichung $2px = a^2$ bedeutet geometrisch:

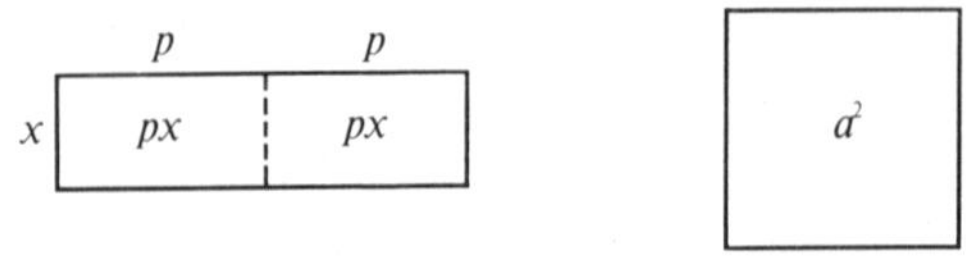


Abb. 2.10

Der Proportionengleichung $2p : a = a : x$ entspricht geometrisch eine ‚parabolische' Flächenanlegung:

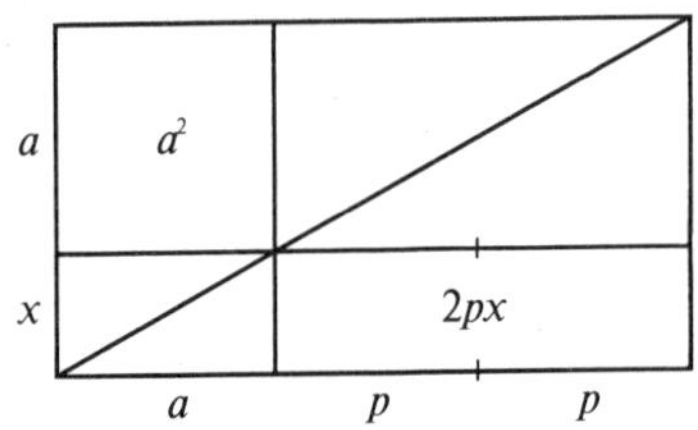


Abb. 2.11

## 2.2 Konstruktionsprobleme der griechischen Geometrie

Der geometrischen Algebra der Pythagoreer stellte sich die Aufgabe, flächengleiche Flächen verschiedener Gestalt in einander zu überführen. 1) Nach dem ‚Pythagoras' wird die Summe zweier Quadrate in ein flächengleiches Quadrat überführt. 2) Nach dem ‚Höhensatz' kann ein Rechteck mit den Seiten $a$, $b$ in ein flächengleiches Quadrat der Seite $x$ überführt werden. Für die Höhe $x$ eines Dreiecks ist nämlich $x^2 = ab$ mit den abgetrennten Strekken $a$, $b$ auf der Hypothenuse (Abb. 2.12). (Nach dem ‚Pythagoras' ist

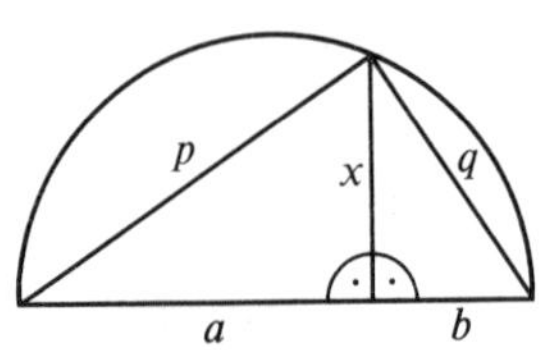


Abb. 2.12

$x^2 = p^2 - a^2$ und $x^2 = q^2 - b^2$, also $2\,x^2 = p^2 + q^2 - a^2 - b^2$. Weiterhin ergibt der ‚Pythagoras' $p^2 + q^2 = (a + b)^2 = a^2 + 2ab + b^2$, also $2x^2 = 2ab$.) 3) Ein Dreick läßt sich in ein flächengleiches Rechteck halber Höhe überführen (Abb. 2.13):

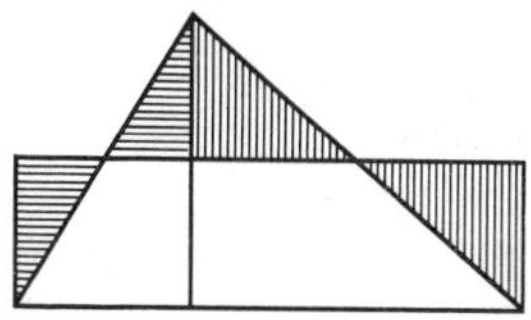

Abb. 2.13

Da Polygone in Dreiecke zerlegbar sind, können sie durch die Schritte 1), 2) und 3) auch in flächengleiche Quadrate überführt werden. Da die Schritte 1), 2) und 3) mit Zirkel und Lineal ausführbar sind, ist die ‚Quadratur' beliebiger Polygone konstruktiv gelöst. Wie steht es aber um die ‚Quadratur' krummliniger Flächen wie z.B. der Kreisfläche? Damit ist das erste berühmte Konstruktionsproblem der antiken Geometrie gestellt, das in der Neuzeit sowohl die Entwicklung der Integralrechnung als auch der Theorie der transzendenten Zahlen mitbeeinflußt hat.

## 2.21 Quadratur des Kreises

Hippokrates von Chios (ca 450) löst das Problem teilweise durch Quadratur der ‚Möndchen'.[10] Dazu betrachtet er zunächst ein gleichschenkliges und rechtwinkliges Dreieck in einem Halbkreis (Abb. 2.14). Die Viertelkreise $a$, $b$ bilden mit den Katheten, der Viertelkreis $c$ mit der Hypothenuse Kreissegmente $A$, $B$, $C$. Setzt man nun voraus, daß ähnliche Kreissegmente sich so verhalten wie die Quadrate der Kreissehnen, so ist nach dem ‚Pythagoras' $A + B = C$, d.h. das durch die beiden Viertelkreise $a$, $b$ und den Viertelkreis $c$ eingeschlossene ‚Möndchen' ist mit dem Dreieck flächengleich. Analog läßt sich ein Möndchen quadrieren, das in einem Kreis von einem symmetrischen Trapez mit drei gleichen Seiten $A$, $B$, $C$ und der Basis $D$ gebildet wird (Abb. 2.15). Setzt man wieder voraus, daß sich ähnliche Kreissegmente verhalten wie die Quadrate der Kreissehnen, so ist $A + B + C = D$ wegen $a^2 + b^2 + c^2 = d^2$, d.h. das Möndchen hat die Fläche des Trapezes. Diese Teilergebnisse der Kreisquadratur werden Hippokrates und seine Nachfolger ermutigt haben, die Lösung für die gesamte Kreisfläche zu suchen. Allerdings können bereits die Möndchenquadraturen zu diesem Zeitpunkt nicht als streng bewiesen gelten, da ihre Voraussetzung, wonach sich ähnliche Kreissegmente verhalten wie die Quadrate ihrer Basen, erst mit der später entwickelten Proportionenlehre und Exhaustionsmethode beweisbar wird (vgl. 2.34).

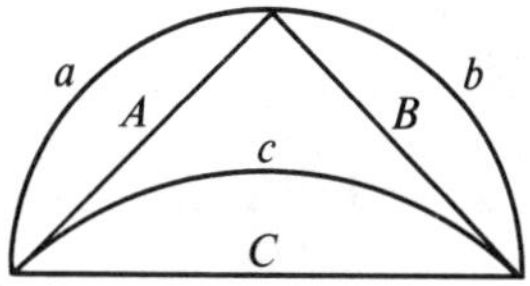


Abb. 2.14

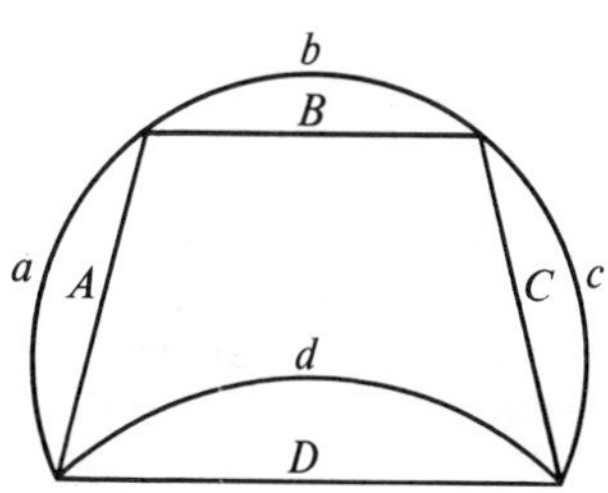


Abb. 2.15

Einige Jahre nach Hippokrates erweiterte Hippias von Elis (ca. 425) die klassische Konstruktionsmethode mit Zirkel und Lineal durch die Erfindung einer neuen Kurve, mit der schließlich die Quadratur gelang. Die ‚Quadratrix' des Hippias wird mechanisch wie folgt erzeugt:[11] In einem Quadrat $ABCD$ dreht sich ein Viertelkreis mit Radius $AB$ gleichmäßig von $B$ nach $D$ um $A$ (Abb. 2.16). Gleichzeitig bewegt sich eine Strecke $B'C'$ von $BC$ aus parallel zu $BC$ gleichmäßig auf $AD$ zu. Die Schnittpunkte des gleichmäßig drehenden Radius $AB$ mit der in derselben Zeit sich nach unten bewegenden Strecke bilden den Ort der neuen Kurve.

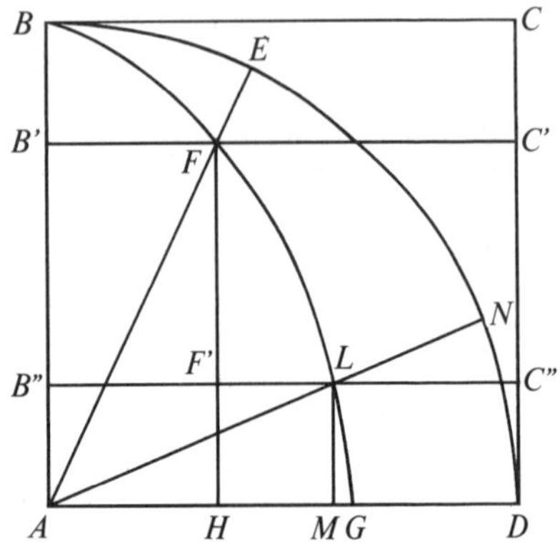


Abb. 2.16

Offenbar ist sie, durch die Proportionengleichung $\measuredangle BAD : \measuredangle EAD =$ Bogen $BED$ : Bogen $ED = AB : FH$ bestimmt, d.i. in moderner Sprache für $s = AF$, Drehwinkel $\alpha$ und Quadratseite $a$ die Formel:

$$\frac{s \cdot \sin \alpha}{a} = \frac{\alpha}{\frac{1}{2}\pi}.$$

Setzen wir nun den Limesbegriff voraus, so gilt:

$$\frac{a}{\frac{1}{2}\pi} = \lim_{\alpha \to 0} \frac{s \cdot \sin \alpha}{\alpha} = AG.$$

Also ist Bogen $BED = \frac{1}{2}\pi a = \frac{a^2}{AG}$. Damit ist $\pi$ und also die Kreisfläche bestimmt – allerdings unter der Voraussetzung der Strecke $AG$, die nur mechanisch durch die Quadratrix-Kurve konstruierbar war.

Diese Beweisführung stand den Griechen natürlich nicht zur Verfügung. Sie beweisen die Proportionsgleichung Bogen $BED : AB = AB : AG$ in einem Beweis durch Widerspruch, der wesentlich aufwendiger ist als die modernen Verfahren.

Archimedes benutzt zweihundert Jahre später (ca 225 v. C.) ebenfalls eine neue Kurve zur Quadratur des Kreises.[12]. Seine berühmte Spirale wird mechanisch wie folgt bestimmt. Sie ist der Ort eines Punktes $P$, der sich gleichmäßig entlang eines Strahles $OA$ bewegt, der wiederum gleichmäßig um den festen Punkt $O$ in der Ebene rotiert (Abb. 2.17). Geht man von der Lage $OA$ aus, in der $P$ mit $O$ zusammenfällt, so ist $OP$ proportional zum Winkel $\alpha$, d.h. modern in Polarkoordinaten ist $s = a \cdot \alpha$ mit einer Proportionalitätskonstanten $a$. Zeichnet man nun um $O$ den Kreis mit Radius $a$, dann ist der Bogen auf diesem Kreis zwischen $OA$ und der Verlängerung von $OP$ gleich $OP$, da nach Voraussetzung beide Linien durch $a \cdot \alpha$ gegeben sind. Falls $OP$ senkrecht zu $OA$ ist, wird $OP$ gleich dem Viertelbogen des Kreises mit Radius $a$. Da die Kreisfläche $F$ gleich der Hälfte des Produktes aus Radius und Kreisumfang ist, gilt $F = \frac{1}{2} a \cdot (4 \cdot OP) = 2a \cdot OP$. Für die Quadratur von $F$, d.h. zur Lösung von $x^2 = F$ bestimmen die Griechen wieder die mittlere Proportionale $x$ mit $2a : x = x : OP$, wobei $OP$ die Länge des Spiralenabstandes senkrecht zu $OA$ ist. Damit ist zwar die Quadratur des Kreises gelöst, aber wieder nur unter Erweiterung der elementaren Konstruktionsmittel von Zirkel und Lineal durch solche Kurven, die von den griechischen Mathematikern nur durch mechanische Bewegungen erzeugt werden konnten. Allerdings werden so – modern gesprochen – die ersten Beispiele für transzendente Kurven eingeführt.

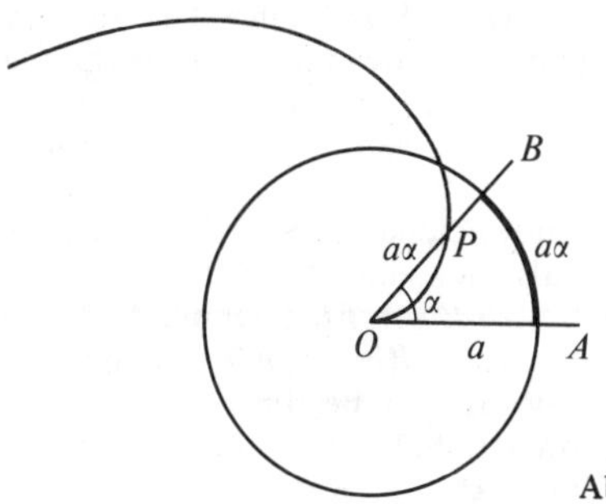

Abb. 2.17

## 2.22 Winkeldreiteilung

Das Problem, neue Kurven durch Bewegungen einzuführen, stellte sich den griechischen Mathematikern auch bei der Konstruktion der regulären Polygone, wenn ihre Seitenzahl ein Vielfaches von 9 ist. Diese Konstruktionsaufgabe reduziert sich auf das zweite große Problem der griechischen Geometrie: die Dreiteilung des Winkels.

Bevor auch dieses Problem durch Einführung neuer Kurven gelöst wurde, versuchte man zunächst ein Verfahren, das νεύδεις (Neigung) genannt wurde.[13] Gegeben sei o.B.d.A. ein spitzer Winkel $ABC$. Man fälle das Lot von $A$ auf $BC$, ergänze das Rechteck $ACBF$ und verlängere den Strahl über die Strecke $FA$ hinaus (Abb. 2.18). Um $B$ ist ein Strahl zu bewegen, der $AC$ in $D$ und die Verlängerung von $FA$ in $E$ schneidet, wobei $DE = 2 \cdot AB$. Zeichnerisch ist diese Anweisung nur durch ‚Probieren' zu lösen, wobei $B$ der gegebene Punkt und $2 \cdot AB$ der gesuchte Abstand ist, der auf dem von $B$ ausgehenden Strahl zwischen $AC$ und der Verlängerung von $FA$ aufzufinden ist. Unter dieser Voraussetzung ist die Winkeldreiteilung lösbar: Man teile nämlich $DE$ in $G$ und verbinde $A$ mit $G$. Dann ist $AG = DG = GE = AB$ nach Voraussetzung. Nach Thales (2) über die Basiswinkel gleichschenkliger Dreiecke folgt $\measuredangle ABG = \measuredangle AGB$. Da $\measuredangle AGB = 2 \cdot 90^\circ - \measuredangle AGE$ und wegen Thales (2) und des Winkelsummensatzes im Dreieck $\measuredangle AGE = 2 \cdot 90^\circ - 2 \cdot \measuredangle AEG$ ist, folgt $\measuredangle AGB = 2 \cdot AEG$. Wegen der Gleichheit von Wechselwinkeln an Parallelen ist $\measuredangle AEG = \measuredangle DBC$. Also ist $\measuredangle ABG = 2 \cdot \measuredangle DBC$, d.h. $\measuredangle DBC = 1/3 \cdot \measuredangle ABC$.

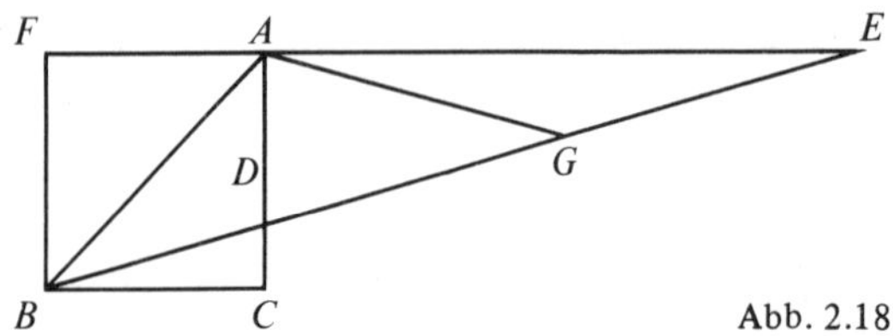


Abb. 2.18

Zur Einführung einer neuen Kurve führt das Problem bei Nikomedes.[14)] Er gibt folgende mechanische Anweisung zur Zeichnung der schalen- oder muschelförmigen ‚Konchoiden' (Abb. 2.19): $AG$ sei ein Lineal mit einem Schlitz parallel zur Länge, $CH$ ein zweites Lineal, das zu $AG$ senkrecht befestigt ist und einen Stift $B$ besitzt. Ein drittes Lineal $EB$ hat sowohl einen Schlitz parallel zur Länge, in welchem der Stift $B$ des senkrechten Lineals $CH$ bewegt werden kann, als auch einen Stift $D$, der in dem Schlitz von $AG$ bewegt werden kann. Die Spitze $E$ von $EB$ zeichnet die Konchoide auf. Bezeichnet man den Konchoidenvektor $EB = s$, $ED = a$ und $BC = b$, so ist diese Kurve in modernen Polarkoordinaten bestimmt durch $s = a + b \cdot \sec \alpha$, wobei $AG$ die Kurvenasymptote ist. Wählt man nun ein Lineal mit $DE = 2 \cdot AB$ und legt das Lineal $ACG$ in Abb. 2.18 auf $AC$, so zeichnet der Mechanismus des Nikomedes den gewünschten Schnittpunkt $E$ mit der Verlängerung von $FA$ ein:

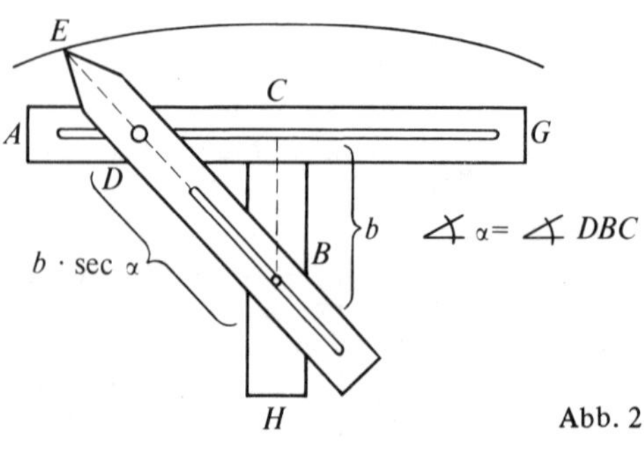


Abb. 2.19

Hippius von Elis hat wahrscheinlich seine neue Kurve (vgl. 2.21) zunächst zur Winkeldreiteilung, also als ,Trisektrix' verwendet, während erst spätere Geometer diese Kurve zur Quadratur des Kreises, also als ,Quadratrix' verwendeten.[15]. Sei nämlich in Abb. 2.16 $\sphericalangle EAD$ der zu drittelnde Winkel. Vom Schnittpunkt $F$ der ,Trisektrix' mit $B'C'$ und dem Winkelschenkel $AE$ fälle man das Lot $FH$ auf $AG$ und drittele $FH$ in $F'$. Die Parallele zu $B'C'$ durch $F'$ schneidet $BA$ in $B''$, die Trisektrix in $L$ und $CD$ in $C''$. Die Streckenverlängerung von $AL$ schneidet die Kurve $BED$ in $N$ (vgl. Abb. 2.16). Nach Definition der Kurve ist $\sphericalangle NAD : \sphericalangle EAD = LM : FH = F'H : FH$, also $\sphericalangle EAN : \sphericalangle NAD = FF' : F'H = 2 : 1$. Natürlich eignet sich die Trisektrix für jede Winkelteilung, die auf $FH$ entsprechend abgetragen werden kann.

Auch die Spirale des Archimedes löst das Problem (vgl. 2.21 – Abb. 2.17).

Drittelt man nämlich den Winkelschenkel $OP$ in den Punkten $P'$ und $P''$ und zeichnet die Kreise um $O$ mit Radien $OP'$ und $OP''$, welche die Spirale in $S'$ und $S''$ schneiden, dann dritteln $OS'$ und $OS''$ den Winkel $\sphericalangle AOB$.

## 2.23 Delisches Problem

Das dritte berühmte Problem der griechischen Geometrie, das zur Einführung neuer Kurven anregte, ist eng mit der griechischen Sagen- und Kulturgeschichte verbunden. Einerseits wird berichtet, daß der sagenumwobene König Minos mit der Größe eines würfelförmigen Grabsteins für seinen Sohn unzufrieden war und die Volumenverdopplung unter Beibehaltung der Gestalt gefordert habe. Nach anderen Quellen war es Apollon selber, der die Verdopplung eines würfelförmigen Altars forderte. Jedenfalls regte der falsche Lösungsvorschlag der Poeten und Sagenerzähler, den Würfel durch Verdopplung der Seiten zu verdoppeln, die griechischen Geometer zur Beschäftigung mit diesem Problem an, das schließlich an Platons Athener Akademie diskutiert wurde.[16] Ein Lösungsvorschlag wird sogar Platon selber zugeschrieben.

Ist $a$ die Seite des gegebenen Würfels, so gilt für die Seite $x$ des gesuchten Würfels $x^3 : a^3 = 2 : 1$. Hippokrates von Chios führte die Aufgabe auf die Bestimmung zweier mittlerer Proportionalen $x$ und $y$ für zwei Strecken $a$ und $b$ mit $a\colon x = x : y = y : b$ zurück. Aus der Proportionengleichung folgt nämlich $x^2 = ay$ und $xy = ab$, also $x^3 = axy = a^2b$, also $x^3 : a^3 = b : a$, also das Delische Problem für $b = 2a$.

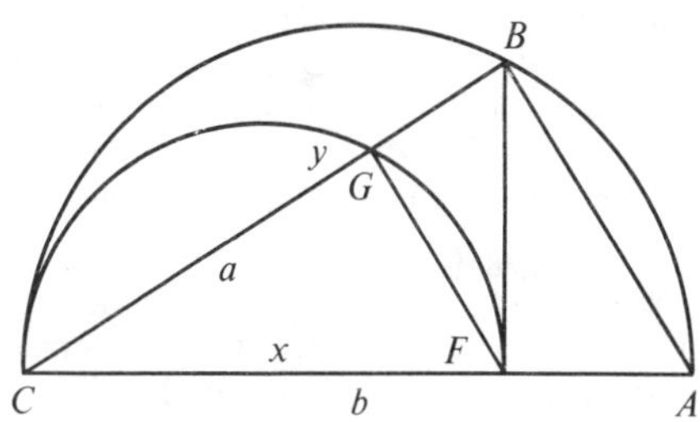


Abb. 2.20

Durch räumliche Erweiterung der elementaren Konstruktionsmittel mit Zirkel und Lineal gelang Archytas von Tarent (ca. 400) folgende Bestimmung von $x$ und $y$.[17]. Für $x$ und $y$ als mittlere Proportionale zu gegebenen Strecken $a$, $b$ muß nach dem Strahlensatz ein rechtwinkliges Dreieck $ABC$ über $b$ als Hypothenuse so angegeben werden, daß das Lot vom Höhenfußpunkt $F$ auf $BC$ gerade die Strecke $GC = a$ abschneidet (Abb. 2.20).

Zur Bestimmung des rechtwinkligen Dreiecks $ABC$ genügt nach Thales (5) die Bestimmung von $B$ auf einem Halbkreis über $b$. Archytas bestimmt nun $B$ als Schnittpunkt dreier räumlicher Körper. Über einer Strecke $A'C = b$ werde zunächst ein Halbkreis errichtet und auf diesem Halbkreis der Punkt $D$ mit $DC = a$ bestimmt (Abb. 2.21). Senkrecht zu der Ebene $DA'C$ beschreibe ein Halbkreis über $A'C$ um $C$ eine Vierteldrehung, so daß $A'$ in die Lage $A$ kommt. Dieser rotierende Halbkreis ist nach Thales (Abb. 2.22) der 1. geometrische Ort von $B$. Sei $F$ der Schnitt von $CA$ mit dem Halbkreis $A'CD$, so daß $CF$ während der Vierteldrehung von $b$ bis Null variiert (Abb. 2.21):

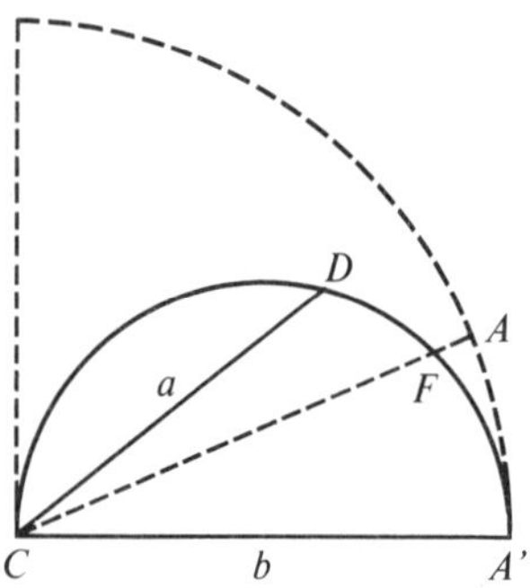

Abb. 2.21

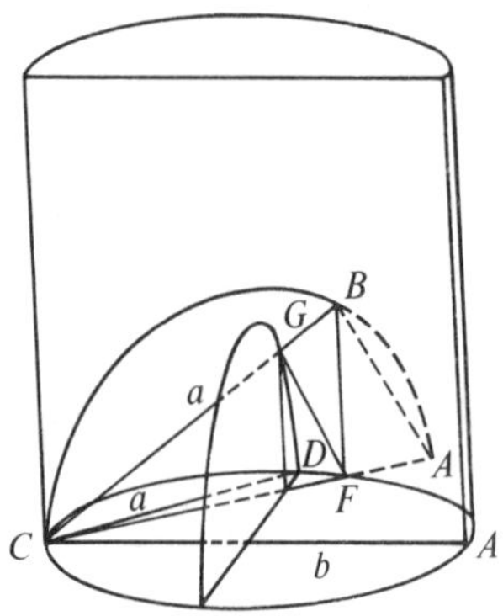

Abb. 2.22

Zu der Ebene $A'CD$ senkrecht über $F$, also auf dem über $A'CD$ senkrecht errichteten Zylinder liegt der 2. geometrische Ort von $B$. Da der Punkt $G$ in der Ebene $ABC$ liegt und da der Winkel $\measuredangle FGC$ ein rechter ist (Abb. 2.20), liegt $G$ nach Thales auf dem Halbkreis über $CF$ (Abb. 2.22), d.h. räumlich auf einer Kugel mit dem Durchmesser $A'C$ (Abb. 2.22). Damit $CG = a$ ist, muß $G$ auf dem Kegel liegen, der durch Rotation von $CD$ um $CA'$ entsteht. Der 3. geometrische Ort von $B$, der sich mit den beiden anderen schneidet, ist dieser Kegel, da $G$ und $B$ auf einer Geraden liegen (Abb. 2.22). Offenbar erweiterte Archytas bei seinem Beweis die elementaren ebenen Konstruktionen (z.B. Kreis durch ebene Rotation des Radius) auf räumliche Bestimmungen (z.B. Kegel durch räumliche Rotation um Kegelachse).[18]

Der folgende Lösungsvorschlag, der Platon selber zugeschrieben wird, ist wieder eine mechanische Bewegungslösung, welche die ebenen Konstruktionsmittel erweitert.[19] Da es geradezu eine Grundüberzeugung platonischer Philosophie war, daß mechanische Bewegungen nicht Themen einer ‚idealen' Geometrie sein können (vgl. 2.3), mag jedoch die Autorschaft Platons bezweifelt werden.

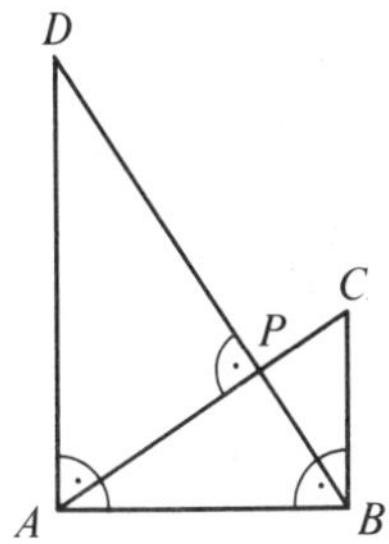


Abb. 2.23

Man betrachte zwei Dreiecke *CBA* und *DAB* mit rechten Winkeln bei *B* und *A*, mit gemeinsamer Seite *AB* und mit in *P* senkrecht aufeinanderstehenden Hypothenusen *AC* und *BD* (Abb. 2.23). Für die ähnlichen Dreiecke *CPB, BPA* und *APD* folgt die Gleichung $PC : PB = PB : PA = PA : PD$, d.h. *PB* und *PA* sind zwei mittlere Proportionale zwischen *PC* und *PD*. Daher genügt zur Lösung des Delischen Problems die Konstruktion einer Figur mit $PD = 2 \cdot PC$. Folgende mechanische Konstruktionsanweisung für ein rechtwinkliges Winkeleisen *RST* und ein rechtwinkliges Dreieck *UVW* leistet das Verlangte (Abb. 2.24).

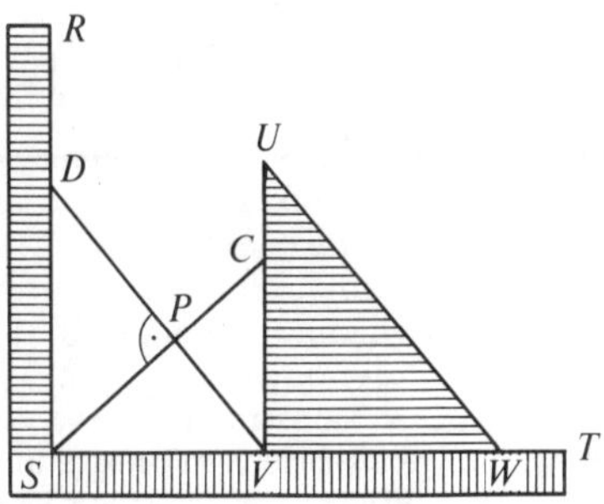


Abb. 2.24

Man zeichne zwei sich in *P* senkrecht schneidende Geraden und trage darauf *PC* und $PD = 2 \cdot PC$ ab. Dann lege man das Winkeleisen mit der Kante *R* an *D* und der Ecke *S* auf die Verlängerung der Geraden *PC*. Auf der Kante *T* des Winkeleisens führe man das Dreieck *UVW* mit der Kante *VW*, bis *VU* den Punkt *C* schneidet. Die mechanische Einrichtung ist nun derart zu bewegen, bis *V* die Verlängerung von *DP* schneidet (Abb. 2.24).

An dieser Stelle könnten noch eine Vielzahl anderer mechanischer Lösungen angeführt werden, die in späteren Jahrhunderten erfunden wurden. Dazu gehört die ‚Zissoide' des Diokles in der Form eines Efeublattes ebenso wie die noch zu besprechenden Kegelschnitte. Vorläufig soll nur festgehalten werden, daß die Entdeckung neuer geometrischer Kurven durch die Grundlagenprobleme der Quadratur des Kreises, der Winkeldreiteilung und des Delischen Problems ausgelöst wurde. Das Studium der höheren Kurvengeometrie ist daher in der griechischen Mathematik im wesentlichen durch grundlagentheoretische und innermathematische Motive bestimmt, da außer dem Kreis – wie noch in 2.3 und 2.4 ausgeführt wird – keine Kurven in den mathematischen Teilen der griechischen Naturwissenschaft (also Astronomie und Statik) Anwendung fanden.

## 2.24 Ausblick auf die Galoissche Theorie

Beschränkt man sich auf die Konstruktion mit Zirkel und Lineal[20)], so erweist sich das Delische Problem aus algebraischen Gründen als unlösbar. Dieser Beweis wird im Anschluß an eine algebraische Theorie formuliert, die auf E. Galois zu Anfang des 19. Jahrhunderts zurückgeht. An dieses frühe Lehrstück höherer Algebra, das im Delischen Problem aktualisiert ist, sei hier kurz erinnert.[21)]

Zunächst ist festzuhalten, daß eine Konstruktion mit Zirkel und Lineal aus einer endlichen Folge von Konstruktionsschritten in einer Ebene besteht: 1) Wahl eines beliebigen Punktes auf der Ebene, 2) Konstruktion der Verbindungsgeraden zweier bereits konstruierter Punkte, 3) Konstruktion eines Kreises aus vorher konstruiertem Mittel- und Perpheripunkt, 4) Konstruktion des Schnittpunktes zweier konstruierter Geraden oder einer bereits konstruierten Geraden mit einem bereits konstruierten Kreis oder zweier bereits konstruierter Kreise. Eine Lösung mit Zirkel und Lineal besteht dann darin, zu einem vorgegebenen Objekt mit vorgegebenen Streckenangaben $a_1, \ldots, a_r$ (z.B. Würfel mit Kantenlänge $a_1 = 1$) ein gesuchtes Objekt mit Strecken $x_1, \ldots, x_t$ (z.B. Würfel mit Kantenlänge $x_1 = \sqrt[3]{2a_1^3}$) in endlich vielen Schritten zu konstruieren.

Führt man in der Ebene ein cartesisches Koordinatensystem ein (vgl. 4.4), so lassen sich die vorausgesetzten Strecken $a_1, \ldots, a_r$ als Zahlenkoordinaten der positiven $x$-Achse interpretieren. Da Strecken mit rationalen Koordinaten als konstruierbar vorausgesetzt werden können, entspricht der geometrischen Voraussetzung algebraisch ein Zahlenkörper $K_0 = \mathbb{Q}(a_1, \ldots, a_r)$, dessen Elemente sich als Quotienten von Polynomen in $a_1, \ldots, a_r$ mit rationalen Koeffizienten aus $\mathbb{Q}$ ausdrücken lassen. Konstruierten Geraden und Kreisen über der vorausgesetzten Punktmenge entsprechen lineare und quadratische Polynome mit Koeffizienten in $K_0$. Einer geometrischen Konstruktion der gesuchten Strecken $x_1, \ldots, x_t$ aus $a_1, \ldots, a_r$ in $n$ Schritten entspricht dann algebraisch eine schrittweise Körpererweiterung $K_0 \subset \ldots \subset K_i \subset K_{i+1} \subset \ldots \subset K_n$ mit $x_1, \ldots, x_t \in K_n$. Die Konstruktion gilt als ausgeführt, wenn die Strecken $x_1, \ldots, x_t$ auf der positiven $x$-Achse abgetragen werden können. Bei der Körpererweiterung ist $K_i = K_{i+1}$ für die Konstruktionsschritte 2), 3) und auch 1), da bei der Punktwahl nach 1) rationale Koordinaten eingeführt werden können. Für Konstruktionsschritt 4) über $K_i$ können bei der Berechnung von Schnittkoordinaten mit Kreisen Quadratwurzeln von Elementen aus $K_i$ auftreten, so daß für den Grad $(K_{i+1}/K_i)$ der Körpererweiterung $K_i \subset K_{i+1}$, d.h. für die Dimension des Vektorraums $K_{i+1}$ über Körper $K_i$ (vgl. 5.21) gilt: $(K_{i+1}/K_i) = 2$. Daher ist der Grad $(K_n/K_0)$ der Körpererweiterung $K_0 \subset K_n$ immer eine Potenz von 2.

Allgemein gilt nach der Theorie von N. H. Abel (1802–1829) und E. Galois (1811–1832), daß ein geometrisches Problem mit vorausgesetzten Bestimmungsgrößen $a_1, \ldots, a_r$ und gesuchten Bestimmungsgrößen $x_1, \ldots, x_t$ genau dann mit Zirkel und Lineal lösbar ist, wenn die gesuchten Größen Wurzeln von Polynomen mit Koeffizienten aus $\mathsf{K}_0 = \mathbb{Q}(a_1, \ldots, a_r)$ sind und die (kleinste normale) Körpererweiterung $\mathsf{E}$ von $\mathsf{K}_0$ mit $x_1, \ldots, x_t \in \mathsf{E}$ als Grad eine Potenz von 2 hat.

Der Delischen Konstruktion eines Würfels mit Kante $x_1 = \sqrt[3]{2}$ aus einem Würfel mit Kante $a_1 = 1$ würde algebraisch eine Körpererweiterung von $\mathsf{K}_0 = \mathbb{Q}(1) = \mathbb{Q}$ auf $\mathbb{Q}(\sqrt[3]{2})$ entsprechen. Da jedoch das Polynom $x^3 - 2$ über $\mathbb{Q}$ nicht weiter in ein Produkt zweier Polynome positiven Grades zerlegt werden kann, ist der Grad der Körpererweiterung $(\mathbb{Q}(\sqrt[3]{2})/\mathbb{Q}) = 3$. Da 3 keine Potenz von 2 ist, kann das Delische Problem nicht mit Zirkel und Lineal gelöst werden.

## 2.3 Die Euklidischen ‚Elemente‘

### 2.31 Platons Akademie und Euklid von Alexandria

Die griechische Auszeichnung von Kreis und Gerade (d.h. Zirkel und Lineal) wird den heutigen Mathematiker, der in analytischer Geometrie geschult ist, zunächst verwundern. Zu eindrucksvoll ist das neuzeitliche Diktum Galileis, wonach es keine „Adelsregister“ geometrischer Kurven gibt, in denen der Kreis als vollkommene Figur „aristokratisch“ ausgezeichnet ist. Die Anwendung der Parabel in der Galileischen Physik und der Ellipse in der Keplerschen Astronomie hat für die Anwendung der Geometrie neue Marken gesetzt (vgl. 3). Es war vor allem Platon, der Kreis und Gerade und damit die ebenen Konstruktionsmittel von Zirkel und Lineal für die Geometrie auszeichnete. In pythagoreischer Tradition hat es die Geometrie nach Platon mit unveränderlichen Proportionen und Formen zu tun, die gegen Veränderung und Bewegung in unserer Sinneswahrnehmung abzugrenzen sind. Da die neuen Kurven wie Quadratrix, Spirale etc. offenbar nur durch Bewegungsmechanismen (wenigstens nach griechischer Auffassung) eingeführt werden können, scheint sich hier in der Tat die Grenze zwischen der mathematischen Wissenschaft ‚idealer‘ Formen und dem Bereich der Veränderungen und Bewegungen, also nach platonischer Auffassung zwischen dem Bereich von ‚Idee‘ und ‚Materie‘, zu verwischen.[22].

Allerdings liegt der Einwand nahe, daß auch Zirkel und Lineal mechanische Geräte zur Realisation von Kreis und Gerade seien. Es kann also nicht Anwendung und mechanische Realisation sein, die Platon ablehnt. Auch der technische Hinweis, daß Zirkel und Lineal ‚einfachere‘ Zeicheninstrumente seien als die übrigen Kurvenmechanismen, wird Platon wenig beeindruckt haben. Was Platon allerdings am Beispiel des Kreises aufging, war der Gedanke der Symmetrie: Jede der unendlich vielen Durchmesser des Kreises ist eine Spiegelungsgerade der Figur. Diese symmetrische Vollkommenheit, die kein ‚wirklicher‘ Kreis besitzt, ist für Platon nur der geometrische Ausdruck der idealen Gesetze, welche dem Universum zugrunde liegen.

Die vollkommenen und unveränderlichen Gesetze, die allem Seienden zugrunde liegen, sind nach platonischer Auffassung Gegenstand der Philosophie. Es ist daher nicht verwunderlich, daß die Mathematik und insbesondere die Geometrie als Denktraining und beste Vorbereitung zur Beschäftigung mit Philosophie angesehen wurde. „Keiner in Geometrie Unkundiger habe Zutritt", soll kurz und bündig über dem Eingang von Platons Athener Akademie gestanden haben. Platon verstand es zudem, die besten Geometer und Astronomen seiner Zeit an die Akademie zu holen und durch seine philosophischen Probleme zu inspirieren. Nach der Schule des Pythagoras finden wir hier eine weitere fruchtbare Verbindung von Philosophie und Mathematik.

Ein Beispiel für die Funktion der Geometrie im Rahmen der philosophischen Ausbildung führt uns Platon in einem Unterrichtsbeispiel seines Dialoges *Menon* vor.[23)] Der Lehrer (Sokrates) läßt den Schüler (einen Sklaven Menons) zunächst ein Quadrat der Seitenlänge 2 zeichnen und fragt dann nach der Seitenlänge des Quadrates von doppelter Fläche: Es ist also die Seite $x$ mit $x^2 = 2 \cdot 2^2 = 8$ zu konstruieren. Der Schüler äußert nun Vermutungen $x = 3$ und $x = 4$, die augenscheinlich zu Widersprüchen führen (Abb. 2.25). Mißerfolge führen zur Frustration, der aber Platon als Zustand des bewußten Nicht-Wissens eine bedeutende pädagogische Funktion beimißt. Erst jetzt ist der Schüler durch eigene Prüfung von Vorurteilen befreit und offen für neue konstruktive Einfälle: Durch geschickte Fragen angeleitet schlägt der Schüler schließlich die Diagonalen $2\sqrt{2}$ der $2^2$-Quadrate vor, welche die Ecken des $4^2$-Quadrates abschneiden (Abb. 2.26).

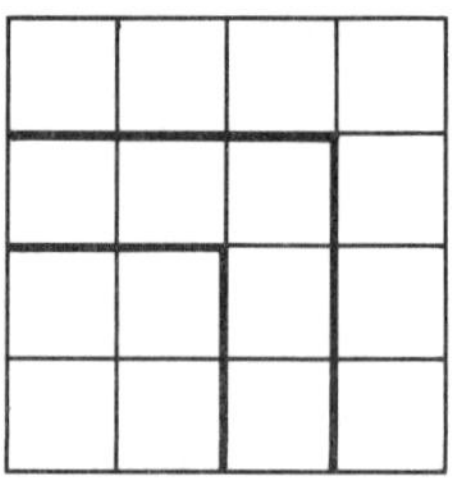

Abb. 2.25

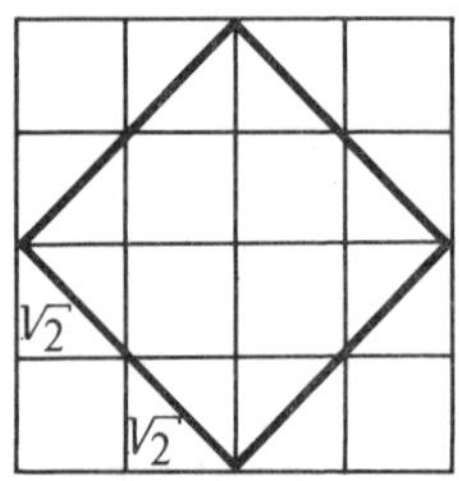


Abb. 2.26

Woher hatte der Schüler diesen Einfall der Diagonalen, der durch keine logischen Regeln erzwungen und bei einem Sklaven auch nicht durch geometrische Vorbildung beeinflußt werden konnte. An dieser Stelle setzt Platons Philosophie ein, für die der geometrische Einfall des Sklaven nur ein Beispiel der ‚Wiedererinnerung' an jene unveränderlichen und vollkommenen Ideen ist, die den veränderlichen Erscheinungen zugrunde liegen und allen Menschen nach entsprechender philosophischer und mathematischer Schulung zugänglich sind.

Beispielhaft für die platonische Beeinflussung der Mathematik wurde schließlich Euklids Standardwerk der *Elemente*. Sie zeichnen sich nicht so sehr durch Originalität ihrer Sätze aus, sondern systematisieren das mathematische Wissen zur Zeit Platons in einem axiomatischen System. Die kultur- und wissenschaftsgeschichtliche Bedeutung kann jedoch kaum hoch genug veranschlagt werden. Von den Tagen Euklids Lehrtätigkeit in Alexandria (ca. 300 v. C.) bis in unser Jahrhundert wurden die *Elemente* als Schul- und Lehrbuch gelesen: Es entstand – mit den Worten von Felix Klein – ein „Kultus der Euklidischen Elemente"[24], der zwar in der strengen Durchführung seiner Beweise den eignen Exaktheitsansprüchen oft nicht gerecht wurde, aber dennoch wissenschaftliche Ideale und Orientierung auf sich zog: Eine Theorie machte Kulturgeschichte! Immer dann, wenn Wissenschaft und Philosophie im Laufe der Geschichte als strenge Wissenschaft auftreten und evidente Urteile begründen wollte, sollte es ‚clare et distincte' und ‚more geometrico' nach dem Vorbild der ‚Alten' sein.

## 2.32 Axiomatische Methode nach Euklid und Aristoteles

Im 1. Buch der *Elemente* stellt Euklid drei Gruppen von Sätzen an den Anfang[25]: Zunächst werden in den ‚Definitionen' (ὅροι) Erklärungen für die Grundbegriffe ‚Punkt', ‚Linie', ‚Gerade' etc. angegeben:
(1) *Ein Punkt ist, was keine Teile hat.*
(2) *Eine Linie ist eine breitenlose Länge.*
(3) *Die Enden einer Linie sind Punkte.*
(4) *Eine gerade (Strecke) ist eine solche, die zu den Punkten auf ihr gleichmäßig liegt.*
(5) *Eine Fläche ist, was nur Länge und Breite hat.*
(6) *Die Enden einer Fläche sind Linien.* . . .
(23) *Parallel sind gerade Linien, die in derselben Ebene liegen und dabei, wenn sie nach beiden Seiten ins Unendliche verlängert, auf keiner einander treffen.*

Diese ‚Definitionen' sind kaum eindeutig und meistens über- oder unterbestimmt. Dabei wird z.B. der Grundbegriff der ‚Fläche' nach den üblichen Meßvorstellungen mit ‚Länge' und ‚Breite' eingeführt. Die Definition der ‚Ebene' als Fläche, die gleichmäßig zwischen ihren Geraden liegt, formuliert ein Homogenitätsprinzip, das durch handwerkliche Herstellungsverfahren von materialen Ebenen vorbereitet sein könnte. So bedienen sich Steinmetze eines Richtscheites, der durch gegenseitiges Abschleifen von Holzstücken gewonnen werden kann. Soll nun ein Stein eine ebene Fläche erhalten, so wird zunächst der Rand gesichert, indem er nach dem Richtscheit abgeschlagen wird. Dann bearbeitet der Steinmetz die Innenfläche mit Spitz- und Flächenhammer unter dauernder Anlegung des Richtscheites. Euklid schweigt sich aber über solche Hintergründe seiner Definitionen in platonischer Orientierung aus.[26]

Die zweite Gruppe von Voraussetzungen betrifft Postulate (αἰτήματα), die Konstruktions- und Existenzforderungen für Figuren formulieren. Gefordert wird z.B.,
(1) *daß man von jedem Punkt nach jedem Punkt die Strecke ziehen kann,*
(2) *daß man eine begrenzte gerade Linie zusammenhängend gerade verlängern kann,*
(3) *daß man mit jedem Mittelpunkt und Abstand den Kreis ziehen kann.*
Für Euklids Lehre von der Kongruenz ist vor allem das 4. Postulat von Bedeutung:
(4) *Alle rechten Winkel sind einander gleich.*

Setzt man den Begriff der Bewegung von Figuren voraus, so wird das 4. Postulat zu einem ableitbaren Satz. Dann nämlich geht ein rechter Winkel in der Ebene aus dem anderen hervor, indem die Winkelschenkel als starre Stäbe durch Drehungen und Translationen ineinander überführt werden. Wenn aber die Bewegung von Euklid ausgeschlossen wird, dann bleibt offen, warum die die Kongruenz von rechten Winkeln und nicht von Strecken ausgezeichnet wurde. Berühmt wurde das 5. Postulat über Parallelen.
(5) *Wenn zwei Geraden mit einer dritten auf derselben Seite innere Winkel bilden, deren Summe kleiner als ein flacher Winkel ist, so schneiden sie sich bei hinreichender Verlängerung auf dieser Seite* (Abb. 2.27).

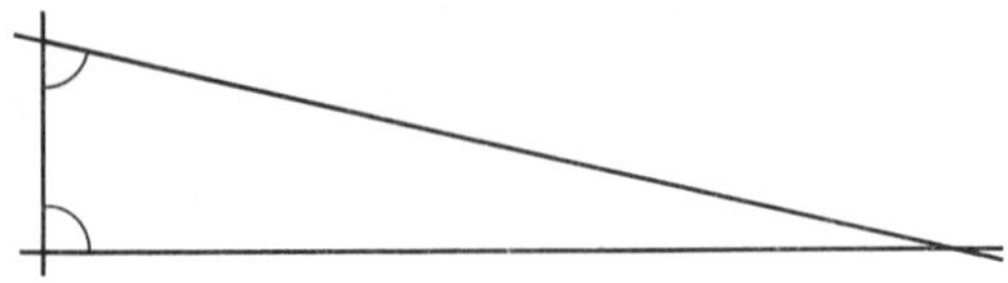

Abb. 2.27

In den Grundsätzen (κοιναὶ ἔννοιαι) faßt Euklid seine ‚Axiome' zusammen:
(1) *Was demselben, ist untereinander gleich.*
(2) *Wenn Gleiches zu Gleichem hinzugefügt wird, sind die Summen (‚Ganzen') gleich.*
(3) *Wenn Gleiches von Gleichem abgezogen wird, sind die Reste gleich.*
(4) *Was sich deckt, ist gleich.*
(5) *Das Ganze ist größer als der Teil.*

Die ersten drei und das 5. Axiom sind allgemeine Gleichungs- bzw. Ungleichungsaussagen, die auch in der Arithmetik gelten. Demgegenüber wird im 4. Axiom neben dem allgemeinen Gleichheitsbegriff auch der spezifisch geometrische Begriff der Kongruenz in seiner ursprünglichen Bedeutung des ‚Aufeinanderpassens' und der ‚Deckungsgleichheit' verwendet.[27)] Aus den Definitionen, Postulaten und Axiomen sind die Lehrsätze der Geometrie durch logische Deduktion abzuleiten. Dabei spielt keine Rolle, wie die Sätze gefunden wurden d.h. der heuristische Hintergrund, wie er noch in Platons Dialog des Menon zum Ausdruck kommt. Was alleine zählt, ist die logisch stringente Deduktion.

Diese Form wissenschaftlicher Argumentation wurde schließlich von Aristoteles als offizielle Methode jeder beweisenden Wissenschaft propagiert. In seinen ersten *Analytica* tritt neben die Forderung der Deduktion die Auszeichnung der einfachen Grundbegriffe und Wahrheiten: „Ich nenne aber Prinzip in jeder Gattung dasjenige, von dem sich beweisen läßt, daß es ist bzw. gilt. Was demnach sowohl das Erste als das aus ihm abgeleitete bedeutet, nimmt man an. Daß es aber existiert, muß man von einem Prinzip annehmen, sonst aber beweisen. So z.B., was Einheit oder was das Gerade und das Dreieck bedeutet. Daß aber die Einheit und räumliche Größe existiert, muß man annehmen, das andere aber beweisen."[28)] Neben solchen Existenzpostulaten, wie sie auch Euklid an den Anfang seiner Deduktionen stellt, treten nach Aristoteles ‚eigentümliche‘ Prinzipien über spezifische Grundbegriffe der jeweiligen Theorie wie z.B. in Euklids Definitionen. Davon sind nach Aristoteles die ‚allgemeinen‘ Prinzipien zu unterscheiden, die in allen Wissenschaften gelten sollen wie z.B. die Euklidischen Axiome (bis auf den Ausnahmefall des 4. Axioms).

## 2.33 Kongruenz und Messen

Der Forderung der logischen Deduktion, die nur mit den angegebenen Voraussetzungen auskommt, wurde Euklid allerdings selber nicht immer gerecht. Das läßt sich gleich bei den ersten Beweisschritten im 1. Buch demonstrieren.[29] Es geht darum, eine gegebene Strecke $AB$ auf einer anderen Strecke $CF$ von $C$ aus abzutragen:

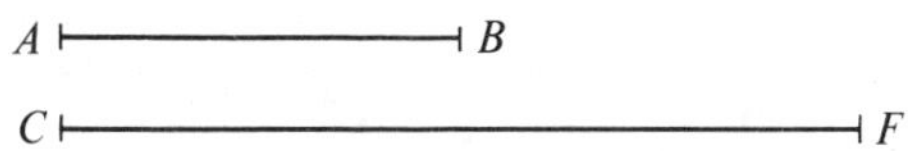


Abb. 2.28

Die naheliegende Durchführung dieser Aufgabe durch Anlegung und freie Bewegung eines Lineals ist nach den von Euklid vorausgesetzten Postulaten nicht möglich. Nach dem 3. Postulat ist nur möglich, mit dem Zirkel um einen festen Punkt einen Kreis zu schlagen, wenn ein Punkt des Kreisumfanges gegeben ist. Daher gliedert Euklid die deduktive Rechtfertigung der Streckenabtragung in folgende drei Teilaufgaben.

1. Deduktionsschritt:
*Über einer gegebenen Strecke AB läßt sich ein gleichseitiges Dreieck errichten.*

*Beweis:*
Nach dem 3. Postulat läßt sich um $A$ mit $AB$ und um $B$ mit $BA$ ein Kreis schlagen:

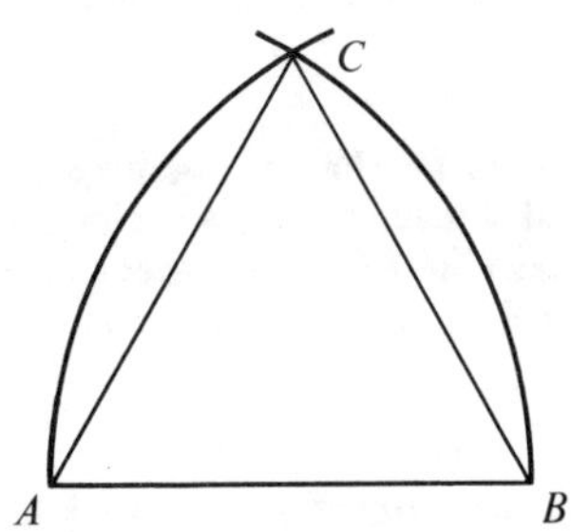


Abb. 2.29

An dieser Stelle nimmt Euklid ohne Begründung durch Postulate die Existenz eines Schnittpunktes $C$ beider Kreise an, was anschaulich, aber nicht deduktiv gerechtfertigt ist. Unter Benutzung der Axiome zeigt Euklid allerdings dann deduktiv korrekt, daß $ABC$ ein gleichseitiges Dreieck ist.

2. Deduktionsschritt:
*Von einem gegebenen Punkt C aus läßt sich eine Strecke abtragen, die einer gegebenen AB gleich ist.*

*Beweis:*
Nach dem 1. Deduktionsschritt läßt sich über $AC$ ein gleichseitiges Dreieck $ACD$ errichten. Nach dem 2. Postulat verlängere man $DA$ über $A$ hinaus und schlage nach dem 3. Postulat einen Kreis um $A$ mit $AB$:

An dieser Stelle nimmt Euklid wieder ohne Begründung die Existenz eines Schnittpunktes $B'$ mit der Verlängerung von $DA$ an, was anschaulich klar, aber deduktiv nicht gerechtfertigt wird. Nach dem 2. Postulat verlängere man $DC$ über $C$ hinaus und schlage nach dem 3. Postulat einen Kreis um $D$ mit $DB'$. Die Existenz eines Schnittpunktes $E$ mit der Verlängerung von $CD$ wird wieder vorausgesetzt. Nach Voraussetzung sind nun $ED = DB'$ und $DC = AD$. Nach dem 3. Axiom gilt dann $CE = AB'$. Nach Voraussetzung ist $AB = AB'$, also nach dem 1. Axiom $CE = AB$.

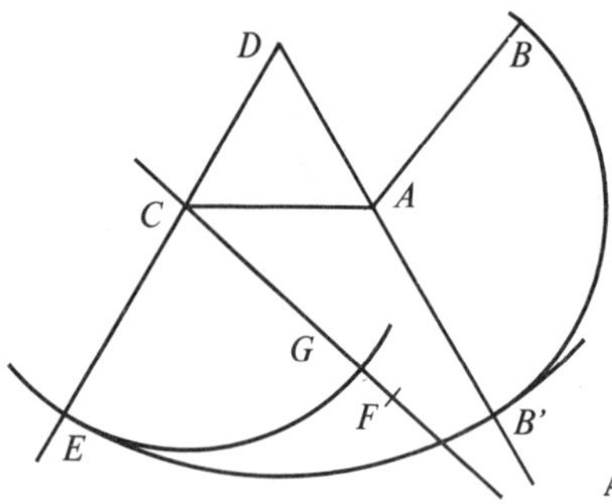


Abb. 2.30

3. Deduktionsschritt:
*Eine Strecke CF sei größer als AB. Auf CF läßt sich eine Strecke von C aus abtragen, die gleich AB ist.*

*Beweis:*
Nach dem 2. Deduktionsschritt erhält man eine Strecke $CE = AB$ von $C$ aus. Nach dem 3. Postulat schlage man um $C$ einen Kreis mit $CE$. Die Existenz eines Schnittpunktes $G$ mit $CF$ wird wieder vorausgesetzt ohne deduktive Rechtfertigung. Da $AB = CE = CG$, gilt nach dem 1. Axiom auch $AB = CG$.

Euklid zeigt nun den

1. Kongruenzsatz: *Wenn zwei Dreiecke in zwei Seiten und dem eingeschlossenen Winkel übereinstimmen, dann auch in den gegenüberliegenden Seiten:* (Abb. 2.31)

Zum Beweis werden $AC$ auf $A'C'$ und $AB$ auf $A'B'$ abgetragen. Was allerdings unter dem Abtragen eines Winkels zu verstehen ist, bleibt ungeklärt. Ebenso wird nicht bedacht, was aus der dritten Seite $B'C'$ bei der Übertragung von $A'C'$ und $A'B'$ wird, ob nämlich diese Seite überhaupt eine Gerade bleibt. Zwar lehrt uns an dieser Stelle die Anschauung, daß $CB$ auf $C'B'$ zur Deckung kommen ‚muß'. Dieser Schluß ist aber mathematisch nur gerechtfertigt, wenn die Existenz von Bewegungen vorausgesetzt wird, welche geometrische Figuren in andere überführen, ohne ihre Form und Größe zu verändern. Ziel Euklids war es aber, seine Konstruktionen nur mit den vorausgesetzten Postulaten und Axiomen deduktiv zu rechtfertigen ohne Voraussetzung eines Bewegungsbegriffs, der nach platonischer Auffassung dem Bereich der ‚Materie' angehört und in der ‚idealen' Geometrie unzulässig ist. Diese Euklidische Inkonsequenz wird übrigens noch A. Schopenhauer im 19. Jahrhundert wiederholen.[30] Untersucht man nun das Verhältnis des 1. Kongruenzsatzes zum 4. Postulat über rechte Winkel, so ist mathematisch auch nicht einzusehen, warum die Kongruenz der rechten Winkel vorausgesetzt wird, während sie mit dem 1. Kongruenzsatz (wie später bei Hilbert) beweisbar wird.[31]

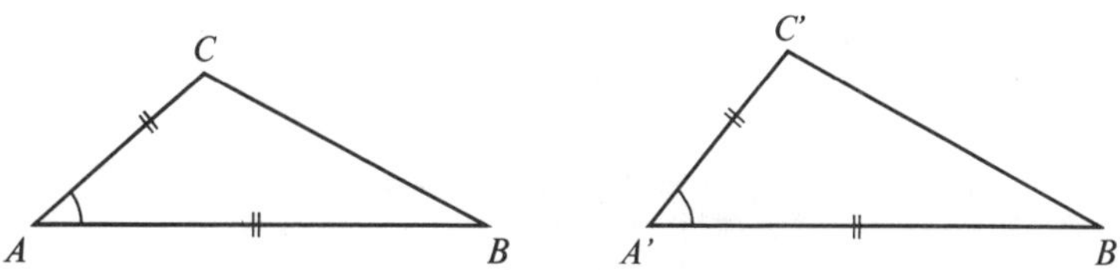


Abb. 2.31

Euklid bleibt in seiner Untersuchung des Kongruenzbegriffs durchaus nicht bei der quasi-empirischen Definition als ‚Deckungsgleichheit' stehen. Im VI. Buch kündigt sich eine Unterscheidung an, die bereits eine ausgebildete Proportionenlehre voraussetzt. Fügt man nämlich drei Strecken, deren Längen sich unabhängig von den jeweiligen Längenmaßen verhalten wie $a : b : c$ zu einem Dreieck zusammen, so erhält man unabhängig von den absoluten Längenmaßen der Strecken und unabhängig von der Größe der Dreiecke beliebig viele Dreiecke derselben Form. Ein solches Dreieck ist also bis auf seine Form (Ähnlichkeit) bestimmt. Fügt man absolute Größenangaben z.B. über die drei Dreieckseiten hinzu, erhält man wieder kongruente Dreiecke. Kongruenz wird also zu einem abgeleiteten Begriff aus Formgleichheit (Ähnlichkeit) und Größengleichheit. Da dieser Kongruenzbegriff eine ausgebildete Proportionenlehre voraussetzt, wurde er auf einem höheren Entwicklungsniveau der Geometrie formuliert als der noch mit den Eierschalen quasi-empirischer Anschauung behaftete Kongruenzbegriff der ‚Dekkungsgleichheit', den Euklid im 1. Buch verwendet.

Die wachsende Abstraktion in der Geometrie wird auch in Euklids Beweis des Pythagoreischen Lehrsatzes deutlich, dessen frühen Beweisen z.B. bei den Pythagoreern noch deutlich das quasi-empirische Experimentieren mit Flächenverschiebungen anzusehen ist (vgl. 2.1). In Buch I, 47 geht Euklid von folgender Beweisidee aus:[32] Fällt man in dem rechtwinkligen Dreieck $ABC$ das Lot von $C$ auf die untere Seite des Hypothenusenquadrates, dann sind die beiden Kathetenquadrate gleich den beiden so entstandenen Teilrechtecken des Hypothenusenquadrates, also $c^2 = ADLK + KLEB = a^2 + b^2$.

Zeichnet man nämlich $FG'$ parallel zu $AB$, so ist $a^2$ gleich dem Parallelogramm $FABG'$, da die Strecken $FA$ und $GCB$ nach Voraussetzung parallel sind. Zeichnet man weiterhin die Diagonale $FB$ des Parallelogramms, so ist $FABG'$ gleich 2-mal der Dreiecksfläche $FAB$. Nun ist das Dreieck $FAB$ nach dem 1. Kongruenzsatz mit dem Dreieck $CAD$ kongruent, da beide die Seiten $a$, $c$ und den eingeschlossenen Winkel $\alpha + 90^\circ$ gemeinsam haben. $CD$ ist weiterhin die Diagonale des Parallelogramms $CADL'$, d.h. $CADL' = 2 \cdot CAD$. Da das Parallelogramm $CADL'$ gleich dem Rechteck $ADLK$ ist, folgt also $a^2 = ADLK$. Analog für $b^2 = KLEB$. Damit ist der ‚Lehrsatz des Pythagoras', der bei den Babyloniern nur eine Meßvorschrift war, axiomatisch bewiesen.

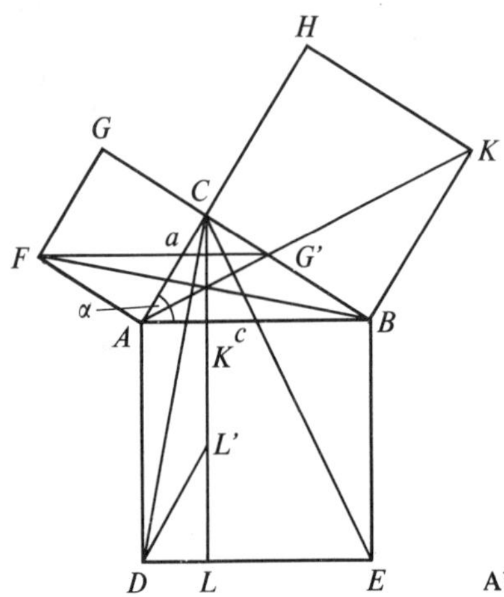


Abb. 2.32

## 2.34 Stetigkeit und Exhaustion

Die *Elemente* sind nicht das originale Werk eines Autors, sondern z.T. der systematische Bericht über das mathematische Wissen zur Zeit des Euklid. So behandelt Buch II die geometrische Algebra der Pythagoreer, Buch III–IV Ergebnisse dieser Schule über Kreis, Sehne, Sekante, Tangente und die Konstruktion von regulären Polygonen im Kreis. Buch V enthält schließlich eines der Glanzstücke griechischer Mathematik. Es geht auf Eudoxos von Knidos, dem Zeitgenossen und Mitarbeiter Platons, zurück, der die mit der Inkommensurabilität verbundene erste Grundlagenkrise der Mathematik dadurch löste, daß er die pythagoreische Lehre zu einer geometrischen Proportionenlehre und Kontinuumstheorie erweiterte.[33)] Nun sollen auch allgemein Proportionen behandelt werden können, die ‚irrational' sind, also kein gemeinsames Maß besitzen.

Einzelne Irrationalitäten waren z.B. die Diagonale $\sqrt{2}$ des Einheitsquadrates (vgl. 2.1) oder $\sqrt[3]{2}$ als Seite des verdoppelten Delischen Würfels (vgl. 2.24). Platon berichtet im *Theaetet*, daß Theodorus von Kyrene (ca. 430 v. C.) die

Irrationalität der Quadratwurzeln von 3, 5, 7, . . . , 17 noch einzeln bewiesen habe.[34]. Das allgemeine Problem erkannte jedoch erst Eudoxos. Modern gesprochen liefert er ein geometrisches Ersatzstück zur heutigen Theorie der reellen Zahlen.[35]

Er geht aus von einem Bereich von beliebigen Größen *a, b,* . . . , die für Strecken, Flächen, Volumina, aber auch positive ganze Zahlen stehen können. Der Objektbereich ist abgeschlossen gegen (kommutative und assoziative) Addition, geordnet durch eine Ordnungsrelation. Die Objekte lassen sich vervielfachen zu $n \cdot a = a + \ldots + a$. Grundlegend ist das häufig erst Archimedes zugeschriebene, jedoch bei Euklid V,Def. 4 stehende und auf Eudoxos zurückgehende Meßbarkeitsaxiom: „Zwei Größen haben zueinander ein Verhältnis, wenn sie vervielfacht einander übertreffen können.“[36] In seiner ‚Physik‘ formuliert Aristoteles denselben Sachverhalt: „Wenn ich ständig zu einer endlichen Größe etwas hinzufüge, so werde ich schließlich jede bestimmte Größe überschreiten, und ebenso, wenn ich ständig etwas wegnehme, sie unterschreiten.“[37] In einer heutigen Sprechweise wird also gefordert: Zu jedem $a$ und $b$ gibt es eine (positive ganze) Zahl $n$ mit $a < n \cdot b$, auch wenn $b$ kleiner als $a$ ist.

Für Aristoteles folgt aus diesem Axiom als wichtigste Konsequenz, daß eine atomistische Auffassung des Kontinuums wie bei Demokrit abgelehnt werden muß. Kein $b$ soll ja im Vergleich zu einem $a$ so klein sein, daß für jedes $n$ immer $n \cdot b < a$ folgt. Läßt man nämlich das Meßbarkeitsaxiom fort, so wird eine Geometrie mit krummlinigen Winkeln und aktual unendlich kleinen Größen möglich, welche eine erste Spielart nicht-euklidischer Geometrien – nämlich die später sogenannte nicht-archimedische Geometrie – darstellt. Dazu sei an die bereits in Antike und Mittelalter diskutierte Lehre der hornförmigen Winkel (z.B. bei Pappos und Proklos) erinnert.[38]

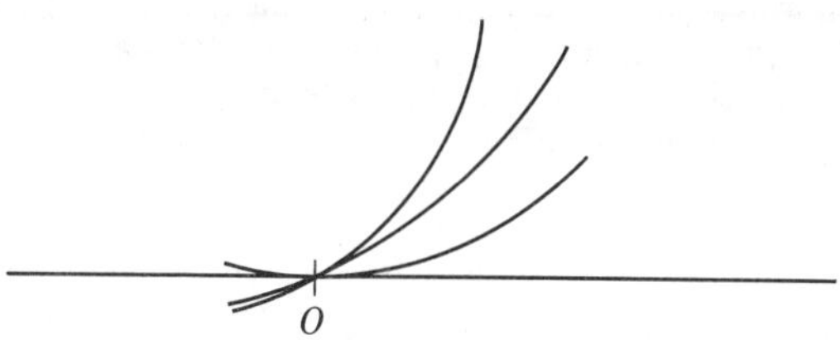


Abb. 2.33

Auf einer Geraden sei ein Punkt $O$ gegeben. Ein von $O$ ausgehender Strahl sei der gerade Schenkel unserer hornförmigen Winkel, die als freie Schenkel durch $O$ gehende Kreise (oder Geraden) besitzen (Abb. 2.33). Diese Winkel lassen sich ihrer Größe nach ordnen, indem derjenige von zwei hornförmigen Winkeln als kleiner bezeichnet wird, dessen freier Schenkel bei Zuschreiten auf $O$ unterhalb des anderen Schenkels bleibt. Offenbar sind die hornförmigen Winkel in diesem Sinn geordnet. Man betrachte nun einen in $O$ die Gerade als Tangente berührenden Kreis vom Radius $r$. Ordnet man dem berührenden Kreis mit dem Radius $r/n$ den $n$-fachen Winkel zu, so stimmt das mit unserer Ordnungsdefinition für hornförmige Winkel überein, da die Winkel der berührenden Kreise mit den Radien $r, r/2, r/3, \ldots$ immer größer werden (Abb. 2.34). Durch Multiplikation mit einer (positiven ganzen) Zahl $n$ entstehen so aus dem Winkel $\alpha$ eines berührenden Kreises immer wieder Winkel berührender Kreise. Mißt man nun Winkel mit geraden Schenkeln mit dem gewöhnlichen Winkelmaß, dann bleiben alle Vielfachen $n \cdot \alpha$ nach unserer Definition kleiner als z.B. der Winkel mit dem geraden Schenkel $a$ – so groß man auch $n$ wählt. Diese Eigenschaft widerspricht dem Meßbarkeitsaxiom und kann in der Euklidischen Geometrie für eine von Null verschiedene Größe $\alpha$ *nicht* vorkommen. $\alpha$ ist hier also eine aktual unendlich kleine Größe – ein unendlich kleines geometrisches ‚Atom', das an die unendlich kleinen realen Atome erinnert, aus denen nach Demokrit das Universum aufgebaut ist.

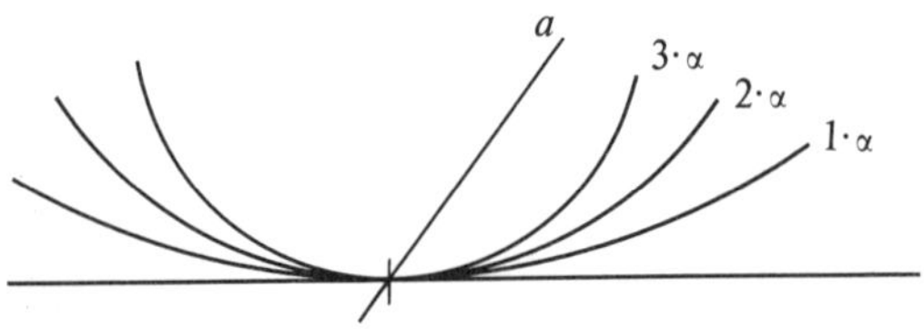


Abb. 2.34

Wie lassen sich nun aber nach Eudoxos beliebige geometrisch ‚irrationale' Verhältnisse definieren? In Euklid V,Def. 5 heißt es: „Größen stehen in demselben Verhältnis, die erste zur zweiten und die dritte zur vierten, wenn die gleichen Vielfachen der zweiten und vierten – bei jeder beliebigen Vervielfachung – einander entweder zugleich übertreffen oder gleichkommen oder unterschreiten, in entsprechender Ordnung genommen." Zwei Größenverhältnisse $a : b$, $a' : b'$ heißen also gleich, wenn für beliebige (positiv ganze) Zahlen $m$ und $n$, welche die in der folgenden ersten Zeile stehende Beziehung erfüllen, immer auch die darunter gesetzte Beziehung erfüllen:

(1) $\begin{matrix} n \cdot a > m \cdot b \\ n \cdot a' > m \cdot b' \end{matrix}$ (2) $\begin{matrix} n \cdot a = m \cdot b \\ n \cdot a' = m \cdot b' \end{matrix}$ (3) $\begin{matrix} n \cdot a < m \cdot b \\ n \cdot a' < m \cdot b' \end{matrix}$

R. Dedekind wird (im 19. Jahrhundert) sagen, daß die „reellen Größen" $x$ einen „Schnitt" im Bereich der rationalen Zahlen $m/n$ erzeugen – und zwar durch die Einteilung aller Brüche $m/n$ in die drei Klassen derjenigen Elemente, welche (1) kleiner als $x$, (2) gleich $x$ und (3) größer als $x$ sind. Die mittlere Klasse ist entweder leer oder enthält höchstens einen einzigen Bruch. Diese neuzeitliche Vorstellung, wonach rationale bzw. irrationale Verhältnisse neue Größen seien, ist jedoch der griechischen Geometrie völlig fremd.

Jedoch werden äquivalente Sätze zur Addition und Multiplikation beliebiger Größenverhältnisse definiert.[39] Modern gesprochen entspricht die Eudoxische Proportionenlehre einem archimedisch angeordneten Körper. Von Eudoxos nicht explizit formuliert, aber natürlich überall vorausgesetzt ist die Existenz „Dedekindscher Schnitte", d.h. es fehlt das Vollständigkeitsaxiom. Für Eudoxos stellt sich das Problem, ein gegebenes beliebiges Größenverhältnis $a : b$ für gegebenes $a'$ auf die Form $a' : b'$ zu bringen, d.h. die 4. Proportionale $b'$ bei gegebenem $a'$ zu bestimmen.[40] Aus der Eindeutigkeit seiner Definition folgt nur, daß es höchstens ein $b'$ gibt. Daß aber überhaupt ein $b'$ existiert, muß axiomatisch vorausgesetzt werden.

In Buch VI der *Elemente* begründet Euklid die Ähnlichkeitssätze mit der Proportionenlehre. Für kommensurable Strecken $a$, $b$ und $a'$, $b'$ ist der 1. Ähnlichkeitssatz leicht gezeigt: Wenn zwei sich schneidende Geraden durch zwei Parallelen geschnitten werden, so gilt für die so bestimmten Strecken $a : b = a' : b'$ (Abb. 2.35). Man trage nämlich auf $a$ und $b$ die Einheit $e$ mit $a = n \cdot e$ und $b = m \cdot e$ und ziehe durch die so abgetragenen Punkte auf $a$ und $b$ die Parallelen zu den vorgegebenen Schnittparallelen. Die Schnittpunkte mit $a'$ und $b'$ ergeben $a' = n \cdot e'$ und $b' = m \cdot e'$ für eine Einheit $e'$. Für den allgemeinen Fall mit inkommensurablen Strecken zeigt Euklid zunächst, daß sich Rechtecks- und Dreiecksflächen gleicher Höhe so verhalten wie ihre Grundlinien. In Abb. 2.36 gilt also für die Dreiecksflächen $c, c_1, c_2$ die Proportionengleichung $c : c_1 = a : b$ und $c : c_2 = a' : b'$. Da die Dreiecke $c_1, c_2$ gleiche Grundseite und Höhe besitzen, ist ihre Fläche gleich, d.h. $c_1 = c_2$, also $a : b = a' : b'$.

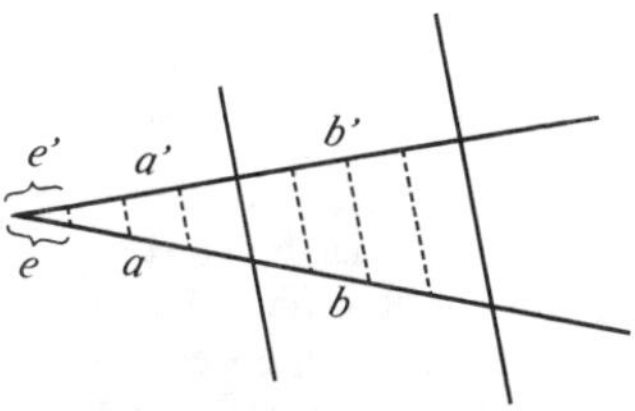


Abb. 2.35

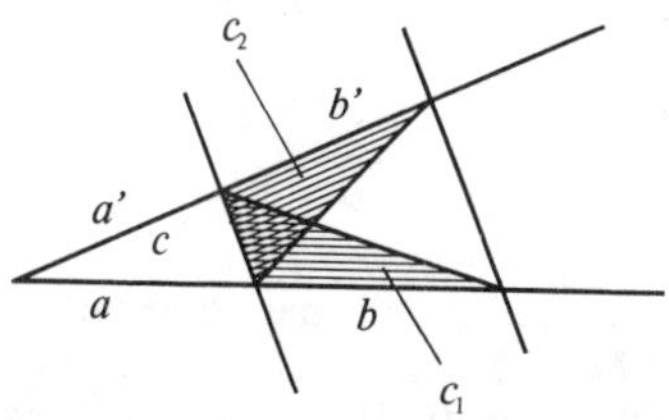


Abb. 2.36

Mit dem Ähnlichkeitsbegriff läßt sich auch der Kongruenzbegriff auf die Proportionenlehre zurückführen (vgl. 2.33). Eine große Leistung der Proportionenlehre besteht aber vor allem darin, daß nun die Flächen krummliniger Figuren streng geometrisch bestimmt werden können, wenn auch das Eudoxische Verfahren dem modernen an Integralrechnung geschulten Mathematiker umständlich erscheinen mag. Im Euklid X,1 wird durch ‚reductio ad absurdum‘ ein Satz bewiesen, der die Grundlage des sogenannten ‚Exhaustionsverfahrens‘ bildet: Wenn von einer beliebigen Größe ein Teil nicht weniger als die Hälfte abgezogen werden kann und vom Rest wieder ein Teil nicht weniger als die Hälfte abgezogen werden kann und wenn dieses Verfahren fortgesetzt wird, dann wird schließlich ein Rest übrigbleiben weniger als irgendeine angenommene Größe derselben Art.[41]

Sei also $a$ eine Größe und $\epsilon$ eine Größe derselben Art, $r$ eine rationale Zahl mit $\frac{1}{2} \leqslant r < 1$, dann läßt sich eine positive ganze Zahl $N$ angeben, so daß für alle $n > N$ gilt $a(1-r)^n < \epsilon$. Modern gesprochen gilt also $\lim\limits_{n \to \infty} a(1-r)^n = 0$.

Dieses Prinzip der ‚Exhaustion‘ erlaubt den exakten Beweis eines Satzes, den

Hippokrates von Chios für seine ‚Mönchenquadratur' voraussetzen mußte (vgl. 2.21): Die Flächen $a$, $a'$ zweier Kreise verhalten sich wie ihre Durchmesserquadrate $a : a' = d^2 : d'^2$.[42] Da der Grenzbegriff den Griechen nicht zur Verfügung steht, beweist Euklid, daß sowohl $a : a' < d^2 : d'^2$ als auch $a : a' > d^2 : d'^2$ zu einem Widerspruch führt.

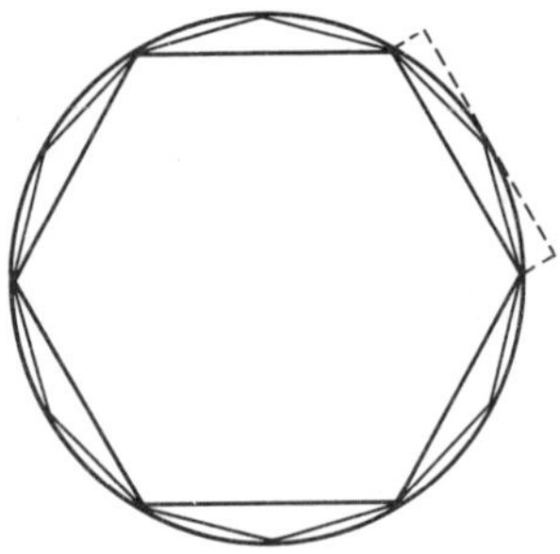

Abb. 2.37

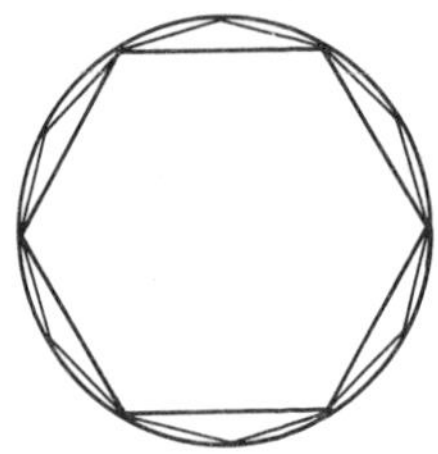

Abb. 2.38

Sei also $a : a' > d^2 : d'^2$, d.h. es existiert $a'' < a$ mit $a'' : a' = d^2 : d'^2$. Man wähle $\epsilon = a - a'' > 0$. Innerhalb der Kreise mit Fläche $a$ und $a'$ werden nun reguläre Polygone $p_n$ und $p_n'$ mit jeweils $n$ Kanten eingeschrieben (Abb. 2.37, 2.38). Verdoppelt man die Kantenzahl, so wird von der Restfläche aus Kreis und Polygon mehr als die Hälfte abgezogen, da das Dreieck über der Kante (Abb. 2.37) die Hälfte des Rechtecks ist. Daher können die Restflächen aufgrund des Exhaustionssatzes durch schrittweise Verdopplung der Kantenzahl vermindert werden, bis $a - p_n < \epsilon$. Wegen $\epsilon = a - a''$ folgt $p_n > a''$. Für Polygone ist bereits $p_n : p_n' = d^2 : d'^2$ bekannt. Nach der Voraussetzung $a'' : a' = d^2 : d'^2$ folgt also $p_n : p_n' = a'' : a'$. Wegen $p_n > a''$ folgt dann $p_n' > a'$, d.h. ein Widerspruch, da $p_n'$ die Fläche eines in $a'$ eingeschriebenen Polygons ist. Analog wird die Annahme $a : a' < d^2 : d'^2$ auf einen Widerspruch geführt, d.h. beide Annahmen sind falsch. Es gilt also die Behauptung.

## 2.35 Reguläre Körper und Symmetrie

Die Bücher VII–IX beschäftigen sich vor allem mit elementarer Zahlentheorie, Buch X mit Theaetets Untersuchung von Irrationalitäten. Abschluß der *Elemente* bildet die Stereometrie der Bücher X–XIII, insbesondere die Konstruktion der regulären Körper in Buch XIII. Sie wird von einigen Kommentatoren als Höhepunkt der *Elemente* eingeschätzt, da sie die geometrische Rechtfertigung der fünf regulären Körper liefert, aus denen nach Platons Dialog *Timaios* das Universum aufgebaut ist.[43] Es handelt sich im einzelnen um maßgerechte Körperkonstruktionen wie das Tetraeder aus vier regulären Dreiecken, der Würfel aus sechs regulären Quadraten, das Oktaeder aus acht regulären Dreiecken, das Ikosaeder aus zwanzig regulären Dreiecken und das Dodekaeder aus zwölf regulären Fünfecken:

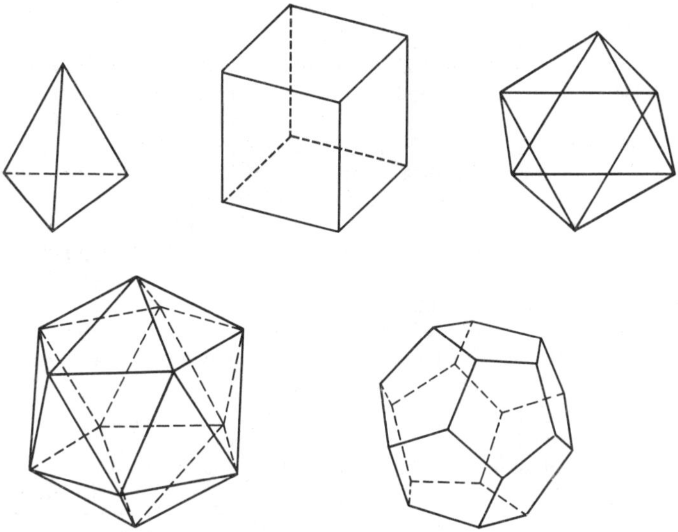

Abb. 2.39

Schon in vorgriechischer Zeit hatten einige dieser Körper wegen ihres regelmäßigen Aufbaus und ihrer kristallernen Struktur kultischen und religiösen Symbolwert. Tetraeder, Würfel und Oktaeder waren sicher schon in vorwissenschaftlicher Zeit bekannt, da sie z.B. als Kristalle oder Bausteinformen der alltäglichen Erfahrung zugänglich waren. Demgegenüber bilden Ikosaeder und Dodekaeder geometrische Konstruktionen. Kosmologische Bedeutung gewinnen die regulären Körper in Platons Dialog *Timaios*, wo sie den vier Elementen Feuer, Luft, Erde und Wasser zugeordnet werden. Im Dodekaeder aus regulären Fünfecken, dem Ordenssymbol der Pythagoreer, sieht Platon in besonderer Weise die Symmetrie des gesamten Universums widergespiegelt.[44)]

Der letzte Satz der *Elemente*, es handele sich dabei um die einzigen regulären Körper im Euklidischen Raum, ist bereits eine bedeutende mathematische Einsicht. Die Begründung lautet so:[45)] Allgemein wird von einem regulären Polyeder gefordert, daß alle seine Ecken, Kanten und Flächen nicht unterscheidbar sind. Zudem sollen sämtliche Flächen reguläre Polygone sein. Aus dieser Definition lassen sich bereits die platonischen Körper als einzige reguläre Körper rechtfertigen. Zunächst wird ein regulärer Polyeder keine einspringenden Ecken und Kanten besitzen. Da nämlich nicht alle Ecken und Kanten einspringen können, so wären einige Ecken oder Kanten unterscheidbar – entgegen der Definition. Daher muß auch die Summe der Polygonwinkel, die an einer Ecke zusammenstoßen, kleiner als $2\pi$ sein. Andernfalls lägen diese Polygone in einer Ebene, und es würden einspringende Kanten von dieser Ecke ausgehen. Zudem müssen mindestens drei Polygone in einer Ecke zusammenstoßen. Weiterhin müssen wegen der Regularität alle Polygonwinkel gleich sein. Daher müssen sie alle kleiner als $2\pi/3$ sein. Im regulären Sechseck beträgt der Polygonwinkel gerade $2\pi/3$. Da die Winkel für $n > 3$ im regulären $n$-Eck wachsen, können nur reguläre 3-, 4- und 5-Ecke als Flächen regulärer Polyeder gewählt werden. Beim regulären 4-Eck, dem Quadrat, mit nur rechten Winkeln können nicht mehr als drei Quadrate in einer Ecke zusammenstoßen, ohne die Winkelsumme von $2\pi$ zu übertreffen. Beim regulären 5-Eck können nicht mehr als drei Fünfecke in einer Ecke zusammentreffen. Ein regulärer Körper ist nach Definition bereits vollständig bestimmt, wenn die Anzahl der in einer Ecke zusammenstoßenden Flächen und deren Eckenzahl bekannt ist. Daher kann es höchstens nur jeweils ein reguläres Polyeder geben, das von Quadraten oder von regulären 5-Ecken begrenzt wird. Demgegenüber können drei, vier oder fünf gleichseitige Dreiecke in einer Ecke zusammenstoßen, da erst sechs Dreiecke die Winkelsumme $2\pi$ ergeben. Das reguläre (gleichseitige) Dreieck kann daher bei drei verschiedenen Polyedern als Fläche auftreten. Insgesamt ergeben sich also 5 mögliche reguläre Polyeder:

| Polyeder | Begrenzende Polygone | Anzahl der | | | |
|---|---|---|---|---|---|
| | | Ecken | Kanten | Flächen | zusammenstoßenden Flächen in einer Ecke |
| Tetraeder | Dreieck | 4 | 6 | 4 | 3 |
| Oktaeder | Dreieck | 6 | 12 | 8 | 4 |
| Ikosaeder | Dreieck | 12 | 30 | 20 | 5 |
| Würfel | Viereck | 8 | 12 | 6 | 3 |
| Dodekaeder | Fünfeck | 20 | 30 | 12 | 3 |

Euklid zeigt in Buch XIII, daß diese 5 Möglichkeiten auch konstruierbar sind. Dazu werden die regulären Körper Kugeln einbeschrieben, so wie in der Ebene Polygone Kreisen einbeschrieben werden. Während es jedoch unendlich viele reguläre Polygone in der Ebene gibt (was auch Euklid durch Anwendung seines Exhaustionsverfahrens bestätigt), ist die Polyederanzahl beschränkt. Wie Kreis und Kugel verfügen reguläre Polygone und Polyeder über ausgezeichnete Symmetrieeigenschaften.

Die Spiegelungssymmetrie des Kreises mit seinen unendlich vielen Durchmessern als Spiegelungsgeraden war in vorgriechischer Zeit ebenso bekannt wie seine ‚Drehungssymmetrie', wonach die Gestalt des Kreises durch beliebig große oder kleine Drehungen um den Mittelpunkt nicht verändert wird. Die Drehungssymmetrie eines $n$-regulären Polygons wird durch $n$ Drehungen um den Winkel $\rho = 2\pi/n$ festgelegt. Sie können auch hintereinander ausgeführt werden und bilden daher – wie man seit dem 19. Jahrhundert sagt – eine Gruppe.[46)] Die Spiegelungen entstehen an den Spiegelungsachsen mit Winkeln $\kappa = 2\pi/2n$. Mit den Drehungen zusammen ergibt sich die später sogenannte Diedergruppe, die alle Symmetrieeigenschaften des jeweiligen Polygons beschreibt. Bei den Polyedersymmetrien treten zudem noch Punktspiegelungen auf, die erst in der modernen Gruppentheorie vollständig algebraisch beschrieben werden. Diese Untersuchungen werden auch ergeben, daß Würfel und Oktaeder bzw. Dodekaeder und Ikosaeder gruppentheoretisch ununterscheidbar sind. Bei Zuordnung entsprechender Ecken und Seiten lassen sich nämlich Würfel und Oktaeder bzw. Dodekaeder und Ikosaeder einander um- und einbeschreiben. In der Tabelle auf S. 54

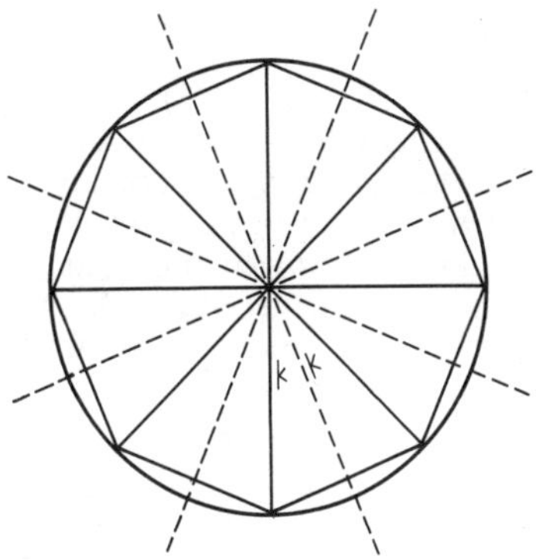


Abb. 2.40

zeigt sich das darin, daß der eine Körper soviel Ecken wie der andere Flächen hat, daß in jeder Ecke des einen Körpers soviel Flächen zusammenstoßen, wie auf jeder Fläche des anderen Ecken liegen und daß beide Körper die gleiche Anzahl Kanten haben:

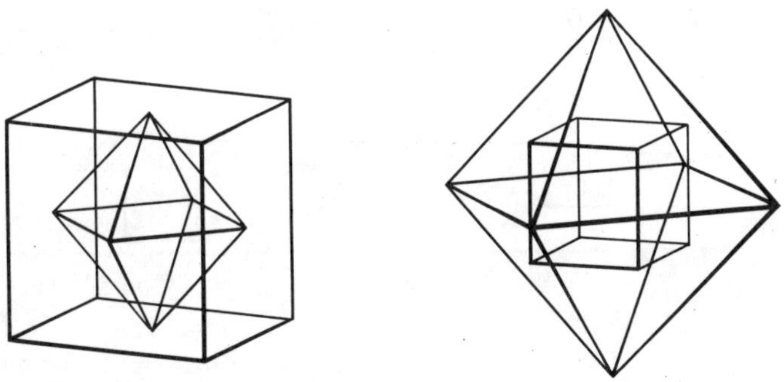

Abb. 2.41

Der platonische Gedanke, daß die mathematische Struktur des Universums durch Symmetrie bestimmt ist, wird die mathematische Naturwissenschaft bis in unsere Tage nicht mehr loslassen. Wir werden ihm in Keplers ‚mysterium cosmographicum' beim Übergang von der antiken-mittelalterlichen zur neuzeitlichen Astronomie ebenso begegnen wie in der modernen Kosmologie, Kristallogie und Atomphysik – jetzt allerdings in gruppentheoretischer Darstellung.

## 2.4 Die weiterführenden Theorien

Im abschließenden 4. Teil werden die Theorien der griechischen Geometrie besprochen, die in nach-euklidischer Zeit entstanden sind und für die Mathematisierung der Naturwissenschaft von grundlegender Bedeutung wurden.

## 2.41 Stereometrie und Statik

Mit Archimedes von Syrakus (287–212 v.C.) begegnen wir dem neben Eudoxos von Knidos möglicherweise genialsten Mathematiker der Antike. Während Eudoxos mit seiner Proportionenlehre und Exhaustionsmethode vor allem exakte begriffliche Grundlagen bereitstellt, setzt Archimedes sie in mathematische und physikalische Anwendungen um. Der Ausruf ‚Heureka', der ihm bei der Entdeckung eines seiner physikalischen Gesetze zugeschrieben wird, beschreibt eine typische Situation: Archimedes hat neue und teilweise ungewöhnliche Ideen. Woher hat er sie?

Ein Beweis durch Widerspruch nach der Exhaustionsmethode vermag nur, eine Behauptung nachträglich deduktiv zu rechtfertigen. Dazu muß man aber bereits die zu beweisende Behauptung vorher gefunden haben. In einer erst 1906 gefundenen Untersuchung *Über die Methode*[47] läßt Archimedes „die heuristische Katze aus dem Sack": Er bezieht nämlich seine Ideen in geradezu unplatonischer Weise aus der physikalischen Anschauung. Allerdings – und das macht seine Größe aus – werden die so gewonnenen Ideen anschließend nach der Eudoxischen Methode exakt bewiesen.

Nun zur physikalischen Heuristik des Archimedes! Aus der Statik ist das Hebelgesetz bekannt.[48] Danach ist ein Hebel mit Gewichten $G_1$, $G_2$ und Hebelarmen $l_1$, $l_2$ im Gleichgewicht, wenn die statischen Momente gleich sind, d.h. $G_1 \cdot l_1 = G_2 \cdot l_2$:

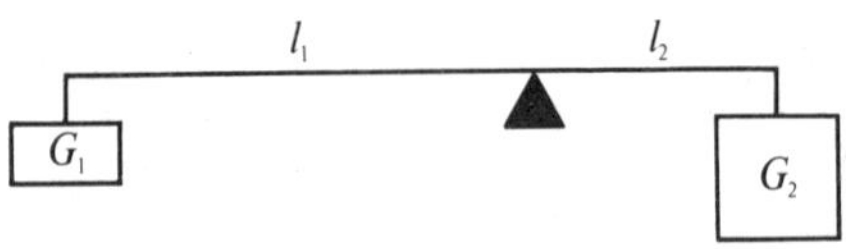


Abb. 2.42

Archimedes „spielt" mit diesem physikalischen Prinzip in der Geometrie, um die Formel für das Kugelvolumen zu „erraten".[49] So stellt er sich zunächst vor, daß nach dem Hebelgesetz eine Kreisscheibe vom Inhalt $\pi \cdot d^2$ im Abstand $x$ vom Unterstützungspunkt im Gleichgewicht ist mit einer Quadratscheibe vom Inhalt $\pi x d$ im Abstand $d$ vom Unterstützungspunkt, d.h. $\pi x d \cdot d = \pi d^2 \cdot x$:

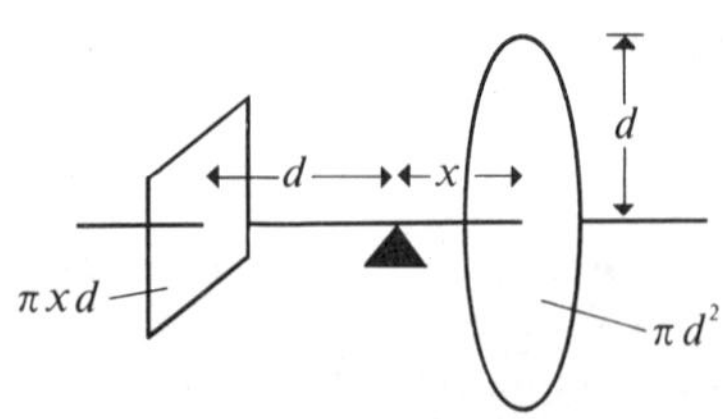


Abb. 2.43

Unter der Voraussetzung, daß sich das Gewicht im Schwerpunkt der jeweiligen Figur konzentriert, gilt dann der folgende Fall:

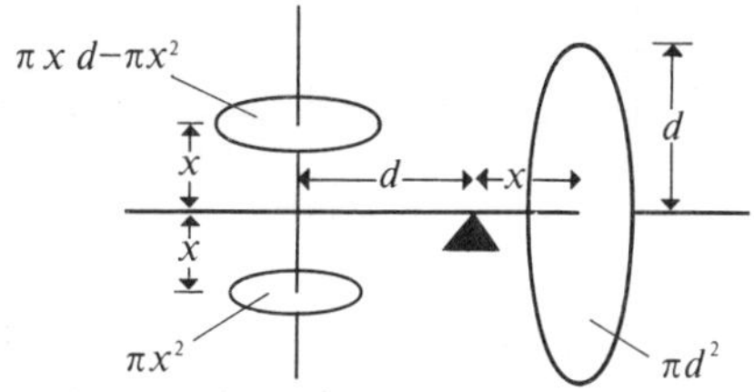


Abb. 2.44

Archimedes geht nun von der Vorstellung aus, daß ein Zylinder aus zur Grundseite parallelen Kreisscheiben besteht, analog für Kegel und Kugel. Daher „schließt" er, daß auch die folgenden Körper im Gleichgewicht sind:

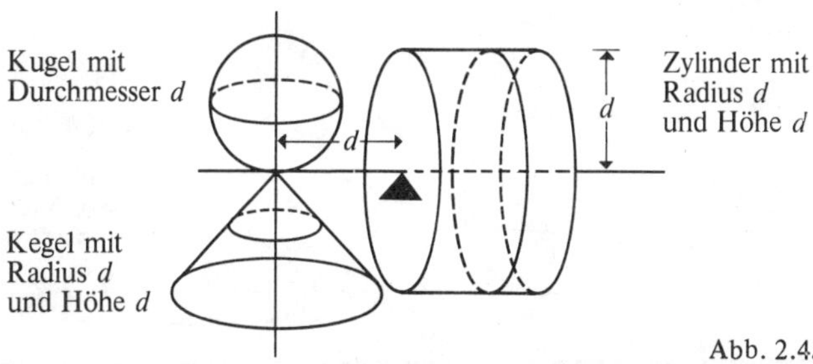


Abb. 2.45

Also nach dem Hebelgesetz: (Kugelvolumen + Kegelvolumen) $\cdot\, d =$ (Zylindervolumen) $\cdot\, d/2$, wobei $d/2$ der Abstand zum Zylinderschwerpunkt ist. Da Zylinder- und Kegelvolumen bekannt sind, schließt Archimedes für das gesuchte Kugelvolumen: $V + \frac{1}{3}\pi d^3 = \frac{1}{2}\pi d^3$, d.h. $V = \frac{1}{6}\pi d^3 = \frac{4}{3}\pi r^3$ für $r = \frac{1}{2} d$. Nachdem die Formel durch heuristische Analyse gefunden ist, muß sie durch Exhaustion deduktiv gerechtfertigt werden.

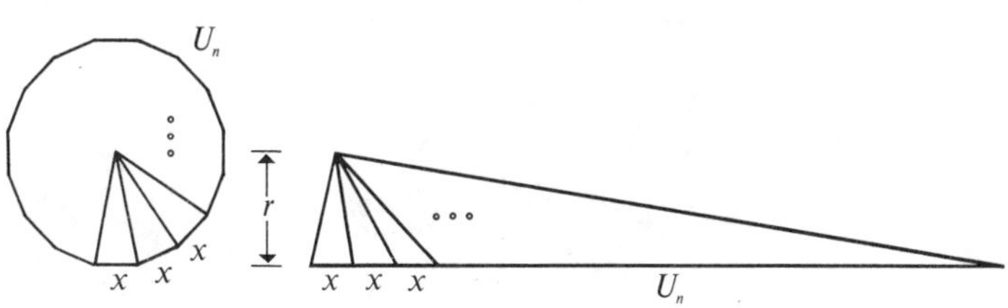


Abb. 2.46

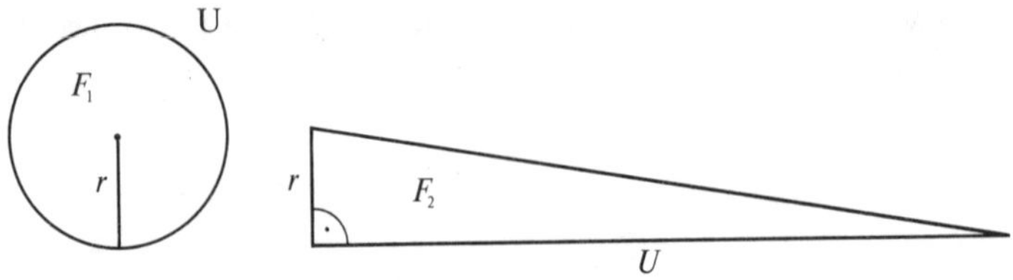


Abb. 2.47

Analog findet Archimedes auch die Formel der Kugeloberfläche.[50] Zunächst geht er in der Ebene von der ‚Kreisquadratur' aus, wonach die Fläche $F_1$ eines Kreises mit Radius $r$ und Umfang $U$ gleich der Fläche $F_2$ eines rechtwinkligen Dreiecks mit Katheten $r$ und $U$ ist. Diesen Satz „errät" er durch Vergleich von regulären Polygonen mit Umfang $U_n$ mit entsprechenden Dreiecksflächen (Abb. 2.46 und 2.47).

Archimedes überträgt seine ‚Kreisquadratur' nun auf den Raum für Kugeln, die ja durch Rotation von Kreisen entstehen, und für Kegeln, die durch Rotation von Dreiecken entstehen:

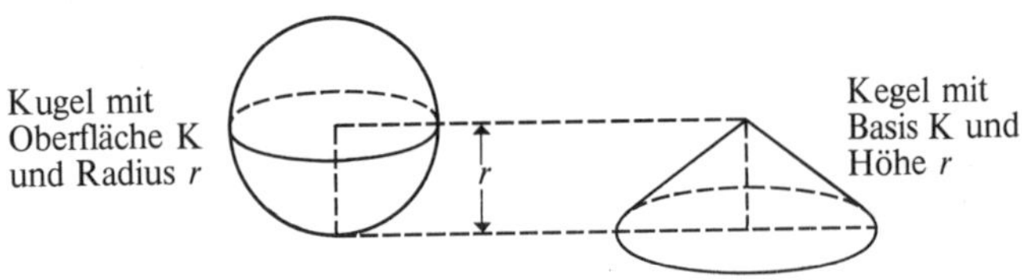


Abb. 2.48

Das Volumen einer Kugel mit Radius $r$ und Oberfläche $K$ ist gleich dem Kegelvolumen mit Basis $K$ und Höhe $r$, d.h. $\frac{4}{3}\pi r^3 = \frac{1}{3} \cdot K \cdot r$. Für die gesuchte Kugeloberfläche $K$ folgt also $K = 4\pi r^2$.

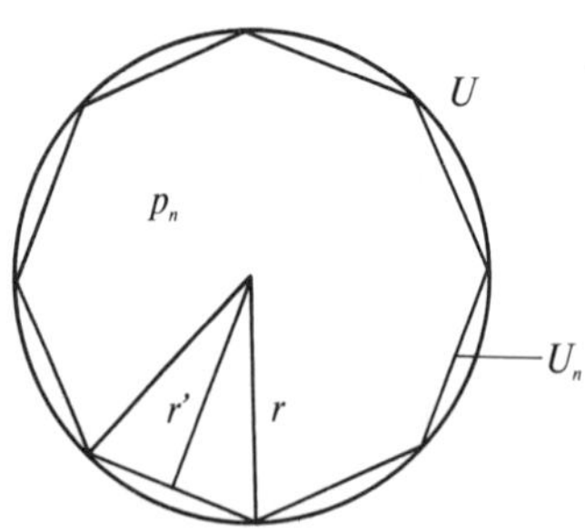


Abb. 2.49

Als Beispiel für Archimedes' deduktive Beweise sei abschließend seine ‚Kreisquadratur' gezeigt.[51] Von den logischen Möglichkeiten $F_1 = F_2, F_1 < F_2$, $F_1 > F_2$ werden die beiden letzten durch eine ‚reductio ad absurdum' ausgeschlossen. Sei also $F_1 > F_2$. Da die Kreisfläche nach der Exhaustionsmethode durch reguläre Polygone beliebig approximiert werden kann, existiert eine Polygonfläche $p_n$ mit $F_1 > p_n > F_2$. Sei $U_n$ der Umfang von $p_n$. Dann läßt sich das Polygon in $n$ gleichschenklige Dreiecke mit dem Kreisradius $r$ als Schenkeln und Höhe $r'$ zerlegen. Die Polygonfläche beträgt also:

$$p_n = n \cdot \left(\frac{U_n}{2n} \cdot r'\right) = \frac{1}{2}\, r' U_n < \frac{1}{2}\, r\, U, \text{ da } r' < r \text{ und } U_n < U \text{ (Abb. 2.49).}$$

Also folgt $p_n < \frac{1}{2}\, r U = F_2$ im Widerspruch zur Definition von $p_n$. Analog wird $F_1 < F_2$ für umschriebene Polygone zum Widerspruch geführt.

Bei Archimedes bewahrheitet sich die spätere Beobachtung von E. Mach, daß jeder, der einmal forschend Mathematik betrieben hat, feststellt, daß ‚Gedankenexperimente' dem deduktiven Beweis vorausgehen.[52] Mathematische Sätze fallen nicht vom Himmel, wie die Euklidische Darstellung suggeriert. Das fruchtbare Zusammenspiel von heuristischer Analyse und strengem Beweis bei Archimedes läßt ihn auch an der Wiege der neuzeitlichen Integralrechnung stehen.

## 2.42 Trigonometrie und Astronomie

Während die Statik heuristische Prinzipien zur Entdeckung von Volumenformeln lieferte, gaben die Beobachtungstabellen der Astronomie Anlaß zur Entwicklung der Trigonometrie. Wie wir gesehen haben, verfügten bereits die astronomisch gebildeten Babylonier über Secans-Tabellen und ein Äquivalent zum Cosinussatz (vgl. 1.2). Allerdings war ein Winkelmaß in heutigem Sinn unbekannt.

Um 260 v.C. verfaßt der griechische Astronom Aristarchos von Samos (230–310) eine Schrift *Über die Größen und Abstände von Sonne und Mond*, in der geometrische Methoden zur Bestimmung astronomischer Entfernungen entwickelt werden, die für die Trigonometrie bedeutsam sind und bis ins Mittelalter verwendet wurden.[53] Aristarchos bestimmt zunächst die Entfernungsverhältnisse von Erde $E$, Mond $M$ und Sonne $S$, indem er von einer Konstellation ausging, bei welcher der Mond für einen Beobachter auf der Erde genau halb voll ist, d.h. der Winkel $\sphericalangle\, EMS = \pi/2 = 90°$:

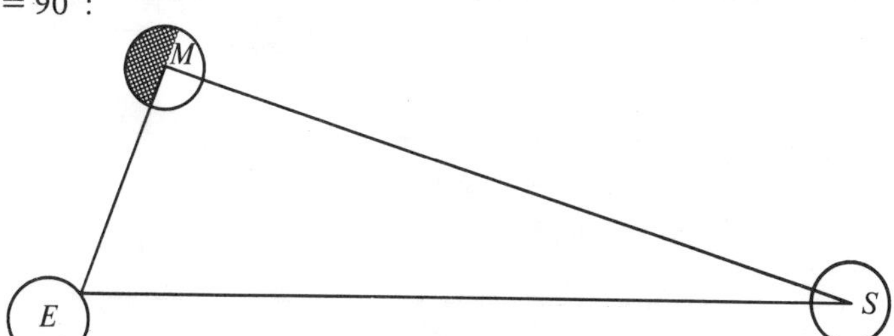


Abb. 2.50

Für den Winkel $\sphericalangle MES$ stellt Aristarchos fest, daß er einen um ein 30-stel eines Quadranten verminderten rechten Winkel beträgt, d.h. modern $\sphericalangle MES = 87^\circ$ und $\sphericalangle ESM = 3^\circ$. Damit sind die Seitenverhältnisse des Dreiecks festgelegt, d.h. $\sin 3^\circ = \frac{ME}{SE}$, $\sin 87^\circ = \frac{MS}{SE}$, $\tan 3^\circ = \frac{ME}{MS}$, $\tan 87^\circ = \frac{MS}{ME}$. Da Aristarchos keine trigonometrischen Tabellen zur Verfügung hat, setzt er (ohne Beweis) die Abschätzung $\frac{\sin\alpha}{\sin\beta} < \frac{\alpha}{\beta} < \frac{\tan\alpha}{\tan\beta}$ für $0^\circ < \beta < \alpha < 90^\circ$ voraus und erhält $\frac{1}{20} < \sin 3^\circ < \frac{1}{18}$. Daher schließt er, daß die Sonne mehr als 18-, aber weniger als 20-mal so weit von der Erde ist wie der Mond – anstelle von 400:1 bei $\sphericalangle MES = 87^\circ 51'$ nach heutiger Messung. Das Größenverhältnis von Sonne und Mond ist nach dem Strahlensatz ebenfalls 19:1, wenn die große, aber weiterentfernte Sonne und der kleine, aber nähere Mond unter dem gleichen Winkel von der Erdoberfläche aus betrachtet werden (Abb. 2.51):

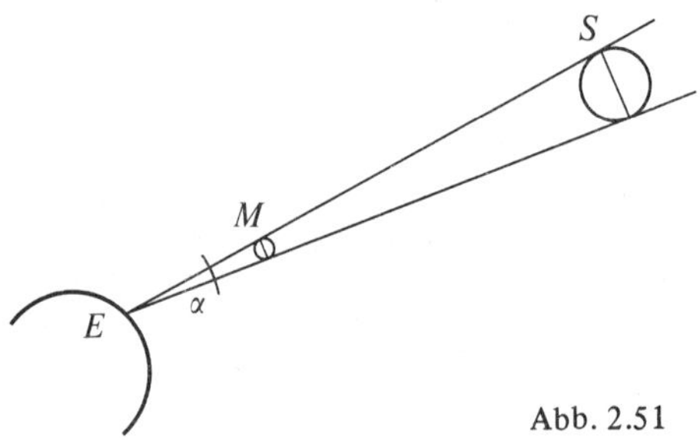


Abb. 2.51

Zur Bestimmung der absoluten Entfernungs- und Durchmessergrößen von Erde, Mond und Sonne ging Aristarchos von der Konstellation einer Mondfinsternis aus. Da die Zeit, in welcher der Mond vollständig im Erdschatten verschwunden war, nach seiner Beobachtung näherungsweise gleich der Zeit war, die der Mond brauchte, um vollständig in den Erdschatten einzutreten, schloß er, daß die Breite des Erdschattens, die der Mond durchläuft, das 2-fache des Monddurchmessers $d$ beträgt (Abb. 2.52):

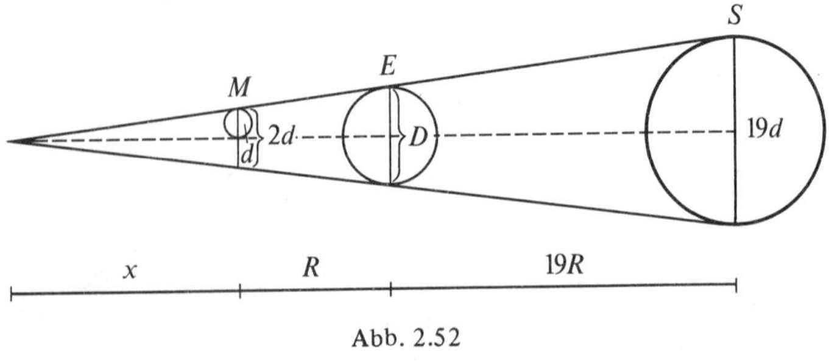


Abb. 2.52

Bezeichnet man den Abstand von Mond und Erde mit $R$ und setzt den Erddurchmesser $D$ als bekannt voraus, so beträgt nach den eben bewiesenen Entfernungs- und Größenverhältnissen die Entfernung Erde–Sonne $19R$ und der Sonnendurchmesser $19d$. Da für die ähnlichen Dreiecke mit Sonnendurchmesser bzw. doppeltem Monddurchmesser als Seite (Abb. 2.52) gilt $x : 2d = (x + 1R + 19R) : 19d$, liefert Multiplizieren mit $38d$ die Gleichung $19x = 2x + 40R$, also $x = 40R/17$. Für die ähnlichen Dreiecke mit Erddurchmesser bzw. doppeltem Monddurchmesser als Seite (Abb. 2.52) gilt $x : 2d = (x + R) : D$, so daß sich nach Einsetzung von $x = 40\,R/17$ und Multiplizieren mit $17/R$ die Gleichung $20 : d = (40 + 17) : D$ und also $d = 20D/57 = 0{,}35D$ ergibt.

Damit ist der Monddurchmesser und also auch der Sonnendurchmesser absolut bestimmt. Die absolute Mond- und Sonnenentfernung zur Erde erhält man durch folgende Rechnung: Da Sonne und Mond in Abb. 2.51 unter dem gleichen Winkel $\alpha = 0{,}5^\circ$ erscheinen, kann der Monddurchmesser in einem vollen Kreisumfang von $360^\circ$ 720-mal abgetragen werden, d.h. $720d = 2\pi R$. Nach Einsetzung von $d = 0{,}35D$ ist $R$ eindeutig und absolut bestimmt. Der Mondabstand zur Erde ist nach Aristarchos über 40 Erddurchmesser, während der Sonnenabstand näherungsweise 764 Erddurchmesser beträgt.

Die geometrischen Berechnungen des Aristarchos haben seine kosmologischer Vorstellungen sicher beeinflußt. Sie werden ihn in der Annahme bestärkt haben, daß nicht die Erde im Mittelpunkt des Universums steht, zudem sich bereits bei Philolaos (ca. 450 v.C.) ein Modell findet, wonach Sonne, Mond, Erde, fünf Planeten und eine unsichtbare ‚Gegenerde' um ein Zentralfeuer kreisen.[54] Nach Aristarchos ruhen Sonne und Fixsternhimmel, während die um ihre Achse rotierende Erde mit den Planeten die Sonne umkreist. Diese Hypothese wurde von Archimedes und Plutarch erwähnt und von Seleukos von Seleukeia ausgearbeitet, konnte sich jedoch unter dem Eindruck der Aristotelischen Physik und christlich-religiöser Auffassungen nicht durchsetzen. Aber auch astronomisch-physikalische Schwierigkeiten wie z.B. die Frage, warum keine Parallaxe, also Richtungsänderung der Fixsterne auftritt, konnten in der Antike nicht beantwortet werden. Die heutige Antwort, wonach die Parallaxe wegen der zu großen Entfernung der Fixsterne nicht wahrnehmbar ist, konnte wegen der griechischen Entfernungsvorstellungen nicht gegeben werden. Allerdings fanden die geometrischen Methoden des Aristarchos auch in anderen Planetenmodellen Verwendung, da sie nur von relativen Positionen von Erde, Mond und Sonne ausgehen. So dienten seine Methoden im Mittelalter zur Dimensionsbestimmung im Aristotelisch-Ptolemaiischen Universum.

Der ursprünglichen Bedeutung von ‚Geometrie' als ‚Erdmessung' wurde besonders Eratosthenes (276–195 v.C.) gerecht, als er sein Verfahren zur Bestimmung des Erdumfangs und -durchmessers angab.[55] Eratosthenes wußte, daß die Sonne mittags am Tag der Sonnenwende direkt in einen Brunnen in Aswan schien, ohne einen Schatten zu werfen, d.h. der Sonnenstrahl steht senkrecht zum Erdmittelpunkt. Zur gleichen Zeit beobachtete Eratosthenes in Alexandria, daß ein senkrecht in die Erde gesteckter Stab einen Schatten mit etwas mehr als $7^\circ$, d.h. ca. $1/50$ des Kreisumfanges, wirft:

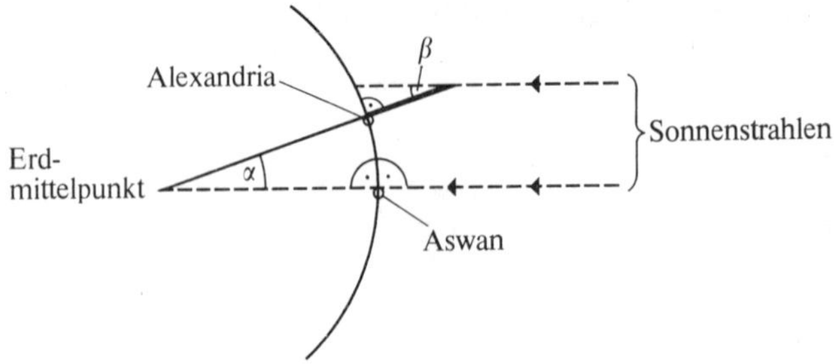


Abb. 2.53

Er geht nun davon aus, daß Alexandria im Norden von Aswan in einer Entfernung von 5000 Stadien liegt. Aufgrund des Satzes der Wechselwinkel an Parallelen ist $\sphericalangle \alpha = \sphericalangle \beta$, d.h. der Erdumfang beträgt $50 \cdot 5000 = 250\,000$ Stadien. Damit steht auch der von Aristarchos vorausgesetzte Erddurchmesser zur Verfügung.

Als ‚Vater der Trigonometrie' wird Hipparchos von Nikaea (180–145 v.C.) bezeichnet, da er die erste trigonometrische Tabelle in Form einer Sehnentafel einführte.[56] Er übernahm von den Babyloniern die Einteilung in $360^\circ$ und wußte, daß in einem Kreis das Verhältnis von Bogen und Sehne abnimmt wie $180^\circ$ zu $0^\circ$ und gegen den Grenzwert 1 strebt. Er spielt damit eine Mittlerrolle zwischen der Trigonometrie der Babylonier und des Ptolemaios, dessen Tabellen und Methoden bis zum Beginn der Neuzeit maßgebend blieben.

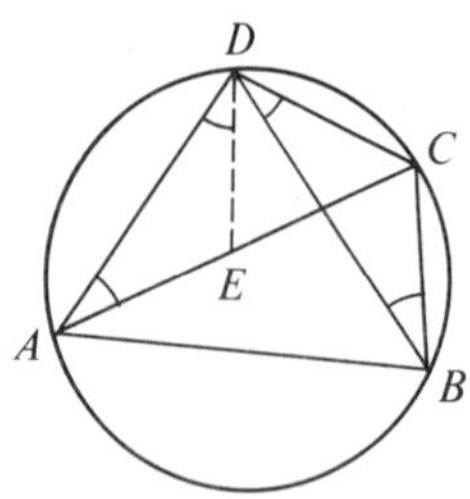


Abb. 2.54

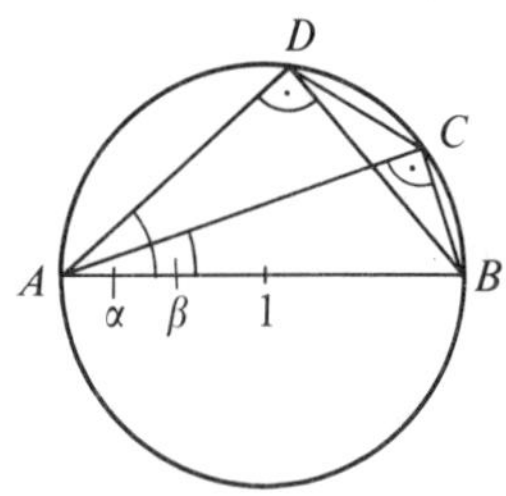


Abb. 2.55

Mit Ptolemaios (85?–165? n.C.), dem großen Astronomen der antiken-mittelalterlichen Welt, beschäftigen wir uns zunächst in seiner Rolle als Trigonometer.[57] Mit seinem berühmten Diagonalsatz für Vierecke schuf er nämlich eine Möglichkeit, das Additionstheorem für den Sinus zu beweisen – ein Satz, der grundlegend ist für das Aufstellen von Sehnentafeln. Sein Beweis läuft wie folgt:

Für ein konvexes Viereck *ABCD* im Kreis (Abb. 2.54) gilt $AD \cdot BC + AB \cdot CD = AC \cdot BD$. Konstruiert man nämlich $DE$ mit $\sphericalangle ADE = \sphericalangle BDC$, so ist $\sphericalangle DAC$

$= \sphericalangle DBC$ (Peripheriewinkel!), d.h. die Dreiecke $AED$ und $BCD$ sind ähnlich mit $AD : AE = BD : BC$, also $AD \cdot BC = AE \cdot BD$. Analog wird auf $AB \cdot CD = EC \cdot BD$ geschlossen, also insgesamt $AD \cdot BC + AB \cdot CD = (AE + EC) \cdot BD = AC \cdot BD$. Die Additions- bzw. Subtraktionstheoreme für Sinus und Cosinus erhält man z.B. durch folgende Überlegung: Sei $AB = 1$ der Durchmesser des Kreises (Abb. 2.55). Dann ist $CD + AD \cdot BC = AC \cdot BD$. Nach Thales ist $AD = \cos\alpha$, $AC = \cos\beta$, $DB = \sin\alpha$, $CB = \sin\beta$, $DC = \sin(\alpha - \beta)$, also $\sin(\alpha - \beta) = \sin\alpha\cos\beta - \cos\alpha\sin\beta$. Ebenso schließt man $\sin(\alpha + \beta) = \sin\alpha\cos\beta + \cos\alpha\sin\beta$ und $\cos(\alpha \pm \beta) = \cos\alpha\cos\beta \mp \sin\alpha\sin\beta$.

Auch das Analogon zu $\sin\frac{\alpha}{2} = \sqrt{\frac{1-\cos\alpha}{2}}$ war Ptolemaios bekannt.[58] Betrachtet man nämlich das Kreisviereck mit $AC = 1$, $AB = AE$ und Bogen $BD$ = Bogen $DC$, so ist $FC = \frac{1}{2}(1 - AB)$ und $ECD$ ein gleichschenkliges Dreieck der Höhe $DF$. Nach dem Höhensatz ist $DF^2 = AF \cdot FC$, also nach dem Pythagoras $DC^2 = DF^2 + FC^2 = (AF + FC)FC = AC \cdot FC = FC$. Da $DC = \sin\frac{\alpha}{2}$ und $AB = \cos\alpha$, folgt die Behauptung (Abb. 2.56).

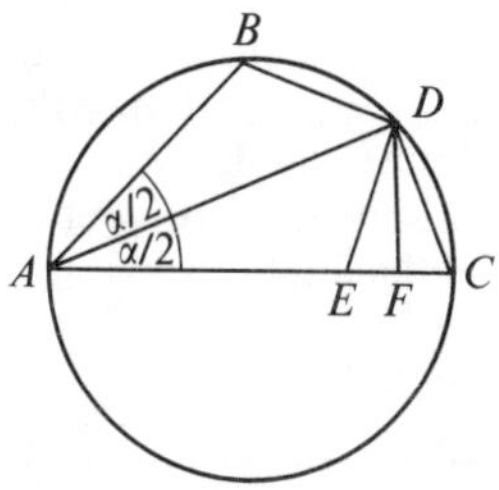


Abb. 2.56

Mit diesen Formeln konnte Ptolemaios seine Tafeln aufstellen. Allerdings waren die Bezeichnungen ‚sinus' und ‚cosinus' erst bei den Arabern in Gebrauch. Zudem wurden sie nicht als (transzendente) Funktionen wie in der neuzeitlichen Analysis verstanden, sondern als Bezeichnungen für Sehnen- und Kreisbogenverhältnisse. So teilt Ptolemaios den Kreisradius in 60 Einheiten ein, um die Bogenlänge im Sexagesimalsystem der Babylonier ausdrücken zu können.[59] Für unsere heutigen Sinus- und Cosinuswerte erhalten wir folgende Umrechnung auf die Sehnentafeln des Ptolemaios:

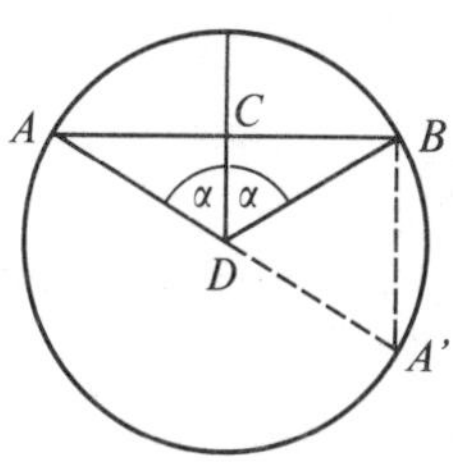


Abb. 2.57

$$\sin\alpha = \frac{AC}{AD} = \frac{2\cdot AC}{2\cdot AD} = \frac{\text{Sehne}\,(2\,\alpha)}{120}$$

$$\cos\alpha = \frac{CD}{AD} = \frac{\text{Sehne}\,(180^\circ - 2\alpha)}{120}$$

Im Unterschied zu Aristarchos wendet Ptolemaios seine Sehnentafeln jedoch in einem geozentrischen Planetensystem an. Allerdings steht für beide die Kreisform der Planetenbahnen außer Frage. Hier wird die platonische Tradition deutlich, nach der sich die ‚ewigen und unveränderlichen Gestirne' nur auf ‚vollkommenen' Bahnen bewegen können.

Die Astronomie als geometrisch-kinematische Theorie der Planetenbewegungen begann bereits bei den Pythagoreern, die auch die Erde und Gestirne als Kugeln auffassen.[60] Das in der Antike häufig Platon zugeschriebene Programm einer mathematischen ‚Rettung der Phänomene' (*σῴζειν τὰ φαινόμενα*) d.h. der Rückführung scheinbar unregelmäßiger Plantenbewegungen auf Kreisbewegungen mit konstanter Winkelgeschwindigkeit, realisierte als erster Eudoxos in einem System von Kugelschalen, die alle die Erde als Mittelpunkt haben und auf denen sich Sterne und Planeten mit konstanter Winkelgeschwindigkeit bewegen. Jeder Stern oder Planet bewegt sich auf der inneren Kugel eines Systems von zwei oder mehr miteinander verbundenen Kugelschalen, deren gleichzeitige Rotation um verschiedene Achsen die beobachtete Bewegung des jeweiligen Himmelskörpers ergibt. Während die Sonne mit zwei (Abb. 2.58) und der Mond mit drei kombinierten Kugelschalbewegungen auskommen, verbindet Eudoxos vier Kugelschalen, um die von der Erde beobachtete rückläufige Bewegung eines Planeten zu erzeugen (Abb. 2.59):[61]

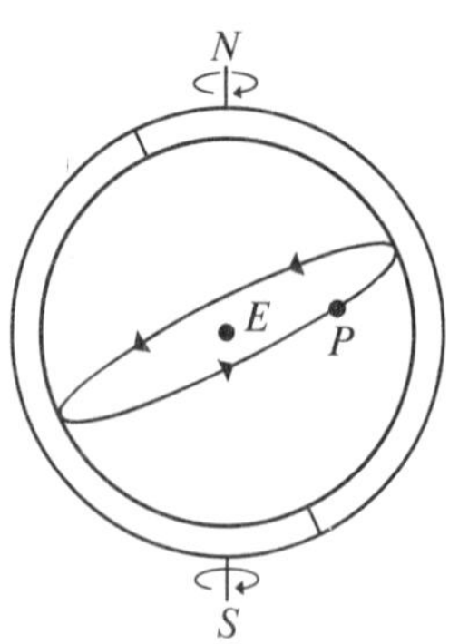


Abb. 2.58

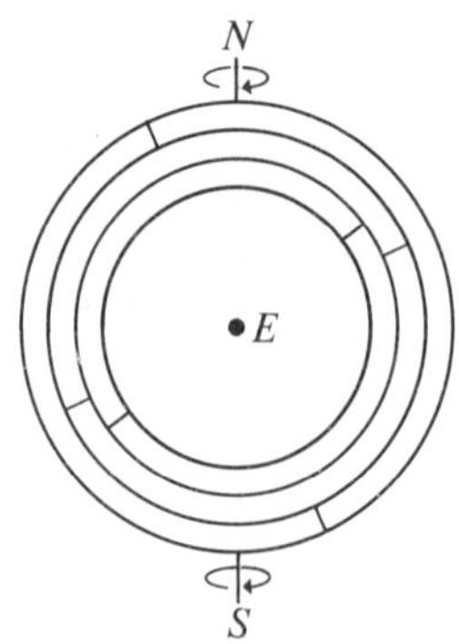


Abb. 2.59

Da die Gestirne im Eudoxischen System konstante Entfernung zur Erde haben, konnte die wechselnde Größe und Helligkeit z.B. des Mondes nicht erklärt werden. Demgegenüber berücksichtigte Ptolemaios die Abweichungen, die durch die tatsächlichen Ellipsenbahnen entstehen, durch die Konstruktion exzentrischer Epizyklen. Danach kreist z.B. die Venus auf einem Epizykel von West nach Ost um einen Punkt $C$, der sich auf einem exzentrischen Kreis um einen Punkt $M$ außerhalb der Erde $E$ bewegt. Der Ausgleich der beobachteten Abweichung entsteht dadurch, daß $C$ um $M$ zwar ungleichförmig, aber der Strahl vom ‚Ausgleichspunkt' (punctum aequans) $P$ nach $C$ mit $PE = 2\ ME$ gleichförmig rotiert (Abb. 2.60). Im Unterschied zu den geometrisch-kinematischen Modellen beanspruchte die Aristotelische Physik, die dynamischen Gründe der wirklichen Himmelsbewegungen mit der Erde als faktischem Mittelpunkt zu liefern. Das Ptolemaiische Modell hat sich nicht zuletzt deshalb so lange durchgesetzt, da es sowohl der Platonischen Geometrie- und Aristotelischen Physikauffassung als auch den Beobachtungsdaten am besten entsprach.

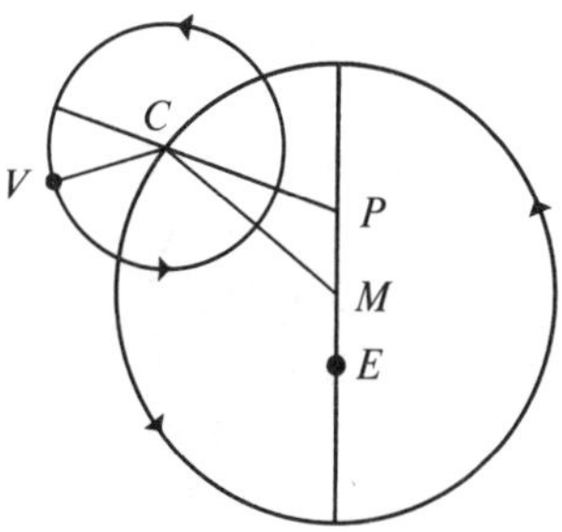


Abb. 2.60

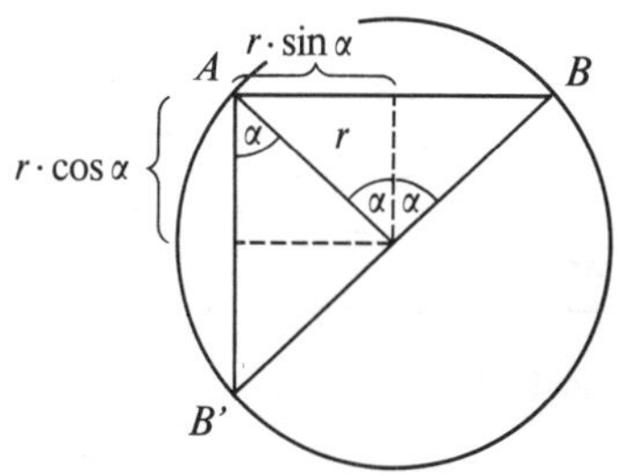


Abb. 2.61

Bei der Platonischen Auszeichnung der Kugelschalen und Pythagoreischen Orientierung an ‚Sphärenharmonie' verwundert es nicht, daß die Geometrie der Kugel, d.h. die sphärische Geometrie, von großem griechischen Interesse war. Menelaos von Alexandria (ca. 100 n.Chr.) definierte in Buch I seiner *Sphaerica* zum ersten Mal ein sphärisches Dreieck mit Kugelgroßkreisen als Seiten.[62)] Er überträgt die Dreieckssätze aus Euklid I auf sphärische Dreiecke (insbesondere Kongruenzsätze und Sätze über gleichschenklige Dreiecke) und findet bereits Sätze, die für die spätere, nicht-euklidische Geometrie große Bedeutung erlangten: 1) Zwei sphärische Dreiecke sind kongruent, wenn die entsprechenden Winkel gleich sind (also keine Ähnlichkeit wie bei ebenen Euklidischen Dreiecken!); 2) Die Winkelsumme im sphärischen Dreieck ist größer als zwei Rechte.[63)] Ebenso sind einige trigonometrische Gleichungen bekannt wie z.B. $\sin^2\alpha + \cos^2\alpha = 1$. Es gilt nämlich in Abb. 2.61 $AB^2 + AB'^2 = 4r^2$; wegen $AB = 2 \cdot r \cdot \sin\alpha$ und $AB' = 2 \cdot r \cdot \cos\alpha$ also $4 \cdot r^2 \cdot \sin^2\alpha + 4 \cdot r^2 \cdot \cos^2\alpha = 4r^2$, also die Behauptung.

Für rechtwinklige sphärische Dreiecke wurde der Transversalensatz des Menelaos wichtig.[64)] In der Ebene gilt nämlich für die Seiten eines Dreiecks $ABC$, dessen Seiten von einer Transversalen in den Punkten $A'$, $B'$, $C'$ geschnitten werden (Abb. 2.62) : $AC : B'C = (AB : C'B) \cdot (C'A' : B'A')$. Für $B'C \parallel C'D$ ist nämlich $AC : B'C = AB : B'D = (AB : C'B) \cdot (C'B : B'D) = (AB : C'B) \cdot (C'A' : B'A')$.

Den sphärischen Fall erhält Menelaos, indem er die Dreiecksseiten und Transversalen als Bögen von Großkreisen auf Kugeln auffaßt (Abb. 2.63): $\sin AC : \sin B'C = (\sin AB : \sin C'B) \cdot (\sin C'A' : \sin B'A')$. Ergänzt man bei rechtwinkligen sphärischen Dreiecken $ABC$ die Seiten $BA$ und $CA$ zu Viertelkreisbögen $R$, so gilt $\sin AC : \sin R = (\sin AB : \sin R) \cdot (\sin C'A' : \sin R)$, also $\sin AC = \sin AB \cdot \sin C'A'$, d.i. unser heutiger Sinussatz

$\sin \beta = \dfrac{\sin AC}{\sin AB}$: Ebenso für das Dreieck $AB'C'$: $\sin \alpha = \dfrac{\cos \beta}{\cos AC}$ und

$$\cos BC = \frac{\cos BA}{\cos AC} .$$

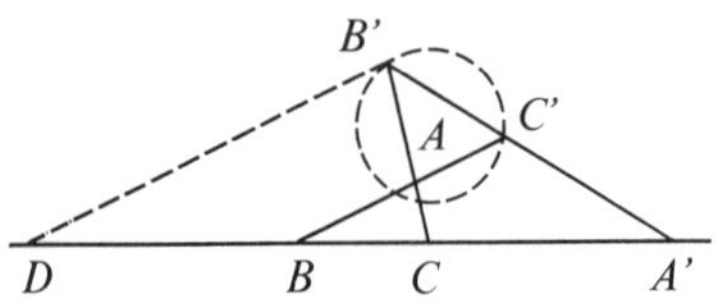


Abb. 2.62

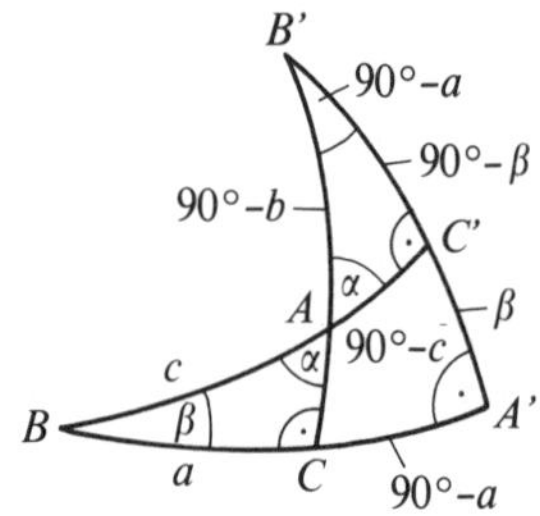


Abb. 2.63

## 2.43 Geometrie der Kegelschnitte

Während die Trigonometrie vor allem im Rahmen der Astronomie als angewandte Mathematik entwickelt wird, entsteht die Theorie der Kegelschnitte aus primär innermathematischen Problemen. Dies ist umso erstaunlicher, da die Kegelschnitte für die Mathematisierung der Naturwissenschaft in der Neuzeit eine zentrale Rolle spielen: So ist die Keplersche Planetentheorie nicht ohne Ellipsenbahnen denkbar, das Boylesche Gasgesetz nicht ohne Hyperbelformel, die Galileischen Fallgesetze nicht ohne Wurfparabel. Darüberhinaus werden in der neuzeitlichen Physik neue geometrische Kurven durch Anwendungsprobleme geradezu entdeckt. Das alles war der antiken Wissenschaft fremd, da sie am Himmel und auf der Erde nur solche mathematischen Beziehungen zuließ, die auf Kreis und Gerade reduzierbar waren. Erst die geometrischen Konstruktionsprobleme, die nicht durch Zirkel und Lineal lösbar waren, gaben Anlaß, neue Kurven wie die Kegelschnitte zu entwickeln.

Ein interessanter Vorschlag zur Entstehungsgeschichte der Kegelschnittlehre ist auch der Hinweis, daß antike Astronomen sich mit dem Schattenwurf von Sonnenuhren beschäftigt haben. Allerdings wird die griechischen Mathematiker die Lösung eines zentralen Grundlagenproblems ihrer Wissenschaft mehr motiviert haben als ein empirisches Randproblem. Daher gilt Menaichmos als Entdecker der Kegelschnittlehre, der damit das Delische Problem der Würfelverdopplung löste (vgl. 2.23).[65] Führt man nämlich mit Hippokrates dieses Problem auf die Bestimmung zweier mittlerer Proportionalen $x$ und $y$ mit $a : x = x : y = y : b$ zurück (vgl. S. 2.23), so ergeben sich sofort die Gleichungen $x^2 = ay$, $y^2 = bx$, $xy = ab$ für Parabel und Hyperbel. Menaichmos geht jedoch nicht wie der moderne analytische Geometer von diesen Formeln aus, sondern erzeugt die Kurven stereometrisch: Ausgehend von drei Kreiskegeln mit jeweils spitzem, rechtem und stumpfem Winkel an der Kegelspitze erzeugt er die Ellipse, Parabel und Hyperbel durch senkrechte Schnitte zum Kegelmantel.

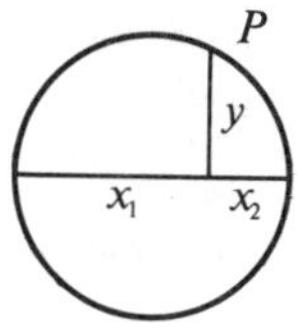


Abb. 2.64

Eine Herleitung der charakteristischen Eigenschaften (Symptome) der Kegelschnitte findet sich bei Archimedes.[66] Für den Kreis als zur Kegelbasis parallelen Schnitt liefert Thales und der Höhensatz die Proportion $y^2 : x_1x_2 = 1$ mit $x_2 = a - x_1$ (Abb. 2.64). Entsprechend bestimmt $y^2 : x_1x_2 =$ constant Ellipse, Parabel und Hyperbel je nachdem, ob $x_2 = a - x_1$, $x_2 = a$ oder $x_2 = a + x_1$ ist (Abb. 2.65). Dabei bildet $a$ die große Achse des Kegelschnitts, $y$ das Lot Kurvenpunktes $P$ auf $a$ und $x_1$, $x_2$ entsprechende Abstände:

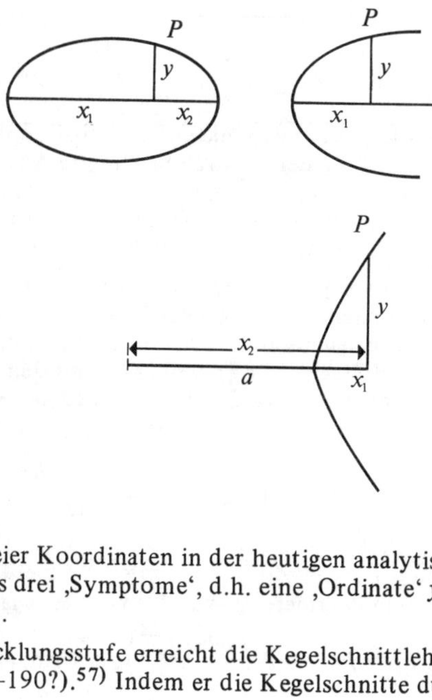


Abb. 2.65

An die Stelle zweier Koordinaten in der heutigen analytischen Geometrie treten also jeweils drei ‚Symptome', d.h. eine ‚Ordinate' $y$ und zwei ‚Abszissen' $x_1$ und $x_2$.

Eine neue Entwicklungsstufe erreicht die Kegelschnittlehre bei Apollonius von Perga (262?–190?).[57] Indem er die Kegelschnitte durch beliebige

Schnitte an einem beliebigen Kreiskegel erzeugt, führt er sie als gemeinsame Kurvenklasse ein. Neu ist auch der Doppelkegel zur Einführung beider Hyperbeläste. Für Apollonius fällt die ursprüngliche Motivation der Kegelschnittlehre – nämlich Lösung der klassischen Konstruktionsprobleme – fort. Ihm geht es nur noch um die Theorie der Kegelschnitte um ihrer selbst willen. Mit der Methodologie griechischer Mathematik in strengen deduktiven Beweisen schafft Apollonius die vollendete Theorie dieses Themas, an die moderne analytische Geometrie und physikalische Anwendung unmittelbar anschließen konnten. Apollonius beherrscht wie kein zweiter die Beweistechnik der geometrischen Algebra, deren Methode der ‚Flächenanlegung' (vgl. 2.1) auch die Namen ‚Ellipse', ‚Hyperbel', ‚Parabel' entnommen sind. So benutzten die Pythagoreer diese Namen, um bei Anlegung eines Rechtecks von gegebener Fläche an eine gegebene Strecke den ‚Mangel' (Ellipse), ‚Zusammenfall' (Parabel) oder ‚Überschuß' (Hyperbel) zu unterscheiden.

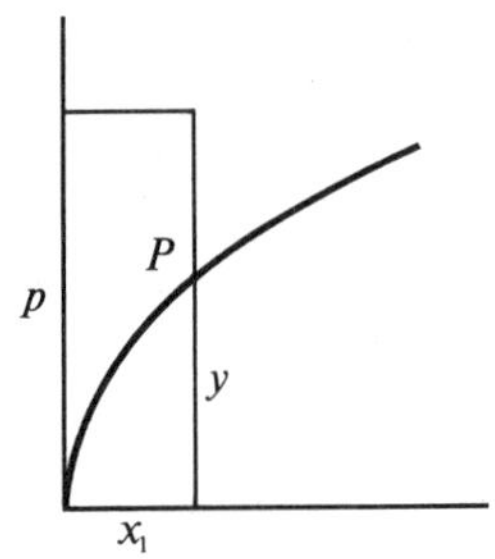


Abb. 2.66

Ist z.B. $y$ das Lot eines Kegelschnittpunktes $P$ auf die Hauptachse des Kegelschnittes (Abb. 2.66), $x_1$ der dadurch bestimmte Abschnitt auf der Hauptachse $a$ und $p = ca$ der durch $y^2 = c \cdot x_1 x_2 = cx_1(a \pm x_1) = x_1(ca \pm cx_1)$ bestimmte Kurvenparameter (‚Latus rectum'), so bezeichnet ‚Ellipse', ‚Parabel' und ‚Hyperbel' den Fall $y^2 \lesseqgtr p \cdot x_1$ :

Zur Bestimmung der Kurvensymptome benutzt Apollonius wie seine Vorgänger ihren stereometrischen Ursprung als Schnitte von Kegeln. So bestimmt er die Parabel als Ebenenschnitt $PED$ durch einen Punkt $P$ eines beliebigen Kreiskegels $ABC$ (Abb. 2.67), wobei $ED$ auf dem Basisdurchmesser $BC$ senkrecht steht. Wird nun durch den beliebigen Kurvenpunkt $Q$ der Kreisschnitt $HQK$ parallel zur Kegelbasis gelegt, so gilt $QV^2 = HV \cdot VK$. Für die ähnlichen Dreiecke gilt $HV = \dfrac{PV \cdot BC}{AC}$, $VK = \dfrac{PA \cdot BC}{BA}$, also $QV^2 = PV\left(\dfrac{PA \cdot BC^2}{AC \cdot BA}\right)$, also $y^2 = x_1 p$ für Ordinate $y = QV$, Abszisse $x_1 = PV$ und konstantem Parameter $p = ac$ für $x_2 = a$. Analog kann die Ellipsenformel mit $QV^2 = PV \cdot VP'\left(\dfrac{BF \cdot CF}{AF^2}\right)$ für Ordinate $y = QV$,

Abszissen $x_1 = PV$, $x_2 = VP'$ und konstantem $c$ abgeleitet werden (Abb. 2.68):[68)]

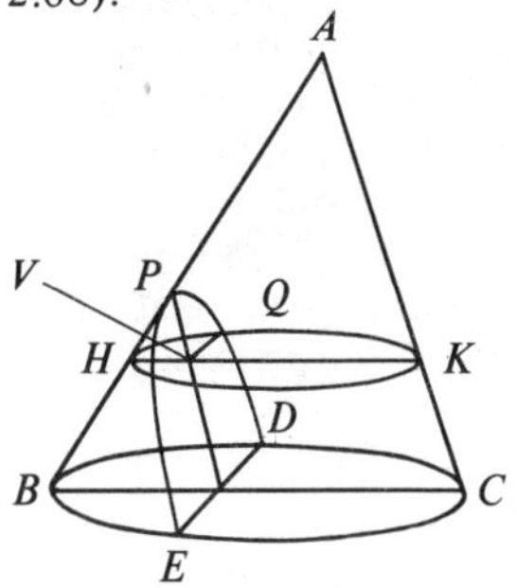


Abb. 2.67

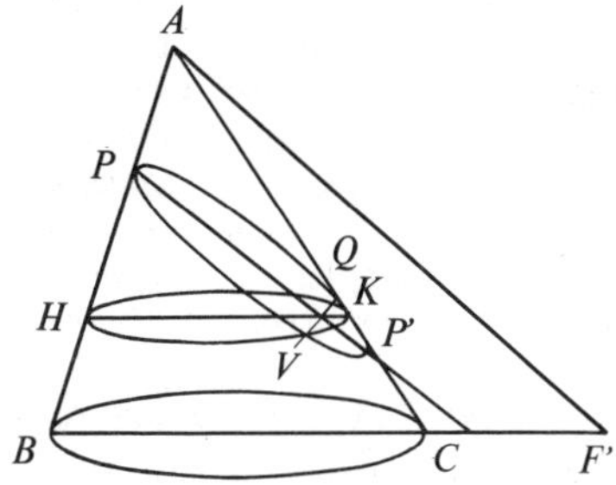


Abb. 2.68

Während wir heute in der analytischen Geometrie die Kegelschnitteigenschaften auf ein Paar rechtwinkliger (‚Cartesischer') Achsen beziehen, leitet Apollonius sie für ein Paar beliebiger ‚konjugierter Durchmesser' ab. Er zeigt nämlich, daß die Mittelpunkte einer Klasse von Sehnen parallel zu einem Durchmesser von Ellipse oder Hyperbel einen zweiten ‚konjugierten' Durchmesser bestimmen.[69)] Dieses Bezugssystem erlaubt, Tangenten an Kegelschnitten einzuführen – nämlich als Gerade durch den Endpunkt $P$ eines Durchmessers parallel zum konjugierten Durchmesser (Abb. 2.69). Dieser Tangentenbegriff ist in griechisch-geometrischer Weise ‚statisch' eingeführt ohne die ‚dynamischen' Vorstellungen der neuzeitlichen Differentialrechnung. Zur Konstruktion der Parallelen durch einen Kurvenpunkt macht Apollonius vom harmonischen Mittel Gebrauch. Von einem beliebigen Ellipsenpunkt $Q$ fällt er das Lot $QP$ auf den Hauptdurchmesser $AB$ (Abb. 2.70) und bestimmt den harmonischen Teilungspunkt $T$ auf $AB$ mit $AT : BT = AP : PB$.

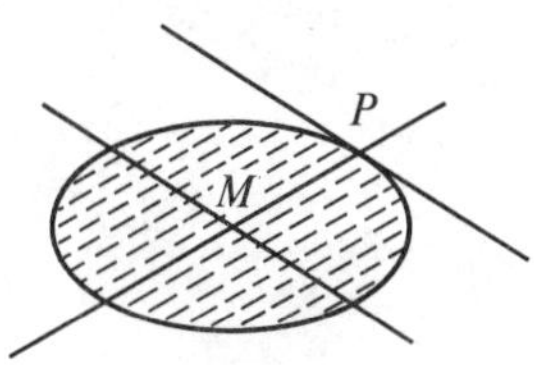


Abb. 2.69

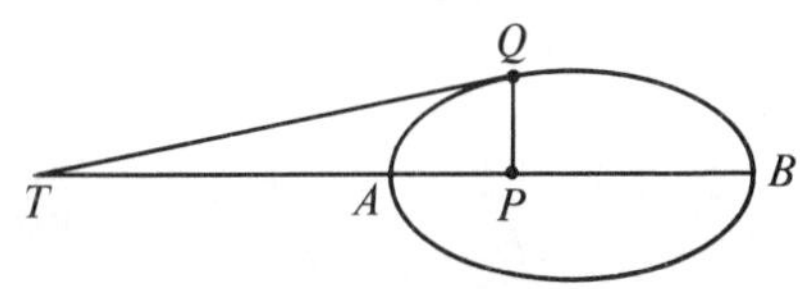


Abb. 2.70

Nach dem Tangentenbegriff führt Apollonius auch den Begriff der Kurvennormalen ein.[70)] Allerdings definiert er sie nicht in der heute üblichen Weise als die Geraden, die auf den Kurventangenten in den Kurvenpunkten senkrecht stehen. Diese Eigenschaft leitet er vielmehr aus einer Definition der Normalen ab, die heute umgekehrt als Satz über Normalen bewiesen wird: Die Normale von einem Punkt $Q$ auf einen Kegelschnitt $K$ wird bestimmt als die Strecke, welche den kürzesten bzw. größten Abstand von

$Q$ zu $K$ festlegt. Bei solchen infinitesimalgeometrischen Betrachtungen (Strecke als kürzester Abstand) muß in der griechischen Geometrie wie üblich auf eine ‚reductio ad absurdum' zurückgegriffen werden. Spannend ist es auch, die keimhafte Entwicklung des Evoluten- und Krümmungsbegriffs – also zweier Grundbegriffe der Kurventheorie des 18. Jahrhunderts (vgl. 4.12) – in der Apollonischen Kegelschnittlehre zu verfolgen.[71)] Für die naturwissenschaftliche Anwendung der Kegelschnitte wurden neben Tangenten- und Normaleneigenschaften vor allem die Brennpunkteigenschaften (vgl. Keplers Ort der Sonne!) von Bedeutung, die Apollonius aber nur für Ellipse und Hyperbel behandelt.

## 2.44 Projektive Geometrie und Kartographie

Mit der Kegelschnittlehre des Apollonius werden Ellipse, Parabel und Hyperbel auch als Kreisprojektionen erkannt. Wenn nämlich das Auge die Stellung im Mittelpunkt $M$ des Apollonischen Doppelkegels einnimmt, so erscheint selbst die Parabel trotz ihrer unendlichen Verlängerung in perspektivischer Verkürzung als Kreis (Abb. 2.71). Neben dem schon erwähnten Studium des Schattenwurfs von Sonnenuhren kann auch auf die griechische Malerei als außermathematisches Interesse am Perspektivenproblem hingewiesen werden. Optische perspektivische Effekte wie die Illusion eines 3-dimensionalen Raumes auf 2-dimensionaler Ebene wurden z.B. bei den Bühnendekorationen im griechischen Schauspiel erzielt. Als perfekte Könner auf diesem Gebiet waren die Maler Zeuxis und Apollodorus (ca. 400 v.C.) bekannt. Zeuxis soll eine Weintraube so realistisch gemalt haben, daß Vögel vergeblich auf der Bildfläche nach ihnen gepickt haben. Daraufhin fordert Apollodorus seinen Freund zu einem Wettkampf auf, um den besten Illusionisten festzustellen. Apollodorus stellt eine Landschaftsdarstellung als sein letztes Bild vor. Zeuxis' Bitte an Apollodorus, einen Vorhang beiseite zu ziehen, um das Bild im Ganzen sehen zu können, erweist sich als undurchführbar. Der Vorhang wird als Teil des

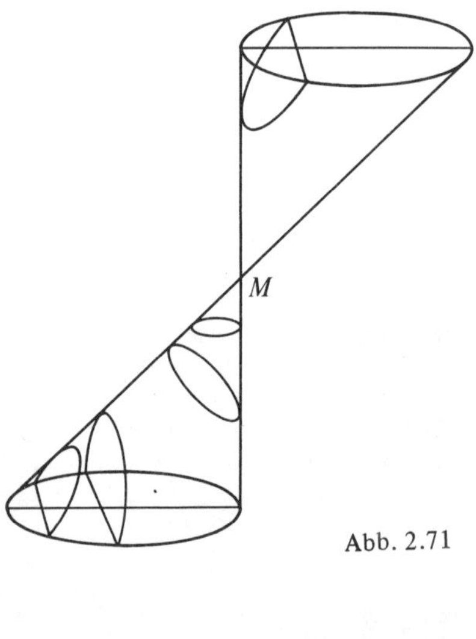


Abb. 2.71

Bildes entlarvt. Apollodorus ist Sieger, und die Anekdote weiß von der selbstbewußten Bemerkung des Zeuxis zu berichten, wonach zwar Zeuxis die Vögel täuschen konnte, aber Apollodorus den Zeuxis.[72)]

Apollonius war bereits bekannt, daß nicht nur die zur Kegelbasis parallelen Schnitte eines Kreiskegels Kreise erzeugen.[73)] Sie nämlich $ABC$ der Kreiskegel mit Basisdurchmesser $BC$, $DPE$ ein zur Basis paralleler Kreisausschnitt mit Kurvenpunkt $P$ und $HPK$ ein Schnitt, so daß die Dreiecke $AHK$ und $ABC$ ähnlich, aber umgekehrt orientiert sind, so erweist sich $HPK$ als Kreis (Abb. 2.72). Der Beweis folgt sofort aus der Ähnlichkeit der Dreiecke $HMD$ und $EMK$, welche die Kreiseigenschaft $HM \cdot MK = DM \cdot ME = PM^2$ bestimmt.

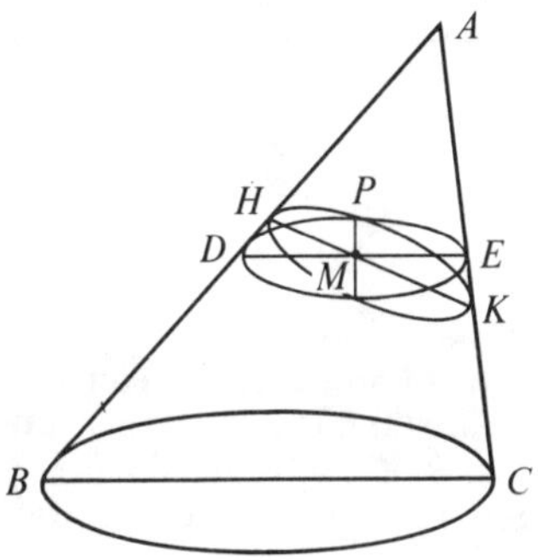


Abb. 2.72

Für die optische Realisierung perspektivischer Effekte wird die geradlinige Ausbreitung der Lichtstrahlen vorausgesetzt. Ein Beispiel für das antike Interesse an optischen Problemen ist die *Optik* des Ptolemaios, in der auch die Geometrie der Spiegel angesprochen ist und mit den trigonometrischen Mitteln des Ptolemaios ein Lichtbrechungsgesetz vorgeschlagen wird.[74)] Ptolemaios ist nicht nur der für die antike-mittelalterliche Welt verbindliche Geometer des Himmels. Von wenigstens ebenso großem Einfluß ist seine Geographie, in der neben Längen und Breiten auch bereits kartographische Projektionen eingeführt werden.[75)] Allerdings führen die damaligen ungenauen Längenmessungen zu erheblichen Meßfehlern, z.B. 180 000 Stadien für den Erdumfang anstelle der 250 000 Stadien nach der Berechnung des Eratosthenes. Die an Ptolemaios orientierten Messungen fallen also kleiner als die Wirklichkeit aus – zum Glück für Entdecker wie Kolumbus, den die Ptolemaiische Verkürzung der Erdperspektive sicher eher ermutigt hat, ferne Länder zu besuchen.

Von geometrischer Bedeutung sind vor allem Ptolemaios' kartographische Projektionen. In den *Analemma*[76)] wird die orthographische Projektion definiert, die Punkte der Kugeloberfläche senkrecht auf drei gegeneinander senkrechte Ebenen projiziert. Im *Planisphaerium*[77)] führt Ptolemaios die stereographische Projektion ein. Sie bildet die Oberflächenpunkte $P$ der Kugel durch einen Projektionsstrahl von einem Kugelpol auf eine Ebene ab, welche den Äquator schneidet (Abb. 2.73). Dabei war Ptolemaios bekannt, daß Kreise, die nicht durch den Projektionspol gehen, auf der Projektionsebene wieder in Kreise übergehen, während Kreise durch den Projektionspol in Geraden übergehen. Ptolemaios erkennt die stereographische Projektion auch als winkeltreue (konforme) Abbildung. Diese Eigenschaft erweist sich insbesondere für die treue Kartenabbildung kleiner Oberflächenteile der Kugel als günstig.

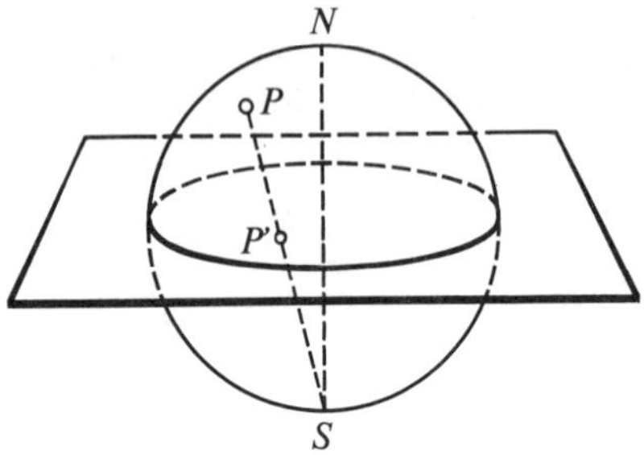


Abb. 2.73

Ein wichtiger Satz der späteren projektiven Geometrie findet sich bei Pappos von Alexandrien (ca. 300 n.C.):[78] Liegen auf zwei Geraden je drei Punkte $A$, $B$, $C$ und $A'$, $B'$, $C'$, so liegen die drei Schnittpunkte der kreuzweisen Verbindungen $AB'$ mit $BA'$, $BC'$ mit $CB'$ und $AC'$ mit $CA'$ auf einer Geraden:

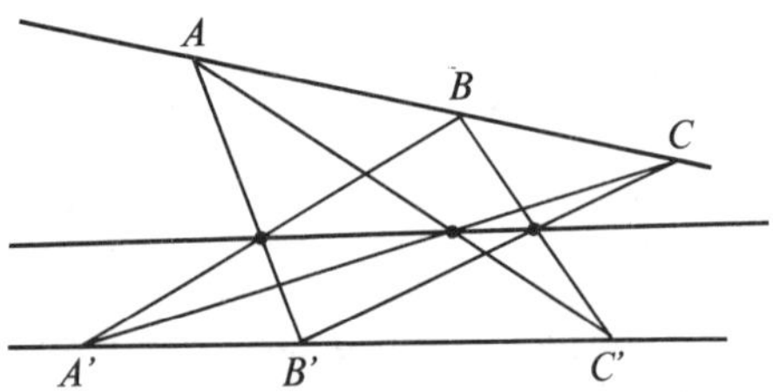


Abb. 2.74

Dieser Spezialfall des Pascalschen Satzes wird in Kap. 5.1 wieder aufgegriffen.

## 2.45 Vorbereitung des Koordinatenbegriffs

In der Kegelschnittlehre des Apollonius deutet sich nicht nur die projektive Geometrie der Neuzeit an, sondern vor allem auch die analytische Koordinatengeometrie. Erinnert uns die Verwendung von Bezugssystemen mit Durchmesser und Tangente nicht schon an moderne Koordinatensysteme? Dennoch bleiben wichtige Unterschiede bestehen. Abgesehen davon, daß der antiken Algebra keine negativen Größen bekannt waren, werden die als Koordinaten interpretierten Bezugslinien immer im nachhinein in eine Figur eingetragen: Zunächst also die stereometrische Erzeugung des Kegelschnittes, dann erst die Eintragung von Hilfslinien zum Beweis geometrischer Eigenschaften. Nie wird eine Figur durch ein Koordinatensystem definiert. Die Bezugslinien sind in der Regel auf die betreffende Figur beschränkt und bilden kein allgemeines Geradensystem wie in heutigen Koordinatensystemen. Ebenso ist die graphische Darstellung variabler Größen in einem Koordinatensystem bis ins Mittelalter unbekannt. Allgemeine Formeln mit zwei Unbekannten sind der geometrischen Algebra der Antike fremd. Sie bedient sich vielmehr einer verbalen Umschreibung von Proportionsverhältnissen und verwendet meistens neben einer Ordinate zwei Abszissen (vgl. 2.43).

Von historischer Bedeutung für Descartes' spätere Einführung seiner Koordinatenmethode wird das berühmte Problem des Pappos, das ursprünglich auf Apollonius und Euklid zurückgeht. Im Vorwort seiner *Conica* erwähnt Apollonius, daß mit den Sätzen seines Buches III die Aufgabe der „geometrischen Örter zu drei oder vier Geraden" gelöst werden könne, was Euklid nicht vollständig gelungen sei.[79] Bei dieser Aufgabe ist der geometrische Ort der Punkte zu bestimmen, deren Abstände $p_1, p_2, p_3$ oder $p_1, p_2, p_3, p_4$ zu drei oder vier Geraden einer Bedingung $p_1 p_2 = k \cdot p_3^2$ oder $p_1 p_2 = k \cdot p_3 p_4$ für eine Konstante $k$ genügen. Behauptet wird, daß diese geometrischen Örter Kegelschnitte sind.

Pappos verallgemeinert diesen Satz für fünf oder sechs Linien:[80] Es ist also der geometrische Ort der Punkte zu bestimmen, deren Abstände $p_1, p_2, p_3, p_4, p_5$ oder $p_1, p_2, p_3, p_4, p_5, p_6$ zu fünf oder sechs gegebenen Geraden einer Bedingung $p_1 p_2 p_3 = k \cdot p_4 p_5 a$ für gegebenes $a$ oder $p_1 p_2 p_3 = k \cdot p_4 p_5 p_6$ genügen.

In einer kurzen Bemerkung des Pappos drückt sich der weiteste Vorstoß der antiken Geometrie in Richtung auf eine analytische Geometrie aus. Pappos berichtet nämlich von nicht näher genannten Vorgängern, die dieses Problem trotz der Beschränkung durch die drei Raumdimensionen für eine beliebige gerade oder ungerade Anzahl von Abständen verallgemeinert hätten. Er macht keine weiteren Angaben über die Orte, die durch Gleichungen wie

$$\frac{p_1 p_3 \cdot \ldots \cdot p_{n-1}}{p_2 p_4 \cdot \ldots \cdot p_n} = k \quad \text{oder} \quad \frac{p_1 p_3 \cdot \ldots \cdot p_n}{p_2 p_4 \cdot \ldots \cdot a} = k$$ bestimmt sind und nennt

sie nur Kurven, die sicher von höherer Ordnung sind als die Kegelschnitte. Eine solche abstrakte Bestimmung von Kurven bleibt aber für den griechischen Geometer völlig unbefriedigend, da nach seiner Auffassung Kurven nur dann existieren, wenn sie stereometrisch als Schnitt eines Körpers (wie die Kegelschnitte) oder durch mechanische Bewegungen erzeugt werden können.

Unter diesen Voraussetzungen konnten den griechischen Geometern nur wenige einzelne Kurven bekannt werden. Eine allgemeine Untersuchungsmethode wie die Koordinatenanalyse schien daher auch nicht notwendig. Die bekannten Kurven werden in drei Klassen eingeteilt:[81] Die erste Klasse der ‚loci plani' besteht aus den Geraden und Kreisen. Die zweite Klasse der ‚loci solidi' enthält alle Kegelschnitte, wobei der Name ‚solidus' auf die stereometrische Einführung der Kegelschnitte hindeutet. Die dritte Klasse der ‚loci lineares' enthält alle übrigen bekannten Kurven wie z.B. die transzendente Spirale. Für die Anwendung in der Geometrie war nach der an Platon orientierten Auffassung nur die erste Klasse vorgesehen. Bezeichnend für diesen Zustand der griechischen Kurvenlehre ist das völlige Fehlen einer symbolischen Algebra, die als Instrumentarium zur Analyse und Entdeckung höherer Kurven hätte dienen können. Hier mußte erst eine andere Tradition wirksam werden, nämlich die indisch-arabische Rechentechnik, um die Geometrie für ihre Weiterentwicklung und Anwendung in den Naturwissenschaften reif zu machen.

**Anmerkungen:**

[1] Für eine kritische Würdigung solcher außermathematischen Hintergründe vgl. K. v. Fritz, Grundprobleme der Geschichte der antiken Wissenschaften, Berlin/New York 1971, 210 ff. A. S. Szabó führt für die Einführung der ‚reductio ad absurdum' den Einfluß der eleatischen Philosophie an, die sich von der praktisch-empirischen Erkenntnis abwendet: Vgl. A. S. Szabó, Anfänge der griechischen Mathematik, München/Wien 1969, 289 f.
[2] T. L. Heath, A History of Greek Mathematics I, Oxford 1960, 129 f.
[3] T. L. Heath, e.d., 130 f.; P. Lorenzen, Die Entstehung der exakten Wissenschaften, Berlin/Göttingen/Heidelberg 1960, 47.
[4] Vgl. auch J. E. Hofmann, Die arithmetica universalis (um 400 v.C.), in: ders., Geschichte der Mathematik I, Berlin [2]1963, 30–32; B. L. van der Waerden, Die Arithmetik der Pythagoreer, in: Mathem. Ann. 120 1947, 127 ff.; K. Reidemeister, Die Arithmetik der Griechen, Leipzig 1940.
[5] T. L. Heath, s. Anm. 2, 149
[6] T. L. Heath, e.d., 148
[7] K. v. Fritz, The Discovery of Incommensurability by Hippasus of Metapontum, in: Annals of Mathematics XLVI 1945, 242–264.
[8] Die Ursprungsfrage der ‚geometrischen Algebra', insbesondere der babylonische Einfluß, der von O. Neugebauer und B. L. van der Waerden betont wird, wird kritisch untersucht in A. S. Szabó, Anfänge der griechischen Mathematik (s. Anm. 1), 35 f., 458 ff.
[9] T. L. Heath, Greek Mathematics, New York 1963, 100 ff.; P. Lorenzen, Die Entstehung der exakten Wissenschaften (s. Anm. 3) 52 ff.; ebenso A. Szabó (s. Anm. 8). Für eine ältere Arbeit vgl. H. G. Zeuthen, Geschichte der Mathematik im Altertum und Mittelalter, Abschnitt 4, in: O. Becker (Hrsg.), Zur Geschichte der griechischen Mathematik, Darmstadt 1965, 18 ff.
[10] T. L. Heath, A History of Greek Mathematics I (s. Anm. 2), 183 ff.
[11] T. L. Heath, e.d., 226 ff.
[12] Zur Theorie der Spiralen nach Archimedes, A History of Greek Mathematics II, Oxford 1960, 64–75; zur Anwendung auf die Kreisquadratur T. L. Heath, e.d. I, 230–231; H. Eves, An Introduction to the History of Mathematics, New York u.a. [4]1976, 96.
[13] T. L. Heath, e.d. I, 235 f.
[14] T. L. Heath, e.d. I, 238 f.
[15] T. L. Heath, e.d. I, 227 f.
[16] T. L. Heath, e.d. I, 244 ff.
[17] Die Lösung des Archytas wird von Eudemos beschrieben: Vgl. J. L. Heiberg (Hrsg.), Archimedes Opera, Bd. 3, 84; vgl. die vorzügliche Analyse mit Abbildung und Quellenangabe bei B. L. van der Waerden, Erwachende Wissenschaft, Basel/Stuttgart [2]1966, 249–252.
[18] Für eine analytische Behandlung der Lösung vgl. 4.14
[19] T. L. Heath, e.d. I, 255 ff.
[20] Vgl. A. D. Steele, Über die Rolle von Zirkel und Lineal in der griechischen Mathematik, in: Quellen und Studien z. Geschichte d. Math., Astronomie u. Physik, Abt. B (Studien) Bd. 3 Berlin 1934, 313–369
[21] Die klassischen Ergebnisse der Gruppen- u. Gleichungstheorie in E. Galois, Écrits et Mémoires mathématiques d'Evariste Galois, Paris 1962. Zur Darstellung in moderner mathem. Sprache mit Anwendung auf die Geometrie E. Artin, Galoissche Theorie, Leipzig [2]1965, 82 ff.; H. J. Nastold, Algebra I, Vorlesungsausarbeitung am Mathem. Institut d. Univ. Münster 1969, 209–217.
[22] Zur Kritik der Sinneswahrnehmung nach Platon vgl. z.B. Phaidon, 79 C–D. Für den Zusammenhang von indirekter Beweisführung und Anti-Empirismus bei den Eleaten und Platon vgl. A. Szabó, Anfänge der griechischen Mathematik (s. Anm. 1),

338 ff.; vgl. auch K. v. Fritz, Grundprobleme der Geschichte der antiken Wissenschaften (s. Anm. 1), 252 ff.

[23] Platon, Menon, 83 b – 85 e

[24] F. Klein, Elementarmathematik vom höheren Standpunkt aus II, Berlin ³1925 (Nachdruck 1968), 204; K. Mainzer, Euklidische Geometrie, in: Enzyklopädie Philosophie und Wissenschaftstheorie (Hrsg. J. Mittelstraß) Mannheim 1980.

[25] Griech. u. Lat.: Euclidis opera omnia, Bde. I–V (Elementa), Leipzig 1883–1888 (bearbeitet durch J. L. Heiberg); dt. Die Elemente (Übers. u. Hrsg. C. Thaer), 1933; im folgenden verwendet: The Thirteen Books of Euklid's Elements translated from the Text of Heiberg with Introduction and Commentary by T. L. Heath, Bd. I New York ²1956, 153 ff.

[26] Zur Platonischen Orientierung der Euklidischen Definitionen vgl. T. L. Heath, A History of Greek Mathematics (s. Anm. 2), I 373; zum Verhältnis Euklid und Platon vgl. A. Szabó, Anfänge des Euklidischen Axiomensystems, in: O. Becker (Hrsg.), Zur Geschichte der griechischen Mathematik, Darmstadt 1965, 412 ff.

[27] Zur Bedeutung von Kongruenz als ‚Deckungsgleichheit' bei Euklid vgl. K. v. Fritz, Gleichheit, Kongruenz, Ähnlichkeit, in: s. Anm. 1, 431 f.

[28] Aristoteles, Analytica posteriora I, 10

[29] Euklid, Elemente (s. Anm. 25), I 241–248

[30] A. Schopenhauer, Sämtliche Werke (Hrsg. P. Deussen), Bd. I München 1911, 84 f.

[31] Dazu auch K. v. Fritz, s. Anm. 27, 440

[32] Euklid, Elemente (s. Anm. 25), I 349 f.

[33] Zu den Originalfragmenten des Eudoxos vgl. F. Lasserre (Hrsg., Übers., Komm.), Die Fragmente des Eudoxos von Knidos, Berlin 1966, D 30–57 (Allgemeine Proportionenlehre)

[34] Platon, Theätet, 147 d; zu Theodorus von Kyrene vgl. T. L. Heath, s. Anm. 2, I 202 ff.

[35] Zur Bedeutung des Eudoxos vgl. besonders O. Becker, Eudoxos Studien III: Spuren eines Stetigkeitsaxioms in der Art des Dedekindschen zur Zeit des Eudoxos, in: Quellen u. Studien z. Gesch. d. Math., Astronomie u. Phys. Abt. B 2 1933, 236–244

[36] Euklid, s. Anm. 25, 114

[37] Aristoteles, Physik VIII, 10, p. 266 b2 (Übers. von C. Prantl, Aristoteles' Werke, Leipzig 1854, Bd. I)

[38] Für die historischen Quellen der Untersuchungen über hornförmige Winkel vgl. K. v. Fritz, s. Anm. 1, 480

[39] Zur Rekonstruktion der Addition und Multiplikation vgl. P. Lorenzen, s. Anm. 3, 86–87

[40] Euklid gibt in *Elemente* VI, 12, prop. nur einen Spezialfall; vgl. O. Becker, Eudoxos Studien II: Warum haben die Griechen die Existenz der vierten Proportionale angenommen? in: s. Anm. 35, 369–387; P. Lorenzen, s. Anm. 3, 89

[41] Euklid, s. Anm. 25, III,14. prop.

[42] Für die Beweisterminologie Euklids vgl. Elemente XII, 2, in: s. Anm. 25, II, 371 ff.

[43] Vgl. A. Speiser, Die Theorie der Gruppen von endlicher Ordnung, Basel/Stuttgart ⁴1956, 3

[44] Platon, Timaios 53–56 c; vgl. auch K. Mainzer, Symmetrie und Invarianz, in: Akten des 16. Weltkongresses für Philosophie, Düsseldorf 1978, 409–412

[45] Euklid, s. Anm. 25, III, 507 f.. Dazu auch D. Hilbert/S. Cohn-Vossen, Anschauliche Geometrie, Berlin/Heidelberg/New York 1932, repr. Darmstadt 1973, 79 ff.

[46] Zur gruppentheoretischen Deutung des XIII. Buches Euklids vgl. A. Speiser, s. Anm. 43, 21 ff.

[47] Archimedes, gr.-lat. (Hrsg. J. L. Heiberg), Leipzig 1880/81, ²1910/1915 3 Bde.; zu Heibergs Entdeckung der Schrift *Methode* von 1906 vgl. T. L. Heath (Hrsg.), The Works of Archimedes with The Method of Archimedes (²1912), New York 1953, Supplement, 5 ff.

[48] Archimedes, s. Anm. 47 (Heath), 189 f.

[49] Archimedes, s. Anm. 47, Supplement, 18 ff.; Zeichnungen vgl. auch W. M. Priestley, Calculus: An Historical Approach, Berlin/Heidelberg/New York 1979, 409 f.
[50] Archimedes, s. Anm. 47, Supplement, 20 f.
[51] Archimedes, s. Anm. 47, 91 f.
[52] Vgl. E. Mach, Erkenntnis und Irrtum, Leipzig [3]1917, 198; zur Aufgabe der mathem. Heuristik vgl. auch G. Pólya, Schule des Denkens – Vom Lösen mathematischer Probleme (dt. Übersetzung E. Behnke), Bern 1949
[53] Vgl. K. Mainzer, Aristarch von Samos, in: Enzyklopädie Philosophie u. Wissenschaftstheorie I, s. Anm. 24. Dort auch Literatur- u. Quellenangaben.
[54] Vgl. auch F. Krafft, Geschichte der Naturwissenschaft I, Die Begründung einer Wissenschaft von der Natur durch die Griechen, Freiburg 1971, 226 f.
[55] Vgl. A. Diller, The Ancient Measurements of the Earth, in: Isis 40 1949, 6–9; T. L. Heath, A History of Greek Mathematics II, Oxford 1960, 106–109
[56] Vgl. T. L. Heath, s. Anm. 55, 257 f.
[57] K. Ptolemaios, Opera (Hrsg. J. L. Heiberg), Leipzig 1898/1907; vgl. T. L. Heath, s. Anm. 55, 278 ff.
[58] Vgl. T. L. Heath, s. Anm. 55, 280 f.
[59] Vgl. T. L. Heath, s. Anm. 55, 276 f., 283
[60] Vgl. K. Mainzer, Astronomie, in: s. Anm. 53. Dort auch weitere Literatur- u. Quellenangaben.
[61] Eudoxos benutzt überflüssigerweise eine 3. Sphäre auch für die Sonne. Vgl. Die Fragmente des Eudoxos von Knidos (s. Anm. 33), D6 (Arstt. Met. Λ $1073^b$ 17), F124 (Simplic. In Arstt. De caelo comm. S. 492 Heiberg). – Vgl. T. S. Kuhn, The Copernican Revolution, Planetary Astronomy in the Development of Western Thought, Cambridge 1966, 56f. – Dazu auch J. Mittelstraß, Die Rettung der Phänomene, Ursprung und Geschichte eines antiken Forschungsprinzips, Berlin 1962, Kap. IV
[62] Vgl. T. L. Heath, s. Anm. 55, 262 f.
[63] Vgl. T. L. Heath, s. Anm. 55, 264 f.
[64] Vgl. T. L. Heath, s. Anm. 55, 266–269; P. Lorenzen, s. Anm. 3, 97–99
[65] Vgl. T. L. Heath, s. Anm. 55, 11; I 252–255
[66] Archimedes, s. Anm. 47, 104 ff. Dazu auch B. L. van der Waerden, s. Anm. 17, 402
[67] Apollonius, Conica (Hrsg. J. L. Heiberg), Leipzig 1890/1893 2 Bde.; dt. A. Czwalina, München/Berlin 1926; engl. T. L. Heath, Cambridge 1896; vgl. auch K. Fladt, Geschichte und Theorie der Kegelschnitte und der Flächen zweiten Grades, Stuttgart 1965
[68] Vgl. C. B. Boyer, History of Analytic Geometry, New York 1956, 26; T. L. Heath, s. Anm. 47, 136 ff.
[69] Apollonius, Conica I, 41–50 (s. Anm. 67)
[70] Vgl. T. L. Heath, Anm. 55, 159 ff.
[71] Apollonius, Conica V, 51, 52 (s. Anm. 67)
[72] Vgl. C. Lanczos, Space through the Ages, London/New York 1970, 277
[73] Apollonius, Conica I, 5
[74] K. Ptolemaios, Optik (frz. A. Lejeune: L'optique), Louvain 1956; T. L. Heath, s. Anm. 55, 294
[75] Vgl. J. O. Thomson, History of Ancient Geography, Cambridge 1948; J. Schmithüsen, Geschichte der geographischen Wissenschaft von den ersten Anfängen bis zum Ende des 18. Jahrhunderts, Mannheim 1970; W. H. Stahl, Ptolemy's Geography, a Select Bibliography, Lincoln 1954
[76] K. Ptolemaios, Analemma (Hrsg. J. L. Heiberg), in: Abh. Gesch. Math. 7, 1895; T. L. Heath, s. Anm. 55, 286 ff.
[77] K. Ptolemaios, Planisphaerium (dt. J. Drecker), in: Isis 9,1927; T. L. Heath, s. Anm. 55, 292–293; J. D. H. Donnay, Spherical Trigonometry after the Cesaro Method, New York 1945; H. Eves, s. Anm. 12, 161

[78] Pappos von Alexandrien, Collectiones (gr. Hrsg. F. Hultsch), 3 Bde. Berlin 1876/78. Zur Rekonstruktion der Lemmata zu den Porismen des Euklid, welche den ‚Satz von Pappos' enthalten, vgl. T. L. Heath, s. Anm. 55, 419 ff.; B. L. van der Waerden, s. Anm. 17, 472–477

[79] s. Anm. 67

[80] K. Mainzer, Analyse, in: s. Anm. 53; T. L. Heath, s. Anm. 55, 402

[81] Vgl. die Rekonstruktion bei T. L. Heath, The Works of Archimedes (s. Anm. 47), Introduction cxl-cxli; vgl. auch R. Descartes, La Géométrie II (s. Kap. 4, Anm. 4), 388

# 3. Indisch-Arabische Algebra und technische Geometrie der Neuzeit

Die Kenntnisse der griechischen Mathematik werden im christlichen Frühmittelalter zunächst nur bruchstückhaft überliefert. So umfaßt ein Lehrgang des Boethius (ca. 500) im pythagoreischen Quadrivium nur wenige Teile der klassischen Werke:[1)] In der Geometrie sind es Sätze ohne Beweis aus den ersten vier Büchern der Euklidischen *Elemente,* in der Arithmetik, Astronomie und Musik verkürzte Darstellungen des Euklid, Nikomachos und Ptolemaios. In Wissenschaftslehren des Mittelalters wird die Mathematik zwar als ein theoretisches Fach wie Theologie und Physik aufgefaßt und gilt auch in der neugegründeten Pariser Universität (ca. 1200) als selbständiges Fach mit den Disziplinen des Quadriviums innerhalb der Artistenfakultät, tritt jedoch in ihrer Bedeutung immer mehr hinter Logik, Philosophie und Theologie zurück.[2)]

In dieser Zeit wird die Mathematik, insbesondere Algebra und Arithmetik von indischen und arabischen Mathematikern weiterentwickelt. Das Interesse an effektiven Rechenverfahren, das die babylonische Mathematik bestimmte und in der griechischen Geometrie völlig zurücktrat, wird für Inder und Araber maßgebend. Geometrie ist für sie besonders als Trigonometrie im Dienste der Astronomie von Bedeutung. Das praktische Rechnen mit den indischen Ziffern, das schließlich im Abendland übernommen und von Rechenmeistern verbreitet wird, bildet eine wichtige Voraussetzung für die Weiterentwicklung von Arithmetik und Algebra im 15./16. Jahrhundert über die arabischen Kenntnisse hinaus. In der technischen Geometrie liefern demgegenüber die Architekten, Baumeister und Künstler des 16. Jahrhunderts keine neuen Ergebnisse, die nicht schon bei Euklid, Archimedes oder Apollonius aufweisbar wären. Allerdings bereitet das Zeitalter des Humanismus mit seinen Übersetzungen griechischer Geometrietexte zusammen mit den Fortschritten der Algebra seit Viète den Boden für die Entwicklung der analytischen Geometrie seit Descartes und Fermat.

## 3.1 Trigonometrie und Algebra

Die indischen Mathematiker waren begabte Arithmetiker, beschränkten sich jedoch in der Geometrie – ähnlich den Babyloniern – weitgehend auf die Angabe empirischer Meßverfahren. In der Trigonometrie verfügten die indischen Astronomen bereits über eine Art von Sinusfunktion, mit der die griechischen Sehnentafeln ersetzt werden konnten. In den *Siddhāntas* und im *Aryabhatiya* werden Sinuswerte für Winkel bis $90^\circ$ angegeben, die in 24 gleiche Intervalle zu $3\,{}^3/_4{}^\circ$ eingeteilt sind. Um Bogen- und Sinuslänge mit derselben Einheit ausdrücken zu können, wird der Kreisradius in 3438 und der Umfang in $360 \cdot 60 = 21600$ Einheiten eingeteilt. Für den Sinus von $3\,{}^3/_4{}^\circ$ wird $3\,{}^3/_4 \cdot 60 = 225$ gewählt. Für die Berechnung der Sinustafel benutzt man eine Rekursionsformel, die in der Reihenfolge von $n = 1$ bis $n = 24$ den $(n + 1)$-ten Sinus $s_{n+1}$ mit der Summe $S_n$ der ersten

$n$ Sinuswerte durch $s_{n+1} = s_n + s_1 - S_n/s_1$ berechnet. Danach ist

$$\sin 7\frac{1^\circ}{2} = \sin 2 \cdot 3\frac{3^\circ}{4} = 449, \sin 11\frac{1^\circ}{4} = \sin 3 \cdot 3\frac{3^\circ}{4} = 671 \text{ bis } \sin 90^\circ =$$

$$\sin 24 \cdot 3\frac{3^\circ}{4} = 3438.$$ [3)]

Wie die Inder betrachteten sich die Araber hauptsächlich als Astronomen und gaben daher Arithmetik, Algebra und Trigonometrie den Vorzug. Daß die europäische Mathematik ihr kalkulatorisches Interesse vor allem auf das arabische Erbe zurückführt, zeigt sich bereits in unserer Bezeichnung für ein effektives Rechenverfahren – Algorithmus, eine Verballhornung von al-Khowarizmi, dem Namen des arabischen Autors mit dem Buchtitel *Al-jahr wa'l muquābal*, auf den wiederum unsere Bezeichnung Algebra (Al-jabre) zurückgeht. Der arabischen Trigonometrie standen mit den griechischen Sehnentafeln des Ptolemaios und den Sinuswerten der *Siddhāntas* zwei Traditionen gegenüber. Der arabische Astronom al-Battani (ca. 850–928) (lat. Albategnius) gibt in seinem Buch *Über die Bewegung der Sterne* Formeln für Sinusfunktionen wie z.B. $b = a \cdot \sin(90^\circ - \alpha)/\sin \alpha$ an, während später Abu'l-Wefa diesen Sachverhalt bereits mit der Tangensfunktion $a = b \cdot \tan \alpha$ ausdrückt (Abb. 3.1):[4)]

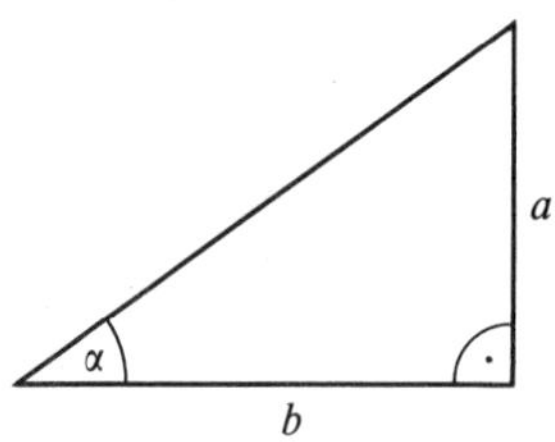


Abb. 3.1

Neben den sechs üblichen trigonometrischen Funktionen werden Regeln zur Untersuchung ebener und sphärischer Dreiecke benutzt. Jedoch bleiben die Ptolemaiischen Sehnentafeln trotz der indisch-arabischen Sinusberechnungen im Abendland maßgebend. Die neuzeitliche Algebra lernte allerdings nicht nur von der indisch-arabischen Tradition. Bei Diophantus von Alexandrien (ca. 250 n.C.) wird in der Spätphase der griechischen Mathematik auch wieder eine selbständige Arithmetik und Algebra betrieben, in der Gleichungen in babylonischer Tradition gelöst werden und als Lösungen nur positiv-rationale Zahlen zugelassen sind. Diophantus benutzt zwar Abkürzungen für Zahlenpotenzen, Relationen und Operationen, ohne jedoch über eine symbolische Algebra im heutigen Sinne zu verfügen.[5)]

Um 1202 erscheint der *Liber Abaci* des Leonardo von Pisa (Fibonacci), in dem die indisch-arabischen Ziffern popularisiert werden, und um 1220 folgt die *Practica geometriae*, in der geometrische Probleme in babylonisch-arabischer Tradition algebraisch gelöst sind. Das praktische Rechnen mit den indischen Ziffern wird erst seit dem 15. Jahrhundert von Rechenmeistern auf Latein- und Bürgerschulen geübt und in Rechenbüchern wie dem *Coß* von M. Stifel für Handel und Gewerbe verbreitet. Der praktische Umgang mit den ‚Calculi' und den Symbolen und Ziffern auf dem Papier bildet eine wichtige Voraussetzung für die selbständige Entwicklung von Algebra und Arithmetik. Nur diese algorithmische Übung macht verständlich, warum die Auflösung kubischer Gleichungen, die den antiken Mathematikern wegen ihrer geometrisch-verbalen Umschreibung große Schwierigkeiten bereitete, den italienischen Renaissance-Mathematikern wie Sc. Del Ferro, N. Tartaglia und G. Cardano auf Anhieb gelang. Cardanos Schüler L. Ferrari löst auch Gleichungen 4. Grades. Für die imaginären Zahlen, auf die man bei diesen Gleichungen stieß, gibt bereits der Bologneser Ingenieur R. Bombelli in seiner *Algebra* von 1572 richtige Rechenregeln an. Mit F. Viète (1540–1603) ist der entscheidende Schritt zur symbolischen Algebra getan. Während noch Cardano spezielle numerische Gleichungen wie z.B. $x^3 + 6x = 20$ untersuchte, geht Viète von symbolischen Gleichungsformeln wie z.B. $x^3 + b^2x = b^2c$ aus. Statt $x$, $x^2$, $x^3$ schreibt Viète zwar noch ‚$A$', ‚$A$ quadratum', ‚$A$ cubum' und umschreibt die Gleichheit mit ‚aequatur'. Jedoch werden für Variablen, Koeffizienten und Operationen konsequent Buchstaben verwendet, so daß von nun an die symbolische Formel für mathematische Sätze und Beweise zur Verfügung steht.[6)]

Viète trägt aber auch maßgebend dazu bei, die Trigonometrie auf das Niveau einer selbständigen mathematischen Disziplin zu heben, die nicht mehr nur als astronomische Hilfsdisziplin zu verstehen ist. Entscheidende Vorbereitungen verdankt er Regiomontanus (1436–1476), Kopernikus (1473–1543) und dessen Schüler G. J. Rhaeticus (1514–1576). So verbreitete Regiomontanus nicht nur die trigonometrischen Kenntnisse der Inder und Araber, sondern trug durch Werke wie *De triangulis* und *Tabulae directionum* auch zur Verbesserung der trigonometrischen Tafeln bei, mit denen die Astronomen des 15. Jahrhunderts arbeiteten. Noch vermied man Brüche, indem große Werte für Kreisradien (z.B. 10 000 oder 600 000) gewählt wurden. Das gilt auch sowohl für Kopernikus, dessen trigonometrische Kenntnisse in *De revolutionibus orbium coelestium* (1543) und *De lateribus et angulis triangulorum* nicht über Regiomontanus hinausgehen, als auch für Rhaeticus, der Tafeln für alle sechs trigonometrischen Funktionen bereitstellte. Auch Viète vermied in der Trigonometrie soweit wie möglich Brüche, obwohl er in der Algebra bereits den Dezimalbrüchen gegenüber den seit der babylonischen Astronomie bekannten Sexagesimalbrüchen den Vorzug gab.[7)]

Eine größe Hilfe für das praktische Rechnen der Astronomen war Viète's Ableitung von Formeln wie z.B. $2 \cdot \cos A \cdot \cos B = \cos(A + B) + \cos(A - B)$, in denen das Produkt trigonometrischer Funktionen auf deren Addition zurückgeführt wird. Wenn z.B. Tycho Brahe 47,368 mit 83,137 multiplizieren wollte, so setzte er $\cos A = \frac{47{,}368}{2} = 23{,}684$ $\cos B = 83{,}137$, stellte aus den trigonometrischen Tafeln die Winkel $A$ und $B$ fest, um dann aus den Tafeln $\cos(A + B)$ und $\cos(A - B)$ abzulesen. Der einzige Rechenschritt besteht dann in der Addition von $\cos(A + B)$ und $\cos(A - B)$. Viète erkannte aber vor allem, daß solche Rechenhilfen nicht auf die Astronomie beschränkt bleiben müssen, sondern allgemein bei der Lösung algebraischer Gleichungen große Hilfe leisten.[8] Die Erfindung der Logarithmen durch J. Napier und J. Bürgi stellte eine weitere Vereinfachung der Rechnung dar.

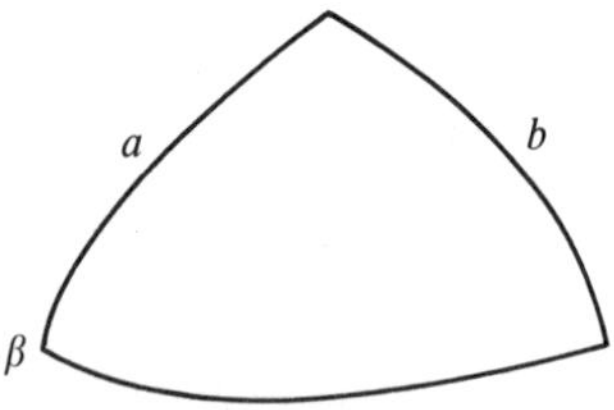


Abb. 3.2

Unter dem Gesichtspunkt der Geometriegeschichte muß besonders F. Viète's Beitrag zur sphärischen Trigonometrie erwähnt werden, der für die Diskussion der sphärischen Geometrie im 18. und 19. Jahrhundert bedeutsam wurde. Bei Viète tauchen auch die später nach Napier benannten Regeln auf[9], die Basisformeln der sphärischen Trigonometrie eines rechtwinkligen Dreiecks durch eine einzige Regel zu erzeugen. Ersetzt man nämlich in einem sphärischen Dreieck drei Elemente durch ihre komplementären Winkel und zählt den rechten Winkel $\gamma = 90° = \frac{\pi}{2}$ nicht mit, dann lautet Napiers Regel: Der Sinus von jedem Teil der Figur ist gleich dem Produkt der Tangenten ihrer Nachbarn oder dem Produkt der Cosinus ihrer entgegengesetzten Teile (Abb. 3.2). So ist $\sin\left(\frac{\pi}{2} - c\right) = \tan\left(\frac{\pi}{2} - \alpha\right) \cdot \tan\left(\frac{\pi}{2} - \beta\right)$, also $\cos c = \cot \alpha \cot \beta = \cos a \cos b$. Insgesamt lassen sich 10 Relationen aus jeweils 2 Relationen für jeden der 5 Teile des rechtwinkligen sphärischen Dreiecks zusammenstellen. Nun folgt auch, daß zu jedem sphärischen Dreieck aus den Großkreisen einer Kugel ein entsprechendes polares Dreieck konstruiert werden kann. Errichtet man nämlich im Kugelzentrum die Normalen der Dreiecksseiten, so entsprechen die Winkel des sphärischen Dreiecks den Seiten des polaren Dreiecks und umgekehrt, also:

| | | | | | | |
|---|---|---|---|---|---|---|
| sphärisches Dreieck: | $a$ | $b$ | $c$ | $\alpha$ | $\beta$ | $\gamma$ |
| polares Dreieck: | $\alpha$ | $\beta$ | $\pi - \gamma$ | $a$ | $b$ | $\pi - c$ . |

Eine solche Konstruktion zeigt sofort, daß die Winkelsumme im sphärischen Dreieck größer als zwei Rechte ist, d.h. $\alpha + \beta + \gamma = a + b + (\pi - c) = (a + b - c) + \pi > \pi$. Dabei ist nur vorausgesetzt, daß $c < a + b$ für die sphärischen Geraden $a, b, c < \pi$ als kürzeste Verbindungen auf der Kugeloberfläche gilt.

## 3.2 Technische Geometrie

Obwohl am Vorabend von Descartes' analytischer Geometrie die Entwicklung von Algebra und Trigonometrie im Vordergrund steht, zeichnen sich auch in der Geometrie neue Einsichten und Tendenzen ab. Es sind jedoch weniger neue Lehrsätze, die über die Kenntnisse der griechischen Geometrie hinausgehen. Vielmehr erwacht ein technisches Interesse an geometrischen Figuren und Darstellungen, die für die Zwecke der Physik, Astronomie, Kartographie, Architektur und Malerei Verwendung finden. Bereits N. Oresme (1323–1382) hatte im Umfeld mittelalterlich-aristotelischer Physik ein Verfahren entwickelt, um Bewegungsveränderungen in der Zeit graphisch darzustellen.[10)] Da jedes meßbare Objekt nach Oresme nur als stetige Größe vorstellbar ist, zeichnete er einen Beschleunigungs-Zeit-Graphen auf, in dem jedem Zeitabschnitt (longitudo) der Zeitachse eine senkrechte Strecke (latitudo) mit dem entsprechenden Wert gleichförmiger Beschleunigung zugeordnet wird. Abgesehen von dem physikalischen Aspekt, daß so die mittlere Beschleunigung aus der Erdbeschleunigung bestimmbar wird, ist geometrisch nicht die Verwendung von Koordinaten (latitudo, longitudo), neu (vgl. 2.45): Neu ist vielmehr die zeichnerische Darstellung, der Graph, wie wir heute sagen, im Dienste physikalischer Überlegungen. Allerdings kennt Oresme noch nicht die algebraische Methode, um beliebige Kurven funktional erfassen zu können.

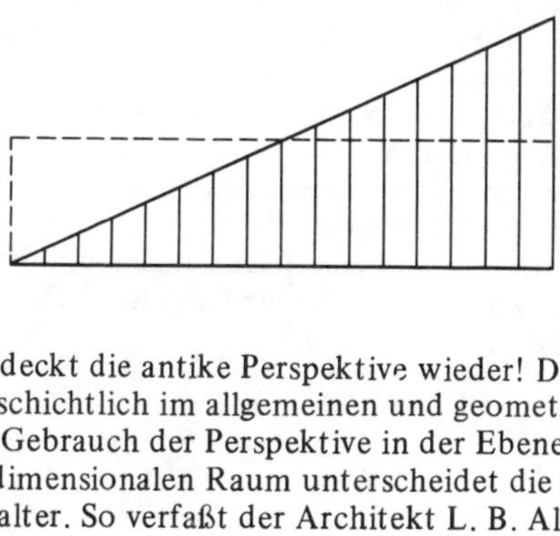

Abb. 3.3

Die Renaissance entdeckt die antike Perspektive wieder! Dieser Satz gilt kunst- und kulturgeschichtlich im allgemeinen und geometriegeschichtlich im besonderen. Der Gebrauch der Perspektive in der Ebene zur Darstellung von Objekten im 3-dimensionalen Raum unterscheidet die Renaissance-Künstler vom Mittelalter. So verfaßt der Architekt L. B. Alberti 1435 seine Schrift *Della pictura*, in der er ein Verfahren angibt, um eine horizontale Quadratebene in einem vertikalen Bild darzustellen. Die platonische Orientierung dieser Künstler wird deutlich, wenn Leonardo da Vinci mit Anspielung auf die platonische Akademie über ein Buch zur Perspektive schreiben läßt: Keiner soll meine Bücher lesen, der nicht Mathematiker ist. Albrecht Dürer, der deutsche Zeitgenosse Leonardos, beschäftigt sich bereits mit der mechanischen Erzeugung und zeichnerischen Darstellung von Kurven wie der Epizykloiden, indem er einen Punkt auf einem Kreis festhält und den Kreis auf der Außenseite eines anderen abrollen läßt (Abb. 3.4). Auch die Konstruktion regulärer Körper oder z.B. des regulären 8-Ecks findet sich bei Dürer. Allerdings dominiert hier der technisch-künstlerische Aspekt über die mathematische Analyse, der keine algebraische Methode zur Verfügung steht. Zwischen exakter Konstruierbarkeit (mit Zirkel und Lineal) und angenäherter Zeichnung wird noch nicht unterschieden. In den anatomischen Studien der Mediziner und den Skulpturen der Renaissance-Bildhauer nach dem *Maß des Menschen* findet auch die geometrische Proportionenlehre wieder ihre technisch-künstlerische Anwendung.[11)]

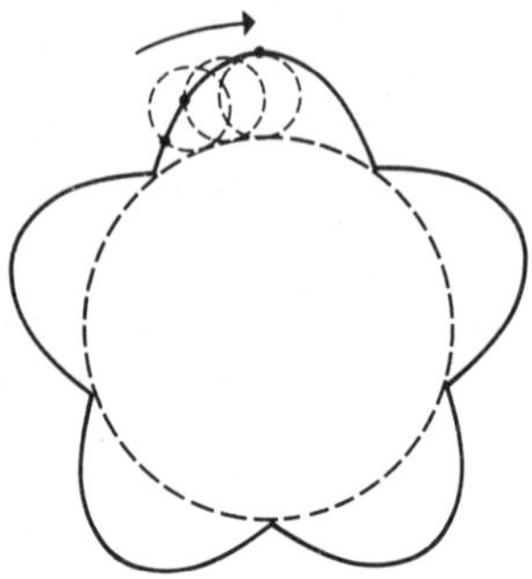

Abb. 3.4

Bereits Ptolemaios hatte neben der Astronomie die Geographie als Anwendungsgebiet der Geometrie betrieben. Seine stereographische und orthographische Kartenprojektion der Erdkugel (vgl. 2.44) bestimmte die Mittelalterliche Kartographie, von der Peter Apians älteste Karte der „alten und der neuen Welt" von 1520 ein anschauliches Beispiel gibt. 1569 veröffentlichte der flämische Geograph Gerhard Merkator in *Nova et aucta orbis terrae descriptio* eine Karte, auf der ein neues Darstellungsprinzip verwendet ist. Bis Merkator hatten die Geographen ihre Karten auf einem rechtwinkligen Netz gleichweit entfernter und paralleler Längen- und Breitengeraden gezeichnet, ohne die dadurch entstehende Gestalt-, Richtungs- und Flächenverzerrung zu berücksichtigen.[12)]

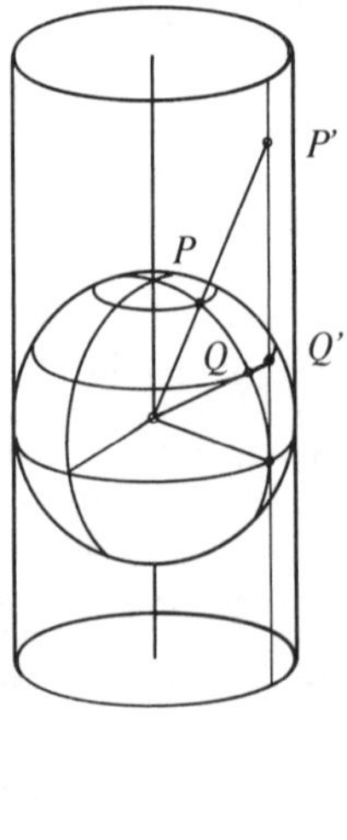


Abb. 3.5

Merkator geht zunächst von einem nach oben und unten unbegrenzten Zylinder mit Erddurchmesser aus, in dem die Erdkugel gelagert ist (Abb. 3.5). Die Kugeloberflächenpunkte werden vom Kugelmittelpunkt auf den inneren Zylindermantel projiziert. Wird der Zylindermantel parallel zur Achse aufgeschnitten und auf eine Ebene gerollt, so gehen die Erdmeridiane und Parallelen in ein rechtwinkliges Kartennetz über. Dabei bleiben zwar die Abstände zwischen den Meridianen gleich, aber nicht so zwischen den Breitenkreisen. Gestalt und Richtungen verändern sich zum Nord- und Südpol hin so stark, daß bereits Merkator empirisch bestimmte Korrekturen angab. Mathematisch handelt es sich bei der Merkator-Karte um eine konforme, aber flächenverzerrende Abbildung, wie die Differentialgeometrie später nachweisen wird. Die Metrik $d = a \cdot ln \tan \frac{\phi}{2} + 45°$ zur Messung des Abstandes von Breitenkreis $\phi$ und Äquator fand 1599 der englische Navigator E. Wright.

## 3.3 Neue Kurven in Astronomie und Physik

In der Astronomie war die Darstellung der Planetenbewegungen seit den Tagen Platons auf den Kreis, d.h. also auf die antike Kurvenkategorie der ‚loci plani' eingeschränkt. Auch Kopernikus stellte das sogenannte platonische Axiom der gleichförmigen Kreisbewegung der Planeten wieder her, indem er die Sonne in den Mittelpunkt der Kugelschalen setzte und die Ptolemaische Konstruktion von Ausgleichspunkten verwarf (vgl. 2.42). Die Beobachtung rückläufiger Bewegungen z.B. des Mars werden nun auf die kombinierten Bewegungen von Erde und Mars zurückgeführt, wobei Mars einen größeren und langsameren Sonnenumlauf als die Erde ausführt. Die am Sternenhimmel beobachtete Planetenschleife (Abb. 3.6) wird in Abb. 3.7 zwischen der 3. und 5. Position durchlaufen:[13)]

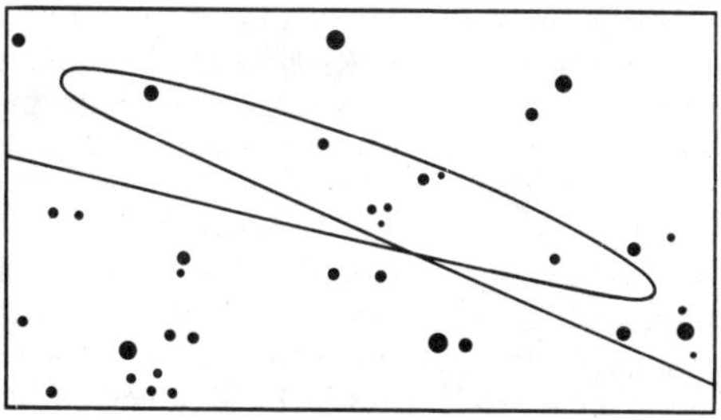

Planetenschleife (Mars)

Abb. 3.6

Während Kopernikus aufgrund der Sternentafeln des Ptolemaios mit einer Genauigkeit von $10'$ arbeitete, verbesserte T. Brahe seine Beobachtungen auf $2'$. Aber auch T. Brahe hielt weiter an der gleichförmigen Kreisbewegung der Planeten fest.[14)] So skizziert er in *De mundi aetherei recentioribus phaenomenis* (1588) ein eigenes Planetensystem mit der Erde im Zentrum der

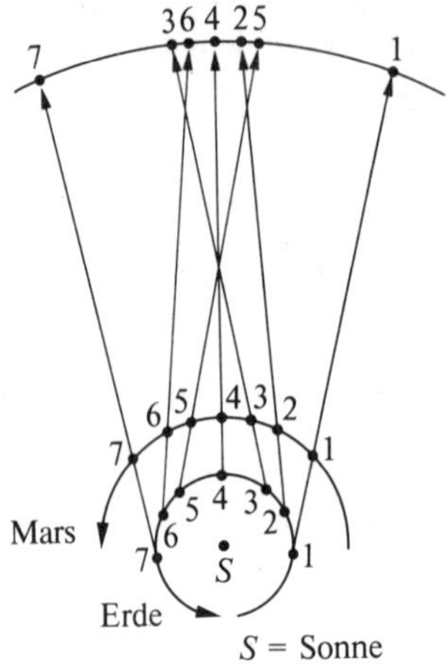


Abb. 3.7

Fixsternsphäre. Wie bei Ptolemaios kreisen Mond und Sonne um die Erde. Wie bei Kopernikus kreisen jedoch die Planeten mit ihren Deferenten und Epizyklen um die Sonne. Da Brahe sich von der ‚Durchlässigkeit' der Planetensphären durch Beobachtung von Kometen jenseits des Mondes überzeugt hatte, konnte er in seinem Modell die Sonnenbahn durch die Marsbahn schneiden lassen. Damit hatte Brahe immerhin die aristotelische Sphären- und Kometenphysik korrigiert. Nachdem bereits 1588 R. Bär ein verändertes Tychonisches System vorgestellt hatte, in dem die Sonnenbahn außerhalb der Marsbahn verläuft und die Erde wie bei Kopernikus statt der Fixsternsphäre täglich rotiert, stellte G. B. Riccioli 1651 in seinem *Almagestum novum* ein System vor, in dem die Erde wieder zum Zentrum der Fixsternsphäre und den beiden äußeren Planeten mit ihren Monden gemacht wurde. Da dieses *semi-Tychonische* System mit den Galileischen und nach-Galileischen Fernrohrbeobachtungen, z.B. den Venus- und Merkurphasen, ebenso einfach vereinbar war wie das Kopernikanische und eine physikalische Entscheidung der Systeme erst nach J. Kepler und I. Newton herbeigeführt werden konnte, bewahrten die Tychonischen Systeme, besonders angesichts des Galilei-Urteils der römischen Kurie von 1616, einen großen Einfluß.

Selbst Brahe's Schüler Johannes Kepler versuchte zunächst noch in seinem *Mysterium cosmographicum* (1596), das Planetensystem auf die Ordnung der platonischen (regulären) Körper zurückzuführen, die den Kugeln in der Reihenfolge Würfel, Tetraeder, Dodekaeder, Oktaeder und Ikosaeder abwechselnd ein- und umbeschrieben werden (Abb. 3.8).[15]

Hier ist offenbar die antike platonische Vorstellung wirksam, daß die ewigen und unveränderlichen Gesetze des Sternenhimmels geometrisch nur mit Symmetrieeigenschaften erfaßt werden können, d.h. nach damaligem Kenntnisstand durch Kugelschalen und reguläre Körper. Kepler war jedoch schon zu sehr moderner Naturwissenschaftler, um sich kritiklos in eine mathematische Spekulation zu verlieren. Daß die Bewegungen am Himmel durch geometrische Formen bestimmt sind, stand für Kepler außer Frage. Allerdings mußten sie in einfacher Weise mit der Beobachtung übereinstimmen. Und warum sich auf den Kreis beschränken?

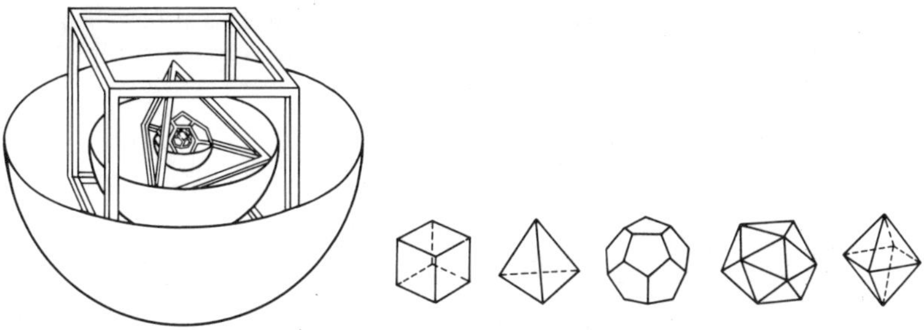

Abb. 3.8

Während seiner optischen Untersuchungen an parabolischen Spiegeln hatte sich Kepler bereits mit Kegelschnitten beschäftigt. Dabei muß ihm die stetige projektive Erzeugung dieser Kurven gewissermaßen ins Auge gesprungen sein. In seiner Arbeit *Ad vitellionem paralipomena* von 1604 wendet er sein Prinzip der Stetigkeit an, das die Entwicklung der projektiven Geometrie von Desargues über Leibniz bis ins 19. Jahrhundert beschäftigen sollte.[16] Ausgehend von dem Kegelschnitt, bei dem die beiden Brennpunkte mit dem Schnittpunkt zweier Kurven zusammenfallen, werden unendlich viele Hyperbeln erzeugt, indem sich ein Brennpunkt stetig vom anderen entfernt. Verschwindet er schließlich „ins Unendliche", so sind die beiden Hyperbeläste in eine Parabel übergegangen. Der Brennpunkt läuft „durch das Unendliche" weiter, um schließlich auf der anderen Seite wieder aufzutauchen und so eine Ellipse zu erzeugen. Durch stetige Wiederannäherung des wandernden Brennpunktes an den festgehaltenen Brennpunkt werden nun unendlich viele Ellipsen erzeugt, bis schließlich beide Brennpunkte im Mittelpunkt des Kreises zusammenfallen. Die ‚Kegelschnitte' lassen sich also ohne die stereometrischen Hilfsvorstellungen an Kegeln einführen. Sie sind als planimetrische Kurven erkannt, die durch stetige Punktbewegung erzeugt werden. Es werden allerdings noch Jahrhunderte vergehen, bis die neuen Begriffe wie ‚unendlich ferner Punkt' mathematisch präzisiert sind. Aber der neue Gesichtspunkt, der die antike Vorstellung statischer Symmetrien ersetzen sollte, ist erkannt: Die Natur ist von stetigen Bewegungen bestimmt. Leibniz wird später diesen Gesichtspunkt zu einem Prinzip neuzeitlicher Naturwissenschaft erheben – vergleichbar der platonischen Betonung des regelmäßigen Kreises und der regelmäßigen Körper in der antiken Wissenschaft: ‚Lex continuitatis' und ‚Natura facit non saltus' wird es bis in unser Jahrhundert heißen.

Die astronomische Anwendung finden Keplers optisch-geometrische Überlegungen von 1604 in seiner *Astronomia nova* von 1609. Auf der Basis von Brahes Messungen entwickelt er seinen berühmten Flächensatz, wonach der Radiusvektor Sonne–Erde in gleichen Zeiten gleiche Flächen überstreicht.

Mit diesem Gesetz für die Erdbahn kontrolliert Kepler die Marsbahn und stellte fest, daß sie kein Kreis sein kann, sondern eine Ellipse mit der Sonne in einem Brennpunkt entspricht (Abb. 3.9). Zehn Jahre später formulierte Kepler dann sein 3. Gesetz, wonach sich die Kuben der großen Achsen der Ellipsenbahnen verhalten wie die Quadrate der Umlaufzeiten (Harmonice mundi, 1619). Erst mit Kepler wird also das sogenannte platonische Axiom von der gleichförmigen Kreisbewegung der Planeten endgültig aufgegeben. Hierzu trugen entscheidend genauere Messungen bei, die durch den Einsatz von Fernrohren seit Galilei gesteigert wurden.[17)]

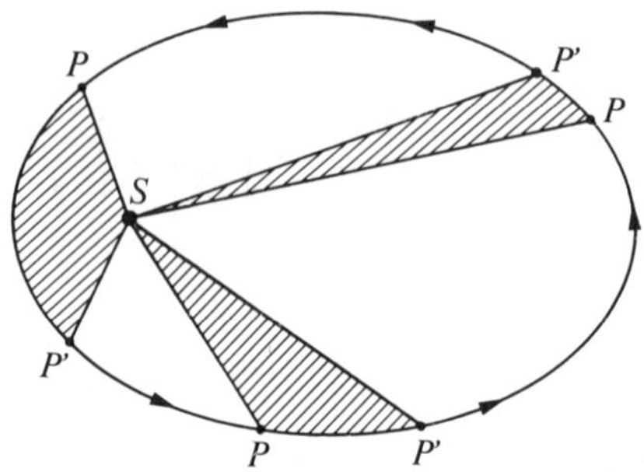


Abb. 3.9

Insbesondere der Keplersche Flächensatz steckt bereits voller infinitesimaler Überlegungen. Ähnlich wie Archimedes machte sich Kepler die Ellipsenfläche unter Mißachtung der strengen Beweismethode der ‚Alten' durch heuristische Stetigkeitsbetrachtungen klar. Stellt man nämlich die Kreispunkte im Sinne von Oresme durch Ordinaten senkrecht zum Kreisdurchmesser dar, so läßt sich die Ellipse durch stetige Verkürzung der Ordinaten nach einer Proportion $a : b$ erzeugen (Abb. 3.10).[18)] Faßt man nun die Ordinaten als Elemente (Schnitte) der Kreisfläche auf, so muß die Ellipsenfläche – so „schließt" Kepler – nach diesem Proportionsverhältnis $b : a$ verkleinert werden. Aus

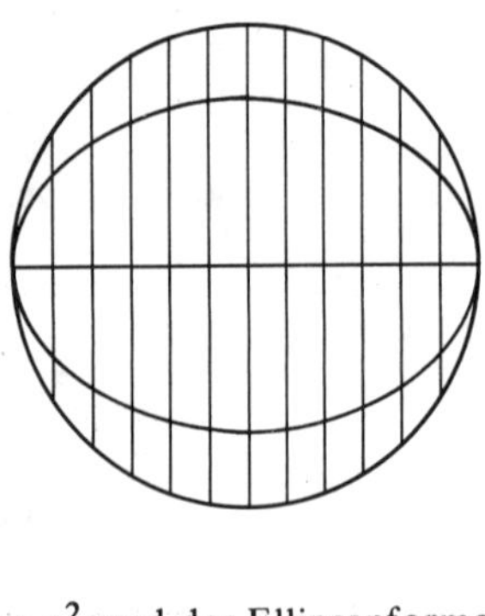

Abb. 3.10

der Kreisflächenformel $\pi \cdot a^2$ und der Ellipsenformel $\frac{x^2}{a^2} + \frac{y^2}{b^2} = 1$ „rät" er daher richtig die Ellipsenfläche $\pi \cdot a^2 \cdot \frac{b}{a} = \pi \cdot ab$. Keplers Volumenbestimmungen aufgrund solcher heuristischer Analogieschlüsse und Stetigkeitsüberlegungen sind in seiner *Stereometria doliorum* von 1615 zusammengestellt. Es ist schließlich der Galilei-Schüler Cavalieri, der 1635 Keplers frühe Überlegungen zur Integralrechnung in seiner *Geometria indivisibilibus continuorum* weiterführt.[19)]

Galilei durchbrach mit seiner Wurfparabel die antike Beschränkung auf Kreis- und Linearbewegung gewissermaßen „auf der Erde", so wie Kepler mit seinen Ellipsenbahnen „am Himmel". Ohne es zu wissen, entdeckte Galilei auch eine weitere Kurvenanwendung in der Physik: Die Catena, die Kurvenform einer an beiden Enden aufgehangenen Kette, wurde von ihm irrtümlicherweise nur als weitere Anwendung einer Parabel angenommen. Galilei studierte auch die Zykloide, d.h. eine Kurve, die von einem festen Peripheriepunkt eines auf einer Geraden rollenden Rades beschrieben wird. Aber ohne analytisches Instrumentarium kommt auch Galilei über das Stadium der technischen Geometrie des 16. Jahrhunderts nicht hinaus.[20)]

Abschließend sei noch von einem Beispiel berichtet, das zeigt, in welchem Maße die heuristischen Stetigkeitsüberlegungen in der Folge von Archimedes, Oresme, Kepler, Galilei und Cavalieri Entwicklungen der analytischen Geometrie vorbereitet haben. Wie bei den Kegelschnitten und anderen der Antike bekannten Kurven hatte vor der ausdrücklichen Formulierung eines Stetigkeitsprinzips kein Mathematiker einen Zusammenhang zwischen der Spirale und der Parabel vermutet. Biegt man jedoch eine parabelförmige Feder spiralförmig um den festen Parabelursprung $O$, dann läßt sich die so entstehende Spirale – modern gesprochen – durch eine Koordinatentransformation aus der Parabel bestimmen (Abb. 3.11). Dazu müssen die Parabelkoordinaten $x$ und $y$ in $x^2 = ay$ nur durch stetige Drehung um den Winkel $\alpha$ in $x = r$ und $y = r \cdot \alpha$ überführt werden, um die Archimedische Spirale $r = \frac{r^2}{r} = a \cdot \frac{r \cdot \alpha}{r} = a \cdot \alpha$ zu erhalten.[21)]

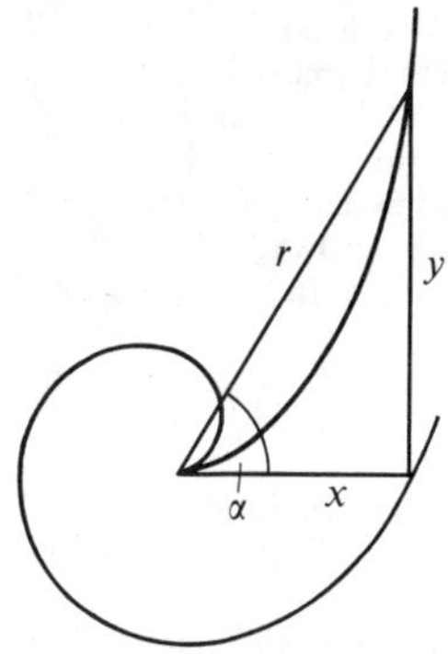


Abb. 3.11

**Anmerkungen**

[1] Vgl. J. E. Hofmann, Geschichte der Mathematik I, Berlin [2]1963, 80 f. Zur Geschichte des Quadriviums vgl. auch F. Krafft, Geschichte der Naturwissenschaft I, Freiburg 1971, 306 f.
[2] Vgl. J. E. Hofmann, e.d., 89 ff.
[3] Vgl. D. E. Smith, History of Mathematics II, Boston 1925, repr. New York 1958; L. V. Gurjar, Ancient Indian Mathematics and Vedha, Poona 1947; A. P. Juschkewitsch, Geschichte der Mathematik im Mittelalter, Leipzig 1964
[4] Vgl. C. B. Boyer, A History of Mathematics, New York etc. 1968, 261; K. Vogel (Hrsg.), Mohammed ibn Musa Alchwarizmis Algorithmus, Aalen 1963; S. Gandz, The sources of al-Khowarizmi's Algebra, in: Osiris 1 1936, 263–277
[5] Diophantos von Alexandrien, gr. lat. Hrsg. P. Tannery, Leipzig 1893/1895; engl. T. L. Heath, Cambridge, [2]1910; dt. A. Czwalina, Göttingen 1952
[6] Zur Geschichte des praktischen Rechnens, der Arithmetik und Algebra vgl. besonders J. E. Hofmann, s. Anm. 1, 129–145 (Auf Seite 142–145 ausführliche Literaturangabe)
[7] Vgl. J. D. Bond, The Development of Trigonometric Methods Down to the Close of the XV th Century, in: Isis 4 1921–1922, 295–323; M. C. Zeller, The Development of Trigonometry from Regiomontanus to Pitiscus, University of Michigan, Ph. D. thesis 1944; J. E. Hofmann s. Anm. 1, 146–157
[8] Vgl. C. B. Boyer, s. Anm. 4, 339 f.
[9] Zu den historischen Quellen vgl. J. E. Hofmann, s. Anm. 1, 147
[10] Vgl. M. Clagett (Hrsg.), N. Oresme and the Medieval Geometry of Qualities and Motions, Madison etc. 1968; F. Hund, Geschichte der physikalischen Begriffe, Teil 1, Mannheim [2]1978, 72 ff.; A. Krazer, Zur Geschichte der graphischen Darstellung von Funktionen, Karlsruhe 1915
[11] Zum Verhältnis Geometrie und Kunst in der Renaissance vgl. J. L. Coolidge, The Mathematics of Great Amateurs, Oxford 1949 (besonders zu Leonardo und Dürer); M. Kline, Mathematics in Western Culture, New York 1953; W. M. Ivins, Art and Geometry, Cambridge Mass. 1946
[12] Vgl. E. G. Ravenstein, Map, in: Encyclopaedia Britannica 11th ed. 17 629–663. Ebenso Literaturangaben in Anm. 75 von Kap. 2. Auch J. Hoschek, Mathematische Grundlagen der Kartographie, Mannheim 1969
[13] Vgl. K. Mainzer, Astronomie, in: Enzyklopädie Philosophie u. Wissenschaftstheorie (Hrsg. J. Mittelstraß) Mannheim 1980 (Dort weitere Literatur- u. Quellenangaben). Zu Abb. 3.7 vgl. T. S. Kuhn, The Copernican Revolution, Planetary Astronomy in the Development of Western Thought, Cambridge 1966, 165
[14] Vgl. K. Mainzer, Brahe, Tycho, in: s. Anm. 13
[15] Vgl. K. Mainzer, Astronomie, in: s. Anm. 13
[16] J. Kepler, Ad vitellionem paralipomena, Frankfurt a.M. 1604; Opera Omnia 8 Bde. (Hrsg. C. Frisch), Frankfurt/Erlangen 1858/1871, II, 187–188; dazu auch C. Taylor, The Geometry of Kepler and Newton, in: Cambridge Philosophical Society Transactions XVIII 1900, 197–219
[17] Vgl.K. Mainzer, Astronomie, in: s. Anm. 13; H. Blumenberg, Kopernikus im Selbstverständnis der Neuzeit, in: Abh. Akad. Wiss. Lit. Mainz, geistes- u. sozialwiss. Kl. 9 1964, Nr. 5, Wiesbaden 1965
[18] Diese Ableitung der Ellipsenfläche findet sich bereits bei Archimedes. Dazu Archimedes, On Conoids and Spheroids, Prop. 4, in: T. L. Heath (Hrsg.), The Works of Archimedes, New York [2]1912, 113
[19] J. Kepler, Nova Stereometrica doliorum vinariorum, Linz 1615; B. Cavalieri, Geometria indivisibilibus continuorum nova quadam ratione promota, Bologna 1635, [2]1653; D. J. Struik, Kepler as a Mathematican, in: F. E. Brasch (Hrsg.), Johann Kepler, 1571–1630. A Tercentenary Commemoration of His Life and Works, Baltimore 1931

[20] G. Galilei, Opere vol. 8, Florenz 1965, 268 ff. (Bd. 8 enthält Fotografien der Originalzeichnungen Galileis.)
[21] Vgl. C. B. Boyer, Cavalieri, Limits and Discarded Infinitesimals, in: Scripta Mathematica 8 1941, 79–91; ders., A History of Mathematics, New York 1968, 364

# 4. Die Geometrie des 17. und 18. Jahrhunderts

Seit Descartes und Fermat werden die neuen Erkenntnisse der Algebra und Trigonometrie des 15. und 16. Jahrhunderts auch in der Geometrie wirksam[1] und beginnen, die heuristischen Überlegungen am Vorabend der analytischen Geometrie durch präzise algebraische Methoden zu ersetzen. Obwohl Descartes in seiner Geometrie der griechischen Tradition mehr verpflichtet ist, als er selber wahrhaben will, so sprengt er methodisch doch die antike Kurveneinteilung in ‚loci plani', ‚loci solidi', ‚loci lineares' und bereitet die Theorie höherer Kurven vor. Kurven wurden in der Antike auf Bewegungsmechanismen zurückgeführt. Aber erst seit Kepler und Galilei finden sie Anwendung in Astronomie und Physik. Das kalkulatorische Interesse der neuzeitlichen Algebra, die analytische Geometrie und die Bewegungsprobleme der neuzeitlichen Physik führen schließlich zur Entwicklung der Infinitesimalrechnung bei Leibniz und Newton. Damit ist das grundlegende Instrumentarium zur Analyse höherer Kurven gegeben, in deren Verlauf sich bei J. Bernoulli und L. Euler ein erster allgemeiner Funktionsbegriff herausschält. Am Ende des 18. Jahrhunderts stehen Eulers erste Ansätze zur Differentialgeometrie und G. Monge's Lehrbücher der analytischen Geometrie, die nach dem Vorbild von Lagrange's *Mécanique analytique* verfaßt sind. Derselbe Monge schreibt aber auch die ersten Lehrbücher der *Darstellenden Geometrie*, in denen das Interesse an geometrischer Figur, technischer Zeichnung und Perspektive wirksam bleibt, das griechische Geometer ebenso beschäftigte wie die Architekten und Künstler der Renaissance und im 19. Jahrhundert schließlich zur Entwicklung der projektiven Geometrie führt. Die nicht-euklidischen Geometrien schließlich, die im 19. Jahrhundert mathematisch entwickelt und in der Physik des 20. Jahrhunderts Anwendung finden, werden durch die Beweisversuche des Euklidischen Parallelenpostulats im 17. und 18. Jahrhundert vorbereitet, die sich teilweise auf arabische und griechische Quellen stützen. In der Philosophie des 18. Jahrhunderts führen die geometrischen und physikalischen Fragen bei I. Kant zur intensivsten Auseinandersetzung über die Grundlagen der Mathematik seit Pythagoras und Platon.

## 4.1 Analytische Geometrie

### 4.11 Die Anfänge bei Descartes und Fermat

Die Geometrie ist für R. Descartes nur ein Anwendungsbeispiel einer allgemeinen Methode, die in allen Wissenschaften zu sicheren Ergebnissen führen soll. Allerdings ist nach Descartes dafür die deduktive Logik, wie sie in den *Elementen* des Euklid und der mittelalterlichen Syllogismenlehre vorgeführt wurde, nicht geeignet. Die Logik der ‚Alten' leitet nämlich nach Descartes nur noch einmal in geordneten Schritten ab, was „wir sowieso schon wissen". Es kommt aber darauf an, eine Methode anzugeben, mit der neue und sichere Erkenntnisse gefunden werden können: „Zwar las ich bei ihnen (den ‚Alten') sehr vieles über Zahlen, was ich nach Überlegung wahr fand, über Figuren jedoch stellten sie vieles gewissermaßen gleich vor die Augen hin und schlossen sozusagen aus Folgerungen, aber warum sich das so verhält und wie es gefunden wurde, schienen sie mir dem Verstande selbst nicht hinreichend zu zeigen."[2] Als neue Methode propagiert Descartes daher die kalkülmäßigen Rechenverfahren der Algebra. Die antiken Vorbilder heißen Pappos und Diophantos und nicht mehr Euklid und Aristoteles.

Bereits in seiner Jugendschrift *Regulae ad directionem ingenii* stellt Descartes die geometrische Algebra als Leitfaden für sicheres Wissen heraus. Die Größen der Eudoxischen Proportionenlehre werden interpretiert als Strecken oder Rechtecke. Einheit ist eine einmal festgesetzte Strecke oder ein Quadrat. Addition wird durch lineares Aneinanderfügen von Strecken interpretiert, Multiplikation von Strecken $a$ und $b$ durch das Rechteck aus $a$ und $b$. Bei der Division wird die zu teilende Größe als Rechteck dargestellt, dessen eine Seite der Teiler und die andere der Quotient ist: Wenn also z.B. das Rechteck (Abb. 4.1) durch $a$ geteilt werden soll, so abstrahiert Descartes von der Höhe $a$, und es bleibt der Quotient $b$ als Strecke. Algebraisch ist die Proportion $ab : a = x : 1$ für $x$ zu lösen. Beim Wurzelziehen ist die mittlere Proportionale z.B. $25 : x = x : 1$ zu bestimmen.[3] Dies ist alles nicht neu und von Descartes im einzelnen nicht ausgeführt. Es unterstreicht aber die methodische Absicht.

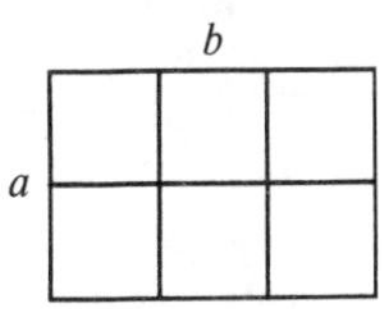


Abb. 4.1

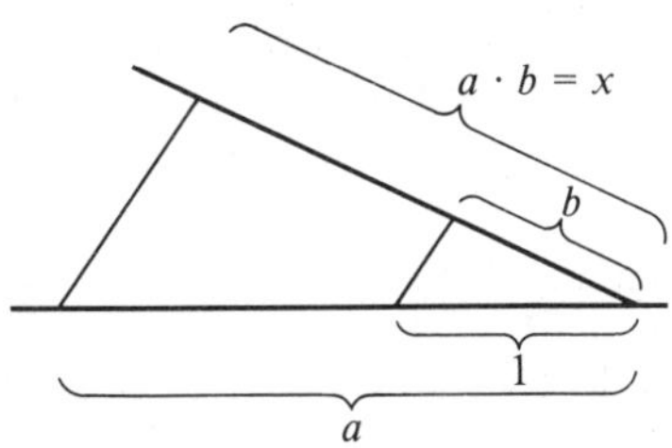


Abb. 4.2

1637 erscheint Descartes' *Discours de la méthode*, eine methodische Programmschrift mit den Anwendungsbeispielen *La dioptrique, Les météores* und *La géométrie.*[4] Im ersten der drei Bücher seiner *géométrie* führt Descartes zunächst algebraische Größen, Operationen und ihre geometrischen Deutungen ein. Während früher eine Variable als Strecke, das Produkt zweier Variablen als Fläche und das Produkt dreier Variablen als Körper interpretiert wurde und damit die Algebra wegen der 3-dimensionalen Geometrie auf Potenzen 3. Grades eingeschränkt war, schlägt Descartes nun vor, $x^2$ als 4. Proportionale von $1 : x = x : x^2$, also als Streckengröße zu interpretieren. In diesem Sinne läßt sich für eine vorgegebene Einheit 1 jede Potenz einer Variablen als Streckengröße darstellen und die antike Einschränkung überwinden.[5]

Unter Voraussetzung der Proportionenlehre meint die Multiplikation $a \cdot b = x \cdot 1$ nichts anderes als $x : a = b : 1$. Interpretiert man 1 als Einheitsstrecke, so erhält man unter Voraussetzung der Theorie ähnlicher Dreiecke einen beweisbaren geometrischen Satz bei der in Abb. 4.2 angegebenen Interpretation von $a$ und $b$. Für die Division $c : a = x : 1$ ergibt sich analog ein wahrer geometrischer Satz (Abb. 4.3). Das Lösen der Quadratwurzel $x^2 = a \cdot 1$ interpretiert Descartes geometrisch durch den Höhensatz rechtwinkliger Dreiecke (Abb. 4.4): Wenn $a$ gegeben, so füge man die Einheitsstrecke 1 hinzu. Für $1 + a$ konstruiere man den Mittelpunkt $M$ und schlage mit $(1 + a)/2$ einen Kreis um $M$. Dann errichte man das Lot in $D$. Der Schnittpunkt $C$ des Lotes mit dem Halbkreis über $AB$ liefert nach Thales ein rechtwinkliges Dreieck, für dessen Höhe $x$ nach dem Höhensatz gilt $x^2 = a \cdot 1$.

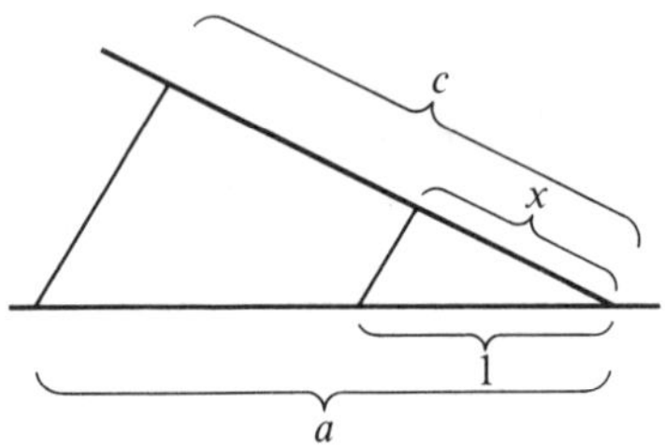


Abb. 4.3

Unter diesen Voraussetzungen beschäftigt sich das 1. Buch mit Problemen, die mit Geraden- und Kreiskonstruktionen lösbar sind. Die Gleichung $z^2 = az + b^2$ löst Descartes[6)], indem er eine Strecke $LM = b$ zieht, in $L$ die Senkrechte mit $NL = \frac{a}{2}$ errichtet, um $N$ den Kreis mit Radius $\frac{a}{2}$ schlägt und durch $NM$ eine Gerade zieht. Dann ist $z = DM = \frac{a}{2} + \sqrt{\left(\frac{a}{2}\right)^2 + b^2}$ nach Descartes die gesuchte Lösung. Als „falsche" (negative) Wurzel vernachlässigt er die Lösung $z = PM = -\frac{a}{2} + \sqrt{\left(\frac{a}{2}\right)^2 + b^2}$. (vgl. Abb. 4.5).

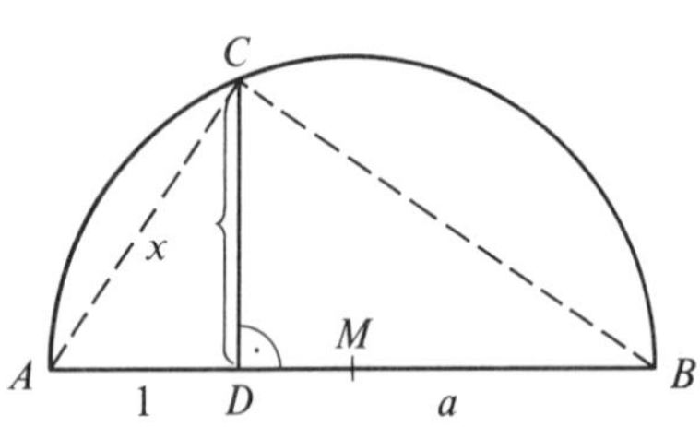


Abb. 4.4

In gleicher Weise werden die anderen Gleichungen mit positiven Wurzeln wie $z^2 = az - b^2$ und $z^2 + az = b^2$ gelöst. Offenbar betrifft die antike Kurvenkategorie der ‚loci plani' algebraisch die quadratischen Gleichungen. Bereits Viète hatte die antiken Konstruktionsprobleme der Würfelverdopplung und der Winkeldreiteilung auf kubische Gleichungen zurückgeführt. Descartes ist davon überzeugt, daß kubische Gleichungen im allgemeinen mit Zirkel und Lineal nicht gelöst werden können. Zu ihrer Lösung sollten jedoch die Kegelschnitte ausreichen.

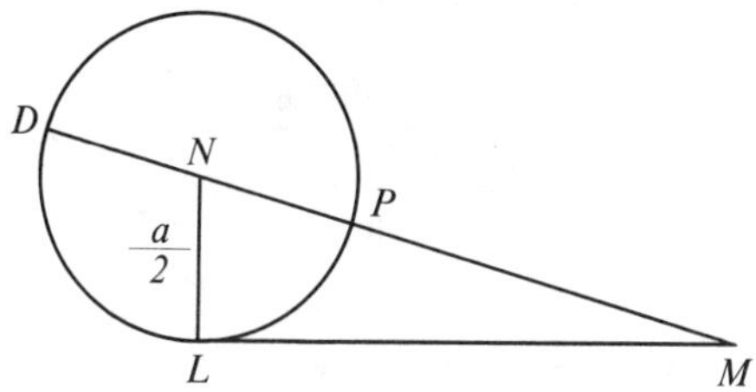


Abb. 4.5

Die Konstruierbarkeit höherer Kurven hatte bereits Pappos[7] mit seinem berühmten Problem der Ortsbestimmung eines Punktes $P$ angedeutet, dessen Abstände $p_1, \ldots, p_m, p_{m+1}, \ldots, p_{m+n}$ mit vorgegebenen Winkeln zu $m + n$ Geraden die Gleichung $p_1 p_2 \cdot \ldots p_m = k \cdot p_{m+1} p_{m+2} \cdot \ldots \cdot p_{m+n}$ für eine Konstante $k$ erfüllen. Für 5 Geraden ist das Problem sogar mit Zirkel und Lineal lösbar, wenn man 4 Geraden parallel im Abstand $k$, die 5. Gerade senkrecht zu den übrigen und $p_1, p_2, p_3, p_4, p_5$ als orthogonale Abstände von $P$ wählt (Abb. 4.6). Dann ist nämlich $p_1 = k + x$, $p_2 = k - x$, $p_3 = 2k - x$, $p_4 = x$, $p_5 = y$, also

$$(k + x)(k - x)(2k - x) = k \cdot xy.$$

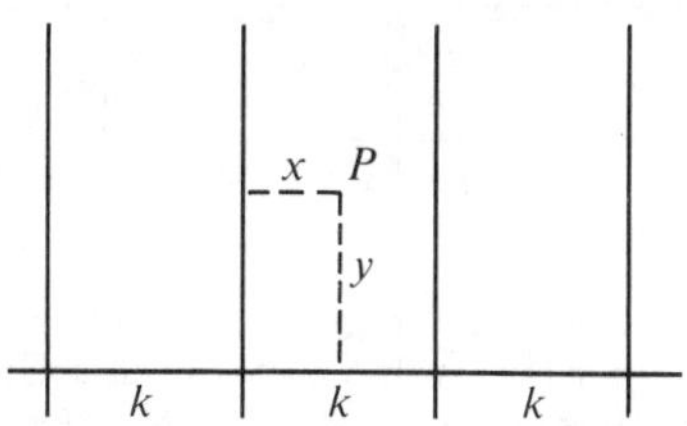


Abb. 4.6

Die Parabel mit $x^3 - 2kx^2 - k^2x + 2k^3 = k \cdot xy$ ist also als Ort eines Pappos-Problems, das mit Zirkel und Lineal lösbar ist, erkannt. Dabei interessiert sich Descartes nicht für die graphische Kurvengestalt dieser Parabel. Für die Existenz einer Kurve fordert Descartes allgemein ihre Konstruierbarkeit durch eine „reguläre und stetige Punktbewegung", die auf andere „einfachere reguläre und stetige Punktbewegungen" zurückgeführt werden kann.[8] Dabei schließt er im Unterschied zu Platon ausdrücklich die kinematischen Methoden der Kurvenkonstruktion mit ein (vgl. 2.2).

Als Beispiel sei eine Kurve $OM$ mit einem Kurvenpunkt $M$ und ein Punkt $Q$ in der Kurvenebene (nicht auf $OM$ liegend) vorausgesetzt (Abb. 4.7).[9] Man verlängere die Strecke $OQ$ über $Q$ hinaus bis zu einem Punkt $S$ und errichte in $S$ senkrecht die Strecke $TS$. Der Schnittpunkt der Strecke $TQ$ mit der Kurve $MO$ sei $P$. Wird die Kurve $MO$ parallel zu $OS$ in einer stetigen Translationsbewegung verschoben, wobei die Punkte $T$, $S$ und der Abstand $QO$ festbleiben sollen, so beschreibt der Schnittpunkt $P$ eine neue stetige Kurve. Falls $MO$ eine Gerade ist, so wird die neue Kurve eine Hyperbel, falls $MO$ eine Parabel ist, so wird die neue Kurve eine Parabel. Allen Punkten einer durch ‚reguläre und stetige' Punktbewegung erzeugten Kurven entspricht nach Descartes eine definite Relation, die in einer Gleichung ausgedrückt werden kann. Bezeichnet man nämlich in unserem Beispiel $OQ = a$, $ST = b$, $PR = x$, $RS = y$, $OR = z$ und die vorausgesetzte Kurve mit (dem allerdings erst seit Euler üblichen Ausdruck) $z = f(x)$, so gilt die Proportion $\frac{z-a}{x} = \frac{z-a+y}{b}$; also $f(x) = \frac{xy + ab - ax}{b - x}$. Ist nun $z = f(x)$ linear, so ist der Ort von $P$, also die neue Kurve von 2. Grad. Ist $z = f(x)$ vom 2. Grad, dann ist die neue Kurve von drittem oder vierten Grad. Ist $z = f(x)$ vom 3. oder 4. Grad, so ist nach Descartes die neue Kurve von 5. oder 6. Grad usw. für höhere Grade.

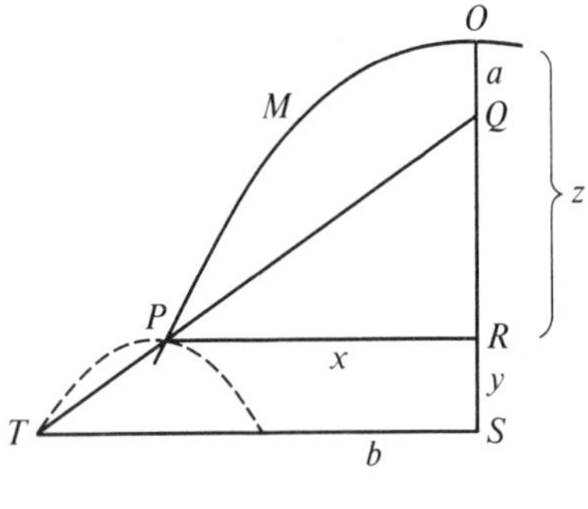


Abb. 4.7

Die Idee Descartes' ist also, die durch stetige und reguläre Punktbewegung erzeugten Kurven in einer Hierarchie algebraischer Gleichungen zu klassifizieren.[10] Zur ersten Klasse gehören die durch Zirkel und Lineal konstruierbaren Kurven, die algebraisch durch quadratische Gleichungen darstellbar sind. Zur zweiten Klasse zählt Descartes die Kurven, die algebraisch durch Gleichungen 3. und 4. Grades darstellbar sind, und deren Wurzeln geometrisch durch Kegelschnitte und Konstruktionsmittel der 1. Klasse (also Zirkel und Lineal) konstruierbar sind. So löst er z.B.[11] $x^3 = px + q$ durch den Schnitt der Parabel $x^2 = y$ mit dem Kreis $x^2 + y^2 = qx + (p + 1)y$, d.h. geometrisch ist die positive („wahre") Wurzel der kubischen Gleichung durch den Punkt $F$ folgender Konstruktion mit Kreismittelpunkt $E$, $AC = \frac{1}{2}$, $CD = \frac{p}{2}$, $ED = \frac{q}{2}$ bestimmt (Abb. 4.8). Zur dritten Klasse zählt Descartes die Kurven, die algebraisch durch Gleichungen 5. und 6. Grades darstellbar sind und deren Wurzeln geometrisch durch kubische Kurven (z.B. die höhere Parabel $y = x^3$) und Konstruktionsmittel der 2. Klasse konstruierbar sind. Allgemein sollen also nach Descartes die Wurzeln einer Gleichung $2n$-ten und $(2n - 1)$-ten Grades mit den Mitteln der Klasse $n$-ten Grades konstruierbar sein.[12)]

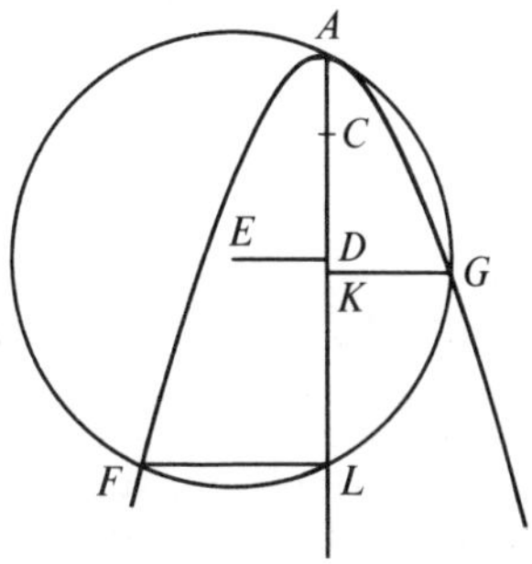


Abb. 4.8

Kurven, die nicht durch eine stetige und reguläre Punktbewegung bzw. durch Zusammensetzung mehrerer stetiger und regulärer Punktbewegungen konstruiert werden können, sind z.B. die seit der Antike bekannten Spirale und Zissoide.[13)] Für diese Kurven können nur einzelne Punkte nach Descartes exakt bestimmt werden. Ihre Darstellung ist daher nur – wie er sich ausdrückt – mechanisch approximiert. Damit unterscheidet Descartes die auf rein algebraischem Wege gelösten Probleme der ‚reinen' bzw. ‚Präzisionsmathematik' von den übrigen ‚mechanischen' Problemen der ‚Approximationsmathematik' und deutet die später von Leibniz vorgenommene Unterscheidung zwischen algebraischen und transzendenten Funktionen an. Zahlentheoretisch wird zugleich der ‚Größenbegriff' von den natürlichen Zahlen und Brüchen auf den Bereich der algebraischen Zahlen erweitert.

Die cartesische Hierarchie algebraischer Funktionen ist natürlich im einzelnen nicht haltbar, wie Zeitgenossen und Nachfolger Descartes' bald schon bemerkten. So wies Fermat für das obige Beispiel darauf hin, daß die bewegte Kurve $OM$ für $y^3 = b^2x$ eine Kurve 4. Grades, d.h. also eine Kurve derselben Klasse erzeugt.[14)] Weiterhin lassen sich aufgrund algebraischer Einsetzung mit den Kurven $n$-ten Grades nicht nur solche $2n$-ten Grades, sondern $n^2$-Grades lösen.

Während Descartes jedoch mit seiner Kurven- und Gleichungstheorie die antike Klassifizierung differenziert und erweitert, beharrt er in anderer Hinsicht auf antiken falschen Vorstellungen. So betont er im Anschluß an Aristoteles, daß krumme (algebraische) Kurven nie exakt in Geraden überführt werden können, d.h. daß die Länge algebraischer Kurvenabschnitte exakt nicht bestimmbar sei.[15)] Dieses sogenannte Rektifikationsproblem der Kurven wurde für die transzendente logarithmische Spirale bereits 1645 von dem Galilei-Schüler Torricelli gelöst, der die Spirallänge für den Drehungswinkel $\alpha = 0$ in Punkt $P$ exakt als die Länge der Polartangente $PT$ nachwies (Abb. 4.9).[16)]

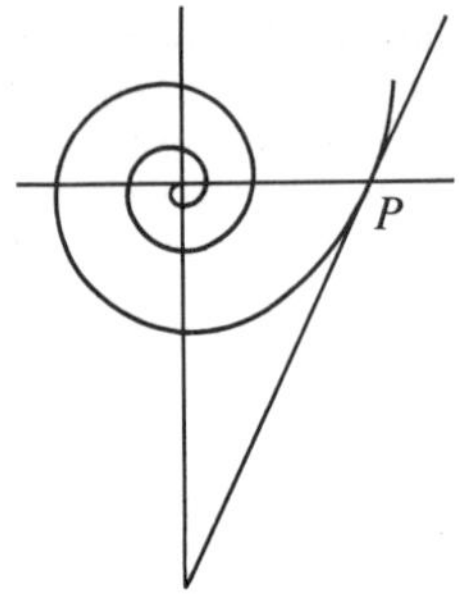


Abb. 4.9

Das Tangentenproblem greift Descartes im 2. Buch der *Géométrie* auf.[17] Um die Tangente im Punkt $P$ einer Kurve $f(x, y) = 0$ zu bestimmen, konstruiert er zunächst einen Kreis $g(x, y) = 0$, der die Kurve in $P$ und einem weiteren Punkt $P'$ schneidet. Er substituiert in der Kreisgleichung die Variable $y$ durch die Kurvengleichung $f(x, y) = 0$. Die so entstandene quadratische Gleichung löst er unter der Bedingung, daß die beiden Wurzeln gleich sind, daß also geometrisch $P$ mit $P'$ zusammenfällt. Obwohl dieses Verfahren die Tangente theoretisch als Senkrechte der Normalen in $P$ exakt bestimmt, ist es doch für komplizierte Gleichungen technisch nicht immer durchführbar. Bei Betrachtung der von Descartes in seiner *Géométrie* angegebenen Zeichnungen fällt auf, daß er nicht der Begründer der nach ihm benannten rechtwinkligen ebenen (und schon gar nicht der räumlichen) Koordinatensysteme ist. Seine Bezugssysteme bestehen nämlich aus beliebig winkligen Geraden-, Strecken- und Tangentensystemen und kommen im Prinzip nicht über Apollonius hinaus. Der Koordinatengebrauch von Oresme (vgl. 3.2) wird dem heutigen Mathematiker geläufiger erscheinen als bei Descartes. Descartes muß daher als einer der ersten bedeutenden Theoretiker der algebraischen Kurven und Funktionen und weniger als Begründer der analytischen Koordinatengeometrie im heutigen Sinn angesehen werden.

Während jedoch Descartes vom Ort $P$ einer kinematisch konstruierten Kurve ausgeht und anschließend eine algebraische Gleichung bestimmt, geht sein großer Rivale P. de Fermat (1601–1665) umgekehrt von einer algebraischen Gleichung aus, um daraus die Kurveneigenschaften abzuleiten. So beginnt Fermat in *Ad locos planos et solidos isagoge*[18] mit dem einfachsten Fall einer linearen Gleichung und ordnet ihr eine Gerade bzw. einen Strahl vom Koordinatenursprung aus zu. Wie Descartes verwendet Fermat keine negativen Abszissen und Ordinaten, sondern zeichnet nur den positiven Quadranten. In dieser Weise untersucht er die Gleichungen von Kreis und Kegelschnitten und führt auch Gleichungen durch Rotation oder Translation der Koordinaten auf einfachere Darstellungen zurück. Wie Descartes deutet Fermat eine Geometrie von einer Dimensionszahl größer als 2 an, deren Entwicklung jedoch erst im 18. und 19. Jahrhundert erfolgen sollte.

Eine für die Differentialgeometrie bedeutende Überlegung findet sich in der zu Fermat's Lebzeiten nicht veröffentlichten *Methode zur Bestimmung der Maxima und Minima*, die bereits von Grenzwertüberlegungen Gebrauch macht.[19] Betrachtet man nämlich den benachbarten Kurvenpunkt $f(a+E)$ des Maximum- bzw. Minimumpunktes $f(a)$ eines stetigen Kurvenzuges (Abb. 4.10), so fällt auf, daß $f(a)$ und $f(a+E)$ für verschwindendes Intervall fast gleich werden. Fermat sagt daher, je kleiner das Intervall $E$ wird, um so mehr wird die Gleichung $f(a+E)-f(a)=0$ wahr. Algebraisch berechnet er daher $f(a+E)-f(a)$ für ein kleines Intervall $E$, dividiert $f(a+E)-f(a)$ durch $E$ und setzt $E=0$. Das Resultat liefert ihm die gesuchte Abszisse $x$ des Maximum- oder Minimumpunktes. Praktisch differenziert also Fermat die Funktion $f(x)$ an der Stelle $a$ durch $f'(a) = \lim\limits_{E\to 0} \frac{f(a+E)-f(a)}{E}$ und setzt $f'(a)=0$.

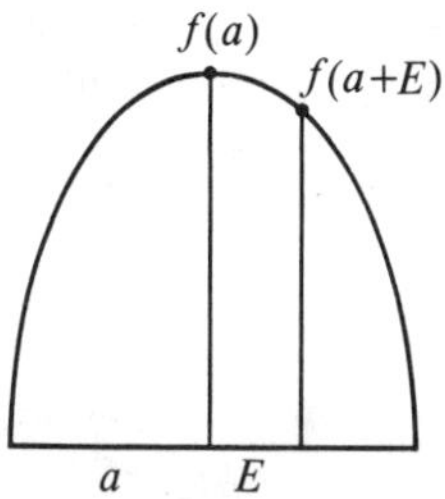


Abb. 4.10

Durch solche Grenzwertüberlegungen bestimmt er auch die Tangente im Punkt $P$ einer algebraischen Kurve $f(x)=y$. Er geht nämlich davon aus, daß für benachbarte Punkte $P'$ die Ordinaten $y=f(a+E)$ „fast" auf der Tangente in $P$ liegen (Abb. 4.11). Auf Grund des Strahlensatzes stellt er daher die Proportion $\frac{f(a)}{c} = \frac{f(a+E)}{c+E}$ auf, dividiert $f(a+E).c = f(a)\,(c+E)$ durch $E$, setzt $E=0$ und hat die Subtangente $c = TQ$ und damit die Tangente $TP$ bestimmt.

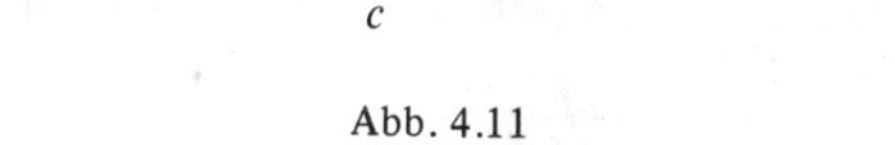


Abb. 4.11

Fermat spricht sogar von der Steigung der Kurve an der Stelle $x=a$. Da er im Unterschied zu Descartes von algebraischen Gleichungen ausging und sich nicht erst mit deren kinematischer Konstruktionsmöglichkeit aufhielt, konnte Fermat auch eine Reihe neuer Kurven einführen wie z.B. die nach ihm benannten Hyperbeln $x^m y^n = a$, Parabeln $y^n = ax^m$ und Spiralen $r^n = a$.

## 4.12 Kurventheorie und Mechanik

Descartes' kinematische Kurvenkonstruktionen verweisen auf den zentralen heuristischen Hintergrund, der im 17. und 18. Jahrhundert zur Entdeckung neuer Kurven und Funktionen in der Mathematik führte – die Körperbewegungen der Physik. So hat die cartesische Methode, Gleichungen durch die Schnittpunkte von Kurven zu lösen, bei G. P. de Roberval (1602–1675) einen physikalischen Hintergrund. Im Schnittpunkt wird die Kurve als eine zusammengesetzte Bewegung interpretiert. Als Beispiel sei Roberval's Tangentenbestimmung an der Zykloiden angeführt.[20] Die Zykloide wird von einem festen Punkt *P* eines auf einer Geraden gleichförmig rollenden Rades bestimmt. *P* führt also zugleich eine Rotationsbewegung um den Mittelpunkt *M* des Rades und eine Translationsbewegung entlang der Geraden durch (Abb. 4.12). *PO* sei der Kreisradius, *PS* die Translationsbewegung und die Kreistangente *PR* die Rotationskomponente. Da wegen der Gleichförmigkeit Rotations- und Translationsbewegung gleich ausfallen, bestimmt die Winkelhalbierende den Bewegungszustand von *P*, also die Tangente der Zykloiden in *P*.

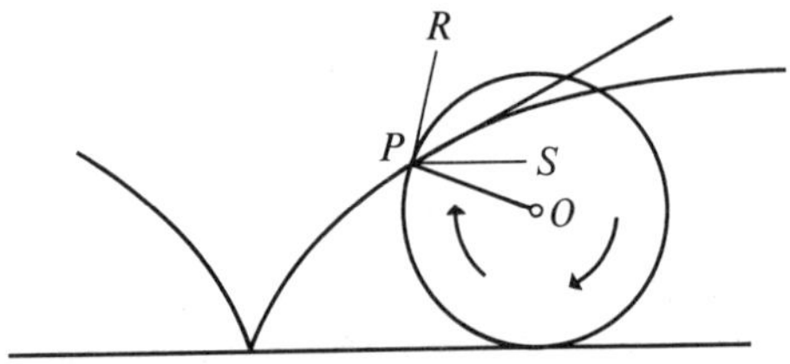


Abb. 4.12

Da Anfang des 17. Jahrhunderts kein allgemeiner Funktionsbegriff zur Verfügung stand, konnten die Logarithmus- und Sinusfunktion als transzendente (mechanische) Kurven nicht nach einer Formel wie $y = \sin x$ und $y = \log x$ gezeichnet werden.[21] Roberval erzeugte daher eine Sinuskurve als ‚Compag-

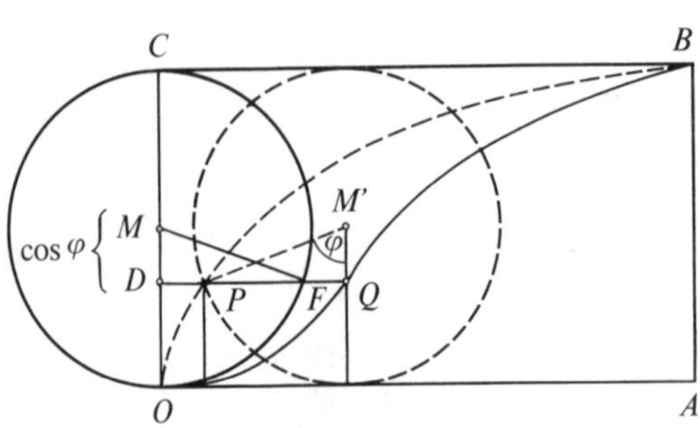


Abb. 4.13

nion' zur Zykloiden. Sei nämlich *OPB* die durch das Rad *OC* erzeugte Zykloide mit dem Kurvenpunkt *P* (Abb. 4.13).[22] Indem durch jeden

Punkt $P$ die zu $OA$ parallele Strecke $PQ = DF$ gezeichnet wird, entsteht die Sinuskurve $OQB$. Um die Koordinaten von $Q$ zu bestimmen, betrachte man zunächst die Koordinaten des Zykloidenpunktes $P$, der durch Abrollen des Kreises mit Radius 1 entsteht. Die Abszisse beträgt $DP = \varphi - \sin\varphi$, wobei $\varphi$ mit $0 \leqslant \varphi \leqslant 2\pi$ die Strecke ist, die bei Abrollen des Kreises um den Zentriwinkel $\varphi$ zurückgelegt wird. Die Ordinate von $P$ beträgt $DO = 1 - \cos\varphi$. Da nach Voraussetzung $DF = PQ$ folgt $DQ = DP + PQ = DP + DF$. Wegen $DQ = DF + FQ$ ist also $FQ = DP$, d.h. $DQ = DF + FQ = \sqrt{1 - \cos^2\varphi} + (\varphi - \sin\varphi) = \varphi$ ist die Abszisse von $Q$ und $f(\varphi) = 1 - \cos\varphi = 2 \cdot \sin^2 \dfrac{\varphi}{2}$ die Ordinate.[23)]

Wie Roberval war auch C. Huygens (1629–1695) Physiker und Mathematiker. Von Huygens ist ein besonders schönes Beispiel überliefert, wie physikalische Anschauung zur Einführung von Grundbegriffen der analytischen Geometrie und Differentialgeometrie im Zeitalter der Mechanik führten.[24)] Huygens hatte bei seinen physikalischen Untersuchungen des einfachen Pendels festgestellt, daß die Schwingungszeit nicht völlig unabhängig von der Schwingungshöhe ist, d.h. die Zeit, die eine Kugel braucht, um in einer Halbkugel den tiefsten Punkt zu erreichen, hängt von dem Durchmesser der Halbkugel ab (Abb. 4.14). Hat aber der Hohlraum die Form einer Zykloiden,

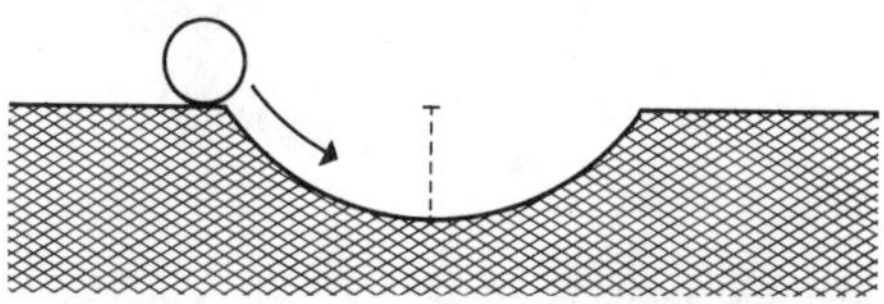

Abb. 4.14

so fällt – wie Huygens nach einer Anregung durch Pascal 1658 beobachtete – die Abhängigkeit von der Höhe $h$ fort. Für eine gleichmäßige Schwingungsdauer, wie sie für eine Uhr notwendig ist, kam es also nur darauf an, das Pendel die Kurve eines Zykloidenbogens beschreiben zu lassen. Um diesen Effekt

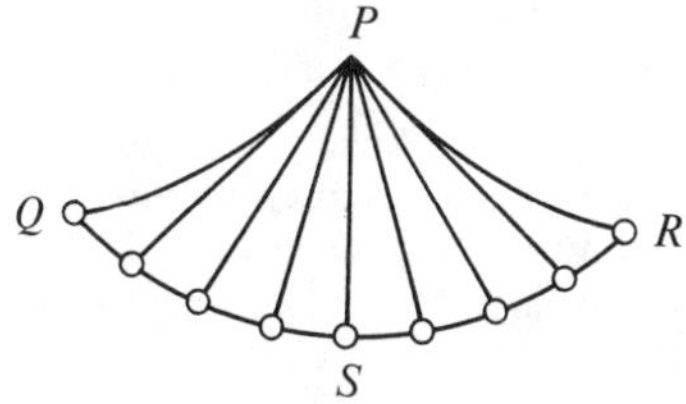


Abb. 4.15

für ein Pendel *PS* und einen Zykloidenbogen *QSR* zu erreichen, konstruierte Huygens zwei Leisten *PQ* und *PR*, die exakt den Halbbögen *QS* bzw. *SR* des Zykloidenbogens *QSR* nachgeformt waren (Abb. 4.15). Sie sollten als Sperren dienen, zwischen denen das schwingende Pendel den gewünschten Zykloidenbogen beschreibt.[25] Für die technisch-praktische Konstruktion konnte Huygens damit die Schwingungsgenauigkeit nicht verbessern. Mathematisch fiel ihm jedoch auf, daß die Pendel jeweils die Normalen des Zykloidenbogens *QSR* und die Tangenten der Halbbögen *QP* bzw. *PR* sind (Abb. 4.15). Die Punkte der Halbbögen sind dabei offenbar wie folgt bestimmt: Zwei Normalen in den Zyloidenpunkten $S_1$ und $S_2$ schneiden sich in einem Punkt $T$ (Abb. 4.16). Läßt man $S_2$ auf den festen Punkt $S_1$ zulaufen, so nä-

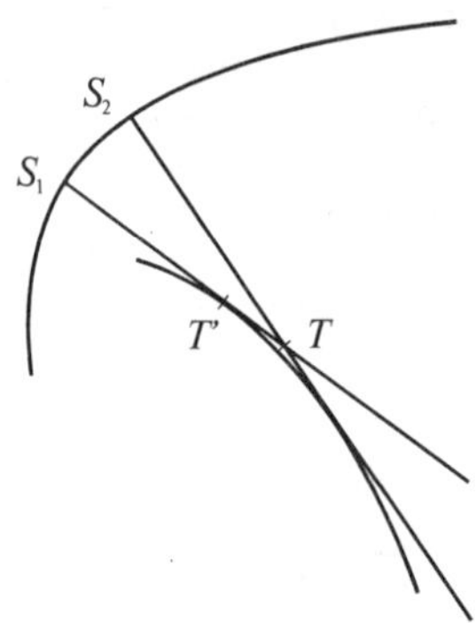


Abb. 4.16

hert sich der Schnittpunkt einer Grenzlage $T'$, die Kurvenpunkt eines Halbbogens ist. $T'$ bestimmt – wie Euler später definieren wird – die Krümmung der Kurve im Punkt $S_1$, nämlich als Radius des Hauptkrümmungskreises, an den sich die Kurve in $S_1$ „am engsten anschmiegt". Diese Hauptkrümmungsradien bestimmen nun eine neue Kurve, die sogenannte Evolute der Ausgangskurve. Huygens findet also durch seine physikalischen Überlegungen am Beispiel der Zykloiden die Begriffe der (ebenen) Kurvenkrümmung und der Evoluten *QPR* der Involuten *QSR*. Auch das Rektifikationsproblem der Kurven sollte durch Huygens physikalische Überlegungen ein gutes Stück weiterkommen. Offenbar ist ja die Länge des Pendels *PS* exakt gleich der Länge des Halbbogens *QP*, also der Zykloidenbogen gleich 2mal der Pendellänge *PS*. Da *PS* gleich dem doppelten Durchmesser des Kreises zur Erzeugung des Zykloidenbogens *QSR* ist, ergibt sich also für den Zykloidenbogen die 4-fache Länge des ihn erzeugenden Kreisdurchmessers.

In welcher Weise die physikalische Anschauung die Kurventheorie des 17. Jahrhunderts beherrscht hat, wird auch in Newtons berühmter Einführung der ‚Fluxionsrechnung' (also nach Leibniz der Differentialrechnung) deutlich.[26] In den frühen Aufzeichnungen von 1664–1666 geht Newton von der geometrisch-physikalischen Vorstellung aus, wonach eine Linie durch Bewegung (‚Fließen') eines Punktes erzeugt wird. Allgemein nennt Newton ‚gradweise' und ‚unbegrenzt wachsende' Größen ‚Fluente' und bezeichnet sie mit den Buchstaben $u$, $x$, $y$, $z$. Die Geschwindigkeiten, mit denen die einzelnen Fluenten durch die sie erzeugende Bewegung vermehrt werden, heißen ‚Fluxionen', wobei $\dot{u}$, $\dot{x}$, $\dot{y}$, $\dot{z}$ die Fluxionen von $u$, $x$, $y$, $z$ bezeichnen. Die ‚unendlich kleinen Größen', um welche die ‚fließende Größe' durch die ‚Wachstumsgeschwindigkeit' (Fluxion) zu einem bestimmten Augenblick vermehrt wird, heißen ‚Momente'. Mathematisch setzte sich jedoch die Leibnizsche Differentialrechnung durch, in der die ‚Fluxion' einer ‚Größe' $y = f(x)$ geometrisch – ausgehend von dem Problem, die Tangente durch einen gegebenen Punkt der durch $y = f(x)$ festgelegten Kurve zu bestimmen – als Grenzwert des Differenzenquotienten, d.h. als Differentialquotient $\frac{dy}{dx}$ eingeführt wird, wobei mit $dy$ und $dx$ die Differentiale, nach Newton die ‚Momente' bezeichnet werden. Leibnizens Differentialkalkül gibt die Regeln zur Verwendung des Differentialsymbols $d$ an, die jedoch erst nach arithmetischer Präzisierung des Grenzwertbegriffs im 19. Jahrhundert endgültig begründet werden konnten.

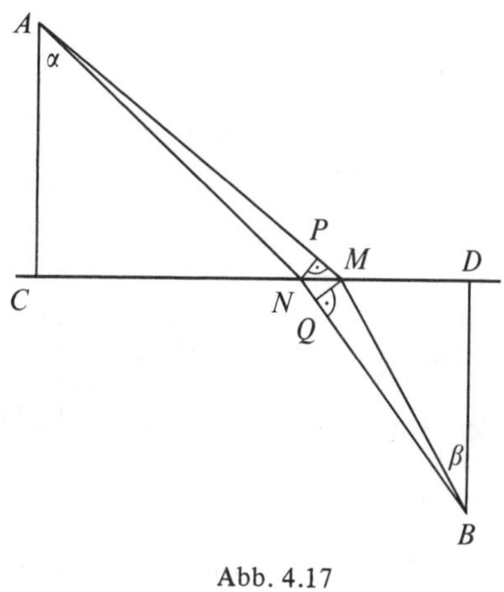


Abb. 4.17

Als Anwendungsbeispiel des Differentialkalküls bei einer physikalischen Kurvenanalyse sei das berühmte Problem der Brachistochrone angeführt, das die Gemüter von Leibnizens Zeitgenossen bewegte: Es soll diejenige Kurve in einer Vertikalebene bestimmt werden, in welcher ein Körper in der kürzesten Zeit von Punkt $A$ nach $B$ fällt (Abb. 4.18). Johann Bernoulli, Leibnizens eifriger Mitstreiter, erinnert sich bei seiner Lösung dieses mechanischen Problems zunächst an ein analoges optisches Problem, das Fermat und später Huygens bereits gelöst hatten.[27)] Fermat gab nämlich in seinem Reflexionsgesetz des Lichtes eine Bedingung an, unter der ein Lichtstrahl von einem Punkt $A$ bei Brechung in $M$ nach Eintritt in ein zweites Medium (z.B. Wasser) in kürzester Zeit einen Punkt $B$ erreicht (Abb. 4.17). Wenn der Weg $AMB$ in der kürzesten Zeit ausgeführt wird, so nimmt der unendlich nahe Nachbarweg $ANB$ dieselbe Zeit in Anspruch. Fällt man nun von $N$ auf

*AM* und *M* auf *NB* das Lot, so sind die Dreiecke *ACM* mit *NPM* und *BDN* mit *MQN* ähnlich, d.h. $MP = NM \cdot \sin\alpha$ und $NQ = NM \cdot \sin\beta$. Ein Lichtstrahl muß wegen der Minimumbedingung die Strecke *PM* in der gleichen Zeit durcheilen wie *NQ*. Bezeichnet man daher die Geschwindigkeiten in den jeweiligen Medien mit $v_1$ bzw. $v_2$, so muß

$$O = \frac{PM}{v_1} - \frac{NQ}{v_2} = \frac{NM \cdot \sin\alpha}{v_1} - \frac{NM \cdot \sin\beta}{v_2}$$ sein, also

$$\frac{\sin\alpha}{v_1} - \frac{\sin\beta}{v_2} = 0.$$

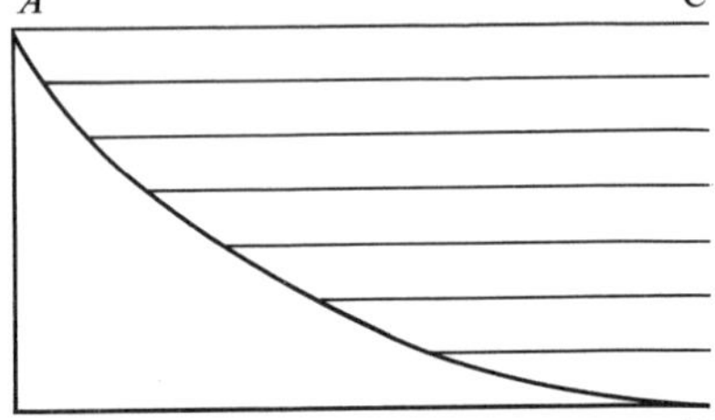


Abb. 4.18

Huygens hat diese Fermatschen Überlegungen für krummlinige Lichtbewegungen in Medien mit kontinuierlich von Stelle zu Stelle variierender Lichtgeschwindigkeit fortgesetzt. Stellt man sich nämlich eine solche Kurve aus unendlich geknickten Kurvenelementen vor, so lautet die Fermatsche Minimumsbedingung für unendlich benachbarte Medienschichten: $\frac{\sin\alpha}{v} - \frac{\sin(\alpha + d\alpha)}{v + dv} = 0$. Man erhält dann $d\left(\frac{\sin\alpha}{v}\right) = 0$, d.h. $\frac{\sin\alpha}{v}$ muß eine Konstante sein.

Diese optische Problemlösung wendet Bernoulli als Heuristik für das mechanische Problem der Brachistochrone an. Er stellt sich dazu die beiden Punkte *A* und *B* aus Abb. 4.18 in einem Medium vor, in welchem die Lichtgeschwindigkeit vertikal nach unten nach demselben Gesetz zunimmt wie die Fallgeschwindigkeit. Das Medium wird – analog wie bei Huygens – in horizontale Schichten mit nach unten abnehmender Dichte unterteilt, so daß $v = \sqrt{2gx}$ die Lichtgeschwindigkeit in einer Schicht bedeutet, die in der Tiefe $x$ unter *A* liegt. $\alpha$ sei der Neigungswinkel des Kurvenbogens $s$ gegen die Vertikale und $y$ der horizontale Abstand von *A* (Abb. 4.18). Aufgrund der optischen Analogie setzt Bernoulli $\frac{\sin\alpha}{v} = k$ (= konstant) für alle Neigungswinkel eines

Kurvenelementes $ds$ mit der Vertikalen in jeder Medienschicht voraus. Wegen $\sin\alpha = \frac{dy}{ds}$ folgt daraus $dy^2 = k^2v^2ds^2 = k^2v^2(dx^2 + dy^2)$ für das Kurvenelement $ds^2 = dx^2 + dy^2$ nach dem Pythagoras. Wegen $v = \sqrt{2gx}$ folgt dann

$$\frac{dy^2}{dx^2} = \frac{x}{a-x} \quad \text{für } a = \frac{1}{2gk^2}.$$

$a$ ist also eine Konstante. Bernoulli behauptet nun, daß $a$ der Durchmesser eines Rades sei, welches den Zykloidenbogen $AB$ durch Abrollen auf der Geraden $AC$ erzeugt. Um die Behauptung nachzuprüfen, setzen wir für $x$ und $y$ die Koordinatenbedingungen der Zykloiden ein, die wir bereits im Beispiel von Roberval kennengelernt haben. Danach ist $x(\varphi) = \frac{a}{2} - \frac{a}{2}\cos\varphi$ und $y(\varphi) = \frac{a}{2}\varphi - \frac{a}{2}\sin\varphi$ für entsprechende Drehungswinkel $\varphi$ des Rades.[28)]
Daraus folgt durch Differenzieren $\frac{dx}{d\varphi} = \frac{a}{2}\sin\varphi$ und $\frac{dy}{d\varphi} = \frac{a}{2} - \frac{a}{2}\cos\varphi$.
Da $a - x = \frac{a}{2} + \frac{a}{2}\cos\varphi$ ist, ergibt sich die folgende Gleichung:

$$\frac{x}{a-x} = \frac{\frac{a}{2} - \frac{a}{2}\cos\varphi}{\frac{a}{2} + \frac{a}{2}\cos\varphi} = \frac{\left(\frac{a}{2} - \frac{a}{2}\cos\varphi\right)^2}{\left(\frac{a}{2}\right)^2 - \left(\frac{a}{2}\cos\varphi\right)^2}.$$

Da $\left(\frac{a}{2}\right)^2 - \left(\frac{a}{2}\cos\varphi\right)^2 = \left(\frac{a}{2}\right)^2(1-\cos^2\varphi) = \left(\frac{a}{2}\right)^2\sin^2\varphi$, folgt in der Tat $\frac{x}{a-x} = \frac{dy^2}{dx^2}$, d.h. die Differentialgleichung einer Zykloiden, die von einem Rad vom Radius $\frac{a}{2}$ erzeugt wird.

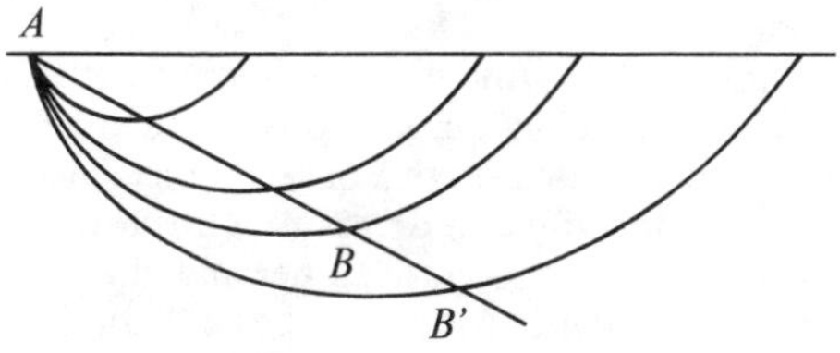


Abb. 4.19

Im nächsten Schritt muß nun aus allen den möglichen Zykloiden, die durch Rollen eines Rades von $A$ nach $C$ entstehen, diejenige bestimmt werden, welche durch $A$ und $B$ geht. Bernoulli überlegt sich dazu, daß alle von $A$ ausgehenden Zykloiden in Bezug auf $A$ ähnlich liegen. Er konstruiert daher zunächst irgendeine von $A$ ausgehende Zykloide, deren erzeugendes Rad den Radius $r'$ habe (Abb. 4.19). Die Verlängerung der Strecke $AB$ schneidet diese

Zykloide in $B'$. Wegen der erwähnten Ähnlichkeitsbedingung der von $A$ ausgehenden Zykloiden gilt für die durch $B$ gehende Zykloide mit dem Radius $r$ des erzeugenden Rades: $\frac{r}{r'} = \frac{AB}{AB'}$ Da $r'$, $AB'$ und $AB$ nach Voraussetzung bekannt sind, ist der Radius $r$ und damit die durch $A$ und $B$ gehende Zykloide bestimmt. Diese Bestimmung der Brachistochrone nach Bernoulli ist nun aus mehreren Gründen bedeutend. Zunächst einmal zeigt sie, wie physikalische Problemlösungen (hier: Fermat's und Huyghens' optische Untersuchungen) den heuristischen Hintergrund für geometrische Kurvenbestimmungen bilden. Weiterhin zeigt sie die Technik des Differentialkalküls, mit dem die Vorstellungen von ‚unendlich kleinen' Kurvenelementen und ihrer Neigungswinkel auf rechnerische Routine zurückgeführt werden können. Schließlich aber hat die Kurventheorie mit Bernoullis Problem eine neue Entwicklungsstufe erreicht: Bernoulli untersucht hier nicht mehr Maximum- bzw. Minimumeigenschaften an einer vorgegebenen Kurve. Vielmehr ist eine solche unter unendlich vielen bei einer gewissen Minimumbedingung zu finden, d.h. modern gesprochen untersucht Bernoulli die Minimumeigenschaften eines Funktionals, dessen Argumente eine unendliche Kurvenschar sind.[29)] Bernoullis Problem der Brachistochrone wurde daher auch zur Geburtsstunde der Variationsrechnung, die für die Entwicklung der Mechanik eine bedeutende Rolle spielen sollte.

Die Anwendung des Differentialkalküls zur Kurvenuntersuchung war jedoch im 17. Jahrhundert noch nicht unbestritten. So führt I. Newton den Beweis, daß aus der Annahme einer allgemeinen Anziehungskraft umgekehrt proportional zum Quadrat der Entfernung die elliptische Bahn der Planeten, also Keplers 1. Gesetz folgt, mit antiker Strenge.[30)] Sein Beweis wäre ohne die physikalische Heuristik seiner Fluxionsrechnung sicher nicht denkbar gewesen, handelt es sich doch bei der Bestimmung dieser Bewegung modern gesprochen um die Lösung einer Differentialgleichung. Aber wie bei Archimedes liegt in Newtons *Principia* die mathematische Legitimation der Gesetze bei der logisch-axiomatischen Deduktion (Synthese) im Sinne Euklids. Die methodischen Skrupel, die Newton gegen seinen eigenen Kalkül hegt, erscheinen natürlich mit Blick auf die Präzisierungsanstrengungen der Analysis im 19. Jahrhundert mehr als gerechtfertigt. Im 18. Jahrhundert läßt jedoch der Erfolg der sich physikalisch glänzend bewährenden Infinitesimalrechnung die antike Forderung nach axiomatisch-geometrischer Beweisführung völlig in den Hintergrund treten, ja ihre umständlichen Beweise werden als geradezu hemmend empfunden. So heißt es bezeichnenderweise bei D'Alembert: „Die Phantasie arbeitet in einem schöpferischen Mathematiker nicht weniger als in einem erfinderischen Dichter . . . Von allen großen Männern des Altertums verdient Archimedes vielleicht am ehesten, Homer an die Seite gestellt zu werden."[31)] Die erfolgreiche physikalische Heuristik rangiert noch vor präzisen Grundbegriffen.

## 4.13 Kurven-, Flächen-, Koordinaten- und Funktionsbegriff

Kehren wir zur Geschichte der analytischen Geometrie zurück. Die Entwicklung von Descartes' kinematischen Kurvenkonstruktionen zur arithmetischen

Koordinatengeometrie deutet sich besonders bei J. Wallis (1616–1703) an, dem bedeutendsten englischen Mathematiker vor Newton.[32] Descartes' Koordinaten sind Streckengrößen. Die Algebra dient ihm nur zur Erleichterung und Klassifizierung von kinematischen Kurvenkonstruktionen. In seinem *Tractus de sectionibus conicis* (1655) stellt J. Wallis demgegenüber die Rolle algebraischer Gleichungen heraus. Die Kegelschnitte werden weder als stereometrisch erzeugte ‚Schnitte' an Körpern wie in der griechischen Geometrie noch als kinematisch erzeugte Kurven wie bei Descartes eingeführt, sondern als Beispiele für algebraische Gleichungen 2. Grades.[33]

Ellipse, Parabel und Hyperbel werden als diejenigen ebenen Kurven definiert, welche den Gleichungen $e^2 = ld - \frac{ld^2}{t}$, $p^2 = ld$, $h^2 = ld + \frac{ld^2}{t}$ genügen, wobei $e$, $p$, $h$ die Kurvenordinaten, der Abstand $d$ vom Kurvenursprung die jeweilige Abszisse, $l$ den ‚Latus rectum' und $t$ den Durchmesser der Kegelschnitte bezeichnet. Wallis unterscheidet auch bereits positive und negative Ordinaten bzw. Abszissen, ohne allerdings einen präzisen Begriff der reellen Zahl zu besitzen. Seine Tendenz zur Arithmetisierung der Geometrie konnte sich zunächst nicht durchsetzen, da der Gebrauch von Formeln der noch vorwiegend an der synthetischen Geometrie orientierten Mathematik in England fremd war.

Während Wallis den Gebrauch von Formeln in der Geometrie betont, stellt Newton in seiner Abhandlung *Enumeratio linearum tertii ordinis*[34] von 1676 einen anderen wichtigen Aspekt der analytischen Geometrie heraus – die graphische Darstellung der Kurve, die seit Oresme fast vergessen schien. So beschränkte sich z.B. Descartes nur auf die Beschreibung der Konstruktionsmittel und deutete die Kurvengraphik nur an oder vernachlässigte sie. Bei Newton finden sich zum ersten Mal 72 der 78 möglichen Kurven 3. Grades sorgfältig graphisch in zwei Koordinatenachsen aufgezeichnet. Der Physiker soll hier gewissermaßen ‚nachsehen' können, mit welcher Kurve seine Beobachtungsdaten am besten harmonieren. Dabei gibt Newton die Cartesische Kurvenklassifikation zugunsten der modernen nach dem Grad der Gleichung auf. Von mathematischer Bedeutung ist Newtons projektive Charakterisierung der Kurven 3. Grades: So wie die Kegelschnitte durch Projektionen des Kreises erzeugt werden, entstehen die Kurven 3. Grades durch Projektionen der Kurve $y^2 = ax^3 + bx^2 + cx + d$.

Auch in anderen Untersuchungen Newtons wird deutlich, daß er mit dem Gebrauch von Koordinaten und Koordinatentransformationen wohl vertraut ist.[35] So gibt er z.B. die Transformation von rechtwinkligen Koordinaten $x$, $y$ zu Polarkoordinaten durch die Transformationsgleichung $x^2 + y^2 = t^2$ und $tv = y$ an, wobei $t$ der Radiusvektor des Punktes $(x, y)$ mit dem Sinus $v$ des Drehungswinkels $\alpha$ ist (Abb. 4.20). In einer erst 1779 von Horsley veröffentlichten Schrift *Artis analyticae specimina vel geometria analytica* gebraucht Newton auch den Namen, den später die Koordinatengeometrie führen sollte: ‚Geometria analytica'.

Newtons Beiträge zur analytischen Geometrie werden 1717 durch Sterlings Arbeit *Lineae tertii ordinis Neutonianae* ergänzt und verallgemeinert. Unter anderem führt Sterling den Beweis, daß eine Kurve $n$-ten Grades im allgemei-

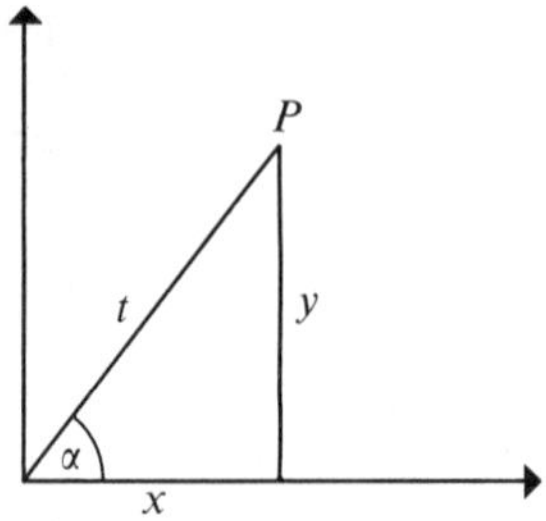


Abb. 4.20

nen durch $n(n + 3)/2$ Punkte bestimmt ist. Danach genügen also zur astronomischen Bestimmung einer Ellipsenbahn 5 Beobachtungsaussagen über den Bewegungszustand eines Planeten.[36)] C. MacLaurin[37)], der an die analytische Geometrie von Newton und Sterling anschließt, zeigt unter anderem, daß eine Kurve $n$-ten Grades eine Kurve $m$-ten Grades im allgemeinen in $m \cdot n$ Punkten schneidet. Zwei Kurven 3-ten Grades schneiden sich also in 9 Punkten. Das steht aber im Widerspruch zu Sterlings Behauptung, wonach 9 Punkte eine Kurve 3-ten Grades bestimmen – ein Widerspruch der analytischen Geometrie, den erst J. Plücker im 19. Jahrhundert durch seine Unterscheidung abhängiger und unabhängiger Punktsysteme lösen sollte.

Die Entwicklung der neuen analytischen und algebraischen Methoden kam jedoch im 18. Jahrhundert nicht in Newtons England voran, sondern auf dem Kontinent. So war Newton zwar von der heuristischen Zweckmäßigkeit der analytischen Methoden überzeugt, trat jedoch ‚offiziell' in seinen methodisch-philosophischen Äußerungen als eifriger Verfechter der antiken synthetischen Geometrie auf. So betont er in seiner *Arithmetica universalis*, daß die Rechenausdrücke der Arithmetik in der Geometrie keinen Platz haben, ja der Einfachheit und Eleganz der geometrischen Beweisführung schaden.[38)] Newton übernimmt zwar nicht die polemische Schärfe von Th. Hobbes, der – analog zu einigen Propagandisten der projektiven Geometrie des 19. Jahrhunderts – die „ganze Herde" der formelgläubigen Modernisten beschimpft, beschränkt jedoch die ebene Geometrie in antiker Weise auf Kreis und Gerade ein: „Therefore all these descriptions of the Conicks in plano which the Moderns are so fond of, are foreign to Geometry."[39)] Die Theorie höherer Kurven zählt Newton daher zur Algebra und nicht zur Geometrie. Die faktische Wissenschaftsentwicklung der Geometrie und Physik hat diese methodische Auffassung Newtons nicht mitgemacht. Die algebraischen und analytischen Methoden werden den synthetischen Standpunkt nach Newton völlig aus der Physik verdrängen.

Die Weiterentwicklung der analytischen Methoden liegt auf dem Kontinent besonders in den Händen von G. W. Leibniz (1646–1716) und den Baseler Mathematikern Jakob und Johann Bernoulli (1654–1705, 1667–1748).[40)] Mit Leibnizens Differentialkalkül war ein allgemeines Verfahren angegeben, mit dem sowohl Descartes' algebraischen als auch seine transzendenten Kurven untersucht werden konnten. Nachdem Leibniz den Namen ‚functio' zunächst zur Bezeichnung variabler geometrischer Größen an gegebenen Kurven verwendet hatte,[41] gebraucht ihn J. Bernoulli 1718 allgemein für Größen, die durch analytische Methoden mit einer unabhängigen Variablen dargestellt werden können. Demnach stellt z.B. die Reihenentwicklung

$\sin y = y - \frac{y^3}{3!} + \frac{y^5}{5!} - \ldots$ der transzendenten Sinuskurve, die Leibniz

bekannt war, ebenso eine ‚Funktion' dar wie z.B. der Ausdruck $x^2 + 1$ der entsprechenden algebraischen Kurve. Leibniz und Johann Bernoulli regen ausdrücklich die Untersuchung transzendenter Kurven wie $x^x = y$, $x^y + y = x^x + x$ an, nachdem Bernoulli 1697 den Differentialkalkül auf Exponentialfunktionen $x^y$ durch die Gleichung $d(x^y) = x^y \cdot \log x\, dy + y \cdot x^{y-1}$ erweitert hatte.[42] Leibniz spricht bereits 1694 von ‚Koordinate', ‚Ordinate' und ‚Abszisse' im modernen Sinn.[43] Kurven wurden nun als stetige Linienzüge aufgefaßt, deren Zahlenkoordinaten durch Funktionen festgelegt sind. Damit steht zwar weder ein präziser Kurven-, noch ein präziser Funktions- oder Zahlbegriff zur Verfügung. Aber das Arbeitsfeld ist abgesteckt, das in den folgenden Jahren durch eine Flut neuer Kurvenanalysen ausgefüllt werden sollte. Die ‚Spira mirabilis' (logarithmische Spirale), die Johann Bernoullis Grabmal schmückt, ist gewissermaßen ein Symbol für das mathematische Interesse seiner Zeit. Jakob Bernoulli untersuchte u.a. die Lemniskate, ein geknotetes Kurvenband mit der Gleichung $(x^2 + y^2)^2 - 2a^2(x^2 - y^2) = 0$ für rechtwinklige Koordinaten und $r^2 = a \cdot \cos 2\alpha$ für Polarkoordinaten (Abb. 4.21).

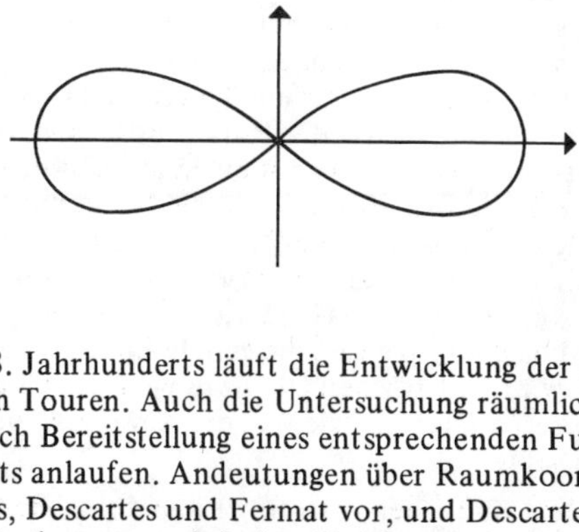

Abb. 4.21

Zu Beginn des 18. Jahrhunderts läuft die Entwicklung der ebenen höheren Kurven auf vollen Touren. Auch die Untersuchung räumlicher Kurven und Flächen sollte nach Bereitstellung eines entsprechenden Funktions- und Koordinatenkonzepts anlaufen. Andeutungen über Raumkoordinaten lagen schon seit Pappos, Descartes und Fermat vor, und Descartes und Fermat gehen auch bereits davon aus, daß eine Gleichung mit drei Unbekannten den Ort einer Fläche bestimmen. J. Wallis konstruiert kinematisch eine gekrümmte Fläche, die nicht wie in der Antike durch Rotation erzeugt ist.[44] Ausgehend von einem Rechteck *ABCD*, das senkrecht auf dem Durchmesser *AB* einer Kreisfläche errichtet ist, wird eine dritte Ebene senkrecht zu den beiden anderen Flächen derart bewegt, daß die Verbindungslinien *QP* und *RP* ihrer Schnittpunkte die neue Fläche erzeugen (Abb. 4.22). Von A. Parent wird um 1700 die erste analytische Studie der Kugeloberfläche vorgestellt[45], die er mit rechtwinkligen Raumkoordinaten und dem Kugelzentrum als Ursprung beschreibt. Auch Johann Bernoulli verwendet um 1715 ‚Cartesische' Raumkoordinaten, die er durch drei gegenseitig senkrecht stehende Koordinatenebenen einführt.[46] Auf Bernoulli geht auch die erste Verwendung des Namens ‚Cartesische Geometrie' zurück. Eine Fortsetzung finden Bernoullis Ansätze in den Arbeiten von J. Hermann.[47]

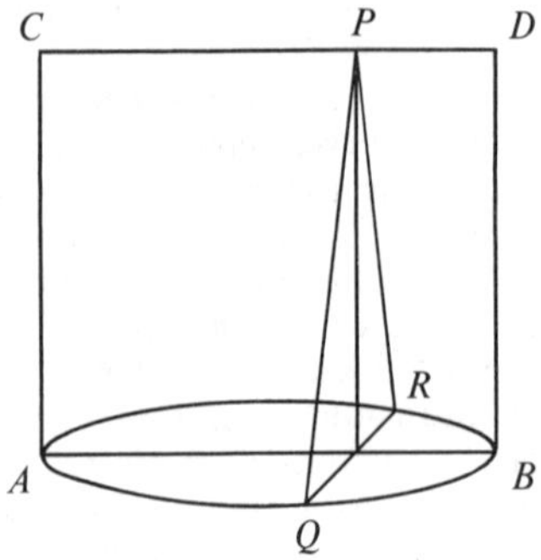


Abb. 4.22

Seit seiner Arbeit *De linea brevissima in superficie quacunque duo quaelibet puncta iungente* von 1728 erweist sich jedoch L. Euler (1707–1783) als der eigentliche Motor zur analytischen Untersuchung von Flächen im 18. Jahrhundert.[48] Nachdem Euler die Kugelgleichung $a^2 = t^2 + x^2 + y^2$ untersucht hat, wendet er sich Zylindern, Kugeln und Rotationsflächen zu. Im Unterschied zu seinen Vorgängern und Zeitgenossen beschränkt er sich nicht auf die Analyse einzelner Flächenbeispiele, sondern untersucht systematisch Flächenklassen. Er untersucht also die Klasse der zylindrigen Flächen, in welcher der Kreiszylinder nur ein Spezialfall ist, die Klasse der kegelartigen Flächen und die Klasse der Rotationsflächen. Ein solcher allgemeiner Gesichtspunkt setzt natürlich einen allgemeinen Funktionsbegriff voraus, um z.B. die Rotationsflächen als die geometrischen Orte zu erklären, welche Gleichungen der Form $f(t) = x^2 + y^2$ für eine beliebige Funktion $f$ abhängig von der Rotationsachse $t$ genügen. Euler untersucht z.B. auch die kürzeste Verbindung (Geodätische) zwischen zwei Punkten auf einer Kugel und beweist, daß sie eine gerade Linie wird, wenn sie auf der Ebene abgewickelt wird. Mit solchen Überlegungen stößt Euler bereits in den Bereich der Differentialgeometrie vor, die von Gauß ausgebaut und fortgesetzt werden sollte.

Auch die Theorie der räumlichen Kurven wird in der 1. Hälfte des 18. Jahrhunderts aufgegriffen. So charakterisiert sie C. A. Clairaut 1729 als Kurven mit „doppelter Krümmung" (vgl. 5.31).[49] Von überragender Bedeutung für die Entwicklung der gesamten Mathematik des 18. Jahrhunderts wird Eulers Lehrbuch *Introductio in analysin infinitorum* von 1748. Euler führt hier u.a. systematisch eine allgemeine Kurven- und Flächentheorie auf der Grundlage des Bernoullischen Funktionsbegriffs durch. Er dehnt die Newtonsche Klassifikation der Kurven auf diejenigen 4. Grades aus, für die er 146 Normalformen aufstellt, beschäftigt sich mit Koordinatentransformationen z.B. der Polarkoordinaten und führt die Parameterdarstellung von Kurven ein. Danach werden die Cartesischen Koordinaten als Funktionen einer unabhängigen Variablen $t$ (‚Parameter') mit $x(t), y(t), z(t)$ eingeführt.

Die in 4.12 verwendeten Koordinatengleichungen der Zykloiden $x(\varphi) = r - r \cdot \cos\varphi, y(\varphi) = r \cdot \varphi - r \cdot \sin\varphi$ gehen daher auf Euler zurück (während z.B. Leibniz hier eine Differential- und Integralgleichung einführte).

In einem Anhang der *Introductio* geht Euler auf die 3-dimensionale Raumgeometrie ein. Gemäß seinem allgemeinen Funktionskonzept versucht er, seine Ergebnisse der 2-dimensionalen Theorie auf den 3-dimensionalen Fall zu übertragen. Euler beginnt also analog zu Kurven mit der allgemeinen Unterscheidung von algebraischen und transzendenten Flächen. Analog zur Kurvengeometrie gibt er die erste Formulierung von Translationen und Rotationen von Achsen in drei Dimensionen an:

$$x = x' \cos\delta + y' \sin\delta \cos\eta - z' \sin\delta \sin\eta - c$$

$$y = -x' \sin\delta + y' \cos\delta \cos\eta - z' \cos\delta \sin\eta - d$$

$$z = y' \sin\eta + z' \cos\eta$$

Für den vereinfachten 2-dimensionalen Fall einer Parallelverschiebung mit anschließender Drehung des Koordinatensystems um einen Winkel $\delta$ sind die Transformationsformeln $x = x' \cos\delta - y' \sin\delta + c$, $y = x' \sin\delta + y' \cos\delta + d$ in Abb. 4.24 veranschaulicht:

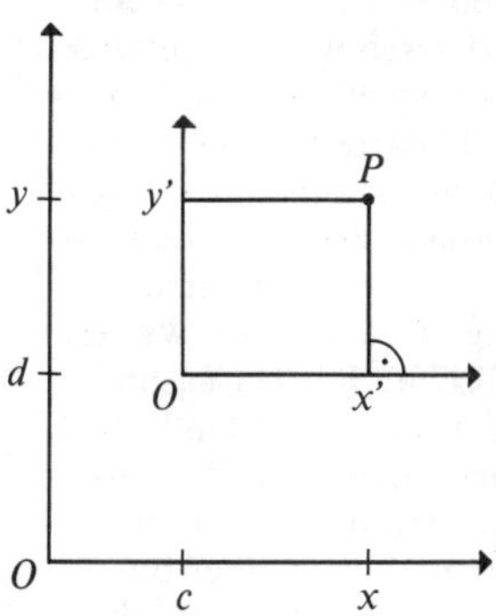


Abb. 4.23

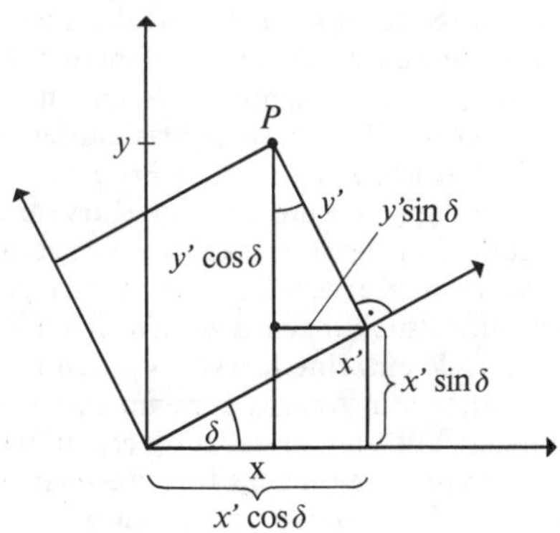


Abb. 4.24

Die linearen Flächen (Ebene) im 3-dimensionalen Raum spricht Euler nur allgemein an, um sich dann besonders den Quadriken (Flächen 2. Ordnung) zuzuwenden, denen er eine analoge Bedeutung einräumt wie den Kegelschnitten in der Ebene. Die allgemeine Gleichung der Quadriken mit 10 Termen $a_{11}x^2 + a_{22}y^2 + a_{33}z^2 + 2a_{12}xy + 2a_{23}yz + 2a_{31}zx + 2a_{10}x + 2a_{20}y + 2a_{30}z + a_{00} = 0$ führt Euler durch Transformationen auf kanonische Normalformen zurück, von denen er besonders die Ellipsoiden, die Hyperboloiden (einschalig und zweischalig) als ‚elliptico-hyperbolica' und ‚hyperbolico-hyperbolica', die elliptischen Paraboloiden als ‚elliptico-parabolica' und die hyperbolischen Paraboloiden als ‚parabolico-hyperbolica' erwähnt.

In welcher Weise Euler die Geometrieauffassung im 18. Jahrhundert beeinflußt hat, wird in D'Alembert's Artikel *Géométrie* in der französischen Enzyklopädie deutlich.[50] D'Alembert stellt nämlich besonders die verschiedenen Koordinatenmethoden zur Definition einer Kurven- oder Flächengleichung heraus und betont das Studium der Kurven und Flächen 2. Grades. Demgegenüber wird die analytische Untersuchung von Geraden und Ebenen – wie bei Euler und vorher bei Newton – für überflüssig gehalten. D'Alembert wiederholt Newtons Begründung, wonach die Beweisführung der elementaren Geometrie durch die analytischen Methoden nicht erleichtert werde. Kurz: Geometrie ist für D'Alembert und Euler analytische Geometrie bis auf die elementare Geometrie der Geraden und Ebenen. In der Bezeichnung ‚elementar' (élémentaire) kommt bereits zum Ausdruck, daß man diese Theorie durch die synthetische Geometrie der ‚Alten' für hinreichend geklärt hält. Sie wird – so glaubt man – für die Forschung keine Rolle mehr spielen, und die Anwendung der analytischen Methoden wäre gewissermaßen Zeitverschwendung, da sie bekannte Ergebnisse nur noch einmal in einer anderen Sprache nachformulieren würde. Welch ein Irrtum, wenn man an die Entwicklung der linearen Algebra seit dem 19. Jahrhundert denkt!

## 4.14 Lehrbücher der analytischen Geometrie

Ende des 18. Jahrhunderts reift die analytische Geometrie zu der Theorie aus, die wir heute mit diesem Namen bezeichnen. Fassen wir die Entwicklung noch einmal zusammen: Nach einer Vorbereitungsphase in Antike, Mittelalter und Renaissance kristallisierte sich die Theorie bei Descartes und Fermat um erste zentrale Probleme und Lösungsverfahren (z.B. Problem von Pappos, kinematische Kurvenkonstruktionen, erste Kurvengleichungen). Es folgten erste Systematisierungen der Theorie (Descartes' und Newtons Kurvenklassifikationen). Als mächtige Heuristik für weitere Kurvenuntersuchungen erwiesen sich die physikalischen Bewegungsprobleme. Viele einzelne Kurven wurden nun mit oft unzureichenden begrifflichen Mitteln in Angriff genommen. Diese Entwicklungen konnten zusammengefaßt und ausgebaut werden, nachdem allgemeine Verfahren (Newtons und Leibnizens Infinitesimalkalkül) und ein allgemeines Begriffskonzept (Eulers Funktionsbegriff) zur Verfügung standen. Die abschließende Phase der Theorieentwicklung ist die begriffliche Verschärfung und Systematisierung der gewonnenen Erkenntnisse: Die Theorie wird reif für ein Lehrbuch!

Die ‚Lehrbuchphase' und Systematisierung der analytischen Geometrie wird Ende des 18. Jahrhunderts durch eine Reihe glücklicher Umstände begünstigt. Ein bedeutender Anstoß zur Systematisierung kommt überraschenderweise aus der Physik. 1788 faßt J. L. Lagrange (1736–1813) die Entwicklung der Mechanik in einer analytischen Theorie zusammen.[51] Am Anfang dieser Theorie stehen nicht mehr – wie in Newtons *Principia* – Axiome über Kraft, Masse, Raum und Zeit, aus denen ‚more geometrico' wie in Euklids *Elementen* Sätze abzuleiten sind. Am Anfang der Theorie stehen Differentialgleichungen mit Zahlen, Variablen und Funktionen, die als physikalische Größen interpretiert werden. Bewegungszustände physikalischer Objekte erweisen sich als Lösungen der Bewegungsgleichungen. Kurz:

An die Stelle logischer Deduktion tritt die analytische Rechnung. Kausalität, d.h. das Verhältnis von Ursache und Wirkung, tritt als funktionale Abhängigkeit von Bewegungszuständen auf. Die physikalische Anschauung konkreter Bewegungsabläufe spielt bei der Rechnung keine Rolle mehr.

Bereits 1773 hatte Lagrange auch eine analytische Behandlung der elementaren Geometrie begonnen. In *Solutions analytiques de quelques problèmes sur les pyramides triangulaires*[52] verwendet er Cartesische Koordinaten und Kugelkoordinaten und gibt – im Unterschied zu Euler (vgl. 4.13) – die modernen symmetrischen Gleichungen für die Rotation der drei Raumachsen an:

$$
\begin{aligned}
x &= \lambda x' + \mu y' + \nu z' &\quad \text{mit } \lambda^2 + \lambda'^2 + \lambda''^2 &= 1 &\quad \text{und } \lambda\mu + \lambda'\mu' + \lambda''\mu'' &= 0\\
y &= \lambda' x' + \mu' y' + \nu' z' & \mu^2 + \mu'^2 + \mu''^2 &= 1 & \lambda\nu + \lambda'\nu' + \lambda''\nu'' &= 0\\
z &= \lambda'' x' + \mu'' y' + \nu'' z' & \nu^2 + \nu'^2 + \nu''^2 &= 1 & \nu\mu + \nu'\mu' + \nu''\mu'' &= 0
\end{aligned}
$$

Wie in seiner *Mécanique analytique* spielt die geometrisch-physikalische Anschauung keine Rolle: „Diese Lösungen sind rein analytisch und können sogar ohne Figuren verstanden werden.“[53]

In der gleichen Zeit beschäftigt sich seit 1771 G. Monge (1746–1818) mit der analytischen Formulierung auch der elementaren Geometrie. Zusammen mit S. F. Lacroix (1765–1843) gewinnen Monge's Bestrebungen, die analytische Geometrie zusammenfassend in Lehrbüchern darzustellen, seit der Gründung der École Polytechnique und der École Normale (1794) ihren institutionellen und organisatorischen Rahmen. In der Französischen Revolution hatte sich die Ausbildungsfrage für die Verwaltungs-, Militär- und Wirtschaftskader des neuen Staatswesens gestellt, dessen technisch-praktische Probleme nur zu lösen waren, wenn das entsprechende technische Wissen auf breiter Basis vorausgesetzt werden konnte. Insbesondere der Ausbildung in Geometrie wuchs wegen ihrer Bedeutung für Kartographie, Straßenplanung, Vermessungswesen, Architektur, militärische Planung, Artillerie etc. eine Schlüsselrolle zu. In G. Monge fand sich daher der Mann der Stunde, der neben mathematischer Intelligenz auch über das nötige organisatorische und pädagogische Talent verfügte, um mit Lehrbüchern und neuen Ausbildungsinstitutionen die Voraussetzung zur Lösung der anstehenden Probleme zu schaffen.[54] Eine durchgängige analytische Behandlung der Geometrie von der Theorie der Geraden und Ebenen bis zu den Flächenproblemen 2. Grades war nun auch pädagogisch motiviert, da die Ausbildung in Geometrie lehrplanmäßig und schrittweise von den Anfängen bis zu den komplizierten Problemen durchgeführt werden mußte. Ausgehend von der algebraischen Geometrie der Geraden und Ebenen im 3-dimensionalen Raum bei Lagrange und Monge[55] (Abstandsformel, Winkel zwischen Geraden und Ebenen, Winkelhalbierende, Koordinatentransformationen etc.) und den bevorzugten Problemen 2. Grades wurden die Ergebnisse von Lacroix[56] auf den 2-dimensionalen Fall übertragen und vollständig analytisch behandelt – und zwar im Sinne Lagrange's ohne Rückgriff auf figürliche Darstellung, die in einer gesonderten Disziplin – der darstellenden Geometrie (vgl. 4.2) – systematisch trainiert wurde.

In der analytischen Geometrie der Ebene geht man von einem rechtwinkligen Koordinatensystem mit $x$- und $y$-Achse aus. Der Abstand zweier Punkte

$(x_0, y_0)$ und $(x_1, y_1)$ ist nach dem Satz des Pythagoras $\sqrt{(x_1 - x_0)^2 + (y_1 - y_0)^2}$. Kommt ein weiterer Punkt $(x_2, y_2)$ hinzu (Abb. 4.25), so läßt sich der Flächeninhalt $F$ des Dreiecks nach der von G. Cramer (1704–1752) begründeten Determinantenrechnung durch $F = \frac{1}{2} \begin{vmatrix} x_2 - x_0 & x_1 - x_0 \\ y_2 - y_0 & y_1 - y_0 \end{vmatrix}$ darstellen. Allerdings kommt der systematische Gebrauch des Determinantenkalküls erst im 19. Jahrhundert (z.B. bei H. Graßmann) in die analytische Geometrie, obwohl bereits Lagrange in seiner Untersuchung von 1773 eine analoge Darstellung der Dreiecksfläche verwendet. Ist $F = 0$, so liegen die drei Punkte auf einer Geraden, deren laufender Punkt $(x, y)$ durch die Gleichung $(x - x_0) : (x_1 - x_0) = (y - y_0) : (y_1 - y_0)$ festgelegt ist (Abb. 4.26).

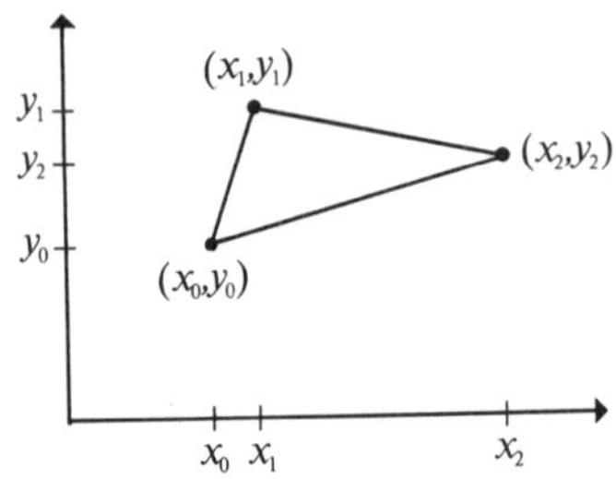

Abb. 4.25

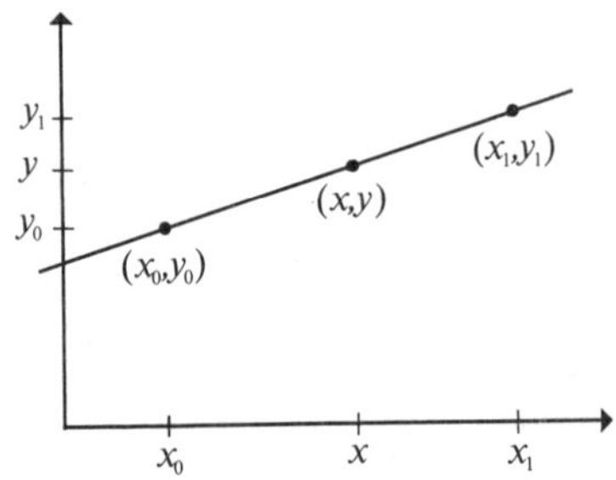

Abb. 4.26

Eine lineare Gleichung der Form $Ax + By = C$ legt nach den französischen Autoren eine Gerade fest, wenn nicht beide Koeffizienten $A$ und $B$ verschwinden. Für $B \neq 0$ ergibt sich die Form $y = mx + b$ mit der Steigung $m = \tan \alpha$. Für $A, B, C \neq 0$ ergibt sich die Achsenabschnittsform $\frac{x}{a} + \frac{y}{b} = 1$ für $a = \frac{C}{A}$, $b = \frac{C}{B}$. Für $y = 0$ ist $x = a$, für $x = 0$ ist $y = b$.

Auf Lagrange geht die Formel für den Abstand von einem Punkt auf eine Gerade zurück (von Lagrange allgemein für einen räumlichen Punkt und eine Ebene angegeben). Um zunächst den senkrechten Abstand eines Achsenabschnittes zum Koordinatenursprung zu bestimmen, gehen wir von dem Winkel $\delta$ des Abstandslotes mit der $x$-Achse aus (Abb. 4.27). Aus $\cos \delta = \frac{b}{\pm \sqrt{a^2 + b^2}}$ ergibt sich wegen $a = \frac{C}{A}$ und $b = \frac{C}{B}$ die Gleichung $\cos \delta = \frac{C}{\pm BC \sqrt{\frac{1}{A^2} + \frac{1}{B^2}}} = \frac{A}{\pm \sqrt{A^2 + B^2}}$. Analog $\sin \delta = \frac{B}{\pm \sqrt{A^2 + B^2}}$.

Da nach Pythagoras $p^2 = b^2 - b^2 \cos^2 \delta$ ist, ergibt sich $p = \pm b \sqrt{1 - \cos^2 \delta}$

$= \pm b \sin\delta$. Wegen $b = \dfrac{C}{B}$ ist also $p = \pm \dfrac{C}{B} \dfrac{B}{\sqrt{A^2 + B^2}} = \dfrac{C}{\sqrt{A^2 + B^2}}$ .

Das Vorzeichen der Wurzel ist so zu wählen, daß $p \geqslant 0$. Es gilt also $x \cdot \cos\delta + y \cdot \sin\delta = p$. Für den Abstand $d$ eines Punktes $(x_0, y_0)$ von der Geraden ist $d = |x_0 \cos\delta + y_0 \sin\delta - p|$.

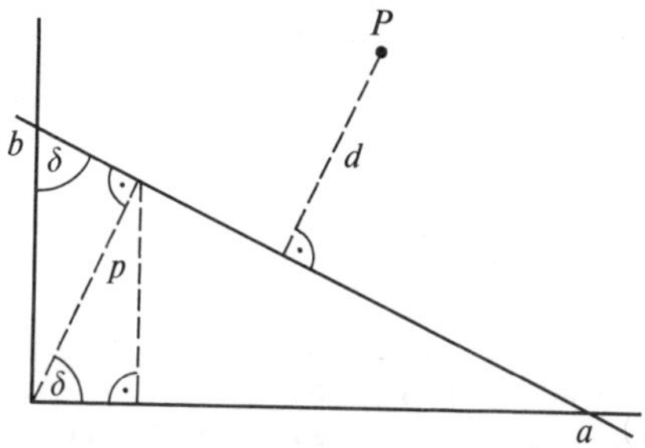


Abb. 4.27

Eine Gleichung 2. Grades $Ax^2 + 2Bxy + Cy^2 + Dx + Ey + F = 0$ stellt einen Kegelschnitt dar, wenn nicht alle Koeffizienten $A, B, C$ Null sind.

Zu unterscheiden sind: $\dfrac{x^2}{a^2} \pm \dfrac{y^2}{b^2} = 1$, wobei das (+)-Zeichen eine Ellipse, $a = b = r$ einen Kreis, das (–)-Zeichen eine Hyperbel, $a$ und $b$ mit $a \geqslant b > 0$ die Längen der großen bzw. kleinen Ellipsenhalbachsen bedeuten. Eine Parabel bedeutet $y^2 = cx^2$. Das Geradenpaar $x \pm cy = 0$ mit Schnittpunkt im Koordinatenursprung $(O, O)$ bedeutet $x^2 - c^2y^2 = (x - cy)(x + cy) = 0$. $x^2 = c^2$ bedeutet ein Paar paralleler Geraden. Lage und Form der Kegelschnitte werden mit den Eulerschen Koordinatentransformationen für den 2-dimensionalen Fall (vgl. 4.13) bestimmt. Setzt man nämlich in die Kegelschnittgleichungen $x = x' \cos\delta - y' \sin\delta + c$ und $y = x' \sin\delta + y' \cos\delta + d$ ein, so erhält man bei entsprechender Wahl der $\delta, c, d$ eines der entsprechenden Beispiele im $(x', y')$-System.

In der analytischen Geometrie des Raumes, die Lagrange und Lacroix bevorzugten, geht man von einem rechtwinkligen Koordinatensystem mit der Abstandsformel $\sqrt{(x_1 - x_0)^2 + (y_1 - y_0)^2 + (z_1 - z_0)^2}$ für zwei Punkte $(x_0, y_0, z_0)$ und $(x_1, y_1, z_1)$ aus. Die Ebenen können durch die lineare Gleichung $Ax + By + Cz = D$ wiedergegeben werden, wenn nicht alle Koeffizienten $A, B, C$ Null sind. Sind alle Koeffizienten ungleich 0, so läßt sich wie im 2-dimensionalen Fall die Achsenabschnittsform $\dfrac{x}{a} + \dfrac{y}{b} + \dfrac{z}{c} = 1$ der Ebene im Raum bestimmen. Den Abstand des Nullpunktes von der Ebene gibt nun $p = \dfrac{D}{\pm\sqrt{A^2 + B^2 + C^2}}$ an. Die Richtungskosinus des Lotes auf der Ebene betragen $\cos\alpha = \frac{A}{\pm\sqrt{A^2+B^2+C^2}}$, $\cos\beta = \frac{B}{\pm\sqrt{A^2+B^2+C^2}}$,

$\cos\gamma = \frac{C}{\pm\sqrt{A^2+B^2+C^2}}$, wobei $\alpha, \beta, \gamma$ die Winkel des Lotes gegen die $x$-, $y$-, $z$-Achse sind. Als Normalform der Ebene ergibt sich dann analog zum 2-dimensionalen Fall $x \cos\alpha + y \cos\beta + z \cos\gamma = p$, wobei $\cos^2\alpha + \cos^2\beta + \cos^2\gamma = 1$. Die letzte Bedingung geht auf Euler zurück, der sie 1775 in *Nova methodus motum corporum rigidorum determinandi* anführte. Die nun anschließende Untersuchung der Quadriken geht ebenfalls auf Euler zurück (vgl. 4.13).

Welche Erleichterung dieser Formelapparat der analytischen Geometrie bereitstellte, sei abschließend an zwei klassischen Problemen der griechischen Geometrie demonstriert. Nach dem berühmten Problem des Pappos (vgl. 2.45), das Descartes zu seiner *Géométrie* inspiriert hatte (vgl. 4.11), ist der Ort eines Punktes $(x, y)$ in Bezug auf z.B. 3 Geraden derart zu bestimmen, daß das Quadrat des Abstandes vom Punkt zu einer der Geraden proportional ist dem Produkt des Abstandes zu den beiden übrigen Geraden bei vorgegebenen Winkeln der Abstände mit den Geraden. Seien nun $A_1x + B_1y + C_1 = 0$, $A_2x + B_2y + C_2 = 0$ und $A_3x + B_3y + C_3 = 0$ die Normalformen der Geraden, $\Theta_1$, $\Theta_2$, $\Theta_3$ die Winkel der Abstände mit den Geraden, dann ist nach Pappos $\frac{(A_1x + B_1y + C_1)^2}{(A_1^2 + B_1^2)\sin^2\Theta_1} =$

$$k \cdot \frac{(A_2x + B_2y + C_2)}{\sqrt{A_2^2 + B_2^2} \cdot \sin\Theta_2} \cdot \frac{(A_3x + B_3y + C_3)}{\sqrt{A_3^2 + B_3^2} \cdot \sin\Theta_3}$$ für eine Konstante $k$.

Da diese Gleichung im allgemeinen 2. Grades in $x$ und $y$ ist, bestimmt sie einen Kegelschnitt.

Das andere Beispiel betrifft die geniale Lösung der Würfelverdopplung durch Archytas von Tarent (vgl. 2.23). Hippokrates von Chios hatte das Delische Problem bereits auf die Bestimmung der mittleren Proportionalen $x$ und $y$ in $a : x = x : y = y : 2a$ reduziert, wobei $x$ die gewünschte Seite des verdoppelten Würfels $x^3 = 2a^3$ mit ursprünglicher Seite $a$ ist. Archytas bestimmte die Seite $x$ durch den Schnitt dreier Rotationskörper – nämlich eines Kegels, Zylinders und Torus, der aus einem rotierenden Halbkreis entsteht (vgl. Abb. 2.22). Setzt man nun für diese drei Flächen analytisch $b^2(x^2 + y^2 + z^2) = a^2z^2$, $x^2 + y^2 = ax$ und $x^2 + y^2 + z^2 = a\sqrt{x^2 + y^2}$, so erhält die Proportionsgleichung des Hippokrates die Form

$$\frac{a}{\sqrt{x^2 + y^2 + z^2}} = \frac{\sqrt{x^2 + y^2 + z^2}}{\sqrt{x^2 + y^2}} = \frac{\sqrt{x^2 + y^2}}{b},$$ womit für $b = 2a$ die gesuchte Quadratseite bestimmt ist. Steht also einmal der Formelapparat zur Verfügung, so handelt es sich bei beiden Problemen um routinemäßige Rechenaufgaben. Es bedarf zur Problemlösung nicht mehr der genialen Anschauung eines Archytas oder Pappos. Mit der Rechenroutine schwindet

allerdings auch ein gewisser Reiz der Geometrie. In den Vordergrund rückt – wie bei Lagrange – die elegante und kurze Rechnung.

## 4.2 Synthetische und darstellende Geometrie

Das Training zur Beherrschung des Formelapparates der analytischen Geometrie, das Lagrange, Monge, Lacroix u.a. anstreben, bedeutet jedoch keineswegs, daß nun die Anschauung aus der Mathematik verdrängt werden soll. Für die technisch-praktischen Probleme der Geometrie von den Bauplänen der Architektur bis zu den Aufgaben der militärischen und administrativen Kartographie ist eine gekonnte graphische Darstellung unerläßlich. Auch hier bemüht sich vor allem G. Monge, die graphische Zeichnung und geometrische Anschauung in Lehrbüchern erlernbar zu machen.[57)] Während Euler und D'Alembert vorwiegend analytisch orientiert waren, hatte sich im England des 18. Jahrhunderts unter dem Einfluß Newtons der synthetische Standpunkt in der Geometrie gehalten, ohne jedoch eine neue Entwicklung einzuleiten (vgl. z.B.R. Simson: *Elements of Euklid* 1756). Auf dem Kontinent beschäftigte sich J. H. Lambert u.a. mit darstellender Geometrie.

G. Monge's *Géométrie descriptive* wurde ein grundlegendes Lehrbuch, das bis ins 19. Jahrhundert weite Verbreitung fand. Monge's Kurse zur darstellenden Geometrie, die teilweise 400 Studenten erfaßten, gehörten zum Lehrplan der École Polytechnique, den Monge mit Lagrange und Lacroix durchführte. Unterrichtsfächer waren Mathematik, Physik und Chemie, wobei Mathematik in die beiden Hauptgruppen *Analysis* und *Darstellende Geometrie* unterteilt wurde.[58)] Zur darstellenden Geometrie gehörten die Themen *Stereometrie, Architektur* und *Festungsbau*. Umfang und Organisation des Unterrichts weisen durchaus Parallelen mit dem modernen Hochschulunterricht in Mathematik auf, da neben den ‚Professeurs' auch die ‚Répétiteurs' zum Erläutern der Vorlesungen in Übungen und die ‚Examinateurs' zum Prüfen der Leistungen stehen.

Der Themenbereich in darstellender Geometrie war weiter gesteckt als heute üblich. So beschäftigte man sich mit dem Studium der Perspektive, Schatten, Topographie, Flächen und des technischen Zeichnens. Mathematisch beruht Monge's Zeichentechnik auf dem Prinzip der doppelten orthographischen Projektion, die in spezieller Weise bereits bei Ptolemaios Anwendung fand (vgl. 2.44).[59)] Ausgehend von zwei zueinander rechtwinkligen horizontalen und vertikalen Ebenen wird eine Figur orthogonal (senkrecht) auf beide Ebenen projiziert, indem jede Kante und jede Ecke genau aufgezeichnet wird. Beide Zeichnungen sind heute als ‚Aufriß' bzw. ‚Grundriß' bekannt. Monge ging auch bereits vom Zeichnen zum Konstruieren räumlichen Modelle über, die von seinen Nachfolgern ausgebaut und im *Conservatoires des Artes et Métiers* gesammelt wurden. Hier ist der geschichtliche Ursprung aller späteren Sammlungen mathematischer Modelle zu sehen, über die heute meistens jede Schule verfügt.

Während Monge noch den analytischen und synthetischen Standpunkt in der Geometrie gleichberechtigt vertritt, scheiden sich die Geister bereits in der Generation von Monge's Schülern: L. N. M. Carnot (1753–1823), als Militär und Mathematiker typischer Repräsentant der École[60)], will die Geometrie von der „Hieroglyphenschrift der Analysis" befreien. In seiner

*Géométrie de position* von 1803 führt Carnot systematisch Richtungen von Geraden und Strecken ein.[61] Ist z.B. $AB$ eine positive Strecke, dann ist $BA$ eine entgegengesetzte negative Strecke, d.h. $AB = -BA$ und $AB + BA = 0$. Für kollineare Punkte $A, B, C$ gilt z.B. $AB + BC + CA = 0$, da $AB + BC = AC$ und $AC + CA = 0$. Diese Technik erlaubt eine Reihe interessanter Verallgemeinerungen der synthetischen Geometrie.

In seinem *Essai sur la théorie des transversals* von 1806 verallgemeinert Carnot den Transversalensatz des Menelaos, der für die Entwicklung der sphärischen Trigonometrie eine große Rolle spielte (vgl. 2.42). In Abb. 4.28 ist nach dem Transversalensatz $AA' \cdot BB' \cdot CC' = AC' \cdot BA' \cdot CB'$.[62] Carnot verallgemeinert den Satz für Kurven $n$-ten Grades, welche die drei Seiten in jeweils $n$ Punkten schneiden. Seien $A'_1, \ldots, A'_n$ die Schnittpunkte mit der Geraden $AB$, $B'_1, \ldots, B'_n$ mit $BC$ und $C'_1, \ldots, C'_n$ mit $CA$, so gilt nach Carnot allgemein für die Punktabstände: (Abb. 4.29)

$$(AA'_1 \cdot \ldots \cdot AA'_n)(BB'_1 \cdot \ldots \cdot BB'_n)(CC'_1 \cdot \ldots \cdot CC'_n) =$$
$$(AC'_1 \cdot \ldots \cdot AC'_n)(BA'_1 \cdot \ldots \cdot BA'_n)(CB'_1 \cdot \ldots \cdot CB'_n) .$$

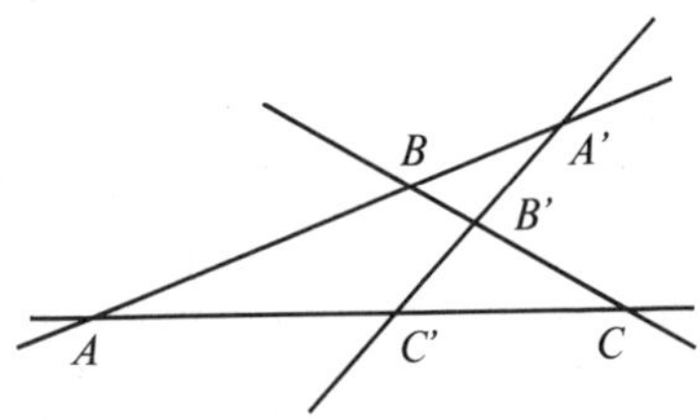

Abb. 4.28

Dabei sind die Strecken gerichtet. An diesem Beispiel wird deutlich, daß Carnot nicht einfach als Außenseiter im allgemeinen analytischen Trend der Geometrie abgetan werden kann. Seine Verallgemeinerungen für beliebige Polygone verweisen bereits auf die Topologie, deren Entwicklung im 19. Jahrhundert einsetzen sollte (vgl. 5.5).

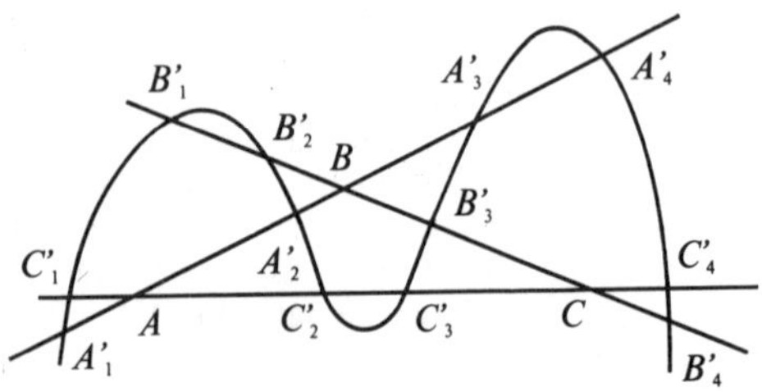

Abb. 4.29

## 4.3 Die Diskussion des Parallelenpostulates

Neben der Entwicklung der analytischen und synthetischen Geometrie bildet die Diskussion des Euklidischen Parallelenpostulates im 18. Jahrhundert eine unmittelbare Voraussetzung für die großen Theorien des 19. Jahrhunderts. Mit G. Saccheri (1667–1733), J. H. Lambert (1728–1777) und A. M. Legendre (1752–1833)sind wir am Vorabend der Entdeckung der nichteuklidischen Geometrien durch Gauß, Bolyai, Lobatschewski u.a. angelangt.

### 4.31 Beweisversuche des Parallelenpostulates

Unter seinen Postulaten zählte Euklid einen Satz auf, der im Unterschied zu den übrigen Konstruktionspostulaten (z.B. „Kreise sind konstruierbar“, „Strecken können verlängert werden“) eine ‚Wenn–Dann‘ Form besitzt und daher von einigen Autoren als beweisbarer Satz aufgefaßt wurde: Wenn zwei Geraden mit einer dritten auf derselben Seite innere Winkel bilden, deren Summe kleiner als ein flacher Winkel ist, so schneiden sie sich bei hinreichender Verlängerung auf dieser Seite (vgl. Abb. 2.27). Die Beweisversuche, die in den folgenden Jahrhunderten angegeben wurden, führten bestenfalls zu äquivalenten Charakterisierungen. So genügt nach Proklos zu zeigen, daß es zu einer Geraden durch einen außerhalb liegenden Punkt genau eine Parallele gibt.[63] Dabei heißen zwei Geraden parallel, wenn sie sich nicht schneiden. (Ein überall konstanter Abstand wird also in dieser Definition nicht vorausgesetzt.)

Daß es zu einer Geraden $g$ durch einen außerhalb liegenden Punkt $P$ überhaupt eine Parallele gibt, zeigte bereits Euklid in Buch I,27. Es genügt nämlich einen Punkt $Q$ auf $g$ mit $P$ zu verbinden und eine Gerade $g'$ durch $P$ derart zu legen, daß die Wechselwinkel gleich sind (Abb. 4.30). Würden sich nun $g'$ und $g$ in $R$ schneiden, also ein Dreieck $PQR$ bilden, so wäre der Außenwinkel $\alpha' > \alpha$ im Widerspruch zur Voraussetzung. Proklos führt ebenfalls als äquivalente Charakterisierung des Parallelenpostulats an, daß jede Gerade, die eine von zwei Parallelen schneidet, auch die andere schneidet.

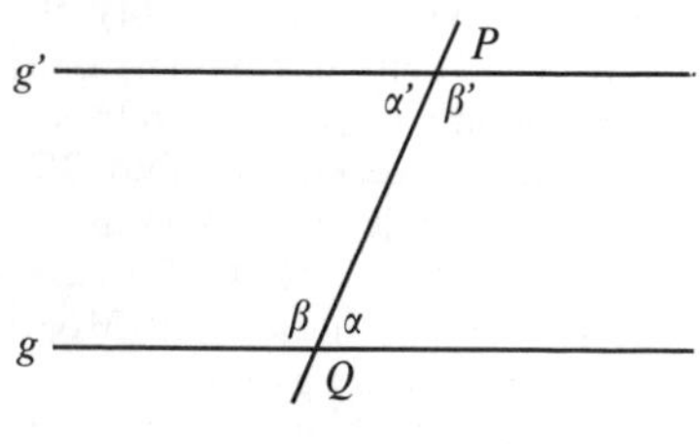


Abb. 4.30

Eine sehr einleuchtende Charakterisierung schlug J. Wallis vor[64], da sie das Euklidische Parallelenpostulat durch eine Grundeigenschaft unserer räumlichen Anschauung ersetzt. So setzen wir in Zeichnungen oder räumlichen Darstellungen ‚nach der Natur‘ voraus, daß eine Figur beliebig verkleinert oder vergrößert werden kann, ohne daß sich ihre Proportionsverhältnisse ändern. Insbesondere kann ein Dreieck beliebig stetig verkleinert werden, ohne daß sich seine Form, d.h. seine Proportionsverhältnisse und Winkelgrößen ändern. Unter dieser Voraussetzung gelingt mit dem Eudoxischen Meßbarkeitsaxiom sofort ein Beweis des Euklidischen Parallelenpostulats. Dazu schneide eine Gerade $h$ zwei andere Geraden $g$, $f$ und bilde mit ihnen innere Winkel, deren Summe kleiner als zwei Rechte sei. O.B.d.A. sei einer der Winkel ein Rechter. Zu zeigen ist, daß sich $g$ und $f$ schneiden. Dazu fälle man von einem Punkt $P$ von $g$ das Lot auf $h$ (Abb. 4.31). Für die dadurch auf $h$ bestimmte Strecke $CQ$ ist $CQ < CA$, d.h. nach dem Meßbarkeitsaxiom gibt es eine Anzahl $n$, so daß $n \cdot CQ > CA$. Trägt man $CQ$ von $C$ aus $n$-mal auf $h$ ab, so wird dadurch ein Punkt $Q'$ auf $h$ bestimmt. Damit ist ein zum Dreieck $QPC$ ähnliches Dreieck $Q'P'C$ bestimmt. Dann existiert der Schnittpunkt $B$ von $f$ mit der Dreiecksseite $CP'$, d.h. mit der Geraden $g$. Wallis hatte sich mit der Übersetzung arabischer Mathematiker beschäftigt. Daher fällt ihm möglicherweise eine Mittlerrolle zwischen den arabischen Quellen zum Parallelenpostulat und den modernen Entwicklungen der nichteuklidischen Geometrien zu.

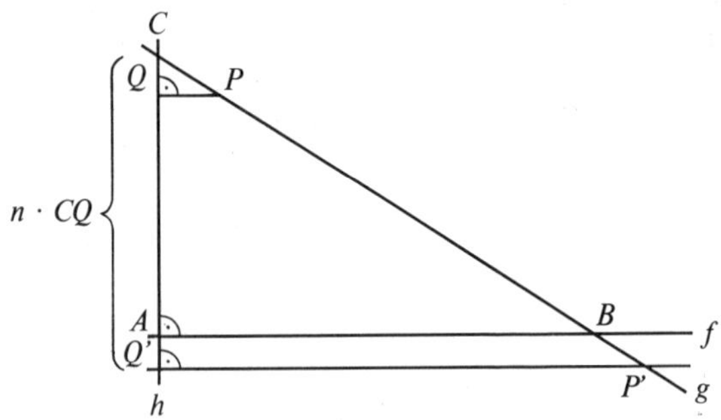


Abb. 4.31

Wallis übersetzte Nasir Eddin al-Tusi (1201–1274)[65], der wiederum auf Omar Khayyam (ca. 1050–1123) zurückging. Die Grundidee dieser beiden Araber war folgende: Ausgehend von einer Grundseite $AB$ werden in $A$ und $B$ jeweils senkrechte und gleiche Strecken $AD$ und $BC$ errichtet (Abb. 4.32). Dann sind die Winkel bei $D$ und $C$ gleich. Es kommt nur darauf an, die beiden Möglichkeiten $\sphericalangle ADC = \sphericalangle BCD < 90^\circ$ und $\sphericalangle ADC = \sphericalangle BCD > 90^\circ$ durch Widerspruch auszuschließen, um die dritte Möglichkeit $\sphericalangle ADC = \sphericalangle BCD = 90^\circ$ zu beweisen. Damit wäre garantiert, daß sich die Geraden nicht schneiden. Zunächst sieht man $\sphericalangle ADC = \sphericalangle BCD$ durch einfache Kongruenzschlüsse, die unabhängig vom Parallelenpostulat sind, ein. Aus $DA = CB$, $\sphericalangle DAB = \sphericalangle ABC = 90^\circ$ und der gemeinsamen Seite $AB$ folgt die Kongruenz der Dreiecke $ABD \equiv ABC$, also für die Diagonalen $DB = AC$. Mit $DA = CB$ und der gemeinsamen Grundseite $DC$ folgt die Kongruenz der Dreiecke $ADC \equiv BDC$ und daher $\sphericalangle ADC = \sphericalangle BCD$.

Omar Khayyam schloß die Hypothese vom spitzen und stumpfen Winkel aus, indem er sich auf ein Argument von Aristoteles berief, wonach sich konvergierende Geraden schneiden. Diese Voraussetzung ist aber auch nur ein Äquivalent zum Parallelenpostulat. Der italienische Pater G. Saccheri griff die Beweisidee der beiden Araber auf, weshalb das Rechteck in Abb. 4.32 heute auch als Saccheri-Rechteck bezeichnet wird.[66] Unter der Voraussetzung der Unendlichkeit der Geraden konnte Saccheri die Hypothese vom stumpfen Winkel ausschließen. Beim Ableitungsversuch eines Widerspruchs aus der Voraussetzung vom spitzen Winkel leitet er – unbewußt – eine Reihe von Sätzen ab, die wir heute zur nicht-euklidischen Geometrie zählen.[67] Sein schließlich deklarierter ‚Widerspruch' geht davon aus, daß sich zwei Geraden „im Unendlichen" nicht unter einem Winkel 0 schneiden können. Saccheri's Schluß, daß Geraden unter diesem Winkel zusammenfallen müssen, zeigt nur, daß er mit dem Grenzwertbegriff noch nicht vertraut ist (vgl. 4.32).

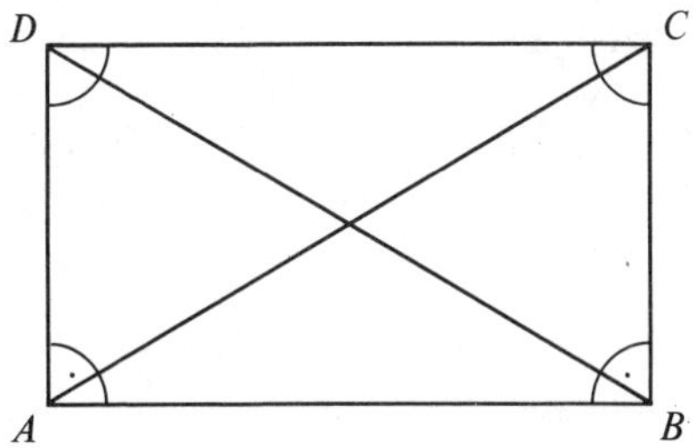


Abb. 4.32

Auch J. H. Lambert (1728–1777) griff bei seinem Beweisversuch des Parallelenpostulats[68] eine arabische Beweisidee auf. Der arabische Mathematiker Alhazen (965–1039) ging von vier Strecken aus, die sich unter drei rechten Winkeln schneiden. Zu zeigen ist, daß auch der vierte Winkel ein rechter ist (Abb. 4.33). Alhazens Voraussetzung, wonach der Ort eines Punktes, der sich im gleichen Abstand zu einer Geraden bewegt, eine Parallele sei, ist wieder nur ein Äquivalent zum Euklidischen Parallelenpostulat.[69] Demgegenüber war Lambert klar, daß unter den drei Voraussetzungen über den Winkel bei *D* im ‚Lambert-Rechteck' jeweils drei verschiedene Satzsysteme ableitbar sind. Unter der Hypothese vom spitzen Winkel bei *D* seien im folgenden zwei charakteristische Unterschiede zur Euklidischen Geometrie festgehalten.

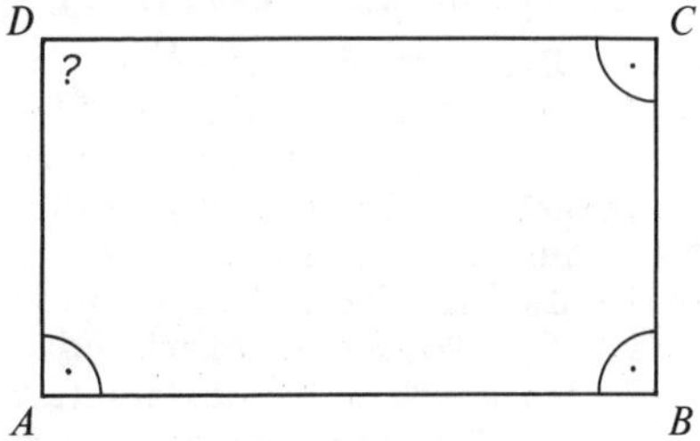


Abb. 4.33

(1) *Die Winkelsumme im Dreieck ist kleiner als 2 Rechte!*

Dazu zeigen wir zunächst, daß die Winkelsumme in einem rechtwinkligen Dreieck $ABC$ kleiner als zwei Rechte ist. Vom Mittelpunkt $M$ der Hypothenuse $AB$ fälle man das Lot auf den Punkt $P$ von $BC$ (Abb. 4.34). In $A$ trage man an $AB$ den Winkel $\beta$ an und trage auf seinem Schenkel die Strecke $AQ = PB$ ab. Da $AM = MB$ und die beiden jeweils an $AM$ und $MB$ anliegenden Winkel gleich sind, sind die Dreiecke $AQM$ und $BPM$ kongruent, d.h. $\measuredangle AQM = \measuredangle MPB = 90^\circ$. Also liegen $Q$, $M$ und $P$ auf einer Geraden. Also handelt es sich bei dem Vierseit $QPCA$ um ein Lambert-Rechteck mit – nach Voraussetzung – spitzem Winkel bei $A$, d.h. $\alpha + \beta < 90^\circ$. Wäre nun die Winkelsumme $\alpha + \beta + 90^\circ = 180^\circ$, so hätten wir einen Widerspruch $\alpha + \beta = 90^\circ$ zur Voraussetzung. Betrachtet man ein beliebiges Dreieck $ABC$, wobei der Winkel bei $A$ o.B.d.A. kleiner als $\beta$ oder $\gamma$ sei und fällt das Lot von $A$ auf $BC$ (Abb. 4.35), so entstehen zwei Dreiecke $ADC$ und $ABD$ mit rechten Winkeln und Winkeln $\alpha_1$ bzw. $\alpha_2$ bei $A$ mit $\alpha = \alpha_1 + \alpha_2$. Da nach Voraussetzung $\alpha_1 + \gamma + 90^\circ < 180^\circ$ und $\alpha_2 + \beta + 90^\circ < 180^\circ$, also $\alpha_1 + \gamma < 90^\circ$ und $\alpha_2 + \beta < 90^\circ$, folgt die Behauptung $\alpha + \beta + \gamma = (\alpha_1 + \alpha_2) + \beta + \gamma < 180^\circ$.

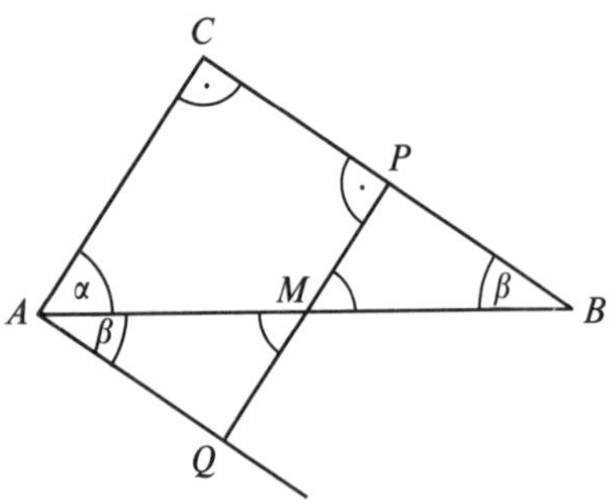

Abb. 4.34

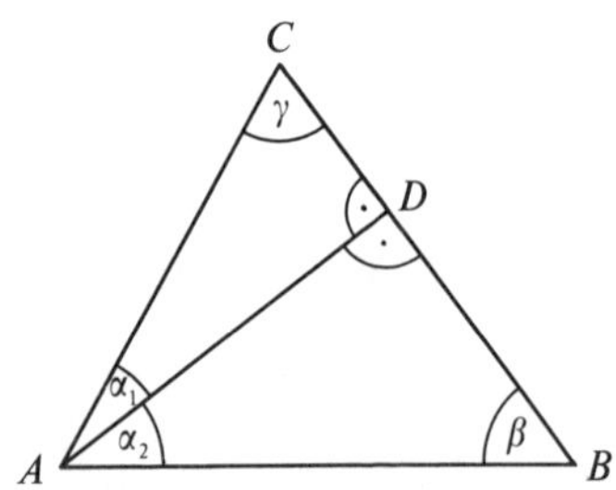

Abb. 4.35

(2) *Unter der Hypothese vom spitzen Winkel im Lambert-Rechteck existieren keine ähnlichen Dreiecke unterschiedlicher Größe, d.h. das Wallis-Kriterium der Euklidischen Geometrie ist nicht erfüllt.*

Dazu betrachte man zwei Dreiecke $ABC$ und $A'B'C'$ mit gleichen Winkeln $\alpha = \alpha'$, $\beta = \beta'$, $\gamma = \gamma'$. Für $A'B' = AB$ sind die beiden Dreiecke kongruent. Wir führen daher die Annahme $A'B' < AB$ zum Widerspruch und haben damit die Kongruenz ähnlicher Dreiecke in jedem Fall gezeigt. Sei also $A'B' < AB$ (Abb. 4.36). Auf $AB$ trage man $AD = A'B'$ und auf $AC$ trage man $AE = A'C'$ ab. Dann sind die Dreiecke $ADE \equiv A'B'C'$ kongruent, d.h. insbesondere $\gamma' = \gamma''$ und $\beta' = \beta''$. Wir zeigen zunächst, daß $E$ zwischen $A$ und $C$ liegt und damit $EDBC$ das in Abb. 4.37 angedeutete Vierseit bildet. $E$ kann nicht mit $C$ zusammenfallen, da sonst $\gamma > \gamma''$ im Widerspruch zu $\gamma = \gamma' = \gamma''$. $E$ kann auch nicht auf der Verlängerung von $AC$ hinter $C$ liegen, da sonst $DE$ die Seite $BC$ in $P$ schneidet und die Winkelsumme im Dreieck $PCE$ größer als 2 Rechte wäre: Es wäre nämlich $\sphericalangle ECP = 180° - \gamma$, also für $\gamma''$ bei $E$ und $\eta$ bei $P$ insgesamt $(180° - \gamma) + \gamma'' + \eta = 180° + \eta > 180°$. Also liegt ein Vierseit $EDBC$ wie in Abb. 4.37 vor. Dessen Winkelsumme beträgt 4 Rechte, denn wegen $\gamma = \gamma''$ und $\beta = \beta' = \beta''$ folgt $\varepsilon + \gamma = \varepsilon + \gamma'' = 180°$ und $\delta + \beta = \delta + \beta'' = 180°$. Nach unserer Hypothese vom spitzen Winkel muß die Winkelsumme aber kleiner als 4 Rechte sein, d.h. die Annahme $A'B' < AB$ führt zu einem Widerspruch.

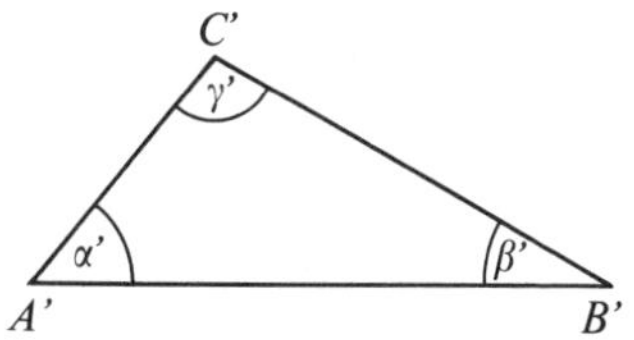

Abb. 4.36

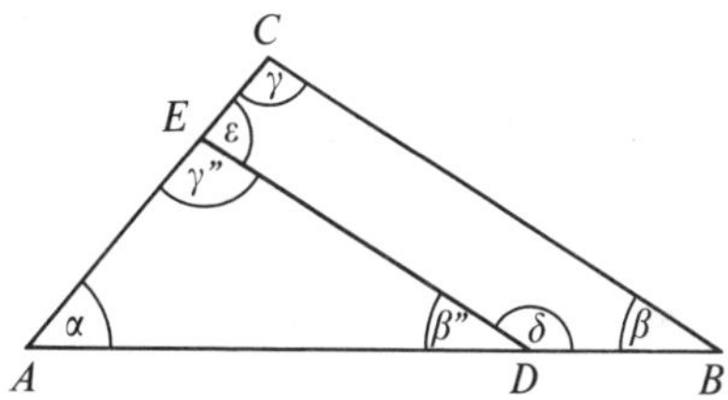

Abb. 4.37

## 4.32 Parallelenpostulat und Trigonometrie

Während Saccheri in seiner Abhandlung *Euklides ab omni naevo vindicatus* noch völlig im Sinne der synthetischen Geometrie argumentiert, legt J. H. Lambert in seiner *Theorie der Parallellinien* (1766 geschrieben, 1786 publiziert) eine analytische Theorie vor, die bereits im Prinzip die Entdeckung der nicht-euklidischen Geometrien Anfang des 19. Jahrhunderts vorwegnimmt. Lambert formuliert nämlich die Euklidische Theorie mit der Hypothese vom rechten Winkel im Lambert-Rechteck bzw. die Theorie mit der Hypothese vom stumpfen Winkel in der Sprache der ebenen bzw. sphärischen Trigonometrie und erkennt auch, daß im 1. Fall die Dreieckswinkelsumme gleich und im 2. Fall größer als 180° ist. Letztere Eigenschaft war ja bereits den Theoretikern der sphärischen Trigonometrie bekannt (vgl. 3.1). Für den 3. Fall der Dreieckswinkelsumme kleiner als 180° entdeckt Lambert die Trigonometrie einer Kugel von ‚imaginärem' Radius $i$, deren geometrische Verhältnisse durch die hyperbolischen Funktionen (sinh, cosh etc.) beschrieben werden.[70] Für diese ‚hyperbolische' Trigonometrie werden in den Formeln der sphärischen Trigonometrie die Seiten $a$, $b$, $c$ durch $ia$, $ib$, $ic$ ersetzt, so daß $\sinh a = \sin ia$, $\cosh a = \cos ia$ etc. ist. So wie Eulers berühmte Identitäten $i \sin a = \frac{1}{2}(e^{ia} - e^{-ia})$, $\cos a = \frac{1}{2}(e^{ia} + e^{-ia})$ und $e^{ia} = \cos a + i \sin a$ gelten, so ist entsprechend $\sinh a = \frac{1}{2}(e^{a} - e^{-a})$, $\cosh a = \frac{1}{2}(e^{a} + e^{-a})$ und $e^{a} = \cosh a + \sinh a$.

Auf Lambert geht daher die erste ausgearbeitete Theorie der hyperbolischen Trigonometrie zurück, in der bereits wichtige Sätze der späteren hyperbolischen Geometrie abgeleitet sind. Allerdings bleibt es anderen vorbehalten, eine bewußte ‚nicht-euklidische' Geometrie ohne Beweisversuch des Parallelenpostulats abzuleiten, und von trigonometrischen ‚Modellen' der nichteuklidischen Geometrie kann erst seit Mitte des 19. Jahrhunderts (Beltrami, Klein u.a.) gesprochen werden.

Kehren wir aber zur hyperbolischen Trigonometrie Lamberts zurück. Dazu studieren wir zunächst die sphärische Trigonometrie auf der Kugel mit Radius 1, um dann den hyperbolischen Fall für die Kugel mit Radius $i$ nach der angegebenen Ersetzungsregel für hyperbolische Funktionen zu erhalten. Was können wir über den Abstand der beiden Parallelen $g$ und $h$ durch $D$ bzw. $A$ im sphärischen Fall (Abb. 4.38) sagen? Dazu wird von $B$ auf $h$ im Abstand $AB = b$ das Lot auf $g$ gefällt. Für die beiden sphärischen Dreiecke $DAB$ und $DBC$ gilt nach dem Sinussatz $\sin b = \sin c \sin \beta$ und $\sin a' =$

$\sin c \cos \beta$, also $\dfrac{\sin b}{\sin \beta} = \dfrac{\sin a'}{\cos \beta}$, also $\sin a' = \sin b \dfrac{\cos \beta}{\sin \beta} = \sin b \dfrac{1}{\tan \beta} =$

$\sin b \cot \beta$. Nach Napiers Regel (vgl. 3.1) ist $\sin a = \tan b \cot \beta$, also $\sin a' =$

$\sin b \cdot \dfrac{\sin a}{\tan b} = \sin a \cos b$. Im hyperbolischen Fall ist also $\sinh a' =$

$\sinh a \cosh b$. Da die hyperbolische Cosinusfunktion mit $\cosh b = 1$ für $b = 0$ beginnend monoton wächst, wächst der Abstand $a'$ von $a' = a$ mit $b = 0$ beginnend gegen unendlich, wenn $b$ gegen unendlich wächst. Parallelität und gleicher Abstand zweier Geraden fallen also im hyperbolischen Fall nicht zusammen.

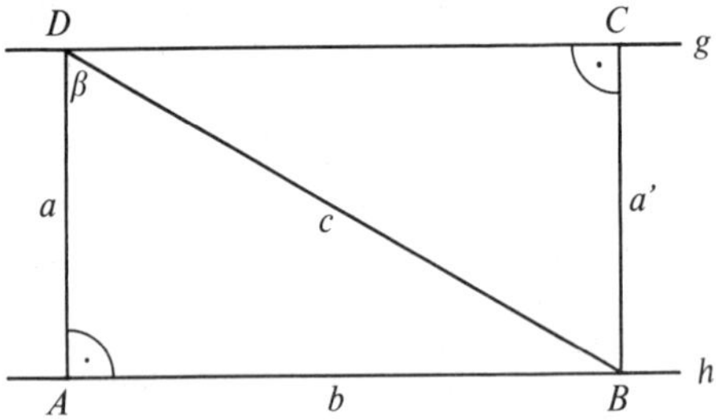

Abb. 4.38

Eine andere Merkwürdigkeit im sphärischen und hyperbolischen Fall deckt die Trigonometrie für gleichseitige Dreiecke auf. Für sphärische Dreiecke gilt der Cosinussatz der Winkel mit $\cos \gamma = -\cos \alpha \cos \beta + \sin \alpha \sin \beta \cos c$.

Für $\alpha = \beta = \gamma$ ist also $\cos \alpha = -\cos^2 \alpha + \sin^2 \alpha \cos c = -\cos^2 \alpha + (1 - \cos^2 \alpha) \cos c$.

Daher folgt $\cos \alpha (1 + \cos \alpha) = (1 + \cos \alpha)(1 - \cos \alpha) \cos c$, also $\cos \alpha = (1 - \cos \alpha) \cos c = \cos c - \cos \alpha \cos c$,

also $\cos \alpha = \dfrac{\cos c}{1 + \cos c} = \dfrac{1}{\dfrac{1}{\cos c} + 1}$. Was ist über ein gleichseitiges

Dreieck im sphärischen Fall zu sagen, wenn die Seiten stetig vergrößert werden? Für wachsendes $c$ mit $c = 0$ beginnend nimmt $\cos c$ mit 1 beginnend ab, d.h. $\frac{1}{\cos c} + 1$ wächst bzw. $\cos \alpha$ nimmt ab. Also wächst Winkel $\alpha$. Für $c = \frac{\pi}{2} = 90^\circ$ wird $\cos \alpha$ Null, also $\alpha = \frac{\pi}{2}$. Wird $\cos \alpha$ negativ, so wächst $\alpha$ über $90^\circ$. Aber $\alpha$ kann nicht größer werden als $180^\circ$, da dann nämlich $\cos c = -\frac{1}{2}$, also $c = \frac{2}{3}\pi = 120^\circ$ ist. Damit ist für die drei Seiten eines gleichseitigen Dreiecks eine absolute Größe erreicht. Gleichseitige Dreiecke sind also nicht beliebig vergrößerbar oder verkleinerbar wie im Euklidischen Fall. Zeichnerisch können wir uns die Situation durch ‚sphärische' Geraden (d.h. Bögen von Großkreisen) verdeutlichen (Abb. 4.39).

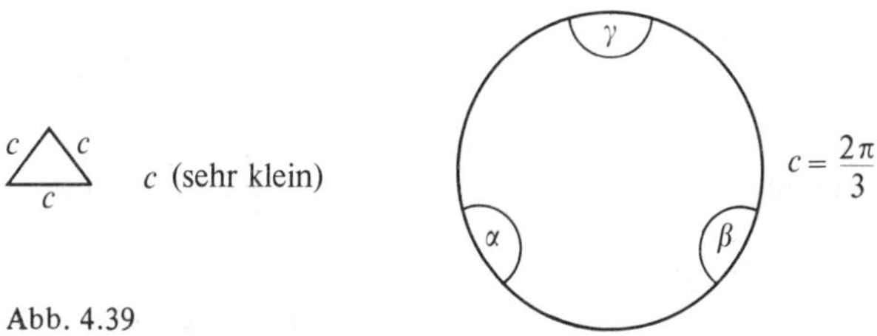


Abb. 4.39

Im hyperbolischen Fall gilt die Formel $\cos \alpha = \frac{1}{\frac{1}{\cosh c} + 1}$. Die hyperbolische Funktion cosh wächst positiv mit $\cosh c = 1$ für $c = 0$ beginnend bei wachsendem $c$. In diesem Fall nimmt $\frac{1}{\cosh c} + 1$ von 2 zu 1 ab, und $\cos \alpha$ wächst von $\frac{1}{2}$ zu 1. Der Winkel $\alpha$ nimmt also von $\frac{\pi}{3} = 60^\circ$ zu Null hin ab.

Im Grenzfall wachsen also die Seiten des Dreiecks gegen Unendlich und schneiden sich im Winkel Null. Diesen Fall konnte sich Saccheri synthetisch nur als Widerspruch erklären (vgl. 4.31). Zeichnerisch können wir uns die Situation nur wieder mit krummen Linien vorstellen (Abb. 4.40):[71)]

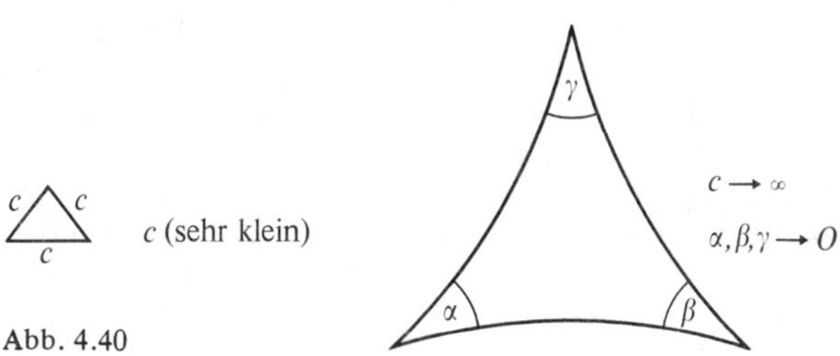


Abb. 4.40

Erst Gauß, der über einen Grenzwertbegriff verfügte, klärte den Saccherischen ‚Widerspruch' auf. In einem Brief an Schumacher (12. Juli 1831) schreibt er: „Das Unendliche ist nur eine façon de parler, indem man eigentlich von Grenzen spricht, denen gewisse Verhältnisse so nahe kommen als man will, während anderen ohne Einschränkung zu wachsen verstattet ist. In diesem Sinne enthält die Nicht-Euklidische Geometrie durchaus nichts Widersprechendes, wenngleich diejenigen viele Ergebnisse derselben anfangs für paradox halten müssen, was aber für widersprechend zu halten nur eine Selbsttäuschung sein würde, hervorgebracht von der früheren Gewöhnung, die Euklidische Geometrie für streng wahr zu halten."[72] Diese Erkenntnis liegt aber Ende des 18. Jahrhunderts noch nicht vor, wenngleich die theoretischen Voraussetzungen bereit sind.

## 4.4 Geometrie und Raumanschauung nach Kant

Die Grundlagen der Geometrie bilden seit der Antike ein zentrales Thema der Philosophie. Am Ende dieses Kapitels über die Geometrie des 17. und 18. Jahrhunderts sei daher ein Blick auf diese philosophische Diskussion geworfen. Sie gipfelt Ende des 18. Jahrhunderts in Kants Lehre von der geometrischen Raumanschauung apriori, die im 19. Jahrhundert nach Entdeckung der nicht-euklidischen Geometrien zu tiefgreifenden Grundlagendiskussionen führte, die bis in die Gegenwart wirksam blieben.[73]

### 4.41 Formen der Anschauung

Die Diskussion der antiken Geometrie hatte gezeigt, daß Platon die geometrischen Formen als unveränderliche und vollkommene, den Ideen verwandte Gebilde begreift (vgl. 2.31). Demgegenüber werden sie nach Aristoteles durch Abstraktion aus physischen Körpern gewonnen. Descartes führte die Geometrie auf den Begriff der Einheitsstrecke und der Verknüpfung von Strecken zurück. Die Ausdehnung aller physischer Körper ist durch solche Streckenverhältnisse bestimmt. Ohne sie hätten wir keine klaren und deutlichen (‚clare et distincte') Erkenntnisse der Natur. Daher ist nach Descartes die geometrische Ausdehnung der Körper (‚res extensa') eine angeborene Idee unseres Verstandes (‚ratio', ‚res cogitans').

Gegenüber dieser rationalistischen Geometriebegründung durch den Verstand bei Descartes heben die Sensualisten (z.B. J. Locke (1623–1704)) und Empiristen (z.B. D. Hume (1711–1776)) die Rolle der Wahrnehmung mit den Sinnesorganen auch bei der geometrischen Erkenntnis hervor. J. Locke betont allerdings die geometrischen Eigenschaften eines Körpers wie z.B. Größe und Form als objektiv und ‚primär', während z.B. Farbe und Geruch eines Körpers von unseren Sinnen abhängen und daher subjektiv sind.[74]

Für D. Hume sind auch die geometrischen Eigenschaften eines Körpers von unserer Wahrnehmung abhängig und daher subjektiv. So wird eine Fläche nach Hume wahrgenommen als Ansammlung farbiger Punkte (color'd points), deren Vorstellungen sich zu neuen Einheiten verbinden.[75] Die Physiologie wird später in der Tat solche Wahrnehmungsvermischungen auf der Netzhaut nachweisen (vgl. 5.42). Erinnert sei auch an die moderne Fernsehbildtechnik, die Figuren auf dem Bildschirm durch laufende ‚farbige Punkte' erzeugt. Der Ursprung der Geometrie ist also nach Hume Thema der Physiologie und Psychologie. Daher ist die Geometrie nach Hume auch keine von der Wahrnehmung unabhängige Wissenschaft wie Arithmetik und Algebra. In Gauß klingt der empiristische Standpunkt Hume's nach, wenn er später die Arithmetik gegenüber der Geometrie als „Königin der Mathematik“ bezeichnet.

An dieser Stelle tritt I. Kant (1724–1804) auf und kritisiert sowohl die rationalistische als auch die empiristische Begründung der Geometrie. Die Empiristen fragt Kant, wie sie sich erklären können, daß die geometrischen Lehrsätze mit Notwendigkeit (‚a priori‘) gelten, wenn sie von den ungenauen Sinneswahrnehmungen abhängen. Kein Mensch hat ja den exakten Kreis der Geometrie gesehen. Die Rationalisten fragt Kant, wie sie sich erklären können, daß die geometrischen Lehrsätze auf Wahrnehmung und physikalische Erfahrung anwendbar sind, wenn sie ihren Ursprung in unserem Verstand haben. Die exakten geometrischen Formen sind also selber keine Wahrnehmungen. Andererseits werden sie in der Physik zur Beschreibung von Beobachtungen (z.B. Ellipsenbahnen der Planeten) verwendet. Kants Lösung dieses Problems ist nun so einfach wie bestechend: Die geometrischen Formen müssen vor jeder Wahrnehmung vorausgesetzt werden.[76] Sie ordnen erst die Wahrnehmungsdaten der Sinnesorgane zu der räumlichen Vorstellung, die wir uns von einem Körper machen. Aber auch die Vorstellungen, denen keine unmittelbare Wahrnehmungen zugrunde liegen und die nur in unserer Anschauung existieren, werden durch geometrische Formen räumlich geordnet. Die geometrischen Formen werden also als räumliche Ordnungsfunktion unseres Wahrnehmungs- und Anschauungsapparates vor jeder konkreten Wahrnehmung und Vorstellung vorausgesetzt und sind in diesem Sinne von der Erfahrung unabhängig (‚a priori‘).

Die geometrischen Formen liegen aber nach Kant nicht wie die Backformen in unserem Kopf bereit, um sie der Materie der Wahrnehmung gewissermaßen überzustülpen. Der ideale Kreis, die ideale Gerade etc. der Geometrie kann ja in toto nicht wahrgenommen werden. Er ist vielmehr durch eine Konstruktionsregel exakt bestimmt: Der Kreis ist zu konstruieren als der Ort aller Punkte mit gleichem Abstand zu einem festen Mittelpunkt. Auf Grund einer solchen Regel kann erst ein Wahrnehmungsbild eines Kreises z.B. auf einer Tafel konstruiert werden. Das ungenaue empirische Bild ist aber nicht Gegenstand der Geometrie, sondern die exakte Konstruktionsregel bzw. – wie Kant sagt – das ‚Schema‘ des Kreises. Kant erweist sich hier als Verfechter der synthetischen Geometrie, wobei ‚Synthesis‘ wörtlich als ‚Konstruktion‘ der geometrischen Formen verstanden wird.[77] Nach diesen Konstruktionsregeln werden unsere räumlichen Vorstellungsbilder aufgebaut: „Wir können uns“, so argumentiert Kant, „keine Linie vorstellen, ohne sie in Gedanken zu ziehen, keinen Zirkel denken, ohne ihn zu beschreiben, die drei Abmessungen des Raumes gar nicht vorstellen, ohne aus demselben Punkt drei Linien senkrecht aufeinander zu setzen . . .“[78]

Wenn also die geometrischen Formen vor jeder Erfahrung bereitstehen und von jeder Erfahrung unabhängig sind, so kann auch über ihre Eigenschaften, d.h. die Lehrsätze der Geometrie, nicht durch Erfahrung entschieden werden. Welche apriorischen Eigenschaften hat nun unsere räumliche Anschauung nach Kant? Welche geometrischen Axiome legen sie fest? Die Brisanz der Kantischen Lösung liegt darin, daß diese Axiome auch die Eigenschaften des physikalischen Raumes a priori festlegen, da die geometrischen Formen nach der Meinung Kants für jede physikalische Erfahrung vorausgesetzt werden müssen.

### 4.42 Axiome der Anschauung

Die geometrischen Axiome sind also nach Kant a priori. Offenbar sind sie aber keine logischen Tautologien, die schon aufgrund ihrer Satzform wahr sind wie z.B. $A \wedge B \to A$. Das Parallelitätspostulat hängt nämlich – wie die anderen Axiome auch – von Grundbegriffen wie ‚Gerade', ‚Winkel', ‚Schnittpunkt' etc. ab , deren Eigenschaften festgelegt und nicht beliebig sind. Andererseits kann die Wahrheit der geometrischen Axiome auch nicht durch zusätzliche terminologische Definitionen gezeigt werden, wie z.B. der Satz ‚Alle Körper sind ausgedehnt', wobei ‚Körper' bereits durch ‚Ausdehnung' definiert ist. Kant behauptet also, daß die geometrischen Axiome weder logische Tautologien im engeren noch analytische Wahrheiten im weiteren Sinne sind. Daß z.B. die gerade Linie zwischen zwei Punkten die kürzeste ist, kann – so Kants Argumentation – durch keine Zergliederung (Analyse) aus dem Begriff der geraden Linie geschlossen werden. Aus dem Begriff des Dreiecks folgt nicht, daß ihre Winkelsumme 180° ist. Kant sagt: „Anschauung muß also hier zu Hilfe genommen werden, vermittels derer allein die Synthesis möglich ist."[79)]

Erst die Konstruktionsregeln (Schemata) der Euklidischen Geraden, Winkel, Flächen, d.h. die Euklidischen Formen erzwingen nach Kant die Lehrsätze der Euklidischen Geometrie. Daß es sich um Euklidische Formen handelt, wird deutlich, wenn Kant sagt, daß geometrische Größen „nichts als Formen ins Unendliche zu vergrößern und zu verkleinern"[80)] sind. Hier ist offenbar das Wallissche Ähnlichkeitsprinzip Euklidischer Formen angesprochen. Der Satz über die Winkelsumme im Dreieck hängt in der Tat von diesem Kriterium Euklidischer Formen ab (vgl. 4.31). Da die geometrischen Sätze von den ‚Schemata' (Konstruktionsregeln) der Formen abhängen, nennt Kant sie ‚synthetisch'. Da diese ‚Schemata' von der Erfahrung unabhängig sind, ja räumliche Wahrnehmung erst ermöglichen, sind die geometrischen Sätze nach Kant auch ‚a priori'.[81)]
Für Hume waren die geometrischen Sätze zwar auch ‚synthetisch', da er nämlich zusätzliche Wahrnehmung von z.B. Geraden, Flächen etc. voraussetzte. Sie gelten aber ‚a posteriori', da sie von der Wahrnehmung abhängen – und nicht ‚a priori'. Für einen Empiristen sind also die Wahrheit von Sätzen wie z.B. „Planeten bewegen sich auf Ellipsenbahnen" und „Die Winkelsumme im Dreieck beträgt 180°" durch dieselben Kriterien zu entscheiden: Wahrnehmung, Beobachtung und Messung.

Die Mittelstellung, welche Kants Begründung der Geometrie zwischen Rationalismus und Empirismus einnimmt, spiegelt sich in seiner Urteilslehre wider: Die geometrischen Sätze sind nicht analytisch a priori, durch verstandesmäßige Begriffszergliederung zu begründen (wie die Rationalisten glauben). Sie sind aber auch nicht synthetisch a posteriori, durch Wahrnehmung und Beobachtungzu entscheiden. Sie sind synthetisch a priori, durch apriorische Formenkonstruktionen begründet. Dies ist der Kern der Geometriebegründung Kants. Die Brisanz seiner Doktrin für das 19. Jahrhundert besteht darin, daß er sowohl dem mathematischen Anschauungsraum als auch dem physikalischen Raum die Gesetze der Euklidischen Geometrie a priori vorschreibt.[82)]

Können wir uns die nicht-euklidischen Geometrien anschaulich nicht vorstellen? Sind die nicht-euklidischen Sätze nur analytisch in der ‚Formelwisenschaft' der Trigonometrie nachvollziehbar? Liegen unseren Wahrnehmungen immer die Gesetze der Euklidischen Geometrie zugrunde? Führen uns physikalische Messungen immer auf die Euklidischen Verhältnisse? Dies sind die Fragen, die während der stürmischen Entwicklung von Geometrie, Physik und Physiologie im 19. Jahrhundert an Kants Doktrin gestellt werden.

**Anmerkungen:**

[1] G. Eneström, Auf welche Weise hat Viète die analytische Geometrie vorbereitet, in: Bibliotheca Mathematica 3, XIV 1914, 354 f.
[2] R. Descartes, Regulae ad directionem ingenii (Übers., Hrsg. H. Springemeyer, L. Gäbe, H. G. Zekl, Hamburg 1973), R IV, 169 (in der Ausgabe Adam-Tannery 1908, 375)
[3] R. Descartes, Regulae, R XVIII, 8.
[4] R. Descartes, La Géométrie, in: Oeuvres de Descartes, publiées par C. Adam & P. Tannery, Paris 1965, VI, 367–485. Die Operationen werden eingeführt in: Livre I 369 f.. Vgl. auch G. Loria, Descartes géomètre, in: Etudes sur Descartes, Revue de Métaphysique et de Morale, XLIV 1937, 199–220
[5] R. Descartes, La Géométrie I, 371
[6] R. Descartes, La Géométrie I, 375
[7] R. Descartes, La Géométrie I, 379
[8] R.' Descartes, La Géométrie II, 390
[9] R' Descartes, La Géométrie II, 415, 421
[10] R. Descartes, La Géométrie III, 444 ff.
[11] R. Descartes, La Géométrie III, 470
[12] R. Descartes, La Géométrie II, 392–393
[13] R. Descartes, La Géométrie II, 390, 411
[14] P. de Fermat, Œuvres (Hrsg. P. Tannery & C. Henry) 4 Bde., Paris 1891–1922, I 121–123, III 112–113
[15] Descartes spricht in ‚La Géométrie II, 412' davon, daß eine Kurve nicht wie eine „Schnur" sein kann, die einmal gerade und einmal gekrümmt ist. Warum nicht? fragt sich da der heutige Mathematiker.
[16] Vgl. auch C. B. Boyer, A History of Mathematics, New York etc. 1960, 376
[17] R. Descartes, La Géométrie II, 413 ff.
[18] P. de Fermat, Œuvres (s. Anm. 14), lat. I 91–110, frz. III 85–101
[19] P. de Fermat, Methodus Disquirendam Maximam et Minimam, in: Œuvres (s. Anm. 14), I 133–179, III 121–156
[20] G. P. de Roberval, Traité des Indivisibles, in: Divers Ouvrages, Mémoires de l'Académie Royale des Sciences depuis 1666 jusqu'à 1699, VI Paris 1730, 1–478; dazu auch E. Walker, A Study of the Traité des Individisblesi of Gilles Persone de Roberval, New York 1932; vgl. auch zu Robervals Kräfteparallelogramm F. Hund, Geschichte der physikalischen Begriffe, Teil 1, Mannheim 1978, 120 f.; K. Mainzer, Mechanik, in: Historisches Wörterbuch der Philosophie, Bd. V Basel 1980
[21] G. Loria, Le ricerche inedite di Evangelista Toricelli sopra la curva logarithmica, in: Bibliotheca Mathematica 3, I 1900, 75–89
[22] s. Anm. 20; C. B. Boyer, History of Analytic Geometry, New York 1956, 135 f.
[23] Man erkennt sofort, daß die Fläche *OQBA* gleich der Fläche des erzeugenden Rades, also $\int_0^\pi (1 - \cos\varphi)\, d\varphi = \pi$ ist. Daher teilt diese Kurve das Rechteck *OABC* mit der Fläche $2\pi$ in zwei gleiche Hälften. Roberval gelingt unter dieser Voraussetzung die ‚Quadratur' der Zykloiden, deren Fläche $3/2\ \pi$ beträgt. Für die verwendete Parameterdarstellung vgl. die Ausführungen zu L. Euler in 4.13.
[24] Vgl. K. Mainzer, Huygens, C., in: Enzyklopädie Philosophie und Wissenschaftstheorie (Hrsg. J. Mittelstraß), Mannheim 1980, (dort auch weitere Literatur- u. Quellenangaben); ders., Mechanik, in: s. Anm. 20
[25] Entsprechende Abbildungen finden sich in Huygens ‚Horologium oscillatorium' von 1673, in: Œuvres complètes, 22 Bde. 1888–1950
[26] Vgl. K. Mainzer, Fluxion, in: s. Anm. 24
[27] Vgl. K. Mainzer, Bernoulli, Johann, in: s. Anm. 24; vgl. auch E. Mach, Die Mechanik – historisch-kritisch dargestellt, Leipzig [9]1933, repr. Darmstadt 1976, 413–414
[28] Zur Parameterdarstellung einer Kurve vgl. die Ausführung zu L. Euler in 4.13

[29] Die Existenz einer solchen Minimumlösung wurde von J. Bernoulli allerdings einfach angenommen und nicht streng bewiesen. Hier zeigt sich besonders, daß die heuristische Anschauung noch vor der begrifflichen Strenge geführt wird.
[30] I. Newton, Mathematische Prinzipien der Naturlehre (Hrsg. J. P. Wolfers), Berlin 1872, repr. Darmstadt 1963, III. Buch I, 397 f.
[31] J. l. R. D'Alembert, Discours préliminaire (1751), dt. E. Hirschberg, Leipzig 1912, 50–51
[32] Vgl. C. J. Scriba, Studien zur Mathematik des John Wallis (1616–1703), Wiesbaden 1966; A. Prag, John Wallis, in: Quellen u. Studien zur Geschichte der Mathematik, Astronomie u. Physik, B I Berlin 1931, 381–412
[33] J. Wallis, Operum mathematicorum, 2 Bde. Oxonii 1656–1657, II, 28; C. B. Boyer, History of Analytic Geometry, New York 1956, 110
[34] I. Newton, Enumeratio linearum tertii ordinis, in: Opuscula mathematica, philosophica et philologica, 3 Bde. Lausanne & Genevae 1744, Opusculum IV (Edita Londinii 1706); dazu auch W. W. R. Ball, On Newton's Classification of Cubic Curves, in: Proceedings of the London Mathematical Society, XXII 1890, 104–143
[35] Vgl. C. B. Boyer, Newton as an Originator of Polar Coordinates, in: American Mathematical Monthly 16 1949, 73–78
[36] Für $n = 2$ bestimmen also 5 Punkte eine Ellipse. Zur Falsifikation einer entsprechenden physikalischen Hypothese über die Ellipsenbahn eines Planeten wäre also eine 6. Beobachtungsaussage notwendig. Dazu auch K. R. Popper, Logik der Forschung, Tübingen [2] 1966, 92 ff.
[37] C. MacLaurin, Geometrica organica sive descriptio linearum curvarum universalis (1720). Dazu auch H. W. Turnbull, Colin MacLaurin, in: American Mathematical Monthly LIV 1947, 318–322; C. B. Boyer, s. Anm. 33, 162 f.
[38] I. Newton, Opera quae extant omnia (Hrsg. S. Horsley) 5 Bde. Londini, 1779 1785, I, 202
[39] I. Newton, Universal arithmetick, London 1769, 494–496
[40] Vgl. K. Mainzer, Bernoulli, Jakob; ders., Bernoulli, Johann, in: s. Anm. 24 (dort weitere Literatur- u. Quellenangaben.)
[41] Zur Geschichte des Funktionsbegriffs vgl. besonders C. Thiel, Grundlagenkrise und Grundlagenstreit, Meisenheim a. Gl. 1972, 77
[42] s. Anm. 40
[43] G. W. Leibniz, Math. Schr. (Hrsg. C. I. Gerhardt) Bd. V Halle 1858, repr. Hildesheim 1962, 309 f.
[44] Dazu J. Wallis, Treatise on algebra, both historical and practical, Oxford 1685, lat. in: Opera Mathematica, II, Oxford 1693; vgl. C. B. Boyer, s. Anm. 33, 124; weitere Vorschläge von Wallis in: Opera mathematica II, 23–42, 101–112
[45] A. Parent, Essais et recherches de mathématique et de physique, 3 Bde. Paris [2] 1713. Die Studie über Kugeloberflächen findet sich unter dem Titel ‚Des affections des superficies'. Für die analytische Geometrie räumlicher Körper vgl. besonders II, 181–200, 645–662, III 470–528. Ebenso M. Cantor, Vorlesungen über Geschichte der Mathematik, 4 Bde. Leipzig [3] 1907–1908, III, 417 f.
[46] Vgl. J. L. Coolidge, The Beginnings of Analytic Geometry in Three Dimensions, in: The Amer. Mathem. Monthly LV 1948, 76–86
[47] J. Hermann, De superficiebus ad aequationes locales revocatis, in: Commentarii Academiae Petropolitanae VI 1732–1733, 36–67
[48] Zur Orientierung im Werk von L. Euler vgl. z.B. G. Eneström, Verzeichnis der Schriften Leonard Eulers, in: Jahresbericht der Deutschen Mathematiker-Vereinigung, Ergänzungsbände, IV, 1910–1913; J. O. Fleckenstein, L'état actuel de l'edition des œuvres d'Euler, in: XI Congrès Intern. d'Histoire des Sciences, Warschau 1965; L. Euler, Opera omnia (Hrsg. F. Rudio u.a.), Leipzig/Lausanne 1911–
[49] A. C. Clairaut, Recherches sur les courbes à double courbure, Paris 1731
[50] J. l. R. D'Alembert, Géométrie, in: Encyclopédie ou Dictionnaire Raisonné des Sciences, des Arts et des Métiers (Hrsg. D. Diderot/J. l. R. D'Alembert), Bern/Lausanne

1779 Bd. XVI, 41–59; ders., Construction, in: e.d. Bd. IX 1779, 203–206; P. Janich/K. Mainzer, D'Alembert, in: s. Anm. 24.

[51] J. L. Lagrange, Mécanique analytique, Paris [1]1788, [2]1811, dt. Übers. H. Servus, Berlin 1887; vgl. E. Mach, Die Mechanik – historisch-kritisch dargestellt, Leipzig [9]1933, repr. Darmstadt 1976, 444 ff.

[52] J. L. Lagrange, Œuvres, 14 Bde. Paris 1867–1892, III 658–692

[53] J. L. Lagrange, e.d. III 661

[54] Vgl. auch L. de Launay, Un grand francais. Monge. Fondateur de l'école polytechnique, Paris 1933; N. Nielsen, Géomètres francais sous la Révolution, Kopenhagen 1927

[55] G. Monge, Mémoire sur les developpées, les rayons de courbure, et les différens genres d'inflexions des courbes à double courbure, in: Mém. de math. et de physique, présentés à l'Academie Royale des Sciences X 1785, 511–550; ders., Mémoires sur la théorie des déblais et des remblais, in: e.d. 1784, 666–704; ders., Feuilles d'Analyse, Paris [1]1975; ders., Application de l'analyse à la géométrie, Paris [1]1807, [3]1850; ders. mit J. N. P. Hachette, Application de l'analyse à la géométrie, traité des surfaces du second degré, Paris [3]1813

[56] S. F. Lacroix, Cours de mathématique IV, Traité élémentaire de trigonométrie rectilique et sphérique et application de l'algèbre à la géométrie, Paris 1798–1799

[57] Vgl. G. Loria, Storia della geometria descrittiva, Mailand 1921; vgl. auch die ältere Darstellung von F. J. Obenrauch, Geschichte der darstellenden und projektiven Geometrie, Brünn 1897

[58] Vgl. Journal de l'École Polytechnique, cahiers 1–2, 1795–1796

[59] Vgl. W. H. Roever, The Mongean Method of Descriptive Geometry, New York 1933

[60] Vgl. H. Carnot, Mémoires sur Carnot par son fils, 2 Bde. Paris 1861–1863; S. J. Watson, Carnot, London 1954; C. C. Gillispie, Lazare Carnot, Princeton 1971

[61] L. M. N. Carnot, Geometrie der Stellung (dt. H. C. Schuhmacher), Altona 1810

[62] Vgl. C. B. Boyer, A History of Mathematics, New York 1968, 528

[63] Vgl. G. Friedlein (Hrsg.), Procli Diadochi in primum Euclidis elementorum librum commentarii, Leipzig 1873, dt. übers. L. Schönberger, Hrsg. M. Steck, Halle a. S. 1945

[64] J. Wallis, De Postulato Quinto et Definitione Quinta, lib. 6 Euclidis, disceptatio geometrica, in: Opera Mathematica (s. Anm. 44) II, 669–678; F. Engel/P. Stäckel (Hrsg.), Theorie der Parallellinien von Euklid bis auf Gauß, Leipzig 1895, 21–36

[65] s. Anm. 64; R. Bonola/H. Liebmann, Die nicht-euklidische Geometrie. Historisch-kritische Darstellung ihrer Entwicklung, Leipzig/Berlin [3]1921, § 6

[66] Vgl. D. E. Smith, Euklid, Omar Khayyam, and Saccheri, in: Scripta Mathematica 3 1935, 5–10

[67] G. Saccheri, Euklides ab omni naevo vindicatus: sive conatus geometricus quo stabiliuntur prima ipsa universae Geometriae Principia, Mailand 1733; vgl. auch Bonola/Liebmann, s. Anm. 65, § 11–17

[68] J. H. Lambert, Theorie der Parallellinien, in: Magazin für reine und angewandte Mathematik1786, 137–164 (2. Stück), 325–358 (3. Stück); vgl. Engel/Stäckel (Hrsg.), s. Anm. 64, 135–208

[69] Vgl. auch B. A. Rosenfeld/A. P. Juschkewitsch, The prehistory of non Euclidean Geometry in the Medieval-East, in: XXV. Intern. Congr. of Orientalists, Moskau 1960; A. P. Juschkewitsch, Geschichte der Mathematik im Mittelalter, Leipzig 1964; C. B. Boyer, A History of Mathematics, New York 1968, 266

[70] Vgl. auch R. Bonola/H. Liebmann, s. Anm. 65, § 21–22

[71] Die Idee zur Abb. 4.40 findet sich in einem Brief von Gauß an Schumacher (s. Anm. 72); vgl. auch C. Lanczos, Space through the Ages, London etc. 1970, 70

[72] Brief von Gauß an Schumacher, Göttingen, den 12. Julius 1831, in: P. Stäckel/F. Engel (Hrsg.), s. Anm. 64; wiederabgedruckt in: O. Becker, Grundlagen der Mathematik in geschichtlicher Entwicklung, Frankfurt [2]1975, 180 f.

[73] F. Kaulbach, Immanuel Kant, Berlin 1969; K. Mainzer, Der Raum im Anschluß an Kant, in: Perspektiven der Philosophie, Neues Jahrbuch Bd. 4 1978, 161–175; H. Freudenthal, Le développement de la notion d'espace depuis Kant, in: Revue francaise des sciences et des techniques Nr. 3 1959, 3–13

[74] J. Locke, An Essay Concerning Human Understanding, 2 Bde. (Hrsg. A. Campbell Fraser), Oxford 1894, I 155 f., 148, 152 f., 155 f., 219 ff.
[75] D. Hume, A Treatise of Human Nature (Hrsg. E. Campbell Mossner), London 1969, 83 ff. Zur Stellung der Geometrie gegenüber Arithmetik und Algebra, e.d. 118–119
[76] I. Kant, Kritik der reinen Vernunft B 38
[77] I. Kant, e.d. B 180; vgl. auch K. Mainzer, Der Konstruktionsbegriff in der Mathematik, in: Philosophia Naturalis Bd. 12 Heft 4 1970, 367–412
[78] I. Kant, e.d. B 154
[79] I. Kant, e.d. B 16
[80] I. Kant, Reflexion 6420 (Akademie Ausg.)
[81] I. Kant, Kritik der reinen Vernunft B 204
[82] In B 206 heißt es: „Die empirische Anschauung ist nur durch die reine (des Raumes und der Zeit) möglich; was also der Geometer von dieser sagt, gilt ohne Widerrede von jener , . . . “

# 5. Geometrie des 19. Jahrhunderts

Fassen wir die bisherige Entwicklung zusammen: Die Sätze der griechischen Geometrie behaupten Eigenschaften von geometrischen Figuren. Ihre Konstruktion (Synthesis) ist nach Euklid logisch-deduktiv aus den geometrischen Axiomen zu rechtfertigen. In diesem Sinne ist die antike Geometrie eine synthetische Theorie. Seit der Algebraisierung der Geometrie durch Descartes und Fermat treten an die Stelle von Aussagen über Figuren zunehmend solche über Gleichungen und Funktionen. Die Existenz von z.B. Schnittpunkten, Strecken etc. drückt sich als Lösung von Gleichungssystemen aus. Solche Lösungen werden durch die Rechenverfahren der Algebra und Arithmetik gefunden: An die Stelle der logischen Deduktion aus Axiomen (Synthese) tritt also die ‚Analyse' der algebraischen Methode. Unter analytischer Methode werden nach Leibniz, Bernoulli, Euler u.a. neben den algebraischen Verfahren auch die Verfahren der Infinitesimalrechnung verstanden. Der synthetischen Geometrie Euklids und der synthetischen Mechanik Newtons treten Ende des 18. Jahrhunderts die analytische Geometrie Monge's, Lacroix' u.a. und die analytische Mechanik Lagrange's zur Seite. Dabei vertreten Lagrange und Monge bereits den Standpunkt, wonach die Formeln der analytischen Geometrie keiner Rechtfertigung durch Figurenkonstruktionen bedürfen, sondern durch die analytischen Verfahren alleine gerechtfertigt sind. Figurenkonstruktionen werden Thema eines besonderen Zweiges der Mathematik – der darstellenden Geometrie.

Die darstellende Geometrie Monge's betont den synthetischen Standpunkt und führt mit einigen Projektionsproblemen früherer Jahrhunderte zur Ausbildung der projektiven Geometrie Poncelet's, die in Deutschland besonders von Steiner und Staudt ausgebaut wurde. Ihre einseitige Ausrichtung am synthetischen Standpunkt ergibt jedoch bald eine Komplizierung der Beweisführung, die durch Julius Plückers analytische Methoden eleganter und kürzer erledigt werden. Plückers Methoden tragen zudem zu einer bedeutenden Weiterentwicklung der analytischen Geometrie bei (5.1). Erste philosophische Überlegungen über beliebig dimensionale Räume bei Herbart regen Hermann Graßmann zu seinen Untersuchungen *n*-dimensionaler „Ausdehnungen" an, die zusammen mit Cayleys Untersuchungen wesentlich auf die Entwicklung der linearen Algebra und Vektorgeometrie einwirken (5.2). Gaußens Beschäftigung mit nicht-euklidischer Geometrie und seine Weiterentwicklung der Eulerschen Kurven- und Flächentheorie führt schließlich zu seiner Differentialgeometrie 2-dimensionaler Flächen, die von Riemann für *n*-dimensionale „Mannigfaltigkeiten" verallgemeinert wird (5.3). Die Frage nach der Geometrie des physikalisch wirklichen Raumes, die sich angesichts der Vielfalt geometrischer Theorien im 19. Jahrhundert stellt, wird besonders von Hermann von Helmholtz aufgegriffen, der die philosophische Lösung Kants unter dem Gesichtspunkt der nicht-euklidischen Geometrien und neuerer physiologischer Forschung revidiert. Mathematisch wird sein Begriff der Bewegungsgruppe von S. Lie präzisiert und später von Hilbert u.a. fortgesetzt (5.4). Die Entwicklung der Topologie wird auch im 19. Jahrhundert eingeleitet, nachdem bereits Ansätze bei Polyederuntersuchungen der synthetischen Geometrie vorlagen, und führt im Bündnis mit Cantors Mengenlehre zum grundlegenden Begriff des topologischen Raumes (5.5). Kleins *Erlanger Programm* liefert schließlich mit dem Begriff der geometrischen Transformationsgruppe eine Möglichkeit, die verschiedenen Forschungsrichtungen des 19. Jahrhunderts in einer Hierarchie geometrischer Theorien zu ordnen (5.6).[1)]

## 5.1 Projektive Geometrie

Projektionsprobleme werden in der Geometrie spätestens seit Pappos und Ptolemaios behandelt. In der technischen Geometrie der Neuzeit finden sie Anwendung bei Künstlern und Ingenieuren. J. Keplers Stetigkeitsprinzip zur projektiven Erzeugung von Kegelschnitten fand vor allem in einer Untersuchung des französischen Architekten R. Desargues von 1639 Anwendung.[2)] In seinem Schüler P. de la Hire (1640–1718) und B. Pascal (1623–1662) fand Desargues die einzigen bedeutenden Mathematiker seiner Zeit, die sich für seine rein synthetisch orientierte Untersuchung, die zudem in einer ungewöhnlichen Terminologie verfaßt war, interessierten. Erst der französische Mathematiker M. Chasles (1793–1880) entdeckte 1845 das synthetisch-projektive Erbe von la Hire und Desargues wieder, nachdem bereits 1822 G. Monge's Schüler J. Poncelet seine grundlegende Arbeit zur projektiven Geometrie vorgelegt hatte.

In Deutschland ist G. W. Leibniz mit seiner Schrift *Über das Kontinuitätsprinzip* von 1687 zu erwähnen[3)], in der er invariante Eigenschaften von Zentralprojektionen bespricht. In der Philosophie und Pädagogik finden sich um die Jahrhundertwende deutschsprachige Autoren, die an der synthetischen Geometrie interessiert sind. 1802 veröffentlicht der Nachfolger auf Kants Königsberger Lehrstuhl J. F. Herbart (1776–1841) eine Schrift *Pestalozzi's Idee eines ABC der Anschauung untersucht und wissenschaftlich ausgeführt*[4)], in der er Pestalozzis pädagogische Anleitungen zur Schulung der Anschauung[5)] mit Kants philosophischer Anschauungslehre für den Geometrieunterricht auszuwerten versucht. Während sich Pestalozzi um die Entstehung von Raumerlebnissen bei Kindern bemüht, geht es Herbart bereits darum, „daß die Kinder gewöhnt werden, auch bei Flächen, Größe und Gestalt in Gedanken zu trennen; die vorliegenden Zeichnungen sich als bloße Sinnbilder größerer oder kleinerer Gegenstände vorzustellen; die Form als eine Abänderung anderer Formen zu denken, und die Zahlen, welche die verschiedenen Formen zu unterscheiden dienen, als bloße Verhältnisbegriffe zu erkennen."[6)]

Daß die synthetische Geometrie nicht zwangsläufig mit einer solchen an Rousseau und Pestalozzi orientierten harmonischen Persönlichkeitsbildung verbunden sein muß, zeigt die École Polytechnique, an der synthetische Geometrie seit G. Monge's Gründung in der Revolutionszeit unterrichtet wurde und die sich unter Napoleon zu einer Eliteschule für Führungskräfte der französischen Nation entwickelte: „Alle Mittel der Strenge, der Anstachelung des Ehrgeizes, der glänzenden Lebensaussicht werden hier herangezogen, um die Kräfte aufs Äußerste zu entfalten. Die Kenntnisse werden bis zur wirklichen Beherrschung des Stoffes in die Köpfe hineingetrieben."[7] Auch J. V. Poncelet, der 1822 mit seinem *Traité des propriétés projectives des figures*[8] die Entwicklung der projektiven Geometrie im 19. Jahrhundert auslöste, ist als Schüler Monge's und Offizier Napoleons ein Resultat dieser Ausbildung.

## 5.11 Grundbegriffe

Die Grundbegriffe der Zentral- und Parallelprojektion gehen bis auf die Antike zurück. Seien $\varepsilon$ und $\varepsilon'$ zwei beliebige Ebenen im Raum und $O$ ein beliebiger Punkt, der nicht auf $\varepsilon$ oder $\varepsilon'$ liegt. Eine Zentralprojektion von $\varepsilon$ auf $\varepsilon'$ mit $O$ als Projektionszentrum führt man durch, indem man als Bild jedes Punktes $P$ von $\varepsilon$ den Punkt $P'$ auf $\varepsilon'$ definiert, der mit $P$ auf derselben Geraden durch $O$ liegt. Von einer Parallelprojektion wird gesprochen, wenn alle projizierenden Geraden parallel laufen. Die Projektion einer Geraden $g$ in $\varepsilon$ auf die Gerade $g'$ in $\varepsilon'$ von einem Punkt $O$ aus wird entsprechend definiert:[9]

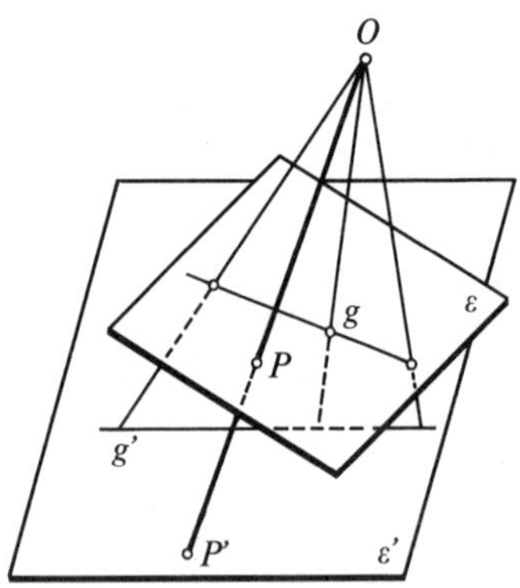


Abb. 5.1

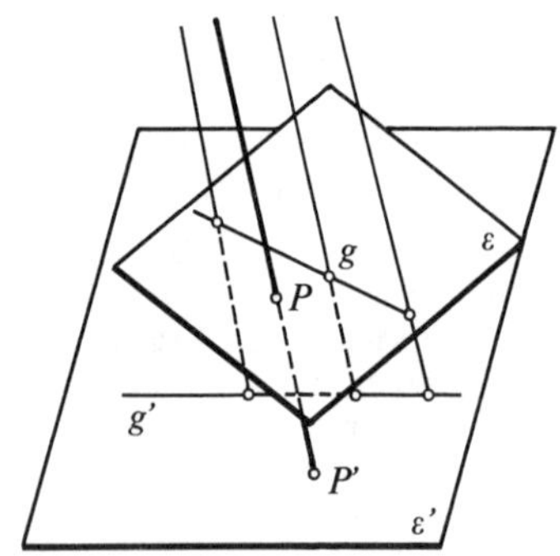


Abb. 5.2

Jede Abbildung einer Figur auf eine andere durch Zentral- und Parallelprojektion oder durch eine endliche Folge von Projektionen heißt eine projektive Transformation. Die projektive Geometrie der Ebene oder der Gerade besteht aus der Gesamtheit derjenigen Sätze, die bei beliebigen projektiven Transformationen der Figuren, auf die sie sich beziehen, ungeändert gültig bleiben. Im Unterschied dazu besteht die metrische Geometrie aus dem System derjenigen Sätze, die sich auf die Größen von Figuren beziehen und nur bei starren Bewegungen invariant bleiben.

Einfache projektive Eigenschaften sind die folgenden:

(1) *Ein Punkt (eine Gerade) wird bei der Projektion in einen Punkt (eine Gerade) überführt.*

(2) *Die Inzidenz eines Punktes und einer Geraden ist invariant gegenüber projektiven Transformationen, d.h. liegt $A$ auf $g$, so liegt nach der Projektion auch $A'$ auf $g'$.*

(3) *Die Kollinearität ist invariant gegenüber projektiven Transformationen, d.h. liegen drei oder mehr Punkte auf einer Geraden, so liegen auch ihre Bilder auf ihrer Geraden.*

(4) *Die Konkurrenz von Geraden ist invariant gegenüber projektiven Transformationen, d.h. schneiden sich drei oder mehr Geraden in einer Ebene, so schneiden sich auch ihre Bilder etc.*

Demgegenüber werden im allgemeinen die Maße von Längen und Winkeln und die Verhältnisse solcher Größen bei Projektionen verändert. So können gleichschenklige und gleichseitige Dreiecke durch Projektionen in Dreiecke mit verschiedenen Seitengrößen und Seitenproportionen übergehen. Also bleibt die Dreiecksgestalt erhalten, und damit ist der Begriff ‚Dreieck' projektiv, während die Begriffe ‚gleichseitiges' oder ‚gleichschenkliges' Dreieck nicht projektiv sind und der metrischen Geometrie angehören.

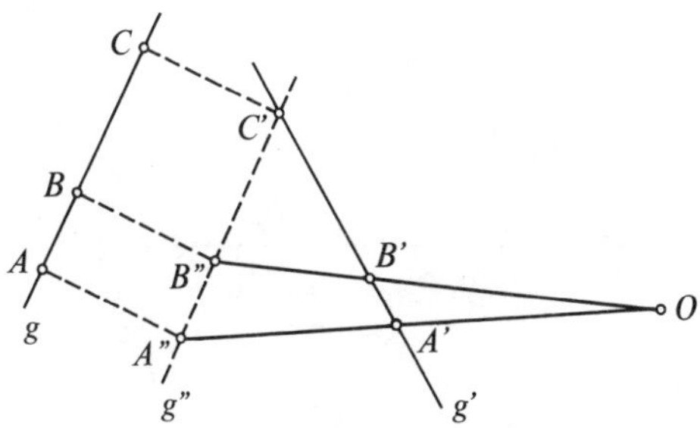


Abb. 5.3

Daß auch die Proportion zweier Strecken $AB$ und $BC$ im allgemeinen keine projektive Eigenschaft ist, macht man sich leicht durch folgende Überlegung klar: Drei Punkten $A, B, C$ auf einer Geraden $g$ lassen sich nämlich immer drei beliebige andere Punkte $A', B', C'$ auf einer anderen Geraden $g'$ projektiv zuordnen (also insbesondere solche mit $AB : BC = A'B' : B'C'$). Dazu drehe man $g'$ um $C'$, bis diese Gerade parallel zu $g$ liegt (Abb. 5.3). Auf dieser zu $g$ parallelen Geraden $g''$ werden durch Parallelprojektionen $A''$ und $B''$ abgetragen. Da sich die Verlängerungen von $B'B''$ und $A'A''$ in $O$ schneiden (sonst fällt $g'$ mit $g''$ zusammen und es liegt Parallelprojektion vor), wird $g'$ auf $g''$ zentral projiziert. Projiziert man demgegenüber 4 Punkte $A', B', C', D'$ in $g'$ auf $A, B, C, D$ in $g$ (Abb. 5.4), so bleibt ihr Doppelverhältnis unverändert: $\frac{CA}{CB} : \frac{DA}{DB} = \frac{C'A'}{C'B'} : \frac{D'A'}{D'B'}$.

Der Beweis läßt sich mit elementaren Mitteln der Geometrie führen. Das Doppelverhältnis ist also ein Verhältnis von Verhältnissen von Strecken, das sich auch auf Geraden und Ebenen übertragen läßt. Poncelet's entscheidende Erkenntnis besteht darin, die Invarianz des Doppelverhältnisses für die projektive Geometrie an die Stelle der Invarianz der Streckenlänge in der metrischen Geometrie treten zu lassen.

Ein weiterer wichtiger Schritt Poncelet's besteht darin, eine schon von Desargues nahegelegte Begriffsrevision für die klassische Unterscheidung von Zentral- und Parallelprojektion vorzunehmen. So wie schneidende Geraden genau einem Punkt (dem Schnittpunkt) zugeordnet werden, ordnet Poncelet parallele Geraden genau einem Punkt (ihrem ‚unendlich fern liegenden Schnittpunkt') zu. Intuitiv entspricht diese Begriffsbildung den Vorgängen in unserem Sehraum, in dem sich z.B. auch parallel liegende Eisenbahnschienen von unserem Blickpunkt aus in ‚unendlicher Ferne' zu schneiden scheinen. Mathematisch müssen die unendlich fernen Punkte so definiert werden, daß für sie alle Regeln wie für die gewöhnlichen Punkte gelten. So wird zwei parallelen Geraden genau ein unendlich ferner Punkt zugeordnet, da sonst zwei Punkte nicht mehr genau eine Gerade festlegen: Hätten nämlich zwei Parallelen zwei unendlich ferne Punkte als Schnittpunkte, dann würde durch diese beiden Punkte mehr als eine Gerade gehen.

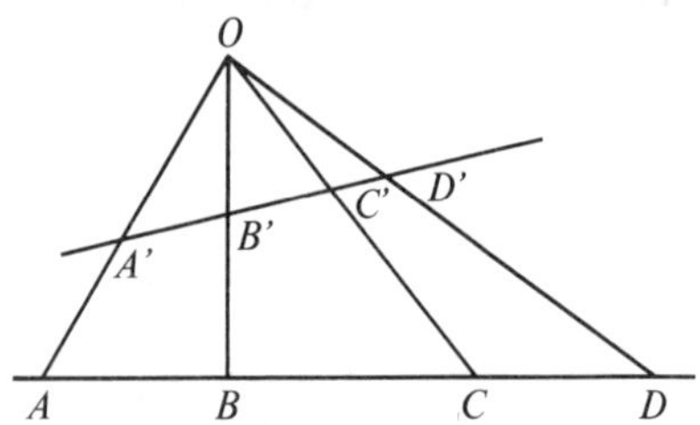


Abb. 5.4

Ebenso läßt sich den gewöhnlichen Geraden der Ebene eine einzige ‚unendlich ferne Gerade' zuordnen, die alle unendlich fernen Punkte der Ebene und keine anderen Punkte enthält. Zunächst soll diese Begriffsbildung als formal verträglich mit den bisherigen Begriffsbildungen nachgewiesen werden:

(1) *Die Begriffsbildung der ‚neuen' Geraden ist notwendig, da durch zwei beliebige unendlich ferne Punkte keine gewöhnliche Gerade laufen kann wegen unserer Voraussetzung, daß einer gewöhnlichen Geraden nur ein unendlich ferner Punkt zugeordnet werden kann.*

(2) *Die ‚neue' Gerade kann keine gewöhnlichen Punkte enthalten, da ein gewöhnlicher Punkt und ein unendlich ferner Punkt eine gewöhnliche Gerade bestimmen.*

(3) *Die ‚neue' Gerade enthält alle unendlich fernen Punkte, da sie mit jeder gewöhnlichen Geraden einen Punkt enthalten soll.*

Geometrisch läßt sich die Begriffsbildung der unendlich fernen Geraden wie folgt veranschaulichen: Projiziert man eine Ebene $\varepsilon$ von einem Punkt $O$ aus auf eine Ebene $\varepsilon'$, so ordnet diese Projektion jedem Punkt $A$ von $\varepsilon$ genau einen gewöhnlichen Punkt $A'$ von $\varepsilon'$ zu mit Ausnahme derjenigen Punkte $A$ von $\varepsilon$, die mit $O$ eine Parallele zu $\varepsilon'$ bilden, da der Projektionsstrahl $AO$ die Ebene $\varepsilon'$ nicht schneidet (Abb. 5.5). Durch Einführung der unendlich fernen Punkte erledigen sich diese Ausnahmen, da nun dem Punkt $A$ der unendlich ferne Punkt von $AO$ zugeordnet wird. Die Gerade $g$, die alle auszunehmenden Punkte enthält, wird der unendlich fernen Geraden zugeordnet. Parallelen von $\varepsilon'$ schneiden sich nach Projektion auf $\varepsilon$ tatsächlich in der Geraden $g$, der Projektion der unendlich fernen Geraden.

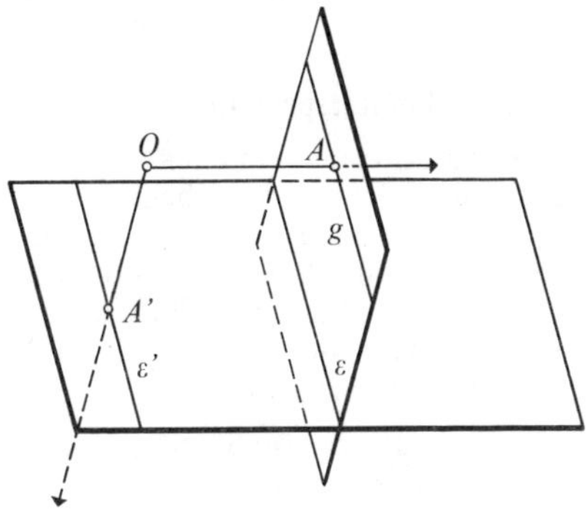


Abb. 5.5

So wie Punkte um unendlich ferne Punkte und Geraden um unendlich ferne Geraden erweitert werden, läßt sich in der Geometrie des Raumes als neues Element die unendlich ferne Ebene hinzufügen, die alle unendlich fernen Punkte und Geraden enthält.

Ein weiterer Fortschritt Poncelet's besteht in seiner Hervorhebung des Stetigkeitsprinzips. Bereits Leibniz hatte in dem erwähnten Aufsatz von 1687 am Beispiel der Kegelschnittlehre den Gedanken geäußert, daß der Beweis für eine Kegelschnitteigenschaft gemäß dem Stetigkeitsprinzip auf die Klasse aller Kegelschnitte übertragen werden kann: „Auf diese Weise läßt sich einer der Hauptsätze der Lehre von den Kegelschnitten ohne Umschweife und ohne Aufwand von Figuren, durch bloße geistige Anschauung – auch nicht, wie sonst, für jeden Kegelschnitt besonders, sondern allgemein – erweisen.“[10] Ganz analog äußert sich auch Poncelet: „Betrachten wir irgendeine Figur in einer allgemeinen, in gewissem Sinne unbestimmten Lage, wie die Figur sie einnehmen kann, ohne die Gesetze, die Bedingungen, die Verbindungen zu verletzen, die zwischen den verschiedenen Teilen des Systems bestehen (das durch die Figur ihrer Definition gemäß gegeben ist); nehmen wir an, daß wir bei diesen Angaben eine oder mehrere Beziehungen oder Eigenschaften der Figur, gleichviel ob metrische oder projektive, gefunden haben. Wenn man nun bei denselben Angaben die ursprüngliche Figur beliebig wenig verändert, oder, wenn man für gewisse Teile dieser Figur eine stetige, sonst aber beliebige Bewegung zuläßt, ist es dann nicht ganz klar, daß dieselben Eigenschaften und Beziehungen, die für das erste System galten, auch für die verschiedenen, aus dem gegebenen System in dieser Weise hervorgehenden neuen Systeme anwendbar bleiben?“[11]

Nach dieser Einführung der Grundbegriffe lassen sich folgende Axiome der Inzidenz für alle Punkte, Geraden und Ebenen der projektiven Geometrie festhalten:

(1) *Zwei Ebenen bestimmen eine und nur eine Gerade; drei Ebenen, die nicht durch eine Gerade gehen, bestimmen einen und nur einen Punkt.*

(2) *Zwei sich schneidende Geraden bestimmen einen und nur einen Punkt und eine und nur eine Ebene.*

(3) *Zwei Punkte bestimmen eine und nur eine Gerade; drei Punkte, die nicht in einer Geraden liegen, bestimmen eine und nur eine Ebene.*

## 5.12 Konfigurationen und Dualitätsprinzip

Unter einer ebenen Konfiguration[12] verstehen wir im folgenden ein System von $p$ Punkten und $g$ Geraden, die in einer Ebene liegen, so daß jeder Punkt des Systems mit der gleichen Anzahl $n$ von Geraden des Systems inzident ist und daß umgekehrt jede Gerade des Systems mit der gleichen Anzahl $m$ von Punkten des Systems inzident ist. Für einige Beispiele solcher Konfigurationen sei im folgenden demonstriert, welche erheblichen Vereinfachungen die neuen projektiven Grundbegriffe bringen.

Wir betrachten zunächst Spezialfälle von Sätzen, die auf B. Pascal[13] und C. J. Brianchon (1785–1864)[14] zurückgehen.

**Satz von Pascal** (Spezialfall):[15] *Wenn die Ecken eines Sechsecks abwechselnd auf je einer von einem Paar sich schneidender Geraden liegen, dann liegen die drei Schnittpunkte A, B, C von gegenüberliegenden Seiten auf einer Geraden (d.h. sind kollinear).*

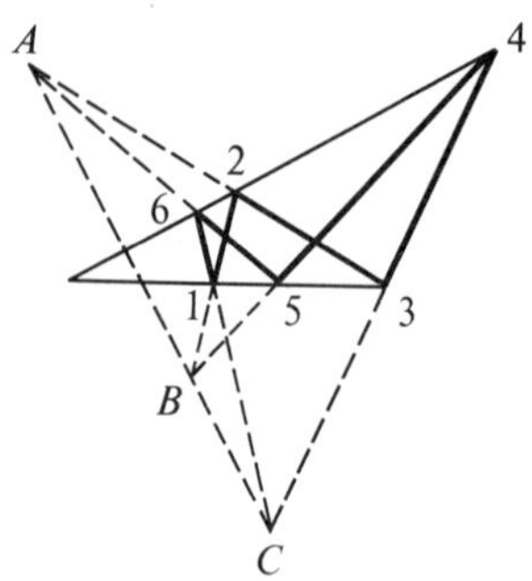


Abb. 5.6

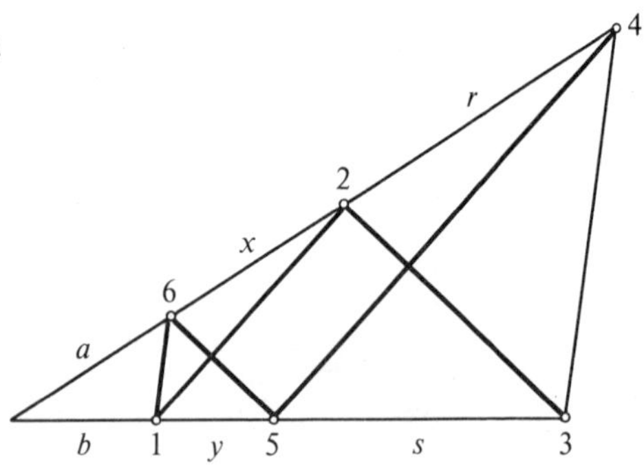


Abb. 5.7

*Beweis:*
Durch Projektion lassen sich $A$ und $B$ in Abb. 5.6 zu unendlich fernen Punkten machen. Gemäß dem Stetigkeitsprinzip genügt es dann zu zeigen, daß in Abb. 5.7 auch $C$ unendlich fern ist, d.h. wenn $23 \parallel 56$ und $12 \parallel 45$, dann $16 \parallel 34$:

$$\text{Wegen } \frac{a}{a+x} = \frac{b+y}{b+y+s} \quad \text{und} \quad \frac{b}{b+y} = \frac{a+x}{a+x+r}$$

$$\text{folgt } \frac{a}{b} = \frac{a+x+r}{b+y+s}, \quad \text{d.h.} \quad 16 \parallel 34.$$

**Satz von Brianchon** (Spezialfall): *Wenn die Seiten eines Sechsecks abwechselnd durch zwei feste Punkte A und B gehen, dann schneiden sich die drei Diagonalen, welche gegenüberliegende Ecken des Sechsecks verbinden (d.h. sind konkurrent).*

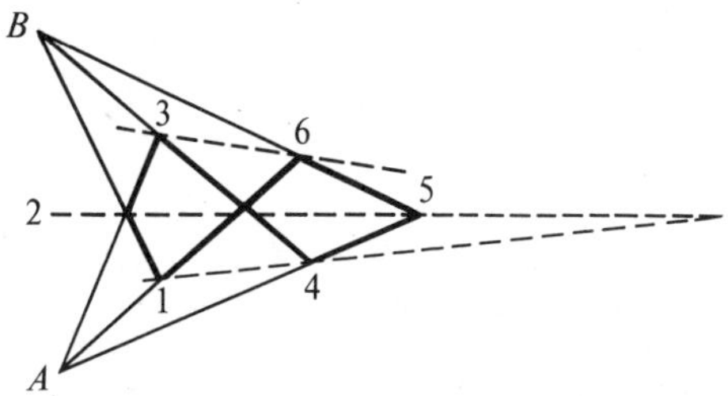


Abb. 5.8

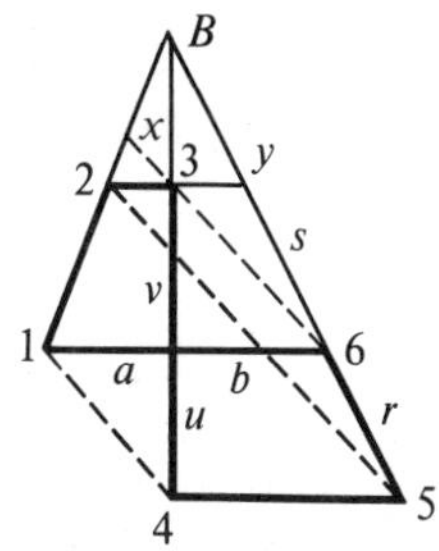


Abb. 5.9

*Beweis:*
Durch Projektion lassen sich *A* und ein Schnittpunkt von zwei der Diagonalen (z.B. 14 und 36) in Abb. 5.8 zu unendlich fernen Punkten machen. Gemäß dem Stetigkeitsprinzip genügt es dann zu zeigen, daß in Abb. 5.9 auch der andere Schnittpunkt der Diagonalen (also von 36 und 25) unendlich fern ist, d.h. wenn 14 ‖ 36, dann 36 ‖ 25:

Wegen 14 ‖ 36 gilt: $a : b = u : v$
Es gilt $x : y = a : b$ und $u : v = r : s$
Also $x : y = r : s$, d.h. 36 ‖ 25 .

Typisch für die projektive Geometrie ist die gemeinsame Struktur beider Sätze. Ersetzt man nämlich im Pascalschen Satz duale Grundbegriffe wie ‚Ecke' (also ‚Punkte') durch ‚Seite' (also ‚Gerade'), ‚schneiden die Geraden' durch ‚Verbinden von Punkten' etc., so erhält man den Satz von Brianchon und umgekehrt. Zwei Sätze sind dual, wenn einer dadurch in den anderen übergeht, daß alle Grundbegriffe durch ihr duales Gegenstück ersetzt werden. Hätte also bereits Pascal dieses Prinzip erkannt, so hätte die Geometriegeschichte nicht 166 Jahre bis zum Satz von Brianchon (1806) zu warten brauchen. Das Prinzip der dualen Sprache gilt auch für die räumliche projektive Geometrie, wobei dort die Begriffe ‚Punkt' und ‚Ebene' zu vertauschen sind. Dabei bleiben die Inzidenzaxiome aus 5.11 unverändert.

Das ebene und räumliche Dualitätsprinzip erwies sich als mächtiges Instrument zur Entdeckung neuer geometrischer Sätze. Das sei am Beispiel der auf Desargues zurückgehenden Konfiguration demonstriert. Der Desarguessche Satz[16] lautet: Es seien drei Punktpaare $AA'$, $BB'$, $CC'$ gegeben, so daß die Verbindungslinien jedes Paares durch einen Punkt gehen. Dann müssen die drei Schnittpunkte der Geraden $AB$ und $A'B'$, $BC$ und $B'C'$, $CA$ und $C'A'$ auf einer Geraden liegen. Die so entstehenden Dreiecke werden als allgemein im Raum liegend aufgefaßt (Abb. 5.10):

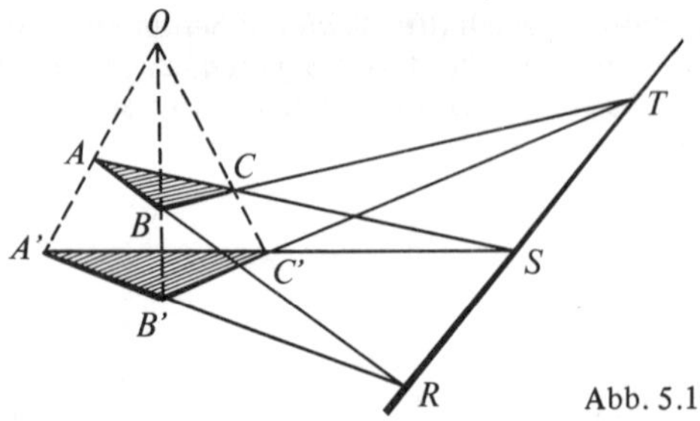


Abb. 5.10

Wendet man das ebene Dualitätsprinzip an, d.h. vertauscht man ‚Punkt' mit ‚Gerade', ergibt sich die Umkehrung des Desarguesschen Satzes für den Fall, daß beide Dreiecke auf einer Ebene liegen: Es seien drei Geradenpaare $aa'$, $bb'$, $cc'$ gegeben, so daß die Schnittpunkte jeden Paares auf einer Geraden liegen. Dann müssen die drei Verbindungslinien der Punkte $(ab)$ und $(a'b')$, $(bc)$ und $(b'c')$, $(ca)$ und $(c'a')$ durch einen Punkt gehen. Die Anwendung des räumlichen Dualitätsprinzips ergibt: Es seien drei Ebenenpaare $\alpha\alpha'$, $\beta\beta'$, $\gamma\gamma'$ gegeben, so daß die Schnittgeraden jedes Paares in einer Ebene liegen. Dann müssen die drei Verbindungsebenen der Geraden $(\alpha\beta)$ und $(\alpha'\beta')$, $(\beta\gamma)$ und $(\beta'\gamma')$, $(\gamma\alpha)$ und $(\gamma'\alpha')$ durch eine Gerade gehen. An die Stelle zweier Dreiecke treten also hier zwei räumliche Ecken, die von den Ebenen $\alpha$, $\beta$, $\gamma$ und $\alpha'$, $\beta'$, $\gamma'$ gebildet werden (Abb. 5.11):

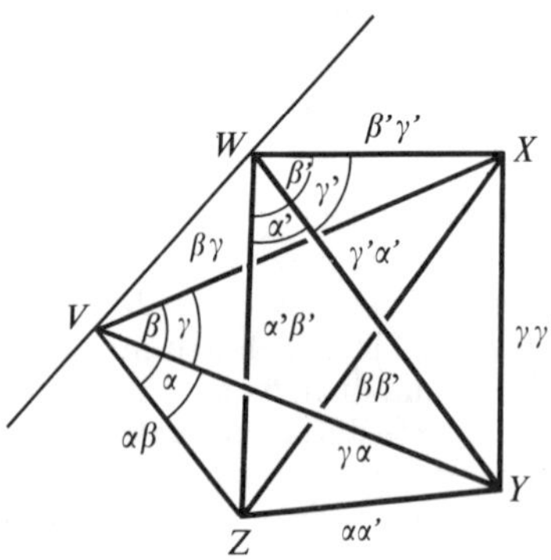


Abb. 5.11

## 5.13 Projektive Erzeugung von Kurven und Flächen

Die projektive Geometrie konnte nur dann ein Gegengewicht zur analytischen Geometrie bilden, wenn die Kurven- und Flächentheorie mit rein projektiven Mitteln – ohne Rückgriff auf metrische Voraussetzungen wie in 4.1 – eingeführt werden konnte. Darum bemühten sich besonders J. Steiner (1796–1863) und M. Chasles, der sich zudem mit seinem *Aperçu historique sur l'origine et le développement des méthodes en géométrie*[17]) von 1837 als bedeutender Geometriehistoriker erwies.

Seine erste Ausbildung erhielt Steiner an Pestalozzis pädagogischem Institut zu Iferten, das er 1818 verließ, um sich durch private Stunden seinen Unterhalt verdienend als Autodidakt die französische Geometrie anzueignen. Da in Berliner ministerialen Kreisen ein Interesse an der Pestalozzischen Methode bestand, ging Steiner nach Berlin, wo ihm Wilhelm von Humboldt (dessen Sohn er unterrichtete) zum Aufstieg verhalf. 1834 wurde Steiner im Zusammenhang mit den Berliner Bestrebungen für eine polytechnische Schule nach französischem Vorbild Hochschullehrer an der Berliner Universität und Mitglied der Akademie.[18)] Dieser nach den Worten von Felix Klein „führende Geist und bedeutende Universitätslehrer“[19)] dokumentiert den Einfluß der auf Anschauung gerichteten neuen Pädagogik von Pestalozzi und Herbart bis in seine mathematische Begriffsbildung. In seinem Hauptwerk *Systematische Entwicklung der Abhängigkeit geometrischer Gestalten voneinander* (1832) heißt es: „Gegenwärtige Schrift versucht, den Organismus aufzudecken, durch welchen die verschiedenartigen Erscheinungen in der Raumwelt miteinander verbunden sind ... Es tritt Ordnung in das Chaos ein und man sieht, wie alle Teile naturgemäß ineinandergreifen, und Verwandte zu wohlbegrenzten Gruppen sich vereinigen.“[20)]

Steiner geht von projektiven „Grundgebilden“[21)] der Ebene und des Raumes wie Gerade, Ebene, Strahlenbündel, Ebenenbündel etc. aus, um sie projektiv aufeinander zu beziehen und so Kurven und Flächen zu erzeugen. Zunächst sei eine projektive Zuordnung zwischen den Punkten zweier Geraden $g'$ und $g''$ definiert: Faßt man $g'$ und $g''$ als die projektiven Bilder einer Geraden $g$ von zwei Projektionszentren $O'$ und $O''$ auf (Abb. 5.12), so erhält man eine eineindeutige Zuordnung $f'$ der Punkte $P$ von $g$ und $P'$ von $g'$ bzw. $f''$ der Punkte $P$ von $g$ und $P''$ von $g''$ und also eine eineindeutige Zuordnung $f$ der Punkte $P'$ von $g'$ und $P''$ von $g''$. $f$ heißt projektive Zuordnung, falls beliebige je 4 Punkte $A', B', C', D'$ auf $g'$ dasselbe Doppelverhältnis haben wie die entsprechenden Punkte $A'', B'', C'', D''$ auf $g''$.

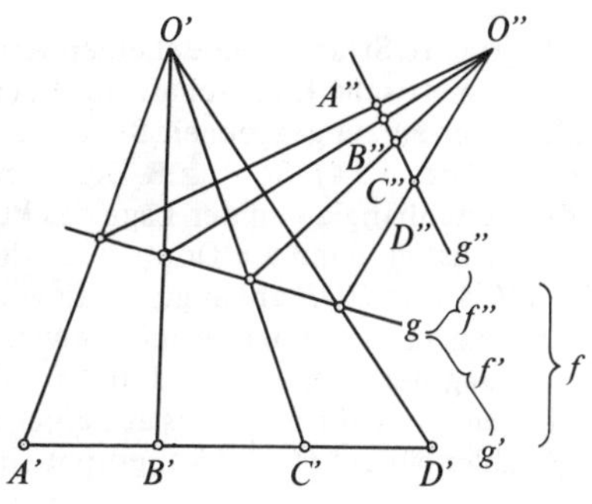


Abb. 5.12

Die duale Begriffsbildung dazu ist die projektive Zuordnung zwischen den Geraden zweier Geradenbündel: Eine eineindeutige Zuordnung zwischen den Geraden zweier Geradenbündel mit den Projektionszentren $O$ und $O'$ heißt projektiv, falls beliebige je 4 Geraden $a, b, c, d$ des Bündels $O$ dasselbe Doppelverhältnis $a', b', c', d'$ des Bündels $O'$ besitzen. Als Beispiel betrachte man eine Gerade $g$ von zwei verschiedenen Zentren $O$ und $O'$ aus projiziert (Abb. 5.13). Die Geraden $a$ und $a'$, die sich auf $g$ schneiden, sind einander eineindeutig und ebenso projektiv zugeordnet. Verschiebt man das Bündel $O'$ starr an eine Stelle $O''$, so erhält man ein weiteres Beispiel für eine projektive Zuordnung von $O$ und $O''$. Durch projektive Zuordnung von Grundgebilden (hier: Geradenbündel) entstehen also offenbar wieder projektive Gebilde (im Beispiel: eine Gerade):

Um Kegelschnitte projektiv zu erzeugen[22)], betrachten wir zunächst den metrischen Spezialfall des Kreises. Gegeben seien wieder zwei Geradenbündel $O$ und $O'$. 4 Geraden $a, b, c, d$ aus $O$ heißen kongruent mit 4 Geraden $a', b', c', d'$ aus $O'$, falls die Winkel zwischen jedem Geradenpaar aus $a, b, c, d$ mit den Winkeln zwischen den entsprechenden Geraden von $a', b', c', d'$ gleich und gleichsinnig sind. $O$ heiße kongruent mit $O'$, falls beliebige je 4 Geraden aus $O$ mit je 4 Geraden aus $O'$ kongruent sind.

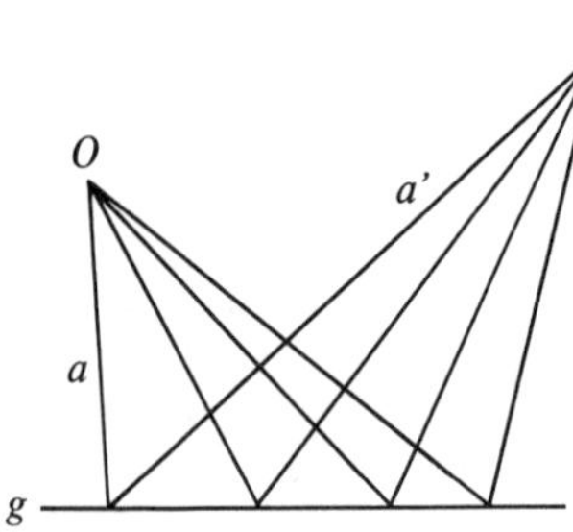


Abb. 5.13

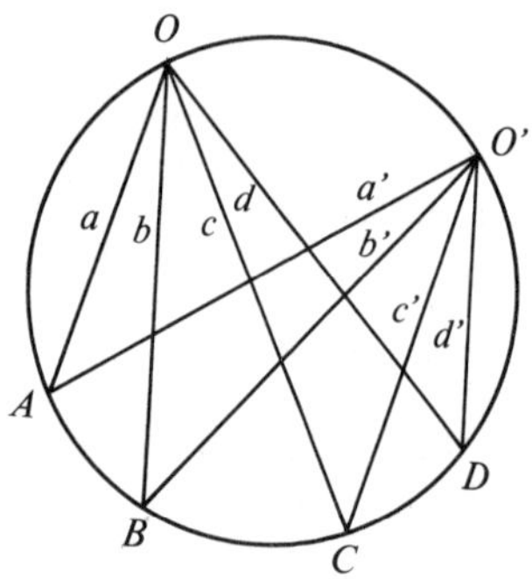


Abb. 5.14

Man sieht sofort, daß kongruente Strahlenbündel einen Kreis erzeugen. Dazu muß man sich nur an die metrische Eigenschaft des Kreises erinnern, wonach der Peripheriewinkel über einem gegebenen Bogen an jeder Stelle $O$ des Kreises dieselbe Größe hat (Abb. 5.14). So ist z.B. der zum Bogen $AB$ gehörige Peripheriewinkel $AOB$ unabhängig von der Lage des Punktes $O$ auf dem Kreis. Die Geraden $a, b, c, d$ haben dann ein Doppelverhältnis, das nur von den Winkeln $COA, COB, DOA$ und $DOB$ abhängt. Analoges ergibt sich für $a', b', c', d'$. Nach der Kreiseigenschaft über Peripheriewinkel sind dann $a, b, c, d$ und $a', b', c', d'$ kongruent. Da $a, b, c, d$ und $a', b', c', d'$ auch dasselbe Doppelverhältnis haben, entsteht der Kreis aus einer Zuordnung von Strahlenbündel $O$ und Strahlenbündel $O'$, die kongruent sind.

Nun lassen sich Ellipsen aus Grundgebilden projektiv erzeugen. Dazu muß man sich zunächst daran erinnern, daß vom projektiven Standpunkt Ellipsen nichts anderes sind als bestimmte Projektionen des Kreises. Im allgemeinen bleiben Winkelgrößen bei Projektionen nicht erhalten, d.h. also die Kongruenzeigenschaft der beiden Strahlenbündel, welche den Kreis erzeugen, geht in Ellipsen verloren, während jedoch das Doppelverhältnis als invariante Eigenschaft erhalten bleibt. In diesem Sinn läßt sich zeigen, daß ein Kegelschnitt durch eine projektive Zuordnung zweier Geradenbündel erzeugt wird (Abb. 5.15).

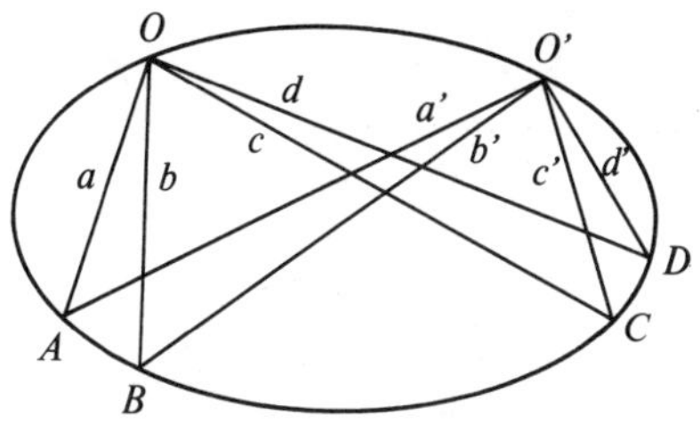


Abb. 5.15

Einen Spezialfall bilden gleichseitige Hyperbeln, die aus der projektiven Zuordnung von $O$ und $O'$ erzeugt werden, falls die Winkel wie bei der Kongruenz paarweise gleich, aber von entgegengesetztem Sinn sind (Abb. 5.16). Allgemein ist nun ein Kegelschnitt der Ort der Schnittpunkte entsprechender Geraden zweier projektiv aufeinander bezogener Strahlenbündel.

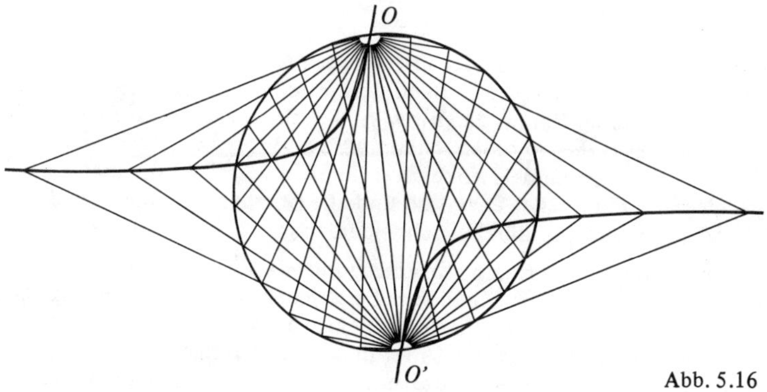


Abb. 5.16

Für die projektive Erzeugung einer Fläche 2. Ordnung sei an den (einschaligen) Hyperboloiden erinnert. Als erzeugendes Grundgebilde wählt man drei Geraden $g_1, g_2, g_3$, von denen keine zwei in derselben Ebene liegen und die nicht alle drei derselben Ebene parallel sind, kurz: die von verschiedener räumlicher Lage sind. Man betrachte nun eine Ebene $\varepsilon$ durch $g_1$, die auch $g_2$ und $g_3$ in zwei Punkten schneidet, welche durch eine Gerade $m$ verbunden werden können (Abb. 5.17). $m$ schneidet also alle drei Geraden $g_1, g_2$, $g_3$. Bei Drehung der Ebene $\varepsilon$ um die Gerade $m$, die $g_1, g_2, g_3$ immer schneidet, entsteht eine unendlich ausgedehnte Fläche – das einschalige Hyperboloid (Abb. 5.18):

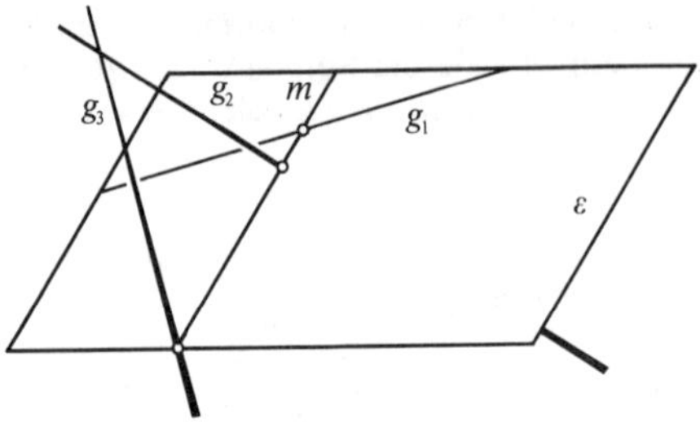


Abb. 5.17

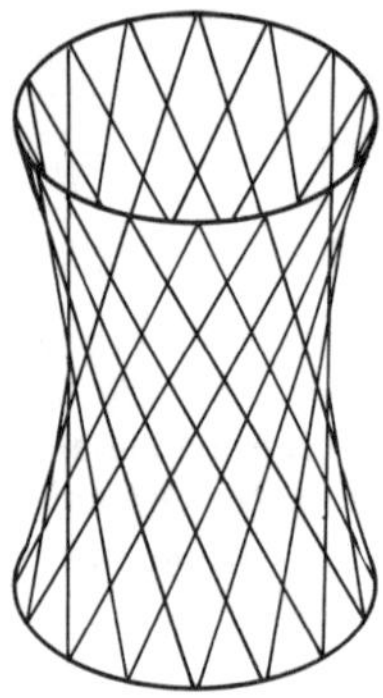

Abb. 5.18

Es enthält ein unendliches Bündel von Geraden $m$, wobei drei beliebige Geraden $m_1$, $m_2$, $m_3$ aus diesem Bündel in verschiedener räumlicher Lage sind. Alle Geraden im Raum, die $m_1$, $m_2$, $m_3$ schneiden, liegen ebenfalls in der Fläche des Hyperboloiden. Dieser wird also erzeugt durch zwei verschiedene Geradenbündel, wobei drei Geraden desselben Bündels in verschiedener räumlicher Lage sind und alle Geraden des einen Bündels alle Geraden des anderen Bündels schneiden.

Allgemein wird hier ein Prinzip zur Erzeugung von Flächen deutlich. Flächen, die von einer variablen Geraden überstrichen werden, die entsprechende Punkte zweier fester windschiefer projektiv bezogener Geraden verbinden, heißen Regelflächen 2. Ordnung. Unter den neuen Flächen 2. Ordnung (vgl. 4.13) gibt es sechs Regelflächen: die drei Zylinder, den Kegel, das einschalige Hyperboloid und das hyperbolische Paraboloid. Die übrigen Flächen 2. Ordnung wie Ellipsoid, elliptisches Paraboloid und zweischaliges Hyperboloid enthalten keine Geraden, da sie sich nicht ohne Unterbrechung in zwei entgegengesetzten Richtungen ins Unendliche erstrecken. Sind die projektiv aufeinander bezogenen Geraden nicht windschief, sondern inzident, so läuft die Verbindungsgerade entsprechender Punkte in einer Ebene und umhüllt eine Kurve (Enveloppe).

## 5.14 Projektion und Metrik

Ziel der synthetischen Geometer war eine von metrischen Begriffen unabhängige Begründung der projektiven Geometrie. Dieses Programm ist weder bei Poncelet noch bei Steiner mit letzter Konsequenz durchgeführt. Das Verdienst, die projektive Geometrie ohne jede metrische Begriffsbildung aufgebaut zu haben, kommt K. G. C. von Staudt (1798–1867) zu, der 1847 seine *Geometrie der Lage* veröffentlichte. Staudt war – was offenbar typisch für die Vertreter der synthetischen Geometrie im 19. Jahrhundert ist – vor seiner Hochschullehrertätigkeit als Pädagoge tätig.[23)]

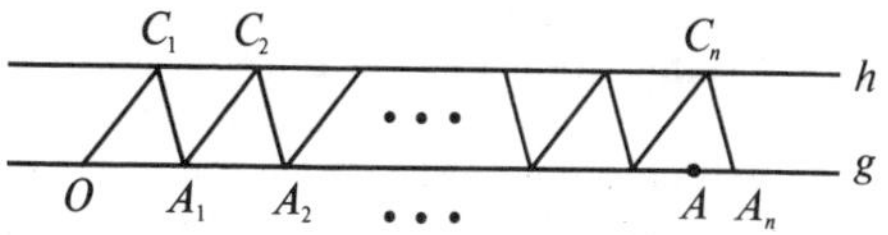


Abb. 5.19

Seit Kepler war klar, daß der Stetigkeitsbegriff für Projektionen vorausgesetzt werden muß. Zu einer Bestimmung des Stetigkeitsbegriffs bedarf es aber des Eudoxischen Meßbarkeitsaxioms, wonach für zwei Größen $a < b$ eine Anzahl $n$ existiert, so daß $a$ $n$-mal über $b$ hinaus verlängert werden kann, d.h. $n \cdot a > b$. Der dabei verwendete Abstandsbegriff ist aber metrischer Natur. Es kommt also darauf an, das Meßbarkeitsaxiom projektiv zu begründen. Dazu sei zunächst der Einfachheit halber die Parallelität vorausgesetzt. Gegeben seien also zwei Parallelen $g$ und $h$ mit den Punkten $O$ und $A$ auf $g$. Von $O$ wird eine Gerade durch einen beliebigen Punkt $C_1$ von $h$ gezogen, von $C_1$ wiederum eine Gerade durch einen beliebigen Punkt $A_1$ von $g$ (Abb. 5.19). Dann wird zu $OC_1$ die Parallele durch $A_1$ gelegt. Durch den so erzeugten Schnittpunkt $C_2$ auf $h$ wird die Parallele zu $C_1A_1$ gezogen, die den Punkt $A_2$ auf $g$ festlegt. Zieht man nach diesem Verfahren immer weitere Parallelen zu $OC_1$ und $C_1A_1$, so besagt das Meßbarkeitsaxiom, daß nach endlich vielen Schritten ein Punkt $A_n$ erreicht ist (Abb. 5.19), der nicht mehr zwischen $O$ und $A$ liegt. Die verwendete ‚Zwischen'-Relation wird durch Anordnungsaxiome geregelt und ist metrikfrei. Die Parallelität ist keine notwendige Voraussetzung, da die Konstruktion in Abb. 5.19 in der projektiven Geometrie durch die Projektion in Abb. 5.20 ersetzt werden kann:

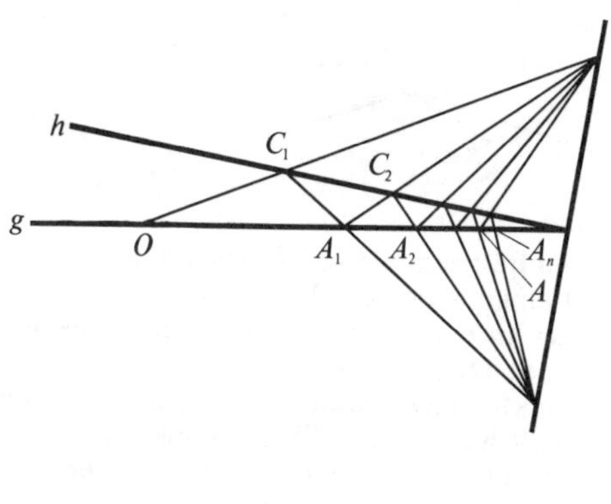


Abb. 5.20

## 5.15 Projektive und analytische Geometrie

Die Anwendung analytischer Methoden auf die projektive Geometrie geht vor allem auf Julius Plücker (1801–1868) zurück. Plücker, der in Paris studiert hatte und in den dreißiger Jahren ebenso wie Steiner als zukünftiger Direktor des geplanten Berliner Polytechnischen Instituts im Gespräch war, hatte sich neben seiner geometrischen Forschung seit seiner Bonner Professur ab 1836 auch mit physikalischen Fragen beschäftigt.[24] Als Mathematiker und Physiker hatte er ein anderes Verhältnis zu analytischen Methoden als Steiner und Poncelet.[25] Daher steht Plücker durchaus in der Tradition von Lagrange und Monge, wenn er schreibt: „Ich möchte mich zu der Ansicht bekennen, daß die Analysis eine Wissenschaft ist, die, unabhängig von jeder Anwendung, selbständig für sich allein dasteht, und die Geometrie, sowie von einer anderen Seite die Mechanik, bloß als bildliche Deutung gewisser Beziehungen aus dem großen erhabenen Ganzen."[26]

In der cartesischen Geometrie werden die Punkte einer Ebene durch zwei rechtwinklige Koordinaten bestimmt. Eine solche analytische Punktbestimmung durch Paare reeller Zahlen gelingt allerdings nur für die gewöhnlichen Punkte und versagt für die unendlich fernen Punkte der projektiven Geometrie. Die Ebene $\varepsilon$ wird daher zunächst parallel zur $(x, y)$-Ebene eines Cartesischen Koordinatensystems mit den Koordinaten $(x, y, z)$ im Abstand $z = 1$ gewählt. Alle Punkte $P$ von $\varepsilon$ haben dann die Koordinaten $(x, y, 1)$. Wählt man nun $O$ als Projektionszentrum, so bestimmt jeder Punkt $P$ aus $\varepsilon$ eine einzige Gerade durch $O$ und umgekehrt. Die Geraden durch $O$ parallel zu $\varepsilon$ bestimmen die unendlich fernen Punkte nach der Konstruktion aus 5.11 (Abb. 5.21). Die gewöhnlichen Cartesischen Koordinaten einer Geraden $g$ durch $O$ und $P$ mit $(x_0, y_0, 1)$ heißen die homogenen Koordinaten von $P$, da sie $P$ bis auf Faktoren $\lambda \neq 0$ mit Koordinatentripeln $(\lambda x_0, \lambda y_0, \lambda)$ bestimme[n].

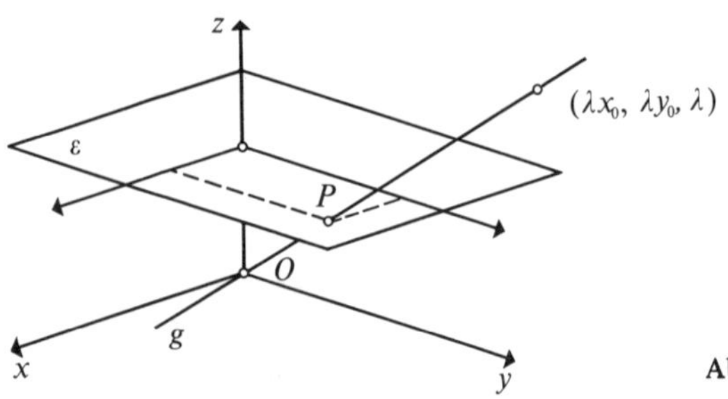

Abb. 5.21

Diese 3-dimensionale Bestimmung von Ebenenpunkten ist nicht eindeutig, sondern nur bis auf einen beliebigen Faktor $\lambda$. Allerdings lassen sich die bestimmenden Geraden unterscheiden, da der allen Projektionsstrahlen gemeinsame Punkt $(O, O, O)$ ausgenommen ist. Weiterhin können nun die unendlich fernen Punkte von $\varepsilon$ durch die zu $\varepsilon$ parallelen Geraden mit Koordinaten $(x, y, 0)$ erfaßt werden. Ein Ebenenpunkt ändert sich also nicht, wenn seine homogenen Koordinaten $(x, y, z)$ mit einem beliebigen Faktor $\lambda \neq 0$ multipliziert werden. Für $z \neq 0$ legen sie einen gewöhnlichen, für $z = 0$ einen unendlich fernen Punkt fest.

Nach der analytischen Bestimmung der Punkte einer projektiven Ebene sollen nun die gewöhnlichen und unendlich fernen Geraden in projektiven Ebenen analytisch bestimmt werden. Dazu beachte man geometrisch zunächst, daß alle Geraden, die $O$ mit den Punkten einer Geraden in $\epsilon$ verbinden, in einer Ebene durch $O$ liegen. Diese Ebene durch $O$ hat in der Cartesischen Geometrie die analytische Darstellung $ax + by + cz = 0$, wobei die Konstanten $a, b, c$ nicht alle 0 sind. Eine Gerade in $\epsilon$ besteht daher aus allen Punkten $(x, y, z)$, die eine solche Gleichung erfüllen. Da die unendlich fernen Punkte alle die Gleichung $z = 0$ erfüllen, wird sie als analytische Darstellung der unendlich fernen Geraden von $\epsilon$ definiert. Die Konstanten $(a, b, c)$ werden als homogene Koordinaten einer Geraden in der Ebene $\epsilon$ aufgefaßt, da die Gleichung $(\lambda a)x + (\lambda b)y + (\lambda c)z = 0$ mit $\lambda \neq 0$ durch dieselben Tripel $(x, y, z)$ erfüllt wird wie $ax + by + cz = 0$.

Neben Plücker sind auch K. W. Feuerbach (1800–1834), A. F. Möbius (1790–1860) und E. Bobillier (1798–1840) als Erfinder homogener Koordinaten zu erwähnen. Plücker wendet sie in seinem Artikel *Über ein neues Koordinatensystem* in Crelle's Journal (1829) an. Damit gelingt ihm folgende analytische Erklärung des Dualitätsprinzips: Bei der Verwendung homogener Koordinaten fällt nämlich in den Gleichungen $ax + by + cz = 0$ die Symmetrie von Punkten und Geraden auf, da sowohl die Tripel $(a, b, c)$ als Geradenkoordinaten und $(x, y, z)$ als Punktkoordinaten als auch umgekehrt $(a, b, c)$ als Punktkoordinaten und $(x, y, z)$ als Geradenkoordinaten interpretiert werden können. Das Dualitätsprinzip ist in der projektiven Geometrie bekanntlich nur gültig, wenn man die unendlich fernen Punkte und Geraden mit hinzunimmt.

In der gewöhnlichen nicht homogenen Geradengleichung der Cartesischen Geometrie gilt die Symmetrie von Punkten und Geraden nicht: In $ax + by + c = 0$ können das Paar $(x, y)$ und das Tripel $(a, b, c)$ nicht ausgetauscht werden. Nach der analytischen Darstellung von Punkt, Gerade und Dualitätsprinzip ist nun auch die projektive Transformation einer Ebene $\epsilon$ auf eine andere $\epsilon'$ analytisch präzisierbar. Dazu wählt man das System linearer Gleichungen $x' = a_1x + b_1y + c_1z$, $y' = a_2x + b_2y + c_2z$ und $z' = a_3x + b_3y + c_3z$ mit homogenen Koordinaten $(x', y', z')$ der Punkte aus $\epsilon'$ und $(x, y, z)$ aus $\epsilon$. Die projektive Geometrie der Ebene wird dann zu einer algebraischen Theorie linearer homogener Gleichungen.

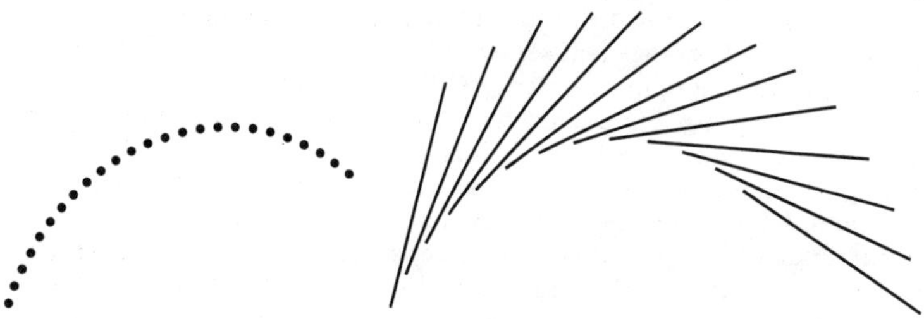

Abb. 5.22

1831 überträgt Plücker in seinem Artikel *Note sur un théorie générale et nouvelle des surfaces courbes*[27] das Dualitätsprinzip auch auf Kurven und Flächen. So wie in einer linearen homogenen Gleichung Geraden- und Punktkoordinaten vertauscht werden, kann auch für Kurven ein dualer Ursprung angegeben werden. Eine Kurve ist nämlich der Ort, der durch eine stetige Punktbewegung erzeugt wird, oder der Ort, der durch die stetige Bewegung einer Geraden eingehüllt wird (Abb. 5.22). Diese Idee ist für einzelne Kurven schon seit Leibniz anzutreffen. Neu ist aber das allgemeine Prinzip, das Plücker freilegt.

Weiterhin zeigt Plücker, daß der Grad einer Kurve in Punktkoordinaten (‚Ordnung' der Kurve) nicht mit ihrem Grad in Linienkoordinaten (‚Klasse' der Kurve) zusammenfallen muß. Klassen- wie Ordnungszahl einer Kurve erlauben nach Plücker, allgemein die ‚Singularitäten' einer Kurve zu bestimmen. Schon vor Plücker wurden bestimmte ‚Merkwürdigkeiten' einzelner Kurvenpunkte registriert, z.B. Doppelpunkte, in denen die Kurve sich selbst schneidet. Entsprechend lassen sich auch duale ‚Liniensingularitäten' anführen wie z.B. die Doppeltangente eines Kurvenpunktes. Plücker kannte folgende Formeln zur Bestimmung der Kurvensingularitäten für die Klasse $m$, die Ordnung $n$, die Zahl $\delta$ der Knoten, die Zahl $\kappa$ der Rückkehrpunkte, die Zahl $\iota$ stationärer Tangenten und die Zahl $\tau$ der Doppeltangenten:[28]

$$m = n(n-1) - 2\delta - 3\kappa \qquad n = m(m-1) - 2\tau - 3\iota$$
$$\iota = 3n(n-2) - 6\delta - 8\kappa \qquad \kappa = 3m(m-2) - 6\tau - 8\iota\,.$$

Aus diesen Gleichungen folgt,daß z.B. die Kegelschnitte als Kurven 2. Ordnung keine Singularitäten haben und von 2. Klasse sind. Eine kubische Kurve kann nicht mehr als einen Wendepunkt oder einen Knoten haben. Die Methoden der analytischen Geometrie erwiesen sich also als äußerst fruchtbar und fanden zudem – wie z.B. beim Dualitätsprinzip – einleuchtende algebraische Erklärungen. Weiterhin fand Plücker abkürzende Notationen (Plückers $\mu$) für die komplizierten Gleichungen der analytischen Geometrie und nahm damit auch der Kritik der synthetischen Geometer an der „Hieroglyphenschrift" (Carnot!) der Analytiker den Wind aus den Segeln. Mit Julius Plücker erreicht die algebraische Geometrie der Kurven und Flächen im 19. Jahrhundert einen neuen Höhepunkt.

## 5.2 Vektoralgebra und n-dimensionale Geometrie

Bereits Kant hatte in einer Jugendschrift[29] von 1747 ebenso wie Herbart in seiner Habilitationsthese[30] die Möglichkeit beliebig dimensionaler Räume in Erwägung gezogen. Lagrange legt seiner analytischen Mechanik einen 4-dimensionalen Raum zugrunde, in dem den drei Raumkoordinaten die Zeit als 4. Dimension hinzugefügt ist. Für die mathematische Analyse $n$-dimensionaler Räume wird das Jahr 1844 bedeutsam, in dem nach A. Cayley's *Chapters on the analytical geometry of n dimensions* von 1843 H. Graßmanns 1. Auflage der *Ausdehnungslehre* erscheint. In dieser Auflage wird ein Kontinuum mit $n$ Variablen zugrunde gelegt, das auf eine $n$-dimensionale Verallgemeinerung der affinen Geometrie hinausläuft. Graßmann spricht deshalb auch von einer „linealen Ausdehnungslehre", um sie von der affinen Geometrie im 3-dimensionalen Raum zu unterscheiden. Streng genommen müßte die 1. Auflage zur synthetischen Geometrie insofern gezählt werden, da sie auf Formeln und metrische Betrachtungen verzichtet. In der 2. Auflage arbeitet Graßmann mit $n$ Koordinaten und fügt die Metrik $\sqrt{x_1^2 + \ldots + x_n^2}$ hinzu.

Ziel Graßmanns war – wie wir heute sagen würden – die Vektoralgebra auf affiner Grundlage einzuführen. Seine Terminologie und halbwegs philosophische Darstellung erwies sich jedoch als derart schwierig, daß die Vektoralgebra in Deutschland erst über den Umweg englischer und amerikanischer Mathematiker und Physiker rezipiert wurde. Bereits in seiner Terminologie wird deutlich, daß Graßmann der große Einzelgänger unter den großen Mathematikern des 19. Jahrhunderts war. Trotz seines späteren Einflusses hat Graßmann nie an einer Universität gelehrt und blieb auf eine Schultätigkeit beschränkt. Neben seiner mathematischen Arbeit zeichnete er sich durch vielseitige philosophische und philologische Interessen aus.[31)]

## 5.21 Grundbegriffe

In heutiger Sprache ergibt sich der Vektorbegriff aus der affinen Geometrie wie folgt.[32)] Grundbegriffe der affinen Geometrie sind die Translationen und Parallelverschiebungen des Raumes, die im Anschluß an W. R. Hamilton (1805–1865) Vektoren genannt werden. Eine Translation $\boldsymbol{v}$ führt einen Punkt $A$ in einen Punkt $\boldsymbol{v}(A) = B$ über, der als Endpunkt des von $A$ aus abgetragenen Vektors $\boldsymbol{v}$ bezeichnet wird. Eine solche Translation ist bereits durch die beiden Punkte $A$ und $B$ eindeutig bestimmt. Ein Spezialfall ist die Identität, welche jeden Punkt in sich selbst überführt. Die Hintereinanderausführung zweier Translationen $\boldsymbol{v}_1$ und $\boldsymbol{v}_2$ ergibt eine neue Translation $\boldsymbol{v}_1 + \boldsymbol{v}_2$. Sie läßt sich als algebraische Verknüpfung auffassen, die bestimmten Gesetzen genügt, z.B. den später sogenannten (kommutativen) Gruppenaxiomen wie Assoziativität $(\boldsymbol{v}_1 + \boldsymbol{v}_2) + \boldsymbol{v}_3 = \boldsymbol{v}_1 + (\boldsymbol{v}_2 + \boldsymbol{v}_3)$, Kommutativität $\boldsymbol{v}_1 + \boldsymbol{v}_2 = \boldsymbol{v}_2 + \boldsymbol{v}_1$. Existenz des Nullelements $0 + \boldsymbol{v}_1 = \boldsymbol{v}_1 + 0 = \boldsymbol{v}_1$, Existenz des inversen Elements $-\boldsymbol{v}$ zu jedem Vektor $\boldsymbol{v}$ mit $\boldsymbol{v} + (-\boldsymbol{v}) = (-\boldsymbol{v}) + \boldsymbol{v} = 0$.

Der Zahlbegriff kommt in die Geometrie durch die Möglichkeit beliebiger Iteration der Translation $\boldsymbol{v}$ zu $n \cdot \boldsymbol{v} = \boldsymbol{v} + \ldots + \boldsymbol{v}$. Geht man dabei von einem Punkt $A$ aus, erzeugt die wiederholte Anwendung derselben Translation eine gerade Punktfolge gleicher Abstände. Die ganze Gerade wird dann durch die iterierte Ausführung derselben unendlich kleinen Translation erzeugt. Entsprechend wie in der Streckenarithmetik lassen sich zunächst durch Teilungen von Vektoren rationale Multiplikationen $r \cdot \boldsymbol{v}$ und schließlich durch Anwendung des Stetigkeitsprinzips reelle Multiplikationen $x \cdot \boldsymbol{v}$ einführen. Die Rede von ‚Skalaren' für $x$ ist ebenso wie der Vektorbegriff nicht von Graßmann, sondern hat sich im Anschluß an Hamilton und den Sprachgebrauch der Physiker eingebürgert. Für die Multiplikation von Vektoren und Skalaren werden ebenfalls Axiome eingeführt. Damit ist ein algebraisches Operationsfeld abgesteckt, in dem sich geometrische Gebilde verschiedener Dimensionsstufe erzeugen lassen.

Eine lineare Vektorenschar 1. Stufe wird festgelegt durch $\boldsymbol{v} = x \cdot \boldsymbol{e}_1$, wobei $\boldsymbol{e}_1$ ein vorgegebener Vektor und $x$ ein beliebiges Skalar ist. Von einem festen Ausgangspunkt $O$ ausgehend bilden die Endpunkte einer Vektorenabtragung nach diesem Schema ein lineares Punktgebilde 1. Stufe – die Gerade. Das Koordinatensystem besteht aus einem Punkt $O$ und $\boldsymbol{e}_1$, wobei $x$ die jeweilige Punktkoordinate ist.

Eine lineare Vektorenschar 2. Stufe wird festgelegt durch $\boldsymbol{v} = x_1\boldsymbol{e}_1 + x_2\boldsymbol{e}_2$, wobei $\boldsymbol{e}_1$ und $\boldsymbol{e}_2$ um der Eindeutigkeit von $\boldsymbol{v}$ willen linear unabhängig sein muß, d.h. ist $\boldsymbol{v}$ die Identität, so sind $x_1$ und $x_2$ stets Null. Trägt man von einem festen Ausgangspunkt die Vektoren $x_1\boldsymbol{e}_1$ und $x_2\boldsymbol{e}_2$ ab, so liefern die Endpunkte von $\boldsymbol{v}$ nach dem Schema der Vektoraddition die Punkte der von $\boldsymbol{e}_1$ und $\boldsymbol{e}_2$ aufgespannten Ebene. Das Koordinatensystem besteht aus $O$ und den beiden linear unabhängigen Vektoren $\boldsymbol{e}_1$ und $\boldsymbol{e}_2$. Die Koordinaten bilden die Skalare $x_1$ und $x_2$.

Der Raum wird entsprechend durch eine Vektorenschar 3. Stufe eingeführt. Allgemein erhält man eine lineare Vektorenschar $n$-ter Stufe durch

$\boldsymbol{v} = \sum_{i=1}^{n} x_i\boldsymbol{e}_i$. Graßmann gibt auch die Additions- und Produktregel an

$$\sum_{i=1}^{n} x_i\boldsymbol{e}_i + \sum_{i=1}^{n} y_i\boldsymbol{e}_i = \sum_{i=1}^{n} (x_i + y_i)\boldsymbol{e}_i \text{ und } \sum_{i=1}^{n} x_i\boldsymbol{e}_i \times \sum_{i=1}^{n} y_i\boldsymbol{e}_i =$$

$$\sum_{i=1}^{n} \sum_{k=1}^{n} (x_i y_k)\boldsymbol{e}_i \times \boldsymbol{e}_k, \text{ wobei } \boldsymbol{e}_i \times \boldsymbol{e}_k = -\boldsymbol{e}_k \times \boldsymbol{e}_i \text{ und } \boldsymbol{e}_i^2 = 0.$$

Graßmann erkannte auch die Bedeutung des auf Leibniz und Cramer[33)] zurückgehenden Determinantenkalküls für die algebraische Charakterisierung geometrischer Gebilde.[34)] Bereits Lagrange gebrauchte in seiner Untersuchung von 1773 eine analoge Technik.[35)] Bedient man sich rechtwinkliger Koordinaten, so lassen sich durch sukzessive Determinantenbestimmungen folgende Gebilde erzeugen: Für zwei Ebenenpunkte $P_1 = (x_1, y_1)$, $P_2 = (x_2, y_2)$ wird die Streckengröße $x_1 - x_2$, für drei Ebenenpunkte die Größe des entsprechenden Dreiecksinhalts, für vier Raumpunkte die Größe des Tetraederinhalts bestimmt durch

$$\frac{1}{1}\begin{vmatrix} x_1 & 1 \\ x_2 & 1 \end{vmatrix}, \quad \frac{1}{1 \cdot 2}\begin{vmatrix} x_1 y_1 & 1 \\ x_2 y_2 & 1 \\ x_3 y_3 & 1 \end{vmatrix}, \quad \frac{1}{1 \cdot 2 \cdot 3}\begin{vmatrix} x_1 y_1 z_1 & 1 \\ x_2 y_2 z_2 & 1 \\ x_3 y_3 z_3 & 1 \\ x_4 y_4 z_4 & 1 \end{vmatrix}$$

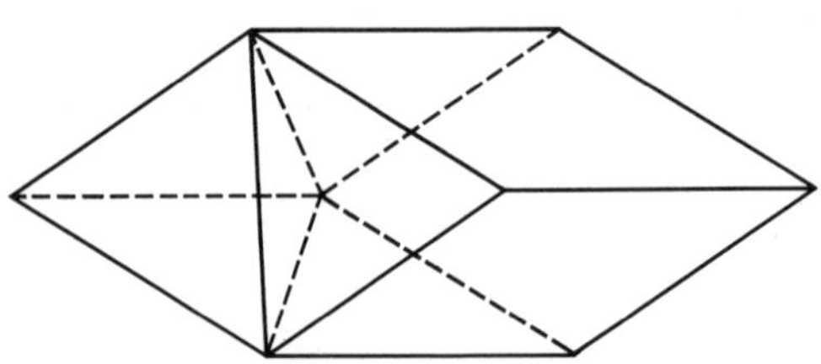

Abb. 5.23

Im 2. Fall liefert die Determinante den doppelten Dreiecksinhalt, also die Parallelogrammgröße, im 3. Fall den 6-fachen Inhalt des Tetraeders, also den Inhalt eines Parallelflachs, für das Graßmann im Anschluß an den Ausdruck ‚Kalkspat' aus der Bergmannssprache und Mineralogie die Bezeichnung ‚Spat' prägt (Abb. 5.23).

## 5.22 Anwendungen

In welcher Weise diese algebraische Technik in der Physik Anwendung findet, sei an einem einfachen Beispiel demonstriert. In Varignon's *Nouvelle mécanique ou statique* von 1775 findet sich folgende Veranschaulichung des Kraftbegriffs: An einem Punkt $P_2$, der durch einen Nagel repräsentiert ist, wird ein Seil befestigt, an dem ein durch die Streckengröße $P_1P_2$ dargestellter Zug ausgeübt wird, der sogar durch eine am Seil ziehende Hand veranschaulicht ist. Die Koordinaten zur Bestimmung der durch den Vektor $\overrightarrow{P_1P_2}$ dargestellten Kraft sind durch die Determinanten

$$X = \begin{vmatrix} x_1 & 1 \\ x_2 & 1 \end{vmatrix} = x_1 - x_2, \quad Y = \begin{vmatrix} y_1 & 1 \\ y_2 & 1 \end{vmatrix} = y_1 - y_2, \quad M = \begin{vmatrix} x_1 & y_1 \\ x_2 & y_2 \end{vmatrix} =$$

$x_1y_2 - x_2y_1$ bestimmt, da für die Gerade $g$ durch $P_1P_2$ in Abb. 5.24 die Gleichung $Yx - Xy + M = 0$ gilt.[36)] Geometrisch sind die Determinanten $X$ und $Y$ jeweils Projektionen der Strecke $P_1P_2$ auf der $x$- bzw. $y$-Achse; $M$ bestimmt den doppelten Inhalt des Dreiecks $OP_1P_2$. Die Größen $X, Y, M$ ändern sich also nur dann nicht, wenn die Strecke $P_1P_2$ bei Beibehaltung ihrer Größe und Richtung auf $g$ bewegt wird. Physikalisch sind die Determinanten $X$ und $Y$ die Komponenten der Kraft $\sqrt{X^2 + Y^2}$ als Länge der Strecke $P_1P_2$. $M$ bestimmt das Drehmoment um den Anfangspunkt $O$, da $M =$ $p \cdot \sqrt{X^2 + Y^2}$, wobei $p = \dfrac{M}{\sqrt{X^2 + Y^2}}$ der Abstand des Geradenabschnittes zu $O$ ist. Daher lassen sich die Determinanten $X, Y, M$ als die Kraftkoordinaten von $P_1P_2$ auffassen.

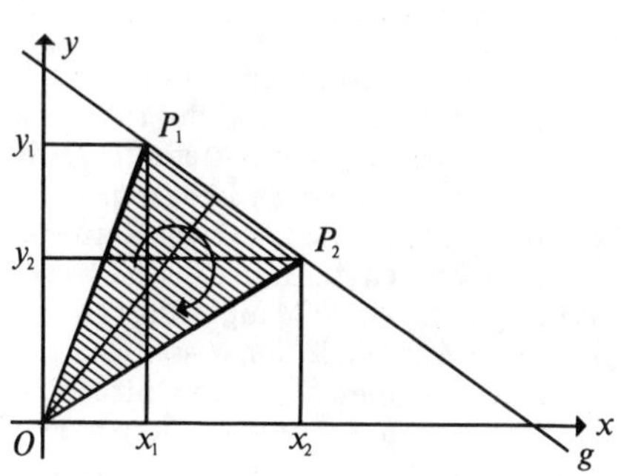


Abb. 5.24

Graßmann nannte eine Strecke $P_1P_2$ bestimmter Länge und Richtung, die auf einer festen Geraden bewegt werden kann, einen ‚Linienteil'. Im Anschluß an die eben angeführte physikalische Vorstellung spricht man auch von ‚linienflüchtigen' Vektoren. In der affinen Geometrie bleibt neben solchen Translationen noch der Fall der Parallelverschiebungen, die physikalisch als ‚freie' Vektoren angesprochen werden, da ihre Verschiebungen nicht an eine feste Gerade gebunden sind.[37] Den deutschen Physikern wurde die Vektoranalyse erst 1894 durch A. Föppls *Einführung in die Maxwellsche Theorie* bekannt, nachdem 1881 die von dem Amerikaner J. W. Gibbs verfaßten *Elements of vector-analysis* erschienen waren. Erst auf diesem Umweg drangen Graßmanns Gedanken in die Physik ein, die wegen ihrer ungewohnten Terminologie in mathematischen Kreisen lange Zeit wie eine Geheimlehre behandelt wurden.

Schon im 19. Jahrhundert waren Anwendungsbeispiele $n$-dimensionaler Vektorräume bekannt. Erinnert sei an die kinetische Gastheorie L. Boltzmanns[38], in der Räume von $6n$-Dimensionen behandelt werden, wobei $n = 6 \cdot 10^{23}$ die Anzahl der Moleküle in einem Massengramm des Gases ist und die Zahl 6 durch die 6 Koordinaten für Ort und Impuls entsteht. H. v. Helmholtz wies nach, daß die physikalische Mischung von Farbwahrnehmungen auf der Netzhaut der Vektoraddition entspricht (vgl. 5.42). Nach den mathematischen Pionierarbeiten von Cayley, Graßmann, Sylvester, Plücker u.a. läßt sich etwa ab 1870 ein regelrechter Boom in der Untersuchung $n$-dimensionaler Räume nachweisen. Zur geometrischen Terminologie solcher Untersuchungen muß allerdings bemerkt werden: Wenn man die Gleichung $L(x, y, z) = ax + by + cz + d = 0$ als Ebene im Euklidischen Raum und die Lösungen der drei linearen Gleichungen $L(x, y, z) = 0, L'(x, y, z) = 0, L''(x, y, z) = 0$ als Schnittpunkte dreier Ebenen interpretiert, so ist diese Interpretation durch die synthetische Geometrie noch gerechtfertigt. Wenn jedoch die Gleichung $L(x_1, \ldots, x_n) = a_1x_1 + a_2x_2 + \ldots + a_nx_n = 0$ als Hyperebene und die Lösungen von $n$ solchen Gleichungen als Schnittpunkte der $n$ Hyperebenen interpretiert werden, so handelt es sich nur noch um eine heuristische Redeweise, die zwar geometrisch motiviert, aber algebraisch begründet ist.

## 5.3 Differentialgeometrie

Die Untersuchungen zur Kurventheorie seit dem 17. Jahrhundert und zur Flächentheorie seit dem 18. Jahrhundert mit der Infinitesimalrechnung bilden den mathematischen Ursprung der Differentialgeometrie. Geographisches und kartographisches Interesse an Längenmessungen bestand schon seit der Antike und wurde im Zeitalter der Entdeckungen verstärkt (vgl. 2.44, 3.2). 1736 unternahmen der französische Mathematiker C. A. Clairaut (1713–1765) und P. L. M. de Maupertuis (1698–1759), Präsident der von Leibniz gegründeten Akademie der Wissenschaften zu Berlin, eine Expedition nach Lappland, um einen Streit über die Erdgestalt durch Längenmessung zu entscheiden. Unter dem Eindruck napoleonischer Militärstrategie, Steuer- und Verwaltungsneuordnung in Europa wurde Anfang des 19. Jahrhunderts die exakte und planmäßige Landvermessung und die Herstellung geographischer Karten auch von staatlich-administrativer Seite erkannt. Auch hier ist in dieser Zeit der französische Einfluß unverkennbar. 1816 erhielt C. F. Gauß (1777–1855) durch die Hannoversche Regierung den Auftrag zur Landvermessung, nachdem sein Schüler Schumacher, Direktor der Kieler Sternwarte, durch die dänische Regierung eine solche Aufgabe bereits übernommen hatte. Diese praktische Meßarbeit von 1821–1825 sollte neben der Beschäftigung mit Eulers Kurven- und Flächentheorie einen Grund für Gaußens Differentialgeometrie abgeben.[39)]

## 5.31 Differentialgeometrie der Kurven

L. Euler hatte die Parameterdarstellung einer Kurve in der Ebene und im Raum – modern gesprochen – durch eine (beliebig oft) differenzierbare Abbildung $c(t)$ eines offenen Intervalls $I$ der reellen $t$-Achse in den 2- bzw. 3-dimensionalen Cartesischen Raum eingeführt. Im 2-dimensionalen Fall spricht man von ebenen Kurven, im 3-dimensionalen Fall von Raumkurven. Durch eine umkehrbar-eindeutig, in beiden Richtungen differenzierbare Transformation $t = g(\tau)$ läßt sich eine Kurve $c(t)$ in eine andere $c(g(\tau)) = \bar{c}(\tau)$ überführen. [40)] Faßt man Kurven als durch Polygonzüge mit ‚unendlich kleinen' Kantenlängen approximierbar auf, so hat eine Kurve $c(t)$ über $I$ die Bogenlänge $s = \int\limits_I |c'(t)|\,dt = \int\limits_I \sqrt{\sum\limits_{i=1}^{n} \left(\frac{dx_i}{dt}\right)^2}\,dt$, falls $x_1(t), x_2(t)$ und (im 3-dimensionalen Fall) $x_3(t)$ die Komponenten von $c(t)$ sind und $c'(t) \neq 0$ für alle $t$ aus $I$. Der Tangentenvektor eines Kurvenpunktes läßt sich nach Leibniz durch die 1. Ableitung $c'(t)$ bestimmen.

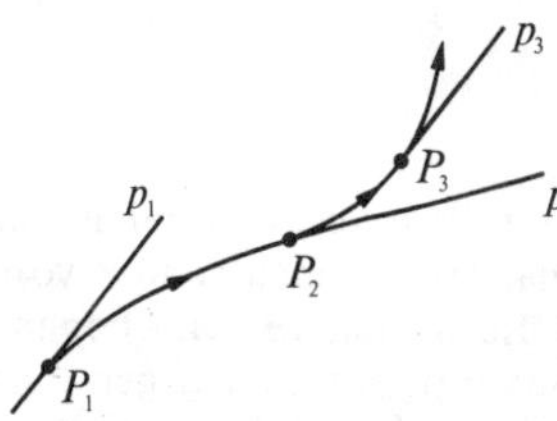


Abb. 5.25

Für ebene Kurven zeigt sich der Wechsel seiner Richtungen beim Durchlaufen der Kurve, wenn man jeder Kurventangente (Abb. 5.25) nach Gauß denjenigen Halbstrahl zuordnet, der vom Kreismittelpunkt eines Einheitskreises in der Kurvenebene parallel der betrachteten Tangente in Durchlaufrichtung der Kurve liegt (Abb. 5.26):

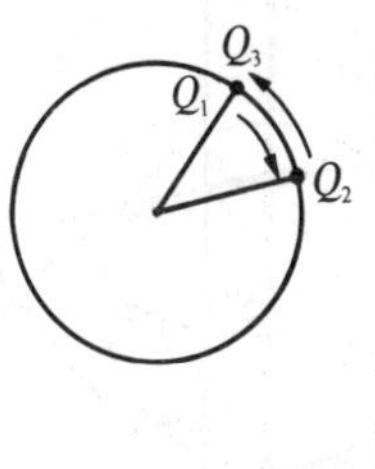


Abb. 5.26

Die Schnittpunkte $Q_j$ der Parallelen mit dem Einheitskreis (Abb. 5.26) heißen die Tangentenbilder von $P_j$. Die auf den Tangenten $p_j$ in $P_j$ senkrecht stehenden Geraden $n_j$ sind die Kurvennormalen. Läßt man nun einen zu $P_1$ benachbarten Kurvenpunkt $P_2$ auf $P_1$ zulaufen, so besitzt die Folge der

Quotienten aus Schnittwinkel $\sphericalangle(p_1, p_2)$ der Tangenten $p_1$, $p_2$ bzw. $\sphericalangle(n_1, n_2)$ der Normalen $n_1, n_2$ und der Entfernung $P_1P_2$ der Kurvenpunkte (Abb. 5.27) im allgemeinen einen Grenzwert – die Krümmung $k$ der Kurve in $P_1$ mit $k = \lim\limits_{P_1P_2 \to 0} \dfrac{\sphericalangle(p_1, p_2)}{P_1P_2} = \lim\limits_{P_1P_2 \to 0} \dfrac{\sphericalangle(n_1, n_2)}{P_1P_2}$, die sich wegen $\sphericalangle(n_1, n_2) = \sphericalangle(p_1, p_2) = \sphericalangle Q_1OQ_2$ (Abb. 5.28) auch als Grenzwert der Quotienten der Längen eines kleinen Kurvenbogens und seines Tangentenbildes auf dem Gaußschen Einheitskreis auffassen läßt. Die Grenzlage des Normalenschnittpunktes $M$ bestimmt den Krümmungsradius des sogenannten Krümmungskreises in $P_1$ mit $k = \dfrac{1}{r}$.

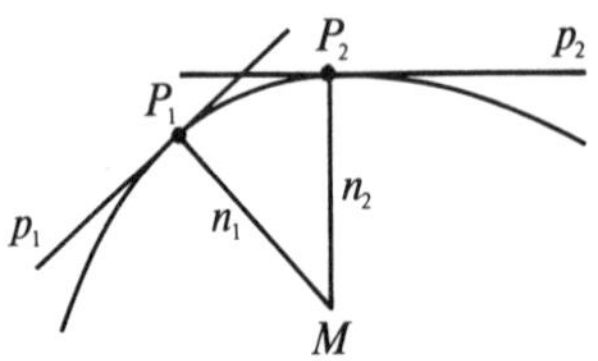


Abb. 5.27

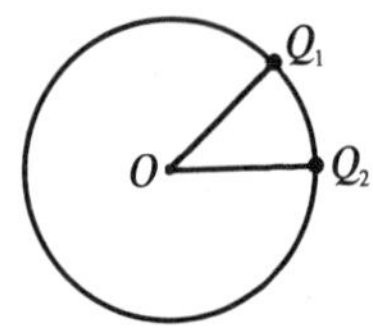


Abb. 5.28

Bei Raumkurven bestimmen die unendlich vielen Normalen einer Kurventangente $p$ von $P$ die sogenannte Normalebene $N$ von $P$. Die Schmiegungsebene $S$ der Kurve in $P$ ist die Grenzlage von Ebenen durch die Tangente $p$ von $P$ und benachbarte Kurvenpunkte, die gegen $P$ laufen. Die Normalebene $N$, die Schmiegungsebene $S$ und die auf beiden Ebenen senkrecht stehende rektifizierende Ebene $R$ bestimmen die in $P$ senkrecht stehende Tangente $p$, Hauptnormale $h$ und die Binormale $b$ (Abb. 5.29) – das sogenannte beglei-

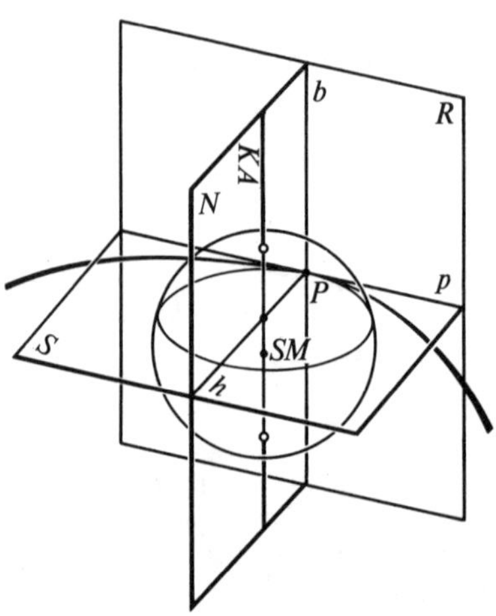


Abb. 5.29

tende Dreibein der Kurve. Analog zu ebenen Kurven lassen sich nach Gauß nun die Bilder von Tangente, Hauptnormale und Binormale auf einer Einheitskugel studieren. Zur Bestimmung des Krümmungsradius $r$ von $P$ gibt man zunächst die Grenzlage einer Folge von Schnittgeraden benachbarter Normalebenen an. Diese sogenannte Krümmungsachse $KA$ in der Normalebene $N$ von $P$ steht senkrecht auf der Hauptnormalen $h$ und bestimmt den Krümmungsradius $r$ des Krümmungskreises in der Schmiegungsebene $S$ von $P$ (Abb. 5.29). Die Grenzlage einer Kugel durch vier Kurvenpunkte führt zum Begriff der Schmiegungskugel mit Schmiegungskugelmittelpunkt $SM$.

## 5.32 Differentialgeometrie der Flächen

In seinen berühmten *Disquisitiones generales circa superficies curvas*[41] legt Gauß 1828 seine Differentialgeometrie 2-dimensionaler Flächen nieder. Seit dem 18. Jahrhundert wurden Flächen durch 2-stellige reelle Funktionen $f(x_1, x_2) = x_3$ oder $F(x_1, x_2, x_3) = 0$ mit (Cartesischen) Koordinaten $x_1, x_2, x_3$ im 3-dimensionalen Raum dargestellt. Der Landvermesser hat es jedoch nicht mit geraden Raumkoordinaten zu tun, sondern mit krummen Kurven (Wege) auf der Erdoberfläche. So entstand der Gedanke, die Fläche mit einem 2-dimensionalen krummlinigen Koordinatennetz $(u_1, u_2)$ mit stetigen und differenzierbaren Kurven $u_1, u_2$ zu überziehen, um so auch für die Fläche eine Parameterdarstellung $x_i = x_i(u_1, u_2)$ mit $1 \leqslant i \leqslant 3$ im Raum

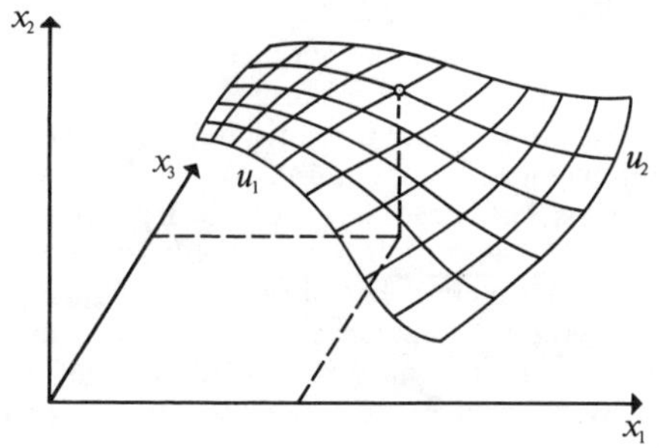


Abb. 5.30

zu erhalten (wobei die Funktionaldeterminante ungleich Null sei). Kurven auf den Flächen (z.B. Wege auf der krummen Erdoberfläche) $a < t < b$ lassen sich nun durch Flächenkoordinaten $u_1 = u_1(t), u_2 = u_2(t)$ und durch Raumkoordinaten $x_i = x_i(u_1(t), u_2(t))$ beschreiben. Da partielles Differenzieren $\frac{dx_i}{dt} = \frac{\partial x_i}{\partial u_1} \frac{du_1}{dt} + \frac{\partial x_i}{\partial u_2} \frac{du_2}{dt}$ liefert, hat eine solche Kurve die Bogenlänge

$$s = \int_a^b \sqrt{\sum_{i=1}^{3} \left(\frac{dx_i}{dt}\right)^2}\, dt = \int_a^b \sum_{i=1}^{3} \left[\frac{\partial x_i}{\partial u_1} \frac{\partial x_i}{\partial u_1} \left(\frac{du_1}{dt}\right)^2 + \right.$$

$$\left. + 2 \frac{\partial x_i}{\partial u_1} \frac{\partial x_i}{\partial u_2} \frac{du_1}{dt} \frac{du_2}{dt} + \frac{\partial x_i}{\partial u_2} \frac{\partial x_i}{\partial u_2} \left(\frac{du_2}{dt}\right)^2\right]^{\frac{1}{2}} dt.$$

Für ein unendlich-kleines Linienelement ergibt sich dann in Gaußens Symbolik $ds^2 = E du_1^2 + 2F du_1 du_2 + G du_2^2$, wobei $E = \left(\frac{\partial x_1}{\partial u_1}\right)^2 + \left(\frac{\partial x_2}{\partial u_1}\right)^2 + \left(\frac{\partial x_3}{\partial u_1}\right)^2$, $F = \frac{\partial x_1}{\partial u_1}\frac{\partial x_1}{\partial u_2} + \frac{\partial x_2}{\partial u_1}\frac{\partial x_2}{\partial u_2} + \frac{\partial x_3}{\partial u_1}\frac{\partial x_3}{\partial u_2}$,

$$G = \left(\frac{\partial x_1}{\partial u_2}\right)^2 + \left(\frac{\partial x_2}{\partial u_2}\right)^2 + \left(\frac{\partial x_3}{\partial u_2}\right)^2 .$$

Wie Plückers Kurznotationen in der analytischen Geometrie führten auch in der Differentialgeometrie Kurznotationen zu erheblichen Vereinfachungen. Vereinbart man Hochindizes (keine Exponenten!) und (nach Einstein) Summation über die Indizes der Flächenkoordinaten, so erhält man die abgekürzte Schreibweise $s = \int_a^b g_{\mu\nu} \frac{du^\mu}{dt}\frac{du^\nu}{dt}\, dt$ mit $g_{\mu\nu} = \frac{\partial x^i}{\partial u^\mu}\frac{\partial x^i}{\partial u^\nu}$ als metrischen Koeffizienten, wobei $g_{\mu\nu} = g_{\mu\nu}(u^1, u^2)$ nur von den Flächenpunkten abhängt und in den $\frac{du^\mu}{dt}$ die Richtung der beliebig auswählbaren Flächenkurven zum Ausdruck kommt. Die Flächenmetrik $ds^2 = g_{\mu\nu} du^\mu du^\nu$ ist eine positiv-definite quadratische Differentialform, auch erste Fundamentalform genannt, die erzeugt wird durch das (Euklidische) Skalarprodukt in der Tangentialebene des jeweiligen Flächenpunktes. Im ‚Unendlich Kleinen' lassen sich immer Cartesische Koordinaten $x^i$ mit der Darstellung $ds^2 = (dx^1)^2 + (dx^2)^2 + (dx^3)^2$ angeben, d.h. ‚lokal' gilt auf den Gaußschen Flächen die Euklidische Geometrie. Die Metrik $ds^2$ ist gegen eindeutige und in jede Richtung stetig differenzierbare Koordinatentransformationen $\bar{u}^1 = \bar{u}^1(u^1, u^2)$, $\bar{u}^2 = \bar{u}^2(u^1, u^2)$ nach den folgenden (auf G. Ricci zurückgehenden) Gesetzen invariant: $ds^2 = \bar{g}_{\mu\nu}\, d\bar{u}^\mu d\bar{u}^\nu$ mit entsprechend definierten $d\bar{u}^\mu = \frac{\partial \bar{u}^\mu}{\partial u^\rho} du^\rho$ und $\bar{g}_{\mu\nu}$, $g_{\mu\nu} = \bar{g}_{\alpha\beta} \frac{\partial \bar{u}^\alpha}{\partial u^\mu}\frac{\bar{u}^\beta}{\partial u^\nu}$ und $g = \bar{g}\left|\frac{\partial \bar{u}^\nu}{\partial u^\mu}\right|^2$ für die Diskriminante $g = g_{11}g_{22} - g_{12}^2$.

Um das Krümmungsverhalten einer Fläche in einem Punkt $P$ zu studieren, wird die zur Tangentialebene in $P$ senkrecht stehende Gerade (Flächennormale) eingeführt. Als Normalenschnitte bezeichnet man die Schnittkurven der Fläche mit den durch die Flächennormale gehenden Ebenen. Der jeweilige Krümmungsradius einer solchen Schnittkurve (vgl. 5.31) liegt auf der Flächennormalen. Dreht man nun eine Ebene um die Flächennormale, so wandert der Krümmungsmittelpunkt zur Krümmung der jeweiligen Schnittkurve in $P$ in charakteristischer Weise zwischen zwei Grenzwerten auf der Flächennormalen. Betrachtet man z.B. $P$ auf einem Ellipsoiden (elliptischer Punkt), so wandert der Krümmungsmittelpunkt zwischen den Krümmungsmittelpunkten von $r_1$ und $r_2$ der beiden orthogonalen Schnitte $u_1$ und

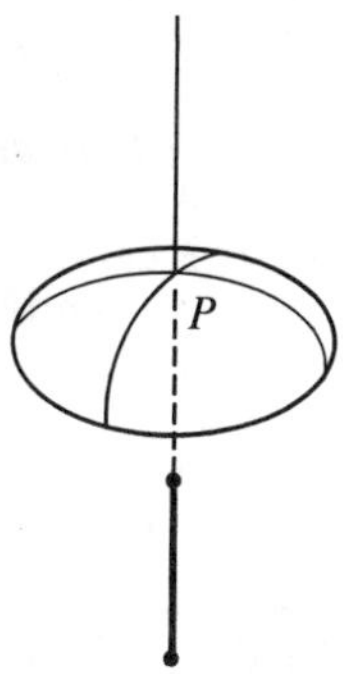


Abb. 5.31

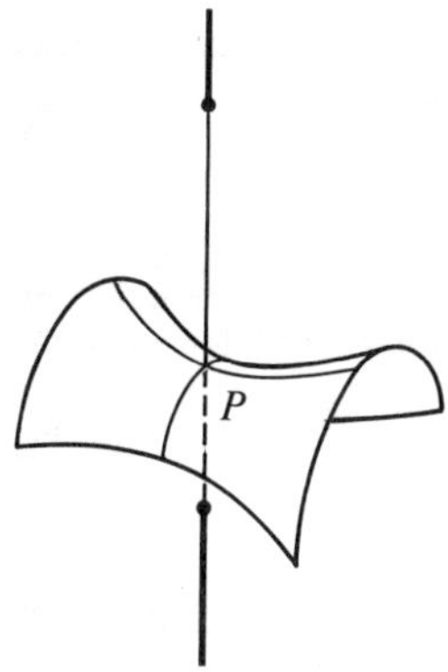


Abb. 5.32

$u_2$ (Abb. 5.31). $k_1 = \frac{1}{r_1}$ und $k_2 = \frac{1}{r_2}$ heißen die Hauptkrümmungen der Hauptkrümmungsradien $r_1, r_2$. $k = k_1 k_2$ ist die Flächenkrümmung in Punkt $P$. Für den hyperbolischen Punkt $P$ (Abb. 5.32) wandern die Krümmungsmittelpunkte gewissermaßen durch das Unendliche. Im parabolischen Fall verschwindet der Krümmungsmittelpunkt der Geraden ins Unendliche (Abb. 5.33):

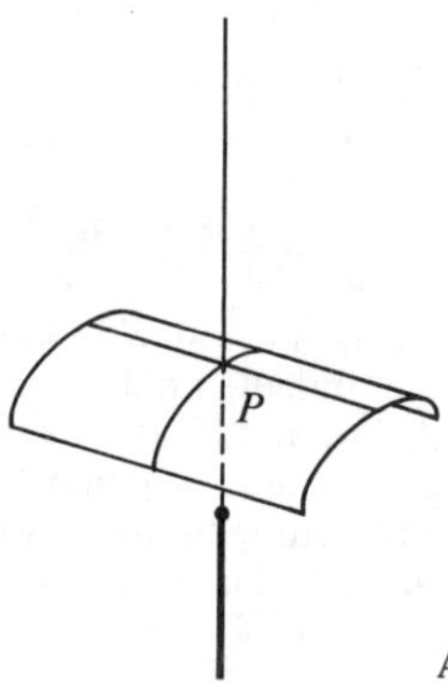


Abb. 5.33

Die entscheidende Entdeckung Gaußens besteht nun darin, die Flächenkrümmung ohne den umgebenden 3-dimensionalen Raum einzuführen, d.h. in seiner Symbolik nur mit Hilfe von $E, F, G$ und den 1. und 2. partiellen Ableitungen nach $u^\mu$ bzw. nur mit Hilfe der metrischen Koeffizienten $g_{\mu\nu}$.

Das Krümmungsverhalten von Flächenstücken studiert Gauß auf einer Einheitskugel, indem er zunächst zu den auf den Tangentialebenen der Flächenpunkte senkrecht stehenden Normalen die Parallelen durch den Mittelpunkt der Einheitskugel zieht.[42] Gauß wurde zu dieser sphärischen Abbildung durch die Astronomie angeregt, die Richtungen auf eine fingierte Himmelskugel von unendlichem Durchmesser projiziert. Ist der Inhalt des Flächenstücks $\mathsf{F} = \iint\limits_{\mathbf{B}} \sqrt{g}\, du^1\, du^2$ und des sphärischen Bildes $\mathsf{G} = \iint\limits_{\mathbf{B}} K\sqrt{g}\, du^1\, du^2$, dann ist die Gaußsche Krümmung $K$ eines Flächenpunktes $P$ der Grenzwert einer Quotientenfolge aus sich um $P$ zusammenziehenden Flächenstücken F und ihren Bildern G auf der Einheitskugel, d.h. $K = \lim\limits_{\mathbf{B}\to 0} \frac{\mathsf{G}}{\mathsf{F}}$.[43] Gauß ging

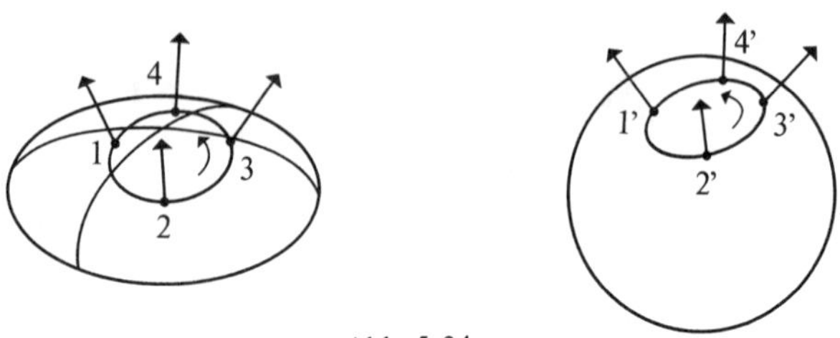


Abb. 5.34

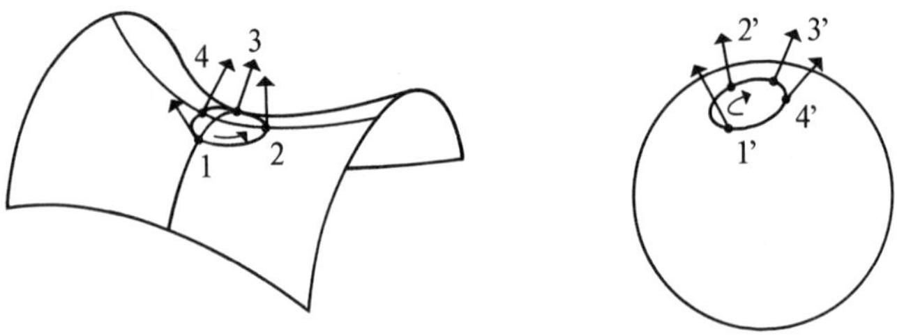


Abb. 5.35

von dieser Definition von $K$ aus, um dann $K = k_1 k_2$ zu beweisen. Da für elliptische Flächenpunkte der Umlaufsinn der Flächenstücke bei der sphärischen Abbildung erhalten bleibt (Abb. 5.34), liegt positive Krümmung vor, während hyperbolische Flächenpunkte wegen der Umkehrung des Umlaufsinns (Abb. 5.35) negative Krümmung besitzen. Für den parabolischen Fall erhalten wir die Nullkrümmung, da das sphärische Bild gegen Null verschwindet (Abb. 5.36):[44]

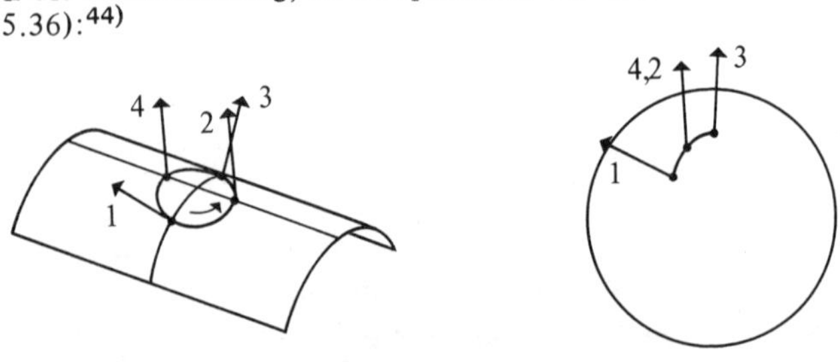


Abb. 5.36

Die Kugel mit Radius $r$ hat die Krümmung $K = 1/r^2$ in jedem Punkt. Gauß bezeichnet es als sein ‚Theorema egregium', die Krümmung ohne den umgebenden ‚äußeren' Raum, d.h. als charakteristische Größe der ‚inneren' Flächengeometrie bestimmt zu haben. Nach diesem Satz bleibt die Krümmung bei Verbiegungen der Fläche erhalten.[45)]

Von besonderem Interesse waren bereits in der sphärischen und hyperbolischen Trigonometrie Lamberts die Dreiecksflächen (vgl. 4.32). Gauß zeigt allgemein, daß für ein Dreieck aus den kürzesten Verbindungen dreier Flächenpunkte (geodätisches Dreieck)[46)] mit Winkeln $\alpha, \beta, \gamma$ gilt: $\alpha + \beta + \gamma - \pi = \int\int K\, d\sigma$, wobei $d\sigma$ das Flächenelement ist. $\int\int K\, d\sigma$ wird als Totalkrümmung eines geodätischen Dreiecks bezeichnet. Falls $K$ konstant ist, läßt sich $K$ vor das Integral ziehen, d.h. $\alpha + \beta + \gamma - \pi = K\Delta$, wobei $\Delta = \int\int d\sigma$ die Dreiecksfläche ist. Wählt man die Maßeinheiten so, daß die drei konstanten Krümmungsfälle $K = 1, 0, -1$ zu unterscheiden sind, so erhalten wir mit Gauß die schon Lambert bekannten Winkelsummenformeln $\alpha + \beta + \gamma - \pi = \Delta$ für den sphärischen Fall ($K = +1$), $\alpha + \beta + \gamma = \pi$ für den Euklidischen Fall ($K = 0$) und $\pi - (\alpha + \beta + \gamma) = \Delta$ für den hyperbolischen Fall ($K = -1$).

Betrachtet man mit Gauß insbesondere gleichseitige geodätische Dreiecke von konstanter Krümmung, dann wächst im sphärischen Fall bei Verlängerung der Dreiecksseiten für $\alpha = \beta = \gamma = \pi$ die Fläche $\Delta$ von 0 zum Maximumwert $2\pi$, während sie im hyperbolischen Fall für $\alpha = \beta = \gamma = 0$ von 0 zum Maximumwert $\pi$ wächst (vgl. 4.32). Im hyperbolischen Fall können also die Seiten gegen Unendlich wachsen, während die Fläche kleiner als ein endlicher Wert $\pi$ bleibt. Zeichnerisch konnten wir uns diese Situation in Abb. 4.40 nur durch krumme Dreieckslinien verdeutlichen. Dreiecke lassen sich also im sphärischen und hyperbolischen Fall nicht beliebig vergrößern und verkleinern, ohne die Form der Seiten bzw. die Größe der Winkel zu verändern. Zudem gibt es absolute Flächen- und Seitengrößen. Insgesamt kann es also in diesen Geometrien keine Ähnlichkeitsgesetze geben wie in der Euklidischen Geometrie (vgl. Brief von Gauß an Schumacher in 4.32).

## 5.33 Anwendungen in Geodäsie, Kartographie und Mechanik

Für die Anwendungen der Gaußschen Flächengeometrie[47)] sind die eineindeutigen Transformationen hervorzuheben, welche die Fläche längentreu (mit Invarianz der Kurvenlänge), konform (mit Invarianz der Winkelgröße) und flächentreu (mit Invarianz der Flächengröße) abbilden. Man betrachte die Kugel mit Radius $r$ und Kugelkoordinaten $x^1 = r \cos\beta \sin\lambda$, $x^2 = r\cos\beta\cos\lambda$, $x^3 = r\sin\beta$. Die Kugelmetrik beträgt $ds_K^2 = (dx^1)^2 + (dx^2)^2 + (dx^3)^2 = r^2\cos^2\beta\, d^2\lambda + r^2 d\beta^2$. Die ebene Merkator-Karte[48)] mit den cartesischen Koordinaten $y^1, y^2$ und der Metrik $ds_E^2 = (dy^1)^2 + (dy^2)^2$ entsteht nun durch eine zwar konforme, aber flächenverzerrende Abbildung

$y^1 = r\lambda, y^2 = r\int_0^\beta \frac{d\beta}{\cos\beta}$ der Kugelmetrik $ds_K^2 = r^2\cos^2\beta\, d\lambda^2 + r^2 d\beta^2 = \cos^2\beta\,((dy^1)^2 + (dy^2)^2)$. Die Technik der Abbildung ist in 3.2 beschrieben, die entsprechende Karte in Abb. 5.39 wiedergegeben. Demgegenüber hatte J. H. Lambert eine Kartenprojektion vorgeschlagen[49)], die durch die bis auf einen Verkleinerungsfaktor flächentreue Transformation $y^1 = r\lambda, y^2 = r\sin\beta$ entsteht. Technisch wird also bei der Lambert-Projektion die Karte um den

Kugeläquator zylinderförmig gerollt und der Kugelpunkt $P$ mit demselben Abstand $r \sin \beta$ vom Äquator und derselben Bogenlänge $r\lambda$ mit dem Drehungswinkel $\lambda$ auf den Zylindermantel abgebildet (Abb. 5.37). Die flächentreue Karte hat die Form in Abb. 5.38.

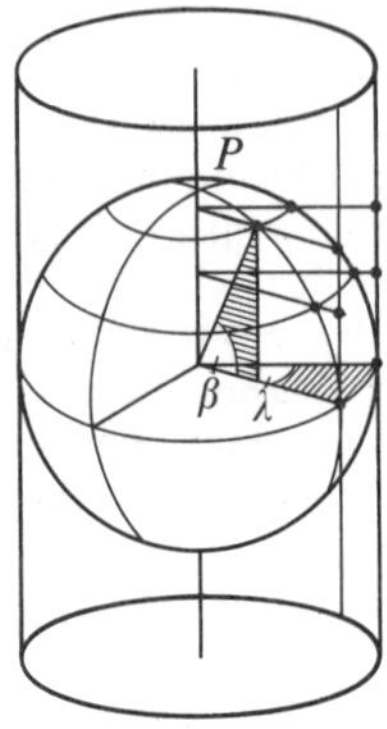


Abb. 5.37

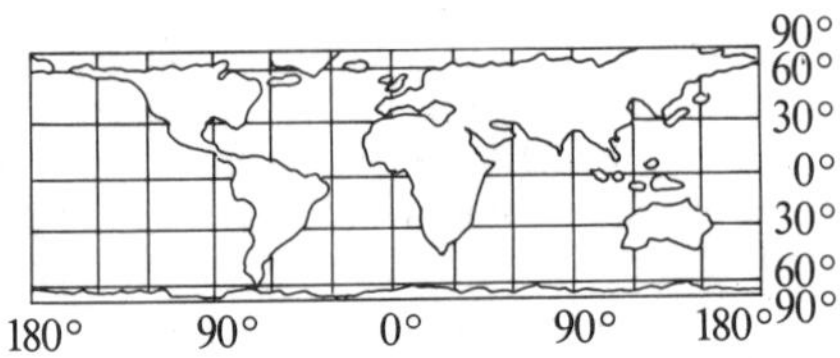


Abb. 5.38

Längentreue Abbildungen sind zwar stets konform, aber nicht umgekehrt, wie z.B. die konformen, aber nicht längentreuen Ähnlichkeitstransformationen der Euklidischen Geometrie zeigen.

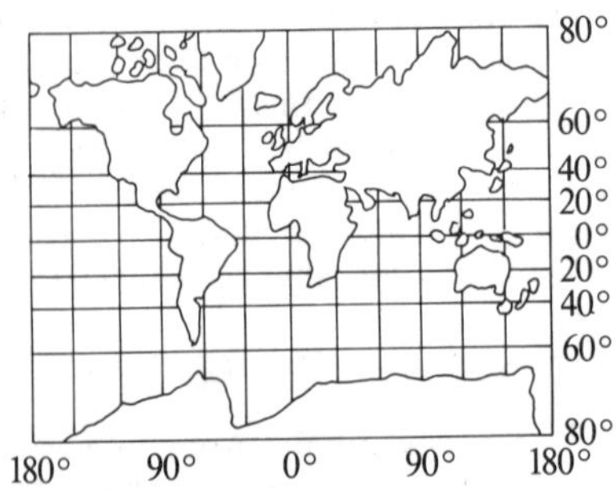


Abb. 5.39

Geodätische Linien als kürzeste bzw. ‚geradeste' Verbindungen von Flächenpunkten fanden sowohl in der Geodäsie als auch Mechanik Anwendung. So formulierte Gauß 1829 sein ‚Prinzip des kleinsten Zwanges'[50], nach dem Körper unter dem Einfluß äußerer Kräfte immer den Weg mit geringsten möglichen Abweichungen von der geraden Bewegung nach dem Galileischen Trägheitsprinzip wählen. Mathematisch handelt es sich um ein Problem der Variationsrechnung, nämlich unter den möglichen Verbindungen zweier Punkte diejenige mit der geforderten Minimumverbindung herauszufinden. Gauß zerlegt dazu – analog wie D'Alembert in seinem 1743 erschienenen *Traité de Dynamique* – die angreifenden Kräfte $F_k$ an Massen $m_k$ in zwei Teile, nämlich in den zur Wirkung kommenden, ‚bewegenden' Anteil $F_k^b$ und in einen (aufgrund z.B. von Verbindungen der Massen $m_k$) nicht zur Wirkung kommenden, ‚verlorenen' Anteil $F_k^v$ mit $F_k = F_k^b + F_k^v$. Mit $s_k$ sei in Abb. 5.40 die Streckenabweichung zwischen den Wegen von $m_k$ aufgrund von $F_k^b$ und $F_k$ in einem sehr kleinen Zeitelement bezeichnet. Dann fordert das Gaußsche Prinzip, daß die Abweichungssumme $\sum_k m_k s_k^2$ minimal sei.

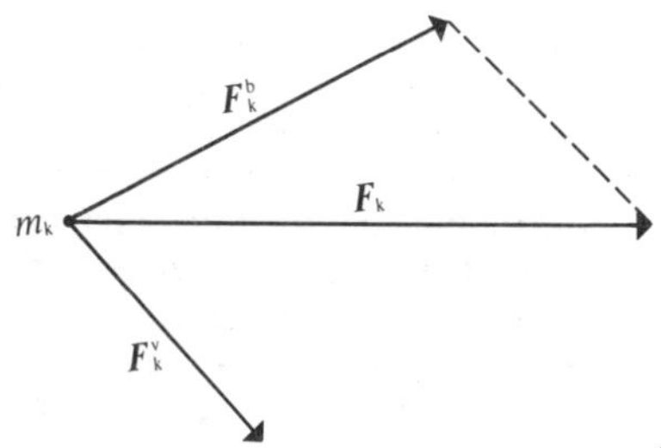


Abb. 5.40

Man sieht analytisch leicht, wie das Gaußsche Prinzip mit dem D'Alembertschen Prinzip[51], wonach die Kräfte $F_k^v$ des Massensystems im Gleichgewicht sind, zusammenhängt. Wegen Newtons Kraftgleichung $F_k^b = m_k \cdot \dot{v}_k$ ist nämlich $F_k^v = F_k - F_k^b = m_k \left(\frac{F_k}{m_k} - \dot{v}_k\right)$. Dann ist nach Galilei

$$s_k = \frac{1}{2}\left(\frac{F_k}{m_k} - \dot{v}_k\right) t^2, \text{ also } \Sigma\, m_k s_k^2 = \frac{t^4}{4}\, \Sigma\, m_k \left(\frac{F_k}{m_k} - \dot{v}_k\right)^2. \text{ Daher ist}$$

die Gaußsche Minimalitätsforderung auch für $\Sigma\, m_k \left(\frac{F_k}{m_k} - \dot{v}_k\right)^2$ zu stellen, wobei der konstante Faktor $\frac{t^4}{4}$ vernachlässigt werden kann. Daraus erhält man sofort das D'Alembertsche Prinzip mit $\Sigma\,(F_k - m_k \dot{v}_k)\,\delta x_k = \Sigma\, F_k^v\, \delta x_k = 0$.

H. Hertz hat das Gaußsche Prinzip als Axiom an den Anfang seiner 1894 erschienen *Prinzipien der Mechanik* gestellt.[52] Den wirklichen Weg, den eine Masse nach dem Gaußschen Prinzip mit der geringsten Abweichungssumme von einer ungehinderten (freien) Bewegung wählt, nennt er den ‚geradesten' Weg. Da nach dem Galileischen Trägheitsprinzip ein Körper im Zustand der Ruhe verharrt oder sich geradlinig gleichförmig fortbewegt, genügt nach Hertz folgendes Prinzip als Axiom der Mechanik: „Jedes freie System beharrt in seinem Zustand der Ruhe oder der gleichförmigen Bewegung in seiner geradesten Bahn." Wissenschaftsgeschichtlich ist dabei bezeichnend, daß Gauß unter den verschiedenen Alternativen mechanischer Prinzipien gerade dasjenige findet, das mit seinen differentialgeometrischen Überlegungen über geodätische (kürzeste) Verbindungen eng zusammenhängt.

## 5.34 Differentialgeometrie Riemannscher Mannigfaltigkeiten

Die Resultate der Gaußschen Flächentheorie wurden von B. Riemann (1826–1866) in seiner berühmten Habilitationsrede[53)] von 1854 für $n$-dimensionale differenzierbare Mannigfaltigkeiten verallgemeinert. Dies war möglich, nachdem Gauß die 2-dimensionalen Flächen unabhängig von einem umgebenden Cartesischen Raum charakterisiert hatte. Analog wie Graßmann wird Riemann bei seiner Verallgemeinerung nicht anschaulich-physikalisch motiviert, sondern durch rein innermathematische, bestenfalls philosophische Fragen. Um philosophischen Streitigkeiten über ‚$n$-dimensionale' Räume aus dem Wege zu gehen, wählt Riemann analog wie Graßmann eine neue Terminologie und spricht von ‚Mannigfaltigkeiten'. Auffallend an Riemanns kurzer, aber epochemachender Arbeit ist, daß sie fast ohne Formeln geschrieben ist. Riemann unterscheidet zunächst ‚Mannigfaltigkeiten' und deren ‚Bestimmungsweisen'. Je nachdem, ob von einer Bestimmungsweise einer Mannigfaltigkeit zur anderen ein stetiger Übergang stattfindet oder nicht, unterscheidet er stetige von diskreten Mannigfaltigkeiten.

Von einer 1-fach ausgedehnten Mannigfaltigkeit sagt er, daß es „deren wesentliches Kennzeichen ist, daß in ihr von einem Punkte nur nach zwei Seiten, vorwärts und rückwärts, ein stetiger Fortgang möglich ist."[54)] Beispiele solcher 1-fach ausgedehnten Mannigfaltigkeiten sind die reellen Zahlen bezüglich der Ordnungsrelation des reellen Kontinuums oder die nach ihrer Tonstärke geordneten Töne gleicher Höhe oder die geordneten Punkte einer Euklidischen Geraden. „Denkt man sich nun, daß die 1-fache Mannigfaltigkeit wieder in eine andere, völlig verschiedene, übergeht, und zwar wieder auf bestimmte Art, d.h. so daß jeder Punkt in einen bestimmten Punkt der anderen übergeht, so bilden sämtliche so erhaltenen Bestimmungsweisen eine 2-fach ausgedehnte Mannigfaltigkeit."[55)] Beispiel ist die 2-fach ausgedehnte Tonmannigfaltigkeit, in der jeder Ton sowohl seiner Intensität nach bei konstanter Höhe als auch seiner Höhe nach bei konstanter Intensität stetig geordnet ist. Formal läßt sich nach Riemann so nach einer $n$-fach ausgedehnten Mannigfaltigkeit eine $(n + 1)$-fach ausgedehnte Mannigfaltigkeit einführen. Dabei wird „die Ortsbestimmung in einer $n$-fach ausgedehnten Mannigfaltigkeit, wenn dieses möglich ist, auf eine endliche Anzahl von Quantitätsbestimmungen zurückgeführt."[56)] Diese Quantitätsbestimmungen sind die Koordinaten der Mannigfaltigkeitspunkte.

In einem nächsten Schritt untersucht Riemann die metrischen Verhältnisse, die in einer Mannigfaltigkeit möglich sind. Während auf der Euklidischen Ebene ein Vergleich verschiedener Punktabstände immer möglich ist, läßt sich in der 2-fach ausgedehnten Tonmannigfaltigkeit der Abstand zweier gleich hoher Töne verschiedener Intensität im allgemeinen nicht mit dem Abstand zweier gleich intensiver Töne verschiedener Höhe vergleichen. Bei $n$-fach ausgedehnten Mannigfaltigkeiten wird die Metrik auch nicht – wie in Gaußens Flächengeometrie noch möglich – durch den umgebenden Euklidischen Raum induziert. Riemann wählt daher in Verallgemeinerung der Gaußschen Flächenmetrik die (positiv-definite) quadratische Differentialform $ds^2 = \sum_{\mu,\nu=1}^{n} g_{\mu\nu}\, du^\mu du^\nu$ und fragt nach den von der Wahl der Koordinaten $u^1, \ldots, u^n$ unabhängigen Eigenschaften. Die Koeffizienten $g_{\mu\nu}$ werden als stetige Ortsfunktionen der jeweiligen Mannigfaltigkeit eingeführt. Während die Punkte auf der Euklidischen Ebene oder der Kugel überall dieselbe Krümmung haben, können allgemein die Punkte 2-fach ausgedehnter (2-dimensionaler) Riemannscher Mannigfaltigkeiten unterschiedliche ‚Krümmungen' aufweisen. Mathematisch ist die ‚Krümmung' einer Mannigfaltigkeit in einem Punkt eine Funktion, die nur von den Ortsfunktionen $g_{\mu\nu}$ abhängt, deren Werte im allgemeinen von Ort zu Ort verschieden sind. Während mit der Bezeichnung ‚Krümmung' bei den Gaußschen krummen Flächen im Euklidischen Raum noch anschauliche Vorstellungen verknüpft werden können, versagt diese Heuristik für beliebig dimensionale Riemannsche Mannigfaltigkeiten völlig.

## 5.35 Tensorkalkül und Einsteins Gravitationstheorie

Nachdem E. Christoffel 1869 das ‚kovariante Differenzieren' bei allgemeinen Koordinaten $u^\mu$ und G. Ricci und T. Levi-Civita um 1900 einen Kalkül für verallgemeinerte Vektoren (Tensoren)[57] eingeführt hatten, stand der mathematische Formalismus der Riemannschen Differentialgeometrie bereit, den A. Einstein (1879–1955) zur Formulierung seiner Gravitationsgleichungen in der allgemeinen Relativitätstheorie von 1916 benötigte.[58] In der speziellen Relativitätstheorie von 1905 hatte sich Einstein noch auf Inertialsysteme als Bezugssysteme beschränkt.[59] Um sowohl für die Bewegungsgleichungen der Newtonschen Mechanik als auch die der Maxwellschen Elektrodynamik die Invarianz bei Koordinatentransformationen zu garantieren, hatte er die Galilei-Transformationen durch die Lorentz-Transformationen ersetzt. Damit sollte die Objektivität der physikalischen Gesetze, d.h. ihre Geltung unabhängig vom Bezugssystem (hier: Inertialsystem) eines Beobachters, gesichert sein.

Mathematisch handelt es sich um Transformationen $x'^\alpha = a_0^\alpha x^0 + a_1^\alpha x^1 + a_2^\alpha x^2 + a_3^\alpha x^3 + a^\alpha$ für Cartesische Koordinaten $x^\beta$ mit Konstanten $a^\alpha$ und $a_\beta^\alpha$, wobei $a_\gamma^\alpha\, a_\delta^\beta \eta_{\alpha\beta} = \eta_{\gamma\delta}$ und $\eta_{\alpha\beta} := \begin{cases} -1, & \text{für } \alpha = \beta = 0 \\ 0, & \text{für } \alpha \neq \beta \\ +1, & \text{für } \alpha = \beta = 1, 2 \text{ oder } 3. \end{cases}$

Gemäß den Einsteinschen Abkürzungen für Summationen (vgl. 5.33) läßt sich auch $x'^\alpha = a_\beta^\alpha\, x^\beta + a^\alpha$ schreiben. Physikalisch ist $x^0 = t$ die Zeitkoordinate. Die Lorentz-Transformationen lassen nun die Eigenzeit $d\tau$ mit $d\tau^2 := dt^2 - d\mathbf{x}^2 = -\eta_{\alpha\beta}\, dx^\alpha\, dx^\beta$ invariant. Es ist nämlich $dx'^\alpha = a_\gamma^\alpha\, dx^\gamma$, also

$$d\tau'^2 = -\eta_{\alpha\beta}\, dx'^\alpha\, dx'^\beta = -\eta_{\alpha\beta}\, a^\alpha_\gamma\, a^\beta_\delta\, dx^\gamma\, dx^\delta = -\eta_{\gamma\delta}\, dx^\gamma\, dx^\delta = d\tau^2 .$$

Die Invarianz $d\tau'^2 = d\tau^2$ entspricht physikalisch der auf Michelson und Morley zurückgehenden Unveränderlichkeit der Lichtgeschwindigkeit in allen Inertialsystemen. $-d\tau^2$ ist die Metrik des 4-dimensionalen Minkowski-Raumes mit der Koeffizientenmatrix $\eta_{\alpha\beta}$. Wegen $a^\alpha_\gamma\, a^\beta_\delta\, \eta_{\alpha\beta} = \eta_{\gamma\delta}$ ist $\eta_{\alpha\beta}$ ein kovarianter Tensor mit $\delta^\alpha_\beta = \eta^{\alpha\gamma}\, \eta_{\gamma\beta}$ für sein kontravariantes Gegenstück $\eta^{\alpha\gamma}$.

1907 weitete Einstein seine Untersuchung auf beschleunigte Bezugssysteme aus.[60)] Er setzte voraus, daß die Beschleunigungswirkung eines Bezugssystems nicht von der Wirkung eines Gravitationsfeldes unterschieden werden kann: Bekannt ist sein Beispiel eines Experimentators, der in einem frei fallenden und abgeschlossenen Aufzug die Wirkungen eines Gravitationsfeldes nicht bemerken kann. Die Gravitationswirkung z.B. der Sonne ist äquivalent einer Beschleunigung von der Sonne weg. Das Einsteinsche Äquivalenzprinzip besagt daher, daß wenigstens ‚lokal', d.h. in sehr kleinen Raum-Zeit-Abschnitten, ein Inertialsystem gewählt werden kann, wobei die Gravitationswirkung aufgehoben wird. Unter Voraussetzung dieser physikalischen Hypothese waren die Bewegungsgleichungen neu zu formulieren.

Angenommen ein Körper bewegt sich unter der Einwirkung von Gravitationskräften. Nach dem Äquivalenzprinzip läßt sich ein Bezugssystem mit Koordinaten $x^\alpha$ wählen, so daß sich der Körper auf einer geraden Linie nach der Bewegungsgleichung $\frac{d^2x^\alpha}{d\tau^2} = 0$ mit der Eigenzeit $d\tau^2$ bewegt.

Von einem beliebigen Bezugssystem aus mit eventuell krummlinigen Koordinaten $u^\mu$ gilt wegen der funktionalen Abhängigkeit $x^\alpha(u^\mu)$ die Bewegungsgleichung $0 = \frac{d}{d\tau}\left(\frac{dx^\alpha}{d\tau}\right) = \frac{d}{d\tau}\left(\frac{\partial x^\alpha}{\partial u^\mu}\frac{du^\mu}{d\tau}\right)$

$$= \frac{\partial x^\alpha}{\partial u^\mu}\frac{d^2u^\mu}{d\tau^2} + \frac{\partial^2 x^\alpha}{\partial u^\mu \partial u^\nu}\frac{du^\mu}{d\tau}\frac{du^\nu}{d\tau}$$

Multipliziert man die Gleichung mit $\frac{\partial u^\lambda}{\partial x^\alpha}$ und beachtet die Regel $\frac{\partial x^\alpha}{\partial u^\mu}\frac{\partial u^\lambda}{\partial x^\alpha} = \delta^\lambda_\mu$, so erhält man die Bewegungsgleichung

$$0 = \frac{d^2u^\lambda}{d\tau^2} + \Gamma^\lambda_{\mu\nu}\frac{du^\mu}{d\tau}\frac{du^\nu}{d\tau}, \text{ wobei } \Gamma^\lambda_{\mu\nu} := \frac{\partial u^\lambda}{\partial x^\alpha}\frac{\partial^2 x^\alpha}{\partial u^\mu\, \partial u^\nu} \text{ definiert ist.}$$

Ebenso läßt sich die Eigenzeit in den Koordinaten $u^\mu$ angeben. Es ist nämlich

$$d\tau^2 = -\eta_{\alpha\beta}\, dx^\alpha\, dx^\beta = -\eta_{\alpha\beta}\frac{\partial x^\alpha}{\partial u^\mu}du^\mu\frac{\partial x^\beta}{\partial u^\nu}du^\nu$$

$$= - g_{\mu\nu} du^\mu du^\nu \text{ mit } g_{\mu\nu} = \frac{\partial x^\alpha}{\partial u^\mu} \frac{\partial x^\beta}{\partial x^\nu} \eta_{\alpha\beta}.$$

Mathematisch ist $g_{\mu\nu}$ die Koeffizientenmatrix der Metrik $ds^2 = - d\tau^2$ einer 4-dimensionalen Riemannschen Mannigfaltigkeit, wie wir sie für den 2-dimensionalen Fall der Fläche bereits in 5.35 kennengelernt haben. Wegen der Transformationsmöglichkeit $g_{\mu\nu} = \bar{g}_{\alpha\beta} \frac{\partial \bar{u}^\alpha}{\partial u^\mu} \frac{\partial \bar{u}^\beta}{\partial u^\nu}$ handelt es sich um einen kovarianten Tensor mit $g^{\lambda\mu} g_{\mu\nu} = \delta^\lambda_\nu$ für sein kontravariantes Gegenstück $g^{\lambda\mu}$. Physikalisch kommt die Wirkung des Gravitationsfeldes in dem Christoffelschen Symbol $\Gamma^\lambda_{\mu\nu}$ zum Ausdruck, denn für $\Gamma^\lambda_{\mu\nu} = 0$ und $g_{\mu\nu} = \eta_{\mu\nu}$ erhalten wir die Bewegungsgleichung in einem Inertialsystem der speziellen Relativitätstheorie. Die $g_{\mu\nu}$ lassen sich auch als Gravitationspotentiale nachweisen, da ihre Ableitungen eine Darstellung von $\Gamma^\lambda_{\mu\nu}$ erlauben.

Einstein suchte in dem Zeitraum von 1907 bis 1915 nach den allgemeinen Feldgleichungen, in denen die Gravitationspotentiale $g_{\mu\nu}$ mit den bis dahin unberücksichtigten Ursachen des Gravitationsfeldes, den gravitierenden Massen, verknüpft werden sollten. Da diese Feldgleichungen als objektives physikalisches Gesetz invariant gegen beliebige Transformationen $u^\mu \to \bar{u}^\mu$ sein mußten, waren sie mathematisch mit kovarianten Tensoren zu formulieren. Ableitungen von Tensoren wie z.B. $g_{\mu\nu}$ führen aber im allgemeinen nicht wieder zu Tensoren. Bereits 1869 hatte Christoffel den Ausdruck $\Gamma^\lambda_{\mu\nu}$ verwendet, um das ‚kovariante Differenzieren' so zu definieren, daß die Ableitung wieder ein Tensor ist. Einstein versuchte daher, die Feldgleichungen mit den $g_{\mu\nu}$ und ihren kovarianten Ableitungen zu formulieren, um so ihre Kovarianz zu garantieren. In der Tat läßt sich nach Christoffel und Riemann aus dem metrischen Tensor $g_{\mu\nu}$ und seinen 1. und 2. Ableitungen genau ein neuer Tensor $R^\lambda_{\mu\nu\kappa}$ einführen. Den gesuchten Zusammenhang mit dem Energie-Impuls-Tensor $T_{\mu\nu}$ der Materie lieferte 1915 Einsteins Gleichung $R_{\mu\nu} - \frac{1}{2} g_{\mu\nu} R = - pT_{\mu\nu}$, wobei $p$ eine Konstante, $R_{\mu\nu} := R^\lambda_{\mu\lambda\nu}$ die Ricci-Form des Riemann-Christoffel-Tensors, $R_{\lambda\mu\nu\kappa} := g_{\lambda\sigma} R^\sigma_{\mu\nu\kappa}$ und $R := g^{\mu\kappa} R_{\mu\kappa}$ ein Skalar ist. $R^\lambda_{\mu\nu\kappa}$ bringt in charakteristischer Weise die Wirkung des Gravitationsfeldes zum Ausdruck: Damit nämlich $g_{\mu\nu}$ mit der Minkowski-Metrik $\eta_{\alpha\beta}$ der speziellen Relativitätstheorie äquivalent ist, muß $R^\lambda_{\mu\nu\kappa} = 0$ sein (und an einem Punkt die Matrix $g^{\mu\nu}$ drei positive und einen negativen Eigenwert haben).

Mathematisch charakterisiert $R^\lambda_{\mu\nu\kappa}$ die 4-dimensionale Riemannsche Mannigfaltigkeit mit dem metrischen Tensor $g_{\mu\nu}$ in der gleichen Weise wie die Krümmung $K$ die 2-dimensionalen Gaußschen Flächen. So ist die Metrik $ds^2$ bei $n$-dimensionalen Mannigfaltigkeiten invariant gegen $R^\lambda_{\mu\nu\kappa}$ wie bei 2-dimensionalen Flächen gegen $K$. Ferner ergibt sich für $R^\lambda_{\mu\nu\kappa}$ im 2-dimensionalen Fall $R_{\mu\nu} = g_{\mu\nu} \frac{R_{1212}}{g_{11}g_{22} - g_{12}^2}$ und $R = 2 \frac{R_{1212}}{g_{11}g_{22} - g_{12}^2}$. Mit

$K = -\frac{R}{2} = -\frac{R_{1212}}{g}$ ist die Gaußsche Krümmung $K$ durch den Riemann-Christoffel-Tensor eindeutig bestimmt. Auf diesen Spezialfall geht die Bezeichnung ‚Krümmungstensor' für $R^{\lambda}_{\mu\nu\kappa}$ zurück. Geometrisch-anschaulich ist diese Bezeichnung für den Riemann-Christoffel-Tensor also nur im 2-dimensionalen Fall gerechtfertigt.

Variable Krümmungstensoren, die sich von Punkt zu Punkt einer Mannigfaltigkeit ändern, deuten auf inhomogene Gravitationsfelder, die sich in bestimmten Raum-Zeitabständen ändern (vgl. z.B. die Schwankungen im Gravitationsfeld der Sonne). Charakteristisch für das Verhältnis von Gauß-Riemannscher Differentialgeometrie und Einsteins Gravitationstheorie ist folgende Analogie: So wie es für ein Gaußsches Koordinatensystem mit der Metrik $g_{\mu\nu}$ lokal (d.h. im ‚unendlich Kleinen') ein Cartesisches Koordinatensystem mit pythagoreischer Metrik gibt (vgl. 5.32), so läßt sich für alle Koordinatenpunkte eines Gravitationsfeldes lokal ein Inertialsystem angeben, in dem die Gesetze der speziellen Relativitätstheorie gelten.

## 5.4 Homogenität und Bewegungsgruppe

Bereits Riemann interessierte sich für den Spezialfall von Mannigfaltigkeiten mit überall konstanter selber Krümmung wie z.B. bei der Euklidischen Ebene. Gibt es außer der Euklidischen Ebene noch Mannigfaltigkeiten mit konstanter Krümmung? Für den Physiker und Physiologen Hermann von Helmholtz (1821–1894)[61)] stellte sich zudem die Frage, ob solche Mannigfaltigkeiten in der gleichen Weise anschaulich sind und für die Physik Verwendung finden wie die Euklidische Geometrie. Philosophisch war damit die Auseinandersetzung mit Kants Raumtheorie in der 2. Hälfte des 19. Jahrhunderts eingeleitet. Mathematisch kristallisierte sich in Helmholtzens Ansatz ein Grundbegriff moderner Differentialgeometrie heraus – die stetige Bewegungsgruppe.

### 5.41 Homogene Mannigfaltigkeiten

Neben der Euklidischen Ebene mit $K = 0$ hat eine Kugel mit Radius 1 in allen Punkten die konstante positive Krümmung $K = 1$. Auch Lamberts imaginäre Kugel mit Radius $i$ hat in allen Punkten konstante Krümmung, allerdings negativ $K = -1$. Riemann verallgemeinerte daher den Kugelbegriff $n$-dimensional so, daß der Fall mit positiver und negativer Krümmung erfaßt ist. Die Formel für eine $n$-dimensionale Kugel im $(n+1)$-dimensionalen Euklidischen Raum lautet $(x^0)^2 + K\mathbf{x}^2 = 1$ für eine Konstante $K$ und Koordinaten $x^0, x^1, \ldots, x^n$. Dann ist die Metrik $ds^2 = \frac{(dx^0)^2}{K} + d\mathbf{x}^2$ im $(n+1)$-dimensionalen Raum. Drückt man nun $x^0$ durch die Koordinaten $\mathbf{x}(= x^1, \ldots, x^n)$ aus, so erhält man $(x^0 \cdot dx^0)^2 = K^2(\mathbf{x} \cdot d\mathbf{x})^2$, also

$$\frac{(dx^0)^2}{K} = \frac{K(\mathbf{x} \cdot d\mathbf{x})^2}{(x^0)^2} = \frac{K(\mathbf{x} \cdot d\mathbf{x})^2}{1 - K\mathbf{x}^2}.$$ Man erhält so die Kugelmetrik

$ds^2 = d\mathbf{x}^2 + \dfrac{K(\mathbf{x} \cdot d\mathbf{x})^2}{1 - K\mathbf{x}^2}$. Für die Fälle $K = 0, K > 0, K < 0$ hat man so die Euklidische Metrik, die Metrik einer Kugel mit positiver und einer solchen mit negativer konstanter Krümmung.

Allgemein hat der Riemann-Christoffelsche Krümmungstensor für eine $n$-dimensionale Mannigfaltigkeit mit überall konstanter Krümmung die Gestalt $R_{\lambda\rho\sigma\nu} = K(g_{\sigma\rho}\, g_{\lambda\nu} - g_{\nu\rho}\, g_{\lambda\sigma})$ für eine Konstante $K$. Die allgemeinen Riemannschen Kugeln von der Krümmung $K$ genügen dieser Gleichung, ja, wie Riemann und später H. Weyl[62)] ausführten, die Kugeln sind die einzigen Mannigfaltigkeiten, welche diese Gleichung erfüllen, d.h. sie sind die einzigen Mannigfaltigkeiten mit konstanter Krümmung. Für den 2-dimensionalen Fall liefern also nur die seit Lambert, Gauß, Bolyai u.a. bekannten Fälle der Euklidischen, sphärischen und hyperbolischen Geometrie Mannigfaltigkeiten mit konstanter Krümmung. Die Punkte solcher Mannigfaltigkeiten sind bzgl. der Krümmung nicht zu unterscheiden, d.h. sie sind – mit den Worten von Leibniz – ‚ununterscheidbar' (indiscernibile), also homogen.

Während der Mathematiker Riemann die homogenen Mannigfaltigkeiten analytisch als Spezialfälle seiner abstrakten $n$-dimensionalen Mannigfaltigkeiten gewinnt, gibt der Physiker und Physiologe Helmholtz einige Jahre nach Riemanns Habilitationsvortrag eine anschaulich-physikalisch motivierte Einführung der homogenen Mannigfaltigkeiten.[63)] Als Physiologe und Mediziner hatte Helmholtz bei seiner Untersuchung der Sinnesorgane die Mannigfaltigkeiten von Ton- und Farbempfindungen untersucht: Töne lassen sich durch stetig veränderbare Tonhöhe und Tonstärke bestimmen (vgl. 5.34), also als Punkte einer 2-dimensionalen Mannigfaltigkeit. Farben lassen sich nach Helmholtz durch Mischung dreier Grundfarben, deren jeweilige Menge stetig veränderbar ist, auf der Netzhaut erzeugen, d.h. sie lassen sich als Punkte einer 3-dimensionalen Mannigfaltigkeit auffassen. Die Hautoberfläche des Körpers ist Beispiel für eine 2-dimensionale Mannigfaltigkeit, deren ‚Empfindungspunkte' von Ort zu Ort durch unterschiedliche Reizempfindlichkeiten charakterisiert sind.

Wodurch unterscheiden sich diese physiologischen Mannigfaltigkeiten von den bekannten geometrischen wie z.B. der Ebene? Helmholtzens Antwort lautet: Auf den geometrischen Mannigfaltigkeiten können wir überall Punktabstände vergleichen, d.h. wir können einen starren Maßstab überall auf der Mannigfaltigkeit frei bewegen.[64)] Demgegenüber ist z.B. in der 2-dimensionalen Tonmannigfaltigkeit eine solche Vergleichbarkeit von Punktabständen nicht überall gegeben: Zwei Töne gleicher Tonhöhe und verschiedener Lautstärke sind nicht mit zwei Tönen unterschiedlicher Tonhöhe, aber gleicher Lautstärke vergleichbar.

Die Euklidische Ebene ist im Sinne der freien Beweglichkeit eines starren Meßkörpers eine homogene Mannigfaltigkeit. Aber auch die Kugeloberfläche ist homogen, wenn wir als Maßstab ein der Fläche ‚eng' anliegendes Stück eines Großkreises wählen. Ein Gegenbeispiel bildet die Oberfläche eines Eies. Tragen wir nämlich am spitzen und stumpfen Ende des Eies einen Kreis mit Radius $r$ ab, so ist der Kreisumfang $U$ im ersten Fall kleiner als im zweiten. Der Kreis ist nicht frei verschiebbar, da die Krümmung der Eioberfläche am spitzen und stumpfen Ende variiert. Gibt es auch homogene Flächen mit negativer konstanter Krümmung? Lamberts imaginäre Kugel war ja nur ein Rechnungsausdruck ohne synthetisches Modell. Ein erstes Modell stammt von E. Beltrami (1835–1900).[65] Allerdings gibt es unter ihnen keine so einfache Form wie die Kugeloberfläche. Die drei angegebenen Flächen (Abb. 5.41) sind mit festen Rändern (Singularitäten) behaftet, über die hinaus die Flächen nicht stetig fortgesetzt werden können. Es läßt sich sogar (nach Hilbert) zeigen, daß jede Fläche von konstanter negativer Krümmung notwendig mit solchen Singularitäten behaftet sein muß:

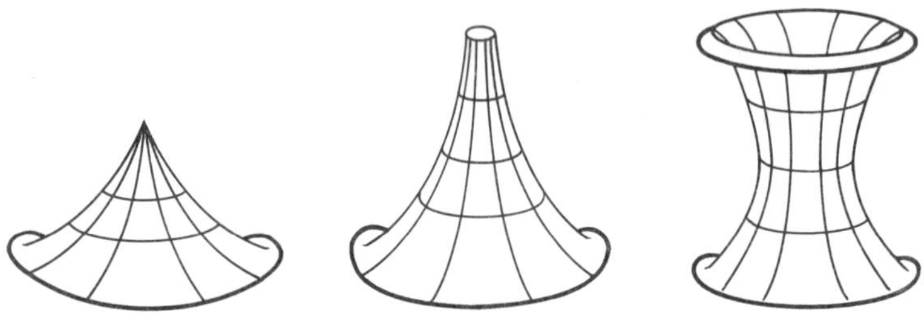

Abb. 5.41

## 5.42 Modelle und Helmholtzens Wahrnehmungstheorie

Die nicht-euklidischen Geometrien nach Lambert, Gauß, Bolyai, Lobatschewsky u.a. waren bis Mitte des 19. Jahrhunderts weitgehend ‚unanschaulich' in dem Sinne, daß ihre Sätze nur durch Rechnung in der Trigonometrie nachvollzogen werden konnten und nicht in einem anschaulichen Modell. In einer *Vorläufigen Mitteilung* von 1871 äußert sich F. Klein (1849–1925) *Über die sogenannte nicht-euklidische Geometrie* mit dem Ziel, die „sehr abstrakten Spekulationen" der nicht-euklidischen Theorien durch „Bilder" zu veranschaulichen: „Das Bedürfnis, die sehr abstrakten Spekulationen, welche zur Aufstellung der dreierlei Geometrien . . . geführt haben, zu versinnlichen, hat dahin geführt, Beispiele von Maßbestimmungen aufzusuchen, die als Bilder der genannten Geometrien aufgefaßt werden können, und damit zugleich die innere Folgerichtigkeit jeder einzelnen in Evidenz setzen . . . "[66]

Faßt man Axiome als Formeln auf, so sind Grundbegriffe wie ‚Punkt', ‚Gerade', ‚Ebene' und Relationen wie ‚Inzidenz' und ‚Kongruenz' nichts anderes als Variablen, die durch bestimmte inhaltliche Vorstellungen interpretiert werden können. Eine formale nicht-euklidische Theorie besteht dann aus den üblichen Axiomen für Inzidenz, Kongruenz, den (von Pasch hinzugefügten) Anordnungsaxiomen, Stetigkeit und der Negation des Parallelenaxioms, die entweder unendlich viele oder keine Parallelen durch einen Punkt $P$ zu einer Geraden (auf der $P$ nicht liegt) fordert. Die Grundbegriffe und Relationen einer solchen nicht-euklidischen Theorie nennen wir ‚nicht-euklidischer Punkt', ‚nicht-euklidische Gerade', . . . etc. Sie sind nach Klein durch Euklidische Begriffe zu ersetzen derart, daß die formalen

Axiome der nicht-euklidischen Theorie in wahre Euklidische Sätze übergehen.

Für Kleins Modell der hyperbolischen Geometrie interpretiere man nicht-euklidische Punkte durch Punkte im Inneren eines fest gegebenen Kreises, nicht-euklidische Geraden durch die Sehnen dieses Kreises (ohne Einrechnung der Eckpunkte). Die Punkte des Kreises und die äußeren Punkte zählen also nicht zu den Punkten des Systems. Die nicht-euklidische Ebene wird durch das Innere des Kreises interpretiert. Man prüft leicht nach, daß die Euklidischen Axiome der Inzidenz und Anordnung durch dieses System erfüllt werden. Eine Ausnahme bildet das Parallelitätsaxiom, da es offenbar unendlich viele nicht-euklidische Geraden durch $P$ gibt, welche die nicht-euklidische Gerade $UV$ (Abb. 5.42) nicht schneiden, also nicht-euklidisch parallel sind.

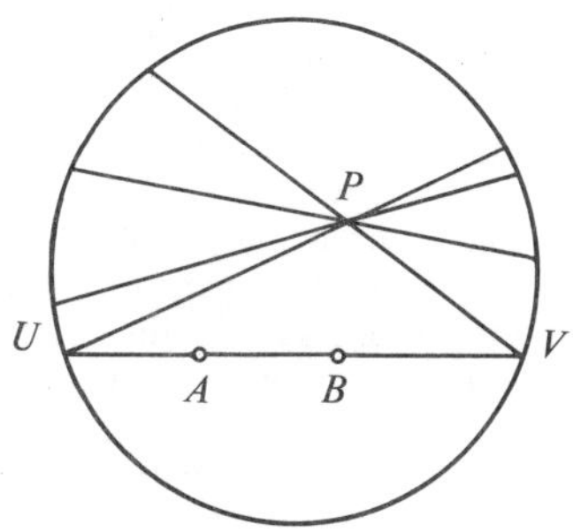


Abb. 5.42

Die Euklidischen Kongruenzaxiome legen fest, daß Streckengrößen gegen kongruente Verschiebungen in der Ebene invariant sind. Aus der projektiven Geometrie ist bekannt, daß eine Kreisebene durch unendlich viele Projektionen in sich selbst überführt werden kann, wobei die Punkte auf der Kreisperipherie und im Kreisinnern nur in ihrer Lage verändert werden, aber auf der Kreisperipherie bzw. im Kreisinnern bleiben. Für eine passende Interpretation der nicht-euklidischen Kongruenz ist eine solche Streckengröße im Modell zu definieren, die bei Projektion invariant bleibt. Invariant bleibt für zwei Punkte $PQ$ das Doppelverhältnis $(UVBA)$ auf der Sehne $UV$. Die naheliegende Definition der Streckengröße $AB$ durch das Doppelverhältnis $(UVBA)$ empfiehlt sich nicht, da die Streckenaddition $AB + BC = AC$ für das Doppelverhältnis $(UVBA) + (UVCB)$ gewöhnlich ungleich $(UVCA)$ ist. Allerdings gilt die Multiplikation, da nämlich

$$(UVBA) \cdot (UVCB) = \frac{BU : BV}{AU : AV} \cdot \frac{CU : CV}{BU : BV} = \frac{CU : CV}{AU : AV} = (UVCA) \text{ gilt.}$$

Die nicht-euklidische Streckengröße $AB$ wird definiert durch den Logarithmus des Doppelverhältnisses $\log (UVBA)$, der für $A \neq B$ ein Doppelverhältnis größer als 1 und daher eine positive ganze Zahl ergibt: $d(A, B) = \log (UVBA)$. Die Streckenaddition läßt sich auf die Logarithmusgesetze zurückführen. Läßt man $A$ in Richtung auf $U$ wandern (Abb. 5.42), so wächst $d(A, B)$ über alle Grenzen $\lim_{A \to U} d(A, B) = \infty$. Daher sind die nicht-euklidischen Geraden von

unendlicher nicht-euklidischer Länge, obwohl sie Euklidisch gemessen der endliche Abschnitt einer Euklidischen Sehne sind. Der Nachteil des Kleinschen Modells liegt darin, daß eine nicht-euklidische Winkelmessung verwendet werden muß, die in späteren Modellen z.B. von H. Poincaré aufgehoben werden kann.
Helmholtz fragt als Physiologe und Philosoph, ob solche nicht-euklidischen metrischen Verhältnisse anschaulich nachvollzogen werden können oder ob unser Vorstellungsvermögen auf die Euklidische Metrik festgelegt ist. Konkret stellt sich Helmholtz einen Beobachter vor, der mit einem auf Euklidische Metrik eingestelltem Wahrnehmungs- und Vorstellungsvermögen in eine fiktive hyperbolische Welt tritt.[67] Dieser Beobachter wird zunächst den Eindruck haben, daß die fernen Gegenstände am Horizont für ihn in endlich vielen Schritten erreichbar sind. Geht er aber auf den Horizont zu, so dehnen sich die Gegenstände und erweisen sich als unerreichbar. Was ist geschehen? Mit Euklidischer Metrik ist der Rand im Kleinschen Modell von einem Punkt $P$ in endlich vielen Schritten erreichbar. Geht der Beobachter aber unter hyperbolischen Bedingungen auf den Rand zu, so schrumpft er mit samt seinem Maßstab gemäß der projektiven Metrik dieser Geometrie, d.h. die Maßzahl wird in der hyperbolischen „Wirklichkeit" auf jeden Fall größer als in der Euklidischen „Anschauung". Nun sind dem Mediziner und Physiologen Helmholtz solche Phänomene aus seinen optischen Untersuchungen durchaus geläufig.[68] Täuschen wir uns nämlich in der beschriebenen Weise im Abschätzen von Entfernungen, so verpaßt uns der Augenarzt ein konvexes Brillenglas, und wir können uns nach einer gewissen Zeit der Gewöhnung, eines ‚Lernprozesses', auf die neuen Verhältnisse einstellen. Helmholtz macht also klar, daß unser Anschauungs- und Wahrnehmungsvermögen keineswegs auf die Euklidische Metrik festgelegt ist, sondern auf eine neue Metrik in einem Lernprozeß eingeübt werden kann. Der Wahrnehmungs- und Anschauungsapparat kann sich nach Helmholtz neuen Umweltbedingungen anpassen, kann gewissermaßen auf neue metrische Verhältnisse „geeicht" werden.

Analoge Überlegungen stellt Helmholtz auch für den sphärischen Fall an. Welche Wahrnehmungen hat ein Beobachter, der mit zunächst Euklidisch eingestellter Metrik in eine sphärische Welt tritt? Analog zum hyperbolischen Fall müssen wir uns zunächst ein Euklidisches Modell der sphärischen Geometrie schaffen. Dazu interpretiere man einen gegebenen Kugelmantel als Ebene, die Großkreise auf dieser Kugel als Geraden und die Paare diametraler Punkte als nicht-euklidische Punkte. Bei passender Abänderung der Anordnungsaxiome gelten wieder die Euklidischen Axiome bis auf das Parallelenaxiom, da sich nämlich alle Großkreise (also alle nicht-euklidischen Geraden) schneiden. Der Abstand zweier Punkte wird durch die Entfernung auf dem kleineren Bogen des Großkreises, der die beiden Punkte verbindet, gemessen. (Winkel werden wie in der Euklidischen Geometrie gemessen.)

Die Kugelfläche ist nun analog den Beltramischen Flächen im hyperbolischen Fall auf die Euklidische Ebene abzubilden. Dazu bedienen wir uns – wie Helmholtz und später H. Reichenbach[69] – der bereits aus der Kartographie bekannten stereographischen Abbildung (vgl. 2.44), die jeden Kugelmantelpunkt durch einen Projektionsstrahl vom Nordpol $N$ der Kugel auf die Ebene abbildet (Abb. 5.43):

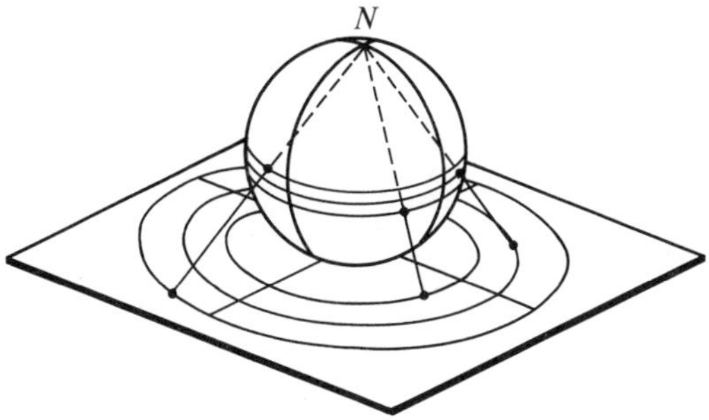


Abb. 5.43

Kreise der Kugel werden – sofern sie nicht durch $N$ gehen – auf Kreise der Ebene übertragen, insbesondere also die sphärischen Geraden, d.h. die Großkreise der Kugel wie z.B. der Äquator. Kreise durch $N$ werden in Strecken und Geraden übertragen. Großkreise durch $N$ gehen in ein Geradenbüschel durch den Südpol über. Die stereographische Abbildung ist zwar konform, aber weder längen- noch flächentreu (vgl. 5.33).

Um nun das Wahrnehmungsbild eines Beobachters unter sphärischen Bedingungen zu rekonstruieren, wird die physikalische Annahme eingeführt, daß Lichtstrahlen auf sphärischen Geraden (also den Großkreisen) verlaufen. Im 2-dimensionalen Fall entspricht den Blickwinkeln eines Beobachters $P$ auf der Kugel in Abb. 5.44 das Bild in der Ebene von Abb. 5.45. (Der Beobachter ist im 2-dimensionalen Fall ein Flächenwesen, das die Kugelkrümmung nicht wie ein Astronaut die Erdkrümmung wahrnehmen kann.) Die Lichtstrahlen verlaufen auf den Großkreisen zwar unbegrenzt, aber endlich lange und gekrümmt. Die 2-dimensionalen Flächenwesen von Helmholtz können – wie H. Poincare und H. Reichenbach gezeigt haben – leicht 3-dimensional verstanden werden, indem wir nämlich die in der Ebene abgebildeten Kreise als Schnitte durch Kugeln betrachten, d.h. die Abbildungsebene wird als Schnittebene einer 3-dimensionalen sphärischen Welt aufgefaßt.

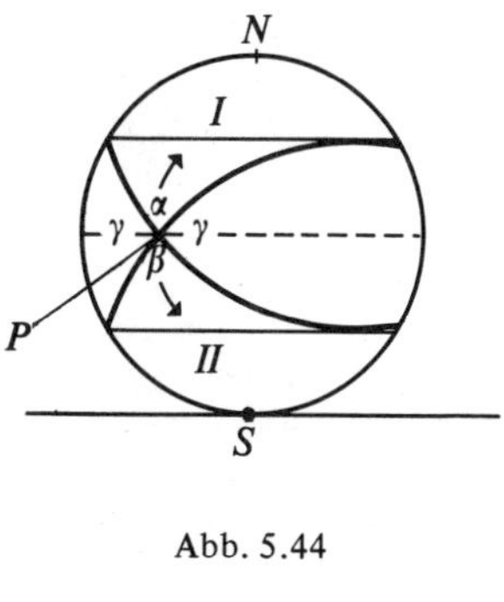


Abb. 5.44

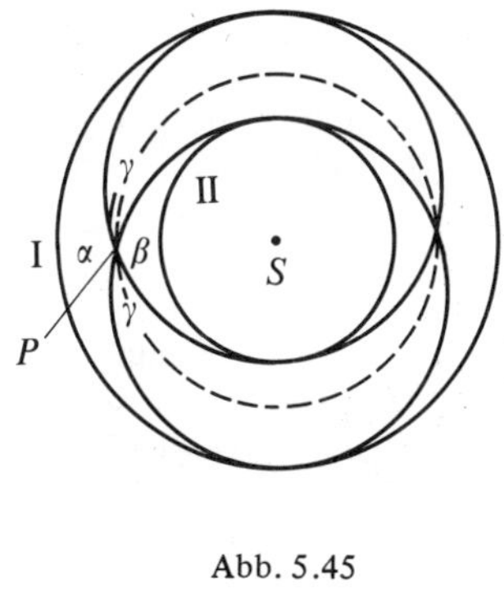


Abb. 5.45

Ein Beobachter mit zunächst Euklidischer Metrik hat in einer solchen Welt mit allerlei Merkwürdigkeiten zu rechnen. Aufgrund der Längenverzerrung werden ihm Gegenstände – in Umkehrung zum hyperbolischen Fall – ferner vorkommen, als sie in der sphärischen „Wirklichkeit" sind. Aber auch hier sind wir nach Helmholtz in der Lage, unseren Wahrnehmungs- und Anschauungsapparat in einem Lernprozeß auf die sphärischen Verhältnisse einzustellen, so daß Täuschungen über Entfernungsverhältnisse ausgeschlossen werden.[70)] Zusammenfassend ergibt sich für Helmholtz folgende Position zur Geometrie des physikalisch wirklichen und wahrnehmbaren Raumes: Helmholtz geht von der physikalischen ‚Tatsache' aus, daß wir im 3-dimensionalen physikalischen Raum überall und ungehindert messen können. Die Voraussetzung der freien Beweglichkeit eines starren Meßkörpers erzwingt mathematisch 3-dimensionale homogene Mannigfaltigkeiten. Dabei sind grundsätzlich die Fälle der Euklidischen, hyperbolischen und sphärischen Geometrie zu unterscheiden. H. Poincaré hat später dafür votiert, aus „Einfachheitsgründen" die Euklidische Metrik zur Beschreibung der Wirklichkeit zu „wählen".[71)] Poincaré glaubte nämlich, zwischen den Axiomen der Euklidischen Geometrie und den Gesetzen der Optik wählen zu können, indem man die Lichtstrahlen nicht auf gerader Linie sich fortpflanzen läßt. Eine Abänderung der Physik im Sinne der zweiten Alternative erscheint ihm unnötig kompliziert und aufwendig. Der Helmholtz-Poincarésche Standpunkt über die Homogenität des physikalischen Raumes wurde jedoch insofern überholt, als sich nach Einsteins Gravitationstheorie der Riemannsche Standpunkt mit der Möglichkeit inhomogener Mannigfaltigkeiten durchsetzte (vgl. 5.35). Mathematikgeschichtlich wurde der Helmholtzsche Ansatz nach seiner Präzisierung durch den norwegischen Mathematiker Sophus Lie (1842–1899) für die weitere Entwicklung der Differentialgeometrie von zentraler Bedeutung.

## 5.43 Stetige Bewegungsgruppe

Die Helmholtzsche Voraussetzung der ‚freien Beweglichkeit eines starren Meßkörpers' und sein Begriff homogener Mannigfaltigkeiten wurden von S. Lie präzisiert und $n$-dimensional verallgemeinert.[72)] Lie geht – modern gesprochen – von einer $n$-dimensionalen stetigen und differenzierbaren Mannigfaltigkeit $M$ aus. Statt eines physikalisch starren Körpers wird eine Metrik $d(x, y)$ für Punkte $x, y$ aus $M$ vorausgesetzt. Die physikalische freie Beweglichkeit des starren Körpers wird mathematisch durch umkehrbar-eindeutige Punkttransformationen präzisiert, welche die durch die Metrik festgelegten Punktabstände unverändert lassen. Die Transformationen heißen deshalb ‚Isometrien' oder ‚kongruente' Abbildungen. Sie können z.B. als Translationen oder Rotationen auftreten und hintereinander ausgeführt werden.

Der geometrischen Hintereinanderausführung von Bewegungen entspricht algebraisch eine Verknüpfung der Transformationen, welche die Gruppeneigenschaft erfüllen. Die Gruppe ist unendlich, da die Bewegungen stetig ausführbar sind. Im einzelnen hat H. Weyl folgende Präzisierung der Helmholtz-Lieschen Voraussetzung gegeben:[73)] Die Gruppe der kongruenten Abbildungen ist imstande, einen beliebigen Punkt in einen beliebigen Punkt der Mannigfaltigkeit zu überführen, außerdem bei festgehaltenem Punkt eine beliebige Linienrichtung in diesem Punkt in eine beliebige andere Linienrichtung, bei festgehaltenem Punkt und festgehaltener Linienrichtung eine beliebige durch sie hindurch gehende Flächenrichtung in eine beliebige andere ebensolche Flächenrichtung etc. bis zu den $(n-1)$-dimensionalen Richtungselementen. Ist aber ein Punkt, eine hindurchgehende Linienrichtung, eine durch sie hindurchgehende Flächenrichtung etc. bis hinab zu einem $(n-1)$-dimensionalen Richtungselement gegeben, so gibt es außer der Identität keine kongruente Abbildung, welche dieses System so zusammenhängender Elemente aus Punkt, Linienrichtung etc. festhält. Es ist dann zu zeigen, daß die Riemannschen Kugeln (vgl. 5.41) die einzigen $n$-dimensionalen Mannigfaltigkeiten sind, welche dieser Homogenitätsbedingung genügen.

Mathematisch wird durch diese Präzisierung deutlich, daß für homogene Mannigfaltigkeiten die freie Beweglichkeit eines ‚Körpers' nicht vorausgesetzt werden muß, sondern freie Beweglichkeit ‚im Infinitesimalen' im Sinne der angegebenen Homogenitätsbedingung für die stetige Gruppe kongruenter Abbildungen. Den homogenen Riemannschen Mannigfaltigkeiten liegt also nicht – wie Helmholtz glaubte – eine physikalische ‚Tatsache' zugrunde, sondern ein mathematischer Begriff – die stetige Bewegungsgruppe. Allerdings kommt Helmholtzens anschaulich-physikalischen Überlegungen bei der Entdeckung dieses Begriffs ein großer heuristischer Wert zu.

In der 1. Hälfte des 20. Jahrhunderts haben sich im Anschluß an Lie besonders Hilbert, Brouwer, Kolmogoroff, Freudenthal[74] u.a. um eine Präzisierung der ‚klassischen' (Euklidischen, hyperbolischen und sphärischen) Geometrien Riemannscher Mannigfaltigkeiten bemüht. Abschließend sei besonders Hilberts Ansatz von 1902 erwähnt, der aus mehreren Gründen mathematikgeschichtlich bedeutsam ist.[75] Der Grundgedanke Hilberts ist, auf die Liesche Forderung der Differenzierbarkeit zu verzichten und die homogenen Mannigfaltigkeiten alleine aus dem Stetigkeitsbegriff zu entwickeln. Dabei beschränkt er sich auf den 2-dimensionalen Fall und geht – modern gesprochen – von einem 2-dimensionalen topologischen Raum (vgl. 5.53) aus, dessen Punkte und Punktumgebungen gewissen Stetigkeitsforderungen genügen. Hilbert formuliert im einzelnen zum ersten Mal die Axiome einer 2-dimensionalen topologischen Punktmenge (vgl. 5.53)[76], von der er zusätzlich Isomorphie mit den „im Endlichen gelegenen Punkte" der reellen Zahlenebene fordert (Abb. 5.46). Damit schließt er von vornherein die sphärische Geometrie aus, da die Kugelfläche nicht auf die Ebene „im Endlichen" abgebildet werden kann (vgl. den Nordpol $N$ in der stereographischen Projektion von Abb. 5.43). Bewegungen werden als umkehrbar-eindeutige stetige Punkttransformationen $f$ definiert, deren Umkehrung $f^{-1}$ wieder eine Bewegung ist. Die Verknüpfung zweier Bewegungen ist wieder eine Bewegung.

Für diese stetige Bewegungsgruppe $F$ fordert Hilbert folgende Homogenitätsbedingungen, damit die 2-dimensionale Mannigfaltigkeit Euklidisch oder hyperbolisch wird:

(1) *Wenn $x_0$ und $x_1$ beliebige verschiedene Punkte der Ebene sind, so kann man den Punkt $x_1$ durch Drehung um $x_0$ in unendlich verschiedene Lagen bringen, d.h. jeder durch Drehung um $x_0$ erzeugte Kreis besteht aus unend-*

*lich vielen Punkten. Formal fordert also diese Bedingung:* $Fx_1 = \{fx_1 \mid f \in F \wedge fx_0 = x_0\}$ *unendlich für* $x_1 \neq x_0$.

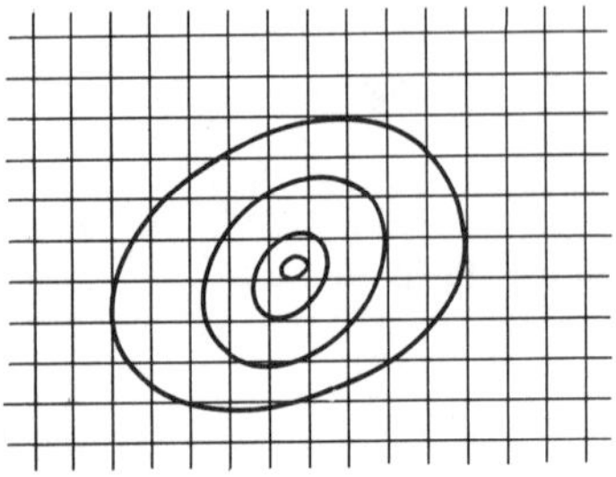

Abb. 5.46

(2) *Wenn es Bewegungen gibt, durch welche Punkttripel in beliebiger Nähe des Punkttripels* $x_0, y_0, z_0$ *in beliebige Nähe des Punkttripels* $x', y', z'$ *überführt werden können, so gibt es stets auch solche Bewegungen, durch welche das Punkttripel* $x_0, y_0, z_0$ *genau in das Punkttripel* $x', y', z'$ *übergeht. In diesem Sinn bilden die Bewegungen ein abgeschlossenes System. Formal wird also gefordert, daß aus* $f_n \in F, f_n(x_0) = x_n, f_n(y_0) = y_n, f_n(z_0) = z_n$ *und* $\lim x_n = x'$, $\lim y_n = y'$, $\lim z_n = z'$ *die Existenz von* $f' \in F$ *mit* $x' = f'(x_0), y' = f'(y_0), z' = f'(z_0)$ folgt.

Hilbert zeigt schließlich, wie mit der stetigen Bewegungsgruppe $F$ unter den Bedingungen (1) und (2) die elementaren geometrischen Figuren wie z.B. Kreis, Gerade auf der 2-dimensionalen Mannigfaltigkeit erzeugt werden können, welche alle Axiome der Euklidischen Geometrie erfüllen bis auf das Parallelitätsaxiom. Ist das Parallelitätsaxiom nicht erfüllt, so existieren unendlich viele Parallelen durch einen Punkt zu einer Geraden, d.h. es gilt die hyperbolische Geometrie. Gilt auch das Parallelitätsaxiom, so besitzt $F$ eine invariante Untergruppe $F'$.[77]

## 5.5 Topologie

In der Hilbertschen Präzisierung der Euklidischen und hyperbolischen Geometrie aus dem Stetigkeitsbegriff wurde deutlich, daß auch mit Riemanns differenzierbaren Mannigfaltigkeiten noch nicht die abstrakteste Raumstruktur erreicht ist. Seit der Einführung der Mengenlehre durch G. Cantor (1845–1918) wurde es möglich, abstrakte Punktmengen zu untersuchen, die nur noch gewissen Stetigkeitsbedingungen genügen. Nachdem Anfang des 19. Jahrhunderts durch die projektive synthetische Geometrie ein Koordinaten- und metrikfreier Standpunkt propagiert worden war, wird Anfang dieses Jahrhunderts mit der Topologie wieder ein Koordinaten- und metrikfreier Standpunkt in der Geometrie wirksam. Während jedoch die projektive synthetische Geometrie Anschauung in der Geometrie fordert, werden in der Topologie die abstraktesten und oft nur begrifflich-axiomatisch nachvollziehbaren Eigenschaften mathematischer Raumvorstellungen erfaßt.

### 5.51 Von der ‚Geometrie der Lage' zur Topologie

Bereits 1680 verfaßte G. W. Leibniz eine Schrift über die *Geometrie der Lage* (Geometria situs), in der von metrischen Verhältnissen abgesehen wird: „Die gemeinhin bekannte mathematische Analysis ist eine solche der Größe, nicht der Lage, und steht somit direkt und unmittelbar in Beziehung zur Arithmetik, läßt sich jedoch auf die Geometrie nur auf Umwegen anwenden. Daher kommt es, daß aus der Betrachtung der Lage vieles mit Leichtigkeit sich ergibt, das durch die algebraische Rechnung nur auf umständlichere Weise zu zeigen ist."[78] Leibniz definiert: „Die Lage ist eine Beziehung der Koexistenz unter einer Mehrheit von Elementen. Zu ihrer Erkenntnis wird auf andere koexistierende Elemente zurückgegangen, die als Zwischenglieder dienen . . .".[79] Die Lage-Beziehung erfüllt nach Leibniz das „Gesetz der Stetigkeit", vermöge dessen die scheinbaren Gegensätze wie Krummes und Gerades, Gleichheit und Ungleichheit etc. nur als quantitative Abstufungen ein und desselben übergeordneten Begriffs erscheinen.[80] In mehreren Entwürfen diskutiert Leibniz den Begriff eines stetigen Punktraumes, welcher der üblichen metrischen Geometrie zugrunde liegt. Allerdings stößt er Ende des 17. Jahrhunderts auf wenig Interesse bei seinen Zeitgenossen, die wie z.B. Huygens als mathematische Physiker keine Verwendung für eine Geometrie sahen, in der man „nicht messen" kann, und daher Leibnizens Überlegungen in die Metaphysik abschoben.

Noch 1833 schreibt C. F. Gauß: „Von der Geometria Situs, die Leibniz ahnte und in die nur einem Paar Geometern, Euler und Vandermonde, einen schwachen Blick zu tun vergönnt war, wissen und haben wir nach anderthalb hundert Jahren noch nicht viel mehr wie nichts."[81] Gauß bezieht sich u.a. auf Eulers sogenannte Polyederformel von 1758[82], die jedoch bereits R. Descartes 1639 erwähnte.[83] Unter einem Polyeder wird ein Körper verstanden, dessen Oberfläche aus endlich vielen polygonalen (vieleckigen) Flächen besteht. Die platonischen Körper sind seit alters her bekannte Beispiele regulärer Polyeder, bei denen die Polygone alle kongruent und an jeder Körperecke gleich viele Kanten vorhanden sind (vgl. 2.35). Ein Polyeder heißt einfach, wenn seine Oberfläche sich stetig in eine Kugelfläche deformieren läßt, d.h. einfache Polyeder haben keine ‚Löcher' wie z.B. der Torus. Die Eulersche Formel der einfachen Polyeder lautet dann für die Eckenzahl $E$, Kantenzahl $K$ und Flächenanzahl $F$ $E - K + F = 2$. Man überzeugt sich von dieser Formel leicht z.B. für die platonischen Körper. Aber sie umfaßt vielmehr, als nur die Polyeder der metrischen Geometrie mit geraden Kanten und ebenen Flächen. Ihre Gültigkeit bleibt sogar bestehen, wenn man sich die Oberfläche des einfachen Polyeders aus Gummi vorstellt, die in beliebiger Weise deformierbar ist, ohne allerdings zerrissen zu werden. Denn nur die Anzahl von Ecken (Punkten), Kanten (Linien) und Flächen ist entscheidend für diese Formel. Auf Länge, Flächeninhalt, Geradlinigkeit, Doppelverhältnisse und andere Begriffe der metrischen, affinen oder projektiven Geometrie bezieht sie sich nicht.

J. B. Listing[85] verwendet um 1847 zum ersten Mal das Wort ‚Topologie' und nicht ‚Geometria situs', um wohlmöglich die ‚Geometrie der Lage' von der projektiven Geometrie zu unterscheiden, die in diesem Zeitraum von großem Einfluß war und auch einen metrikfreien Standpunkt vertrat. B. Riemann spricht in seiner *Theorie der abelschen Funktionen*[85] von 1857 im Anschluß an Leibniz von ‚Analysis Situs', die sich mit umkehrbar-eindeutigen und stetigen Funktionen im Rahmen der Riemannschen Funktionentheorie beschäftigt. Demgegenüber handelt A. F. Möbius (1790–1860) die Analysis situs in seiner *Theorie der elementaren Verwandtschaft*[86] als eigenständige geometrische Theorie ab und betrachtet Gebilde, die durch umkehrbar-eindeutige und stetige Verzerrungen auseinander hervorgehen und von Möbius als ‚elementar-verwandt' bezeichnet werden. Durch Deformation kann eine Körperfläche (z.B. eine Kugelfläche) in beliebiger Weise verbogen und verzerrt werden, ohne daß verschiedene Flächenpunkte zusammenfallen (umkehrbare Eindeutigkeit!) und ohne daß die Fläche zerreißt (Stetigkeit der Transformation!). So kann zwar eine Kugel in einen Kegel deformiert werden, aber nicht ein Kreis in eine Strecke. Statt ‚elementar-verwandt' spricht man heute von ‚topologisch-äquivalent' und meint damit die von Möbius entdeckte invariante Eigenschaft der Körper.

Die unmittelbare Anschaulichkeit vieler topologischer Ergebnisse bedeutet aber nicht, daß die Beweise dieser Theorie trivial wären. Ein berühmtes Beispiel ist der unmittelbar einleuchtende Satz, wonach eine geschlossene Kurve, die sich selbst nicht schneidet, die Ebene in zwei Gebiete, ein inneres und ein äußeres, teilt (vgl. Abb. 5.46). Umso überraschender war es, daß der erste Beweis dieses Satzes von C. Jordan in seinem *Cours d'Analyse* lang und kompliziert ausfiel und darüberhinaus nicht stichhaltig war. Die Schwierigkeit lag in dem sehr allgemeinen Kurvenbegriff und den zwar anschaulichen Vorstellungen von ‚innerhalb' und ‚außerhalb', die jedoch mathematisch nicht einfach zu präzisieren waren.[87]

## 5.52 Dimensionstheorie

Um die Jahrhundertwende führten Untersuchungen der Cantorschen Mengenlehre zu der Erkenntnis, daß die in der analytischen Geometrie übliche Dimensionsdefinition durch die Anzahl der Koordinaten nicht mehr ausreicht.[88] So kann die Punktmenge $M$ aller Punkte der $x$-Achse mit rationalen Koordinaten einmal die Dimension 1 haben, da sie wie die Gerade selbst überall dicht ist, zum anderen aber auch die Dimension 0, da zwischen zwei rationalen Punkten aus $M$ immer noch ein nicht zu $M$ gehöriger irrationaler Punkt liegt wie bei einer endlichen Punktmenge. H. Poincaré[89] regte 1912 eine induktive Definition des Dimensionsbegriffs an, die nur von topologischen Grundbegriffen Gebrauch macht. Die leere Menge habe die Dimension $-1$. Eine Menge $M$ habe die Dimension 0, wenn $M$ nicht die Dimension $-1$ hat (also nicht leer ist) und wenn jeder Punkt von $M$ von einem beliebig kleinen Gebiet umschlossen werden kann, dessen Rand keinen Punkt von $M$ enthält (d.h. dessen Rand die Menge $M$ in einer Menge von der Dimension $-1$ schneidet). So hat jede endliche Punktmenge die Eigenschaft, daß jeder Punkt der Menge in einem beliebig kleinen Gebiet eingeschlossen werden kann, das keinen Punkt der Menge auf seinem Rand enthält (Abb. 5.47).

So kann für die Menge $M$ der rationalen Punkte einer Geraden jeder rationale Punkt zum Mittelpunkt eines beliebig kleinen Intervalls mit irrationalen nicht zu $M$ gehörigen Endpunkten gemacht werden. Allgemein hat eine Menge $M$ die Dimension $n$, wenn sie von keiner geringeren Dimension ist und wenn jeder Punkt von $M$ in ein beliebig kleines Gebiet eingeschlossen werden kann, dessen Rand die Menge $M$ in einer Menge von der Dimension $n - 1$ schneidet. Daher kann z.B. keine Punktmenge im 3-dimensionalen Raum eine höhere Dimension haben als 3, da jeder Punkt des Raumes zum Mittelpunkt einer beliebig kleinen Kugel gemacht werden kann, deren Oberfläche die Dimension 2 hat.

Abb. 5.47

Eine äquivalente Dimensionsdefinition liefert der ‚Pflastersatz' von L. E. J. Brouwer (1881–1966) und H. Lebesgue (1875–1941): Wenn eine $n$-dimensionale Figur auf beliebige Weise von hinreichend kleinen Teilgebieten überdeckt wird, dann gibt es Punkte, die zu mindestens $n + 1$ dieser Teilgebiete gehören, und weiterhin kann immer eine Überdeckung durch hinreichend kleine Teilgebiete gefunden werden, bei der kein Punkt zu mehr als $n + 1$ Gebieten gehört. So gibt es z.B. für die 2-dimensionale Figur eines Quadrates (Abb. 5.48) einen Punkt $P$, der zu den drei Gebieten 1, 2, 3 gehört, und für diese Unterteilung (‚Pflaster') gehört kein Punkt zu mehr als drei Gebieten.

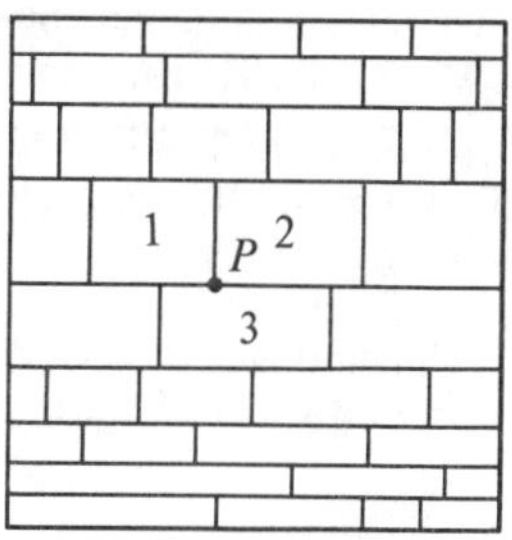


Abb. 5.48

Auf Brouwer geht auch der Beweis zurück, daß Figuren verschiedener Dimension nicht durch topologische (umkehrbar-eindeutige und stetige) Transformationen ineinander überführt werden können. Die Dimension erweist sich also mathematisch als topologische Invariante, die von der Wahl der Koordinatensysteme unabhängig ist.[90)]

## 5.53 Topologischer Raum

Angeregt durch Cantors mengentheoretische Definitionen abgeschlossener Mengen, Häufungspunkte etc. und den Verallgemeinerungen des Raumbegriffs im 19. Jahrhundert (z.B. Graßmanns ‚Ausdehnungen', Riemanns ‚Mannigfaltigkeiten') begannen in diesem Jahrhundert einige Mathematiker damit, einen abstrakten Raumbegriff zu definieren, der allen Raumkonzeptionen zugrunde liegen sollte. Die Eigenschaften sollten so gefaßt sein, daß noch von Stetigkeit, Punktumgebungen, Häufungspunkten u.ä. gesprochen werden konnte. Neben M. Fréchet (1878–1973)[91] ist besonders F. Hausdorff (1868–1942)[92] zu erwähnen, der mit seinem Umgebungsbegriff eine Definition des topologischen Raumes anbot, die am intuitiven Konzept der alten ‚Geometrie der Lage' orientiert ist.

Die ‚Lage' von Punkten z.B. in der Ebene läßt sich anschaulich durch gewisse Umgebungen des Punktes lokalisieren. Beispiele solcher Punktumgebungen sind die Flächen, die durch Jordansche Kurven eingeschlossen werden (vgl. Abb. 5.46) oder die offenen Intervalle auf der reellen Zahlenachse. Allgemein ordnet Hausdorff jedem Element $x$ eines topologischen Raumes $M$ eine Teilmenge $U_x$ von $M$ zu mit folgenden Eigenschaften:

(1) *Zu jedem Element $x$ von $M$ existiert mindestens eine Umgebung $U_x$; $x$ ist in jeder Umgebung $U_x$ enthalten.*

(2) *Zu zwei Umgebungen von $x$ gibt es eine in beiden enthaltene Umgebung von $x$.*

(3) *Zu jedem in $U_x$ enthaltenen Element $y$ gibt es eine ganz in $U_x$ enthaltene Umgebung $U_y$.*

(4) *Zu je zwei verschiedenen Elementen $x$ und $y$ von $M$ gibt es eine zu $y$ fremde Umgebung $U_x$ und eine zu $x$ fremde Umgebung $U_y$.*

Der Häufungspunkt $x$ einer Teilmenge $N$ von $M$ läßt sich jetzt dadurch definieren, daß jede Umgebung des Punktes $x$ von $x$ verschiedene Punkte aus $N$ enthält. So ist z.B. für das Innere des Euklidischen Einheitskreises $N = \{(x,y) | x^2 + y^2 < 1\}$ in der reellen Zahlenebene der Kreis $N^* = \{(x,y) | x^2 + y^2 \leqslant 1\}$ die Menge der Häufungspunkte.

Eine Abbildung $f$ eines topologischen Raumes $M$ in einen topologischen Raum $M'$ heißt stetig in einem Punkt $x$ aus $M$, wenn es zu jeder Umgebung $U'_{f(x)}$ von $f(x)$ in $M'$ eine Umgebung $U_x$ in $M$ gibt, so daß die Bildmenge $f(U_x)$ Teilmenge von $U'_{f(x)}$ ist. Als Spezialfall ergibt sich die Stetigkeitsdefinition reeller Funktionen, wenn Umgebungen von $x_0$ durch Intervalle aller Punkte $x$ mit $|x_0 - x| < \delta$ für positiv-rationales $\delta$ definiert werden, d.h. in logisch normierter Sprache:

$$\bigwedge \epsilon > 0 \bigvee \delta > 0 \bigwedge x \, (|x_0 - x| < \delta \rightarrow |f(x_0) - f(x)| < \epsilon).$$

Durch schrittweises Hinzufügen neuer axiomatischer Eigenschaften des topologischen Raumes führt Hausdorff neue Begriffe ein. Das Hausdorffsche Trennungsaxiom, wonach zu zwei verschiedenen Punkten $x$ und $y$ zwei gegeneinander punktfremde Umgebungen $U_x$ und $U_y$ existieren, verschärft das 4. Axiom des topologischen Raumes und garantiert eindeutige Konvergenz. Nach dem sogenannten 2. Abzählbarkeitsaxiom wird gefordert, daß sich ein zu dem ursprünglichen Umgebungssystem $U_x$ des topologischen Raumes gleichwertiges Umgebungssystem $V_x$ so angeben läßt, daß die Menge aller verschiedenen $V_x$ abzählbar ist. Jetzt erst gilt z.B. das Heine-Borelsche Theorem. Jetzt erst können auch – wie P. Uryson[93] gezeigt hat – kompakte topologische Räume metrisiert werden, d.h. das durch eine

Metrik $d(x, y)$ gestiftete Umgebungssystem erweist sich als gleichwertig mit dem ursprünglichen.

Vom abstrakten Cantorschen Mengenbegriff kommen wir also durch zusätzliche Axiome erst zu den topologischen Räumen, schließlich zu den metrischen Räumen. Eine weitere Spezialisierung führt uns zu den $n$-dimensionalen Mannigfaltigkeiten, wenn ein zusammenhängender topologischer Raum mit dem 2. Abzählbarkeitsaxiom vorliegt und wenn ein vollständiges Umgebungssystem so angegeben werden kann, daß jede Umgebung dem Innern eines $n$-dimensionalen Euklidischen Elements homöomorph ist. Unter einem $n$-dimensionalen Euklidischen Element wird das topologische Bild des $n$-dimensionalen Simplex des $n$-dimensionalen Zahlenraumes verstanden.

Von dem hier zum Ausdruck kommenden axiomatischen Standpunkt aus ließen sich nicht nur die bekannten Räume des 19. Jahrhunderts als Spezialfälle einführen. Es konnten nun auch Klassen neuer Räume untersucht werden. Weiterhin blieben die Untersuchungen nicht auf ‚Punkträume' beschränkt, sondern erfaßten beliebige Mengen von Objekten (z.B. auch Funktionen wie in der Funktionalanalysis)[94], sofern sie nur den geforderten Axiomen genügten. Damit konnten die Methoden der Topologie auch in andere Zweige der Mathematik eindringen. Allerdings beschreiben wir hier schon die Entwicklungen in unserem Jahrhundert.

## 5.6 Gruppentheorie und geometrische Invarianten nach F. Klein

Die alte Bedeutung von ‚Geometrie' im Sinne von ‚Erdmessung' konnten bereits die Forschungsspezialisierungen des 19. Jahrhunderts nicht mehr abdecken. Erst F. Klein's *Erlanger Programm* von 1872 lieferte mit dem Begriff der ‚geometrischen Invarianten', die bei metrischen, affinen, projektiven, topologischen etc. Transformationsgruppen unverändert bleiben, eine Möglichkeit, die verschiedenen Forschungsrichtungen in einer Hierarchie von Theorien zu ordnen. Koordinatentransformationen spielten ja bereits in der analytischen Geometrie des 17. und 18. Jahrhunderts eine große Rolle. In der z.B. 2-dimensionalen analytischen Geometrie werden geometrische Aussagen über Punkte der Ebene übersetzt in analytische Aussagen über Koordinatenwerte derart, daß Funktionen $x$ und $y$ jedem Punkt $P$ die reellen Werte $x = x(P)$ und $y = y(P)$ zuordnen. Die Transformationen $\bar{x} = ax + by + e$ und $\bar{y} = cx + dy + f$ lassen sich zusammenfassen zu $\begin{pmatrix}\bar{x}\\ \bar{y}\end{pmatrix} = \begin{pmatrix}a & b\\ c & d\end{pmatrix}\begin{pmatrix}x\\ y\end{pmatrix} + \begin{pmatrix}e\\ f\end{pmatrix}$, wobei die Matrix $\begin{pmatrix}a & b\\ c & d\end{pmatrix}$ orthogonal sein muß mit $\begin{pmatrix}a & b\\ c & d\end{pmatrix}\begin{pmatrix}a & c\\ b & d\end{pmatrix} = \begin{pmatrix}1 & 0\\ 0 & 1\end{pmatrix}$. Die Cartesische Geometrie der Ebene besteht dann aus denjenigen Aussagen und Eigenschaften, die sich gegenüber diesen Transformationen als invariant erweisen. Da die Hintereinanderausführung von Cartesischen Transformationen wieder zu solchen führt, bilden sie eine Gruppe, welche die invarianten Eigenschaften der Cartesischen Geometrie eindeutig charakterisieren.

Die Untersuchung einer geometrischen Theorie besteht daher nach F. Klein allgemein in folgender algebraischer Aufgabe: „Es ist eine Mannigfaltigkeit und in derselben eine Transformationsgruppe gegeben; man soll die der Mannigfaltigkeit angehörigen Gebilde hinsichtlich solcher Eigenschaften untersuchen, die durch die Transformationen der Gruppe nicht geändert werden."[95] Kurz: „Es ist eine Mannigfaltigkeit und in derselben eine Transformationsgruppe gegeben. Man entwickle die auf die Gruppe bezügliche invariante Theorie."

So ist z.B. die affine Geometrie der Ebene charakterisiert durch die Transformationen $\begin{pmatrix} \bar{x} \\ \bar{y} \end{pmatrix} = \begin{pmatrix} a & b \\ c & d \end{pmatrix} \begin{pmatrix} x \\ y \end{pmatrix} + \begin{pmatrix} e \\ f \end{pmatrix}$ mit einer umkehrbaren Matrix $\begin{pmatrix} a & b \\ c & d \end{pmatrix}$.
Die affine Differentialgeometrie läßt sich dann charakterisieren durch die Transformationen $\bar{x} = f(x, y)$ und $\bar{y} = g(x, y)$ mit stetig-differenzierbaren Funktionen $f, g$ und einer umkehrbaren Deriviertenmatrix $\begin{pmatrix} f'_1 & f'_2 \\ g'_1 & g'_2 \end{pmatrix}$, welche die ‚lokale' Affinität dieser Theorie zum Ausdruck bringt. Fordert man nur die Stetigkeit und die stetige Umkehrbarkeit, so ergeben sich die topologischen Transformationen. Die Theorie der Sätze, die gegenüber den topologischen Transformationen invariant bleiben, ist dann gerade die Topologie.

Die gruppentheoretische Methode wurde nach Klein auch von der Göttinger Mathematikerschule um D. Hilbert (z.B. E. Noether) weiterentwickelt. Auf S. Lie, der mit Klein publizierte, geht die Anwendung der Gruppentheorie in der Differentialgeometrie dieses Jahrhunderts (z.B. E. Cartan) zurück. Implizit steckt der Gruppenbegriff natürlich in vielen geometrischen Untersuchungen früherer Jahrhunderte. Man denke nur an die Drehungsgruppen der regulären Körper, deren Symmetrie bereits in der Antike untersucht wurde (vgl. 2.35). Explizit wurde der Gruppenbegriff allerdings erst in der algebraischen Gleichungstheorie Ende des 18., Anfang des 19. Jahrhunderts durch J. L. Lagrange, N. H. Abel, E. Galois (vgl. 2.24) ausgebildet. Gleichungslösungen werden durch gewisse Permutationsgruppen charakterisiert. Erinnert sei an den Unmöglichkeitsbeweis der Auflösung einer Gleichung vom Grade $n > 4$ durch Radikale. Erinnert sei an die Rolle der Galoisschen Theorie für die Konstruktionsprobleme der antiken Geometrie. Auf Cayley geht 1854 die Formulierung des abstrakten Gruppenbegriffs zurück[96], während Helmholtz implizit bereits unendliche stetige Transformationsgruppen betrachtete, die allerdings erst S. Lie präzisierte.

Allgemein gilt festzuhalten, daß die Kleinsche Hierarchie geometrischer Theorien von der Euklidischen, projektiven etc. bis zur topologischen Transformationsgruppe mit großer Klarheit die Architektur der Geometrie im 19. Jahrhundert entwirft. Neben diese gruppentheoretische Charakterisierung, die besonders von E. Cartan fortgeführt wird (vgl. 6.21), tritt seit Anfang dieses Jahrhunderts die axiomatische Methode der Topologie, die auf den Ausbau der Strukturmathematik nach N. Bourbaki großen Einfluß nahm.

**Anmerkungen:**

[1] Vgl. auch K. Mainzer, Mathematik, in: Historisches Wörterbuch der Philosophie Bd. V Basel 1980

[2] G. Desargues, Brouillon projet d'une atteinte aux événemens des rencontres d'un cone avec un plan, Paris 1639, dt. Leipzig 1922; ders., Œuvres (Hrsg. N. G. Paudra) 2 Bde., Paris 1864. Desargues schaffte sich eine eigene ‚botanische' Sprache, in der Bezeichnungen wie „Blüten", „Stämme", „Zweige" u.ä. auftauchen, die von seinen Zeitgenossen – bis auf z.B. La Hire und Pascal – kaum verstanden wurden.

[3] G. W. Leibniz, Über das Kontinuitätsprinzip, in: Hauptschriften zur Grundlegung der Philosophie (Hrsg. E. Cassirer), Leipzig 1904, 129 ff.

[4] J. F. Herbart, Sämtliche Werke (Hrsg. G. Hartenstein), 11. Bd. (Schriften zur Pädagogik), Leipzig 1851

[5] J. H. Pestalozzi, Wie Gertrud ihre Kinder lehrt (1801), in: Ausg. Werke (Hrsg. H. Schneider), Leipzig 1930

[6] J. F. Herbart, s. Anm. 4, 139

[7] F. Klein, Vorlesungen über die Entwicklung der Mathematik im 19. Jahrhundert, Berlin 1926, 65

[8] J. V. Poncelet, Traité des propriétés projectives des figures, 1. Druck Metz 1822, 2 Bde. Paris [2]1865

[9] Für eine neuere Darstellung vgl. die Standardwerke O. Veblen/J. W. Young, Projective Geometry, 2 Bde. Boston 1910/1918; W. Blaschke, Projektive Geometrie, Basel/Stuttgart 1954

[10] G. W. Leibniz, s. Anm. 3, 85

[11] J. V. Poncelet, s. Anm. 8 (dt.)

[12] Unter dem allgemeinen Begriff der ‚Konfiguration' hat F. Levi 1929 die projektive Geometrie aufgebaut. Vgl. ders., Geometrische Konfiguration, Leipzig 1929

[13] B. Pascal, Essay pour les coniques, Paris 1640. Diese Arbeit besteht nur aus einer einzigen gedruckten Seite mit Pascal's berühmtem Satz und wurde zu einer Keimzelle der modernen projektiven Geometrie. Vgl. auch R. Taton, L'essay pour les coniques de Pascal, in: Revue d'Histoire des Sciences 8 1955, 1–18

[14] Zu Brianchon's Theorem vgl. auch D. E. Smith, A Source Book in Mathematics, New York 1959, 331–336

[15] Vgl. auch R. Courant/H. Robbins, Was ist Mathematik, Berlin/Göttingen/Heidelberg 1962, 146–147

[16] Der nach Desargues benannte Satz ist in seinem Hauptwerk (s. Anm. 2) nicht erwähnt, sondern wird von seinem Nachfolger A. Bosse (1611–1678) veröffentlicht in: Manière universelle de S. Desargues, pour pratiquer la perspective (1648); vgl. auch N. A. Court, Desargues and his Strange Theorem, in: Scripta Mathematica 20 1954, 5–13, 155–164; zur folgenden Darstellung vgl. auch D. Hilbert/S. Cohn-Vossen, Anschauliche Geometrie, Berlin/Heidelberg/New York 1932, repr. Darmstadt 1973, 107, 110

[17] Brüssel 1837, Paris [2]1875

[18] Vgl. auch C. F. Geiser, Zur Erinnerung an Jacob Steiner, in: Verhandl. d. Schweizerischen naturforsch. Ges. 1872–75 56. Jahresvers. Schaffhausen 1873, 215 f.

[19] F. Klein, s. Anm. 7, 126

[20] J. Steiner, Ges. Werke Bd. I, Berlin 1881, (229 ff.), 233

[21] Vgl. auch R. Baldus, Zur Steinerschen Definition der Projektivität, in: Math. Ann. 90 1922/23, 86 f.

[22] Vgl. auch H. Meschkowski, Richtigkeit und Wahrheit in der Mathematik, Mannheim 1976, 173 ff.; R. Courant/H. Robbins, s. Anm. 15, 156 ff.

[23] K.G. C. v. Staudt, Geometrie der Lage, Nürnberg 1847; E. Kötter, Die Entwicklung der synthetischen Geometrie von Monge bis auf Staudt, 1847, in: Jahresber. d. Deutsch. Mathem.-Vereinigung 5, Teil 2, 1898–1901; vgl. auch F. Klein, s. Anm. 7, 132; D. Hilbert/S. Cohn-Vossen, s. Anm. 16, 115

[24] Vgl. W. Ernst, Julius Plücker, Bonn 1933
[25] Vgl. G. Fano, Gegensatz von synthetischer und analytischer Geometrie in seiner historischen Entwicklung im XIX. Jahrhundert, in: Encyklopädie der mathem. Wissenschaften III, Teil 1, 233–288
[26] J. Plücker, Analytisch-geometrische Entwicklungen Bd. 1 1928 Vorrede IX
[27] J. Plücker, Ges. Wiss. Abh. (Hrsg. A. Schoenflies) 2 Bde., Leipzig 1895–1896, I 224–234
[28] Plückers berühmte Gleichungen werden zunächst in Crelle's Journal 1834 veröffentlicht und dann bereits in seinem grundlegenden *System der analytischen Geometrie*, Berlin 1835 angewendet.
[29] I. Kant, Gedanken von der wahren Schätzung der lebendigen Kräfte..., 1747, I §10 (Ak. Ausg.)
[30] J. F. Herbart, Sämtliche Werke (s. Anm. 4) 2 Bde., 203
[31] Vgl. auch F. Klein, s. Anm. 7, 173 ff.; J. L. Coolidge, A. History of Geometrical Methods, New York 1963, 252–257
[32] Vgl. auch F. Klein, Elementarmathematik vom höheren Standpunkt aus Bd. 1 Berlin [4]1933, 64–80. Die axiomatische Definition der Vektorräume über dem Körper der reellen Zahlen, angeregt durch Graßmann, verwendet erst G. Peano, Calcolo geometrico secondo l'Ausdehnungslehre di Grassmann preceduto dalle operazioni della logica deduttiva, Torino 1888
[33] G. Cramer, Introduction à l'analyse des lignes courbes (1750), 657–659; M. Cantor, Vorlesungen über Geschichte der Mathematik III, Leipzig 1898, 587 f.
[34] H. Graßmann, Werke, Leipzig 1894–1911, Bd. I, 1, 297–312
[35] s. Kap. 4, Anm. 52
[36] Vgl. F. Klein, s. Anm. 32 Bd. 2 Berlin 1925, 23
[37] Vgl. F. Klein, e.d., 24
[38] Vgl. K. Mainzer, Boltzmann, L., in: Enzyklopädie Philosophie u. Wissenschaftstheorie (Hrsg. J. Mittelstraß) Mannheim 1980
[39] Zu den geodätischen Arbeiten vgl. C. F. Gauß, Bestimmung des Breitenunterschiedes zwischen den Sternwarten von Göttingen und Altona (1828), in: Werke, Göttingen 1863–1903, Bd. 9, 1 f.; ders., Untersuchungen über Gegenstände der höheren Geodäsie, in: e.d., Bd. 4, 259 f.; vgl. auch Galle, Über die geodätischen Arbeiten von Gauß, in: e.d., Bd. 11.2
[40] Vgl. K. Mainzer, Differentialgeometrie, in: s. Anm. 38 (dort auch weitere Literatur- u. Quellenangaben). Für die Abbildungen vgl. auch D. Hilbert/S. Cohn-Vossen, Anschauliche Geometrie, Berlin/Heidelberg/New York 1932, repr. Darmstadt 1973, 154 f.
[41] C. F. Gauß, Werke (s. Anm. 39), Bd. 4, 217 ff.; ders., Allgemeine Flächentheorie, Leipzig 1912; vgl. für eine moderne Darstellung W. Blaschke, Über die Differentialgeometrie von Gauß, in: Jahresbericht der Deutschen Mathematiker-Vereinigung 52 1942, 61–71; zur folgenden Darstellung s. Anm. 40
[42] C. F. Gauß, Allgemeine Flächentheorie, Leipzig [4]1912, 11 ff.
[43] $B \to 0$ bedeutet hier, daß der Durchmesser des Parameterbereichs gegen Null strebt.
[44] s. Anm. 40
[45] Ursprünglich leitete Gauß bereits 1822 die Konstanz des Krümmungsmaßes aus der Form des Bogenelements $ds^2 = m^2 (dt^2 + du^2)$ und erst in den *Disquisitiones* aus $ds^2 = Edp^2 + 2Fdpdq + Gdq^2$ (vgl. Werke Bd. 8, 381, 385; Bd. 4 236)
[46] C. F. Gauß, s. Anm. 42, 36; für die historische Entwicklung der Gaußschen Begriffe vgl. auch P. Stäckel, Gauß als Geometer, in: Werke (s. Anm. 39), Bd. 10.2, Abh. IV
[47] Für Gaußens Arbeiten zur Kartographie vgl. J. L. Lagrange u. C. F. Gauß, Abhandlungen über Kartenprojektion (1779 u. 1822), (Hrsg. A. Wangerin), Leipzig 1894
[48] s. Kap. 3.2, Abb. 3.5
[49] J. H. Lambert, Anmerkungen und Zusätze zur Entwerfung der Land- und Himmelskarten (1772), (Hrsg. A. Wangerin), Leipzig 1894; vgl. auch L. Euler, Drei Abhandlungen über Kartenprojektion (1777) (Hrsg. A. Wangerin), Leipzig 1898
[50] C. F. Gauß, Crelle's Journal IV 1829, 233; vgl. auch E. Mach, Die Mechanik – historisch-kritisch dargestellt, Leipzig [9]1933, Darmstadt 1976, 347 f.

[51] P. Janich/K. Mainzer, D'Alembertsches Prinzip, in: s. Anm. 38; vgl. auch F. Hund, Geschichte der physikalischen Begriffe Teil 1, Mannheim [2]1978, 174 ff.
[52] K. Mainzer, Hertz, H., in: s. Anm. 38, Bd. II
[53] B. Riemann, Über die Hypothesen, welche der Geometrie zugrunde liegen, Berlin 1919; vgl. auch: Ges. mathem. Werke [2]1892 (Nr. XIII Habil.-Vortrag); wiederabgedruckt (mit Erläuterungen von H. Weyl) in dem Sammelband H. Weyl et al., Das Kontinuum und andere Monographien, New York 1973
[54] B. Riemann, s. Anm. 53 (1973), 4
[55] B. Riemann, s. Anm. 53 (1973), 4
[56] B. Riemann, s. Anm. 53 (1973), 6
[57] G. Ricci/T. Levi-Civita, Méthode de calcul différentiel absolu, in: Math. Ann. 54 1901, 125–201; vgl. auch H. Meschkowski, Problemgeschichte der neueren Mathematik (1800–1950), Mannheim 1978, 158 ff.
[58] A. Einstein, Zur Allgemeinen Relativitätstheorie, in: Sitzungsber. Preuß. Akad. Wiss., math.-nat. Kl. 1915, 778–786
[59] Für den physikalischen Hintergrund vgl. auch F. Hund, Geschichte der physikalischen Begriffe, Teil 2, Mannheim [2]1978, 69 ff. Im folgenden steht jedoch der mathem. Aspekt im Vordergrund.
[60] A. Einstein, Grundzüge der Relativitätstheorie, Braunschweig [5]1963, (1. Aufl. 1922 der Princeton-Vorträge 1921)
[61] Vgl. K. Mainzer, Helmholtz, H., in: s. Anm. 38
[62] H. Weyl, Das Raumproblem, in: Jahresbericht der Deutsch. Mathematikervereinigung 30, 2. Abt. 92 1921; vgl. auch: Ges. Abh. Bd. II 219 f.
[63] H. v. Helmholtz, Über die Tatsachen, die der Geometrie zum Grunde liegen (1868), in: Schriften zur Erkenntnistheorie (Hrsg. P. Hertz, M. Schlick) Berlin 1921, 38 ff.
[64] H. v. Helmholtz, e.d., 40, 42 ff.
[65] E. Beltrami, Teoria fondamentale degli spazii di curvatura costante, in: Ann. di Mat. (2), II 1868–69, 232–255; vgl. D. Hilbert/S. Cohn-Vossen, Anschauliche Geometrie, Berlin–Heidelberg–New York 1932, 214
[66] F. Klein, Über die sogenannte nichteuklidische Geometrie, in: Ges. mathem. Abh., Berlin 1921, Bd. I, 246; vgl. auch F. Klein, Vorlesungen über nichteuklidische Geometrie Berlin 1928; H. Meschkowski, Nichteuklidische Geometrie, Braunschweig [4]1971
[67] H. v. Helmholtz, Über den Ursprung und die Bedeutung der geometrischen Axiome, in: s. Anm. 63, 19 ff.
[68] H. v. Helmholtz, Die Tatsachen der Wahrnehmung, in: s. Anm. 63, 122 ff.
[69] H. Reichenbach, Philosophie der Raum-Zeit-Lehre, Berlin/Leipzig 1928, § 11–12
[70] H. v. Helmholtz, Über den Ursprung und die Bedeutung der geometrischen Axiome, in: s. Anm. 63, 21 ff.
[71] H. Poincaré, Wissenschaft und Hypothese, Leipzig 1914, repr. Darmstadt 1974; K. R. Popper begründet die ‚Einfachheit' der euklidischen Geometrie durch die ‚höhere Falsifizierbarkeit'; vgl. dazu K. R. Popper, Logik der Forschung, Tübingen [2]1966, 104 f.; vgl. K. Mainzer, Falsifikation, in: s. Anm. 38
[72] M. S. Lie/Engel, Theorie der Transformationsgruppen, 3 Bde. Leipzig 1888–1893, Bd. 3 Abt. 5
[73] H. Weyl, Das Raumproblem, in: Ges. Abh. Bd. II, 222 f.
[74] Vgl. H. Freudenthal, Neuere Fassungen des Riemann-Helmholtz-Lieschen Raumproblems, in: Mathem. Z. Bd. 63, 1956, 374–405; ders. Lie groups in the foundations of geometry, in: Advanc. Math. 1 1965, 145–190
[75] D. Hilbert, Über die Grundlagen der Geometrie, in: Math. Ann. Bd 56 1902; wiederabgedruckt in: Grundlagen der Geometrie, Stuttgart [9]1962, Anhang IV (178–230)
[76] D. Hilbert, e.d., 180 f.
[77] D. Hilbert, e.d., 229 f.
[78] G. W. Leibniz, De Analysi Situs, in: Mathem. Schriften (Hrsg. C. I. Gerhardt) Bd. V, Halle 1858 repr. Hildesheim 1962, 178; dt. Hauptschriften zur Grundlegung der Philosophie (Übers. A. Buchenau; Hrsg. E. Cassirer), Bd. I Leipzig 1904, 69

[79] G. W. Leibniz, Initia rerum Mathematicarum metaphysica, in: Math. Schr. (s. Anm. 78) VII; dt. Hauptschriften (s. Anm. 78), 64
[80] G. W. Leibniz, s. Anm. 79, 63 f.
[81] C. F. Gauß, aus dem Nachlaß (22. Januar 1833), zitiert nach G. Feigl, Geschichtliche Entwicklung der Topologie, in: Jahresber. Deutsch. Mathem.-Vereinigung 37 1928, 273
[82] L. Euler, Elementa Doctrinae Solidorum, in: Novi Commentarii Academiae Scientiarum Petropolitanae 1758 4, 109–140
[83] R. Descartes, De Solidorum Elementis (1639), in: Œuvres inédits de Descartes, Bd. 2, Paris 1860, 214–234; Œuvres de Descartes (Hrsg. C. Adam & P. Tannery), Bd. 10 Paris 1908, 257–278
[84] J. B. Listing entdeckt 1858 auch unabhängig von Möbius das berühmte Möbiusband, das er allerdings erst 1861 bekannt gibt: ders., Der Census Räumlicher Complexe, in: Abh. der Königl. Ges. Wiss. Göttingen 10 1861, 97–182
[85] B. Riemann, Theorie der abelschen Funktionen, in: Ges. math. Werke, Leipzig [2]1892, 88 f.. Auf S. 91 beruft sich Riemann auf Leibniz!
[86] A. F. Möbius, Theorie der elementaren Verwandtschaft, in: Ges. Werke Bd. II Leipzig 1886, 433 f.
[87] Für eine moderne Darstellung des Satzes von Jordan vgl. K. P. Grotemeyer, Topologie, Mannheim 1969, 130
[88] Vgl. K. Mainzer, Dimension, in: s. Anm. 38 (dort auch weitere Literatur- u. Quellenangaben!)
[89] Zur Werkorientierung bei Poincare's vgl. auch G. Darboux, Éloge historique d'Henri Poincaré, in: Œuvres Henri Poincaré (1916–1956) Bd. II Paris 1952 vii–lxxi
[90] L. E. J. Brouwer, Zur Analysis Situs, in: Math. Ann. Bd. 68, 1910, 422–434; ders., Beweis der Invarianz der Dimensionszahl, in: Math. Anm. Bd. 70 1911, 161–165; ders., Beweis der Invarianz des *n*-dimensionalen Gebietes, in: Math. Ann. Bd. 71, 1912, 305–313
[91] M. Fréchet, Les dimensions d'un ensemble abstrait, in: Math. Ann. Bd. 68, 1910, 145–168
[92] F. Hausdorff, Grundzüge der Mengenlehre, Leipzig 1914, Kap. 7–9
[93] P. Urysohn, Über die Mächtigkeit der zusammenhängenden Mengen, in: Math. Ann. Bd. 94 1925, 262–295; vgl. auch A. H. Stone, Paracompactness and product spaces,, in: Bull. Amer. Math. Soc. 54 1948, 977–982
[94] Vgl. auch den Begriff des Funktionals in den physikalischen Problemen der Variationsrechnung des 17./18. Jahrhunderts: s. Kap. 4.12; vgl. auch H. Meschkowski, Funktionalanalysis, in: ders., Problemgeschichte der neueren Mathematik (1800–1950), Mannheim 1978, Kap. X; für eine moderne Darstellung F. Hirzebruch/W. Scharlau, Einführung in die Funktionalanalysis, Mannheim 1971
[95] F. Klein, Das Erlanger Programm (Vergleichende Betrachtungen über geometrische Forschungen), in: Ges. math. Abh. Bd. I, Berlin 1921, 463
[96] A. Cayley, The Collected Mathematical Papers, Cambridge 1889 f., Bd. II, 123 ff.; vgl. auch H. Wussing, Die Genesis des abstrakten Gruppenbegriffs, Berlin 1969

# 6. Ausblicke auf die Geometrie des 20. Jahrhunderts

Nach Cantors Mengenlehre verstärkt sich seit Beginn dieses Jahrhunderts die Tendenz, die Mathematik als Strukturwissenschaft aufzubauen, wie es sich bereits in der Algebra und Geometrie seit Mitte des 19. Jahrhunderts abzeichnete. Damit wird eine Vereinheitlichung der Mathematik erreicht, indem verschiedene Theorien auf die Kombination weniger fundamentaler Grundstrukturen reduziert und neue Theorieentwicklungen vor allem der algebraischen Geometrie und Topologie ermöglicht werden. Auch weitet der Strukturgesichtspunkt den Anwendungsbereich der Mathematik aus, wie z.B. die Funktionenräume der Funktionalanalysis in der Quantenmechanik, die Gruppentheorie in Kristallogie und physikalischer Chemie und die Differentialgeometrie in Physik und Kosmologie zeigen. Die Grundlagendiskussion der Mathematik, die durch Russells Ableitung eines Widerspruchs in der Cantorschen Mengenlehre Anfang des Jahrhunderts ausgelöst wurde, wirkte auch auf die Geometrie ein. Bereits um 1900 stellte D. Hilbert in seinen *Grundlagen der Geometrie* eine formale axiomatische Theorie vor, die durch die Widerspruchsfreiheit ihrer Modelle zu rechtfertigen war. Damit verlagerte sich die Frage der Widerspruchsfreiheit der formalen Geometrie auf ihr Modell der analytischen Geometrie, also der Analysis.

## 6.1 Grundlagen der Geometrie

### 6.11 Formale Axiomatik der Geometrie

Die von Euklid überlieferte axiomatische Methode hatte im 17. Jahrhundert noch einmal B. Pascal für die synthetische Geometrie formuliert: „1. Keines von den Dingen beweisen wollen, die so selbstevident sind, daß es nichts noch klareres mehr gibt, um sie zu beweisen. 2. Alle etwas dunklen Sätze beweisen und zu ihrem Beweis nur sehr evidente Axiome oder schon anerkannte oder bewiesene Sätze verwenden.“[1)] Noch der Logiker G. Frege (1848–1925) definiert die geometrischen Axiome mit deutlichen Anklängen an Kants Lehre der Raumanschauung: Axiome nennt Frege Sätze, die wahr sind, die aber nicht bewiesen werden, weil ihre Erkenntnis aus einer (anderen) von der logischen verschiedenen Erkenntnisquelle fließe, die man Raumanschauung nennen könne.[2)]

Im 19. Jahrhundert wurde die Algebra nicht mehr nur in der Arithmetik, sondern auch in Geometrie (Gruppentheorie!) und Logik (Verbandstheorie in der Booleschen Algebra!) mit großem Erfolg angewendet. An die Stelle konkreter Größen (z.B. Zahlen) treten in der Algebra Variablen, die durch Funktionen und Relationen verknüpft werden. In seinen *Grundlagen der Geometrie* von 1899 verzichtet deshalb D. Hilbert (1862–1943) auf alle Definitionen der geometrischen Grundbegriffe, die sich sowieso als unklar und teilbestimmt erwiesen hatten (vgl. 2.32), und beginnt so: „Wir denken drei verschiedene Systeme von Dingen: Die Dinge des ersten Systems nennen wir Punkte und bezeichnen sie mit *A, B, C,* . . . Die Dinge des zweiten

Systems nennen wir Geraden und bezeichnen sie mit $a$, $b$, $c$, ... Die Dinge des dritten Systems nennen wir Ebenen und bezeichnen sie mit $\alpha, \beta, \gamma, \ldots$ Die Punkte heißen auch die Elemente der linearen Geometrie, die Punkte und Geraden heißen die Elemente der ebenen Geometrie und die Punkte, Geraden und Ebenen heißen die Elemente der räumlichen Geometrie oder des Raumes. Wir denken die Punkte, Geraden, Ebenen in gewissen gegenseitigen Beziehungen und bezeichnen diese Beziehungen durch Worte wie „liegen", „zwischen", „kongruent", „parallel", „stetig", ... "[3] Es wird nichts darüber gesagt, was die „Dinge" dieser Systeme sind. Wir haben die Freiheit, uns darunter vorzustellen, was wir wollen – wenn es nur mit den Aussagen der dieser Erklärung folgenden „Axiome" verträglich ist.

Die Sätze, welche die Beziehungen des Systems festlegen sollen, heißen Axiome: „Zu zwei Punkten $A$, $B$ gibt es stets eine Gerade $\mathfrak{a}$, die mit jedem der beiden Punkte zusammengehört."[4] Seien nun $P$, $G$, $L$ Variablen für Eigenschaften, die nach dem Vorschlag Hilberts auch gelesen werden dürfen als ‚$x$ ist Punkt' für ‚$x \in P$' bzw. ‚$z$ ist Gerade' für ‚$z \in G$' bzw. ‚$x$ liegt auf $z$' für ‚$x, z \in L$'. Dann erhält man mit den üblichen logischen Normierungen folgende abgekürzte Schreibweise des Hilbertschen Axioms: $\bigwedge x \bigwedge y\, (x \in P \wedge y \in P \rightarrow \bigvee z\, (z \in G \wedge x, z \in L \wedge y, z \in L))$. Obwohl man mit den Grundbegriffen bestimmte figürliche Vorstellungen verbindet, spielen sie für das Axiomensystem keine Rolle. Logisch gesprochen sind die Grundbegriffe wie z.B. $P$, $G$, $L$ freie Variablen, die Axiome sind Aussageformen z.B. $A\,(P, G, L)$. Das geometrische Axiomensystem ist also nach Hilbert weder ‚evident' (im Sinne Pascals) noch ‚anschaulich' (im Sinne Kants), noch ‚wahr' (im Sinne Freges), sondern ein System von Aussageformen bzw. Formeln.

Neben den Axiomen der Verknüpfung (I) zwischen Punkten, Geraden und Ebenen unterscheidet Hilbert Axiome der Anordnung (II), der Kongruenz (III), das Parallelitätsaxiom (IV), das Archimedische (Eudoxische) Meßbarkeitsaxiom (V. 1) und das Axiom der linearen Vollständigkeit (V. 2): *„Das System der Punkte einer Geraden mit seinen Anordnungs- und Kongruenzbeziehungen ist keiner solchen Erweiterung fähig, bei welcher die zwischen den vorigen Elementen bestehenden Beziehungen sowie auch die aus den Axiomen I–III folgenden Grundeigenschaften der linearen Anordnung und Kongruenz und V. 1 erhalten bleiben."*[5] Wie läßt sich nun einsehen, daß keine Widersprüche im formalen System der Geometrie ableitbar sind, wenn wir uns nicht auf die ‚Evidenz' der Axiome oder die Raumanschauung berufen können? Dazu interpretiert Hilbert die Grundbegriffe der Geometrie in der Analysis und weist nach, daß alle Aussageformen wahre Sätze der analytischen Geometrie werden. Setzt man nun die Widerspruchsfreiheit der Analysis voraus, so muß auch das Hilbertsche Axiomensystem der Geometrie widerspruchsfrei sein: Ein Widerspruch in der Geometrie würde nämlich bei Interpretation in der analytischen Geometrie einen Widerspruch in der Analysis nach sich ziehen.

Im einzelnen interpretiert Hilbert geometrische Punkte $A$ als Paare $(x, y)$ reeller Zahlen, Geraden $g$ als Verhältnisse dreier Zahlen $(u : v : w)$ und die Verknüpfungsrelation ‚$A$ liegt auf $g$' durch die lineare Gleichung $ux + vy + w = 0$. Das Abtragen von Strecken und Winkeln erfolgt im analytischen

Modell nach den bekannten Methoden der analytischen Geometrie, ebenso Parallelverschiebungen von Strecken und Winkeln durch Transformationen $x' = x + a$ und $y' = y + b$, Spiegelungen an der Geraden $y = 0$ mit $x' = x$ und $y' = -y$ etc. Auch das geometrische Vollständigkeitsaxiom V.2 ist bei Voraussetzung aller reeller Zahlen in der analytischen Geometrie erfüllt. Dieser Beweis macht wesentlich vom abstrakten Begriff des Dedekindschen Schnittes Gebrauch und wird von Hilbert in Form einer ‚reductio ad absurdum' geführt:[6)]

Man nehme eine Gerade $g$ an, auf der sich entgegen dem Vollständigkeitsaxiom ‚neue' Punkte ohne Widerspruch hinzufügen lassen. Ein solcher Punkt sei $N$, der die Gerade $g$ in zwei Halbgeraden teilt. Nach dem Archimedischen Axiom enthält jede der Halbgeraden auch solche Punkte, die vor der Erweiterung vorhanden waren und ‚alte' Punkte heißen mögen. Wird dann $g$ durch die Gleichungen $x = mt + n$ und $y = pt + q$ mit $t$ für alle reellen Zahlen wiedergegeben, so liefert die durch $N$ erzeugte Einteilung einen Dedekindschen Schnitt dieser Zahlen. Dann folgt nach Definition des Dedekindschen Schnitts: Entweder die erste dadurch bestimmte Klasse hat ein letztes Element oder die zweite Klasse hat ein erstes Element.

Sei $A$ der dazu gehörige Punkt auf $g$, so daß zwischen $A$ und $N$ kein alter Punkt liegt. Dagegen gibt es einen alten Punkt $B$, so daß $N$ zwischen $A$ und $B$ liegt. Nach dem Archimedischen Axiom läßt sich durch Streckenabtragung eine Anzahl von Punkten $C_1, C_2, \ldots, C_{n-2}, D$ angeben, wobei die $n$ Strecken $AN, NC_1, C_1C_2, \ldots, C_{n-2}D$ einander kongruent sind und $B$ zwischen $A$ und $D$ liegt:

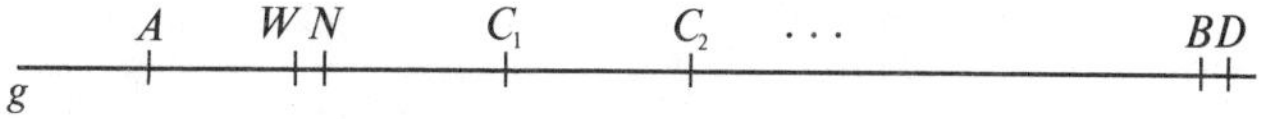


Abb. 6.1

Teilt man nun $AB$ in $n$ kongruente Teile, so sind sämtliche Teilpunkte alte Punkte. $W$ sei derjenige, welcher $A$ am nächsten liegt. In der analytischen Geometrie läßt sich zeigen: Jede Strecke ist in eine vorgegebene Anzahl $n$ von kongruenten Teilen teilbar, und wenn eine Strecke $AB$ kleiner ist als eine Strecke $AD$, so ist auch der $n$-te Teil $AW$ von $AB$ kleiner als derjenige von $AC$ (nämlich kleiner als $AN$). Der alte Punkt $W$ liegt dann zwischen $A$ und $N$ im Widerspruch zur Bestimmung von $A$ nach der Definition des Dedekindschen Schnitts.

Während die Axiome I–V.1 unendlich viele Modelle besitzen, hat das vollständige Hilbertsche Axiomensystem I–V.1, V.2 (bis auf Isomorphie) nur ein Modell: die Cartesisch-analytische Geometrie.

## 6.12 Mengenlehre und Stetigkeitsaxiome

Nach den Vorstellungen des Frege-Russellschen Logizismus sollte die Mathematik aus Logik und Mengenlehre aufgebaut werden. Dieser Aufbau sah vor, zunächst die Zahlen als besondere Mengen einzuführen, schließlich Relationen und Verknüpfungen von Zahlen, um so die Analysis und Funktionentheorie Schritt für Schritt aus Logik und Mengenlehre zu gewinnen.[7)] Die Geometrie wird in diesem Aufbau als analytische Geometrie eingeführt, deren Grundbegriffe bereits in der Analysis eingeführt sind. Die synthetische Geometrie wäre im Sinne Hilberts nur ein Formelsystem, welches die analytische Geometrie zum Modell hat. Daher war auch die Geometrie von den Grundlagenproblemen der Analysis und Mengenlehre betroffen, die von B. Russell Anfang des Jahrhunderts durch Ableitung eines Widerspruchs aus dem Fregeschen System ausgelöst wurden.[8)]

Nachdem die natürlichen Zahlen (durch die Peano-Axiome), die ganzen Zahlen (durch Erweiterung der Subtraktion) und die rationalen Zahlen (als Klassen äquivalenter Paare von ganzen Zahlen) eingeführt sind, stellt sich das Problem der reellen Zahlen. Im Unterschied zur abstrakten Dedekindschen Definition rechnen wir seit Stevin mit reellen Zahlen als Dezimalbruchentwicklungen z.B. $0, a_1 a_2 a_3 \ldots$, d.h. als Folgen rationaler Zahlen $r_1 = a_1/10, r_2 = a_1 a_2/100, r_3 = a_1 a_2 a_3/1000, \ldots$ Da die Differenz der Folgeglieder mit wachsender Indexzahl abnimmt, lassen sich Dezimalbruchentwicklungen physikalisch auch als Meßreihen wachsender Genauigkeit auffassen. Mathematisch handelt es sich um sogenannte Cauchy-Folgen $r_*$ mit der Definition: $\bigwedge \epsilon > 0 \bigvee N \bigwedge m \bigwedge n (m > N \wedge n > N \rightarrow |r_m - r_n| < \epsilon)$ für positiv-rationale $\epsilon$. Einen Spezialfall bilden die periodischen Dezimalbrüche z.B. $1/3 = 0{,}333\ldots$ mit den Gliedern $r_1 = 3/10, r_2 = 33/100, \ldots$, die sich der rationalen Zahl 1/3 beliebig nähern. Man sagt: $r_*$ hat den rationalen Grenzwert $s$, kurz: $\lim r_* = s$, und normiert diesen Sachverhalt logisch durch $\bigwedge \epsilon > 0 \bigvee N \bigwedge n (n > N \rightarrow |r_n - s| < \epsilon)$. Jede rational konvergente Folge ist zwar Cauchy, jedoch besitzt nicht jede rationale Cauchy-Folge einen rationalen Grenzwert, wie die nicht-periodischen Dezimalbruchentwicklungen zeigen. Die rationalen Zahlen müssen daher durch Objekte erweitert werden, so daß alle Cauchy-Folgen konvergent werden.

Diese neuen Objekte werden als Äquivalenzklassen solcher rationaler Cauchy-Folgen $r_*$ und $s_*$ eingeführt, deren Differenzfolge $r_* - s_*$ gegen Null konvergiert. Die reellen Zahlen lassen sich nun als Limites $\lim r_*$ rationaler Cauchy-Folgen $r_*$ darstellen. Wie üblich erhält man Addition und Multiplikation dieser neuen Objekte durch gliedweise Verknüpfung der rationalen Folgewerte: z.B. $\lim r_* + \lim s_* := \lim (r_* + s_*)$. Für die Anordnungsrelation wird zunächst $\lim r_* > 0$ definiert durch $\bigvee \epsilon \bigvee N \bigwedge n > N \; r_n > \epsilon$ und dann $\lim r_* > \lim s_* :\leftrightarrow \lim (r_* - s_*) > 0$.

Man zeigt nun leicht, daß die Menge $\mathbb{R}$ aller reellen Zahlen einen archimedisch angeordneten Körper bilden. Dieser Körper ist auch vollständig in dem Sinn, daß jede nach oben beschränkte nicht-leere Menge $M$ reeller Zahlen eine obere Grenze $z$ (= kleinste obere Schranke) besitzt.

Für einen Beweis definiert man eine rationale Cauchy-Folge $r_*$ mit $\lim r_*$ $= z$: Man bilde nämlich für jedes $n$ eine rationale Zahl $r_n = \frac{m}{n}$, wobei $m$ der kleinste Zähler von $n$ ist, so daß $r_n$ obere Schranke von $M$ ist. Diese Definition ist sicher eindeutig, $r_*$ ist Cauchy und $\lim r_*$ nach Definition auch obere Schranke von $M$. $y := \lim r_*$ ist sicher auch kleinste obere Schranke, denn:

Annahme: $\bigvee x$ ($x$ obere Schranke von $M \wedge x < y$)

$\rightarrow \bigvee \epsilon \; y - x > \epsilon$

$\rightarrow \bigvee N \bigwedge n > N \; y - r_n < \frac{\epsilon}{2}$ ($r_*$ konvergiert!)

$\rightarrow r_n > y - \frac{\epsilon}{2}$

$\rightarrow r_n - \frac{\epsilon}{2} > \left(y - \frac{\epsilon}{2}\right) - \frac{\epsilon}{2} = y - \epsilon > y - (y - x) = x$

d.h. $r_n - \frac{\epsilon}{2}$ ist obere Schranke von $M$.

Für die $n$ mit $\frac{1}{n} < \frac{\epsilon}{2}$ folgt

Widerspruch zur Definition von $r_n$.

Damit steht zwar eine geometriefreie Einführung der reellen Zahlen vollständig zur Verfügung, die Hilbert auch – allerdings als Definition Dedekindscher Schnitte – sowohl für sein Modell der Euklidischen Geometrie in 6.11 als auch für seine topologische Einführung der Euklidischen und hyperbolischen Geometrie in 5.43 voraussetzte. Jedoch wird im Vollständigkeitsbeweis (siehe oben!) bzw. in einem entsprechenden Axiom wesentlich von der Mengenlehre Gebrauch gemacht, da es sich um eine Aussage über beliebige (beschränkte nicht-leere) Mengen $M \subset \mathbb{R}$ handelt.[9)]

Die Frage, die sich angesichts der Russellschen Widersprüche in der Mengenlehre stellte, war, wie sich die reellen Zahlen und damit auch die Koordinaten der analytischen Geometrie widerspruchsfrei einführen lassen. Der Vorschlag der intuitionistischen Mathematik L. E. J. Brouwers orientierte sich an der ‚Ur-intuition' des Zählens: So wie die natürlichen Zahlen in endlich vielen Zählschritten Schritt für Schritt eingeführt werden, so müssen alle mathematischen Objekte konstruiert werden. Nur so läßt sich schrittweise prüfen, daß keine Widersprüche oder zirkelhaften Begriffsbildungen eingeführt werden. Daher werden als reelle Zahlen nur solche Dezimalbruchentwicklungen wie z.B. $0, a_1 a_2 a_3 \ldots$ zugelassen, deren Folgeglieder schrittweise und effektiv berechnet werden können. Daher müssen in der Definition der Cauchy-Folge nach Brouwer alle Quantoren im Sinne der effektiven Logik verwendet werden: Eine Existenzbehauptung ($\bigvee x \ldots$) muß durch die effektive Angabe eines Beispiels eingelöst werden; eine Allaussage ($\bigwedge x \ldots$) verlangt ein effektives Prüfverfahren der Behauptung für alle Beispiele.

Von A. Heyting stammt folgendes Beispiel einer intuitionistisch nicht zulässigen reellen Zahl.[10)] Sei z.B. eine rationale Folge $r_*$ wie folgt definiert: Falls die $n$-te Dezimalstelle bei der Dezimalbruchentwicklung von $\pi$ die 9 ist in der ersten Sequenz 0123456789 in der Dezimalbruchentwicklung von $\pi$, so sei $r_n = 1$, sonst sei $r_n = 2^{-n}$. $r_*$ unterscheidet sich von der Cauchy-Folge $s_* = 2^{-*}$ um höchstens ein Glied. Klassisch ist also auch $r_*$ Cauchy und damit $\lim r_*$ eine reelle Zahl. Da aber bisher nicht bekannt ist, ob eine Folge 0123456789 in $\pi$ vorkommt oder nicht, können wir kein $N$ effektiv angeben mit $\bigwedge n > N \bigwedge m > N \; |r_n - r_m| < \frac{1}{2}$, d.h. $r_*$ ist intuitionistisch nicht Cauchy und also $\lim r_*$ keine zulässige reelle Zahl.

Punkte im linearen Kontinuum (Gerade) werden intuitionistisch also durch schrittweise Konstruktion rationaler Streckenabschnitte bestimmt. Zwei Punkte $\lim r_*$ und $\lim s_*$ fallen zusammen, wenn die Folge der Differenzen entsprechender Streckenabschnitte effektiv gegen Null konvergiert. Wir schreiben dann: $\lim r_* = \lim s_*$. Die Negation $\neg \lim r_* = \lim s_*$ bedeutet intuitionistisch nur, daß die Annahme $\lim r_* = \lim s_*$ nachweislich zu einem Widerspruch führt. Daher muß zusätzlich eine Relation des effektiven ‚Getrenntliegens' zweier Punkte eingeführt werden:

$\lim r_* \# \lim s_* :\leftrightarrow \bigvee n \bigvee k \bigwedge m > n\ |r_n - s_m| > \frac{1}{k}$ . Sicher impliziert $x \# y$ auch $\neg x = y$, da die Prämisse effektive Zahlenangaben und $\neg x = y$ nur einen Widerspruchsbeweis für die Annahme $x = y$ fordert. Es gilt intuitionistisch auch $\neg x \# y \rightarrow x = y$.

In diesem Sinne läßt sich intuitionistisch die analytische Geometrie, Vektoralgebra etc. einführen.[11] Die Beschränkung auf die effektive Logik führte jedoch dazu, daß einige zentrale Sätze der klassischen Analysis und damit Voraussetzungen der analytischen Geometrie nicht bewiesen werden konnten. Es handelt sich meistens um Sätze, die vom Vollständigkeitsaxiom Gebrauch machen wie z.B. der Zwischenwertsatz. Diesen Nachteilen der intuitionistischen Mathematik entgeht man, wenn man wie H. Weyl 1918 die Methoden der klassischen Arithmetik zuläßt.[12] Nachdem ein Widerspruchsfreiheitsbeweis der klassischen Arithmetik durch Gentzen, Gödel, Lorenzen u.a. vorlag, war dieser Standpunkt auch logisch gerechtfertigt. Nun ist es möglich, die klassische Logik widerspruchsfrei in der Analysis zu verwenden (z.B. wegen $\bigvee x\, A(x) \leftrightarrow \neg \bigwedge x \neg A(x)$ in der klassischen Logik Beweise von Existenz- oder Allaussagen durch ‚reductio ad absurdum' zu führen), sofern es sich um Sätze über ‚definite' Objekte wie die natürlichen Zahlen handelt. Folgen und Funktionen heißen mit Blick auf Bernoulli und Euler ‚definit', wenn sie durch Abstraktion aus einem definiten Term entstehen. Definite Terme sind z.B. die rationalen Terme wie

$f(r) = r^2, g(r, s) = \frac{2r + s}{r}$ mit Variablen $r, s$ für rationale Zahlen, aber

auch induktiv eingeführte Folgen- bzw. Funktionsterme wie z.B. die Potenz $x^1 := x, x^{n+1} := x^n \cdot x$ und die Funktionenfolge $f^1(x) := f(x), f^{n+1}(x) := f^n(f(x))$, falls $x, f$ bereits definite Objekte sind.[13]

Ordnet man nun wie üblich den arithmetischen Operationen geometrische Konstruktionen wie z.B. Streckenaddition, -multiplikation etc. zu, so können den definiten Termen entsprechende geometrische Konstruktionsverfahren zugeordnet werden. Ein Beispiel ist die transzendente Eulerzahl

$e = \lim\limits_{n \to \infty} \left(1 + \frac{1}{n}\right)^n$, die hier als Grenzwert der induktiv definierten Potenz-

folge $\left(1 + \frac{1}{n}\right)^n$ eingeführt ist. Offenbar lassen sich nur definiten reellen

Zahlen eindeutig geometrische Konstruktionsverfahren für Punkte zuordnen, da für beliebige Dedekindsche Schnitte der darstellende Term im allgemeinen nicht bekannt ist:

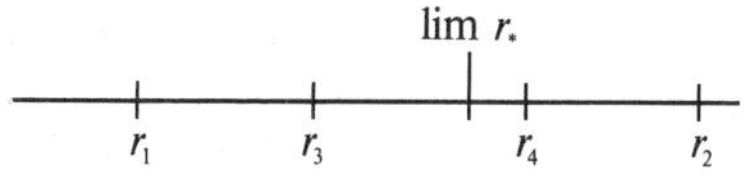


Abb. 6.2

Durch dieses Verfahren werden also nicht „beliebige" Punkte aus Hilberts linearer Geometrie (vgl. 6.11) erfaßt. Aber für Hilberts Punkte war die Konstruierbarkeit auch nicht gefordert. Sie waren vielmehr Elemente einer axiomatisch charakterisierten Punktmenge (Gerade), die nicht ohne Widerspruch erweitert werden konnte.

## 6.13 Spiegelungsaxiome, Homogenitätsprinzipien und geometrische Formen

Nach Hilberts *Grundlagen* von 1899 wurden andere Vorschläge zum Aufbau der synthetischen Geometrie gemacht. Gemeinsam ist diesen Vorschlägen mit Hilbert, daß die mathematische Begründung nicht auf psychologische Evidenz oder physikalische Realgeltung der Axiome zurückgreift. Die Umgangssprache mit den üblichen geometrischen Namen wie ‚Punkt', ‚Gerade' etc. wird meistens wie bei Hilbert aus heuristischen Gründen beibehalten, obwohl es sich bei den Axiomen prinzipiell um Aussageformen mit Variablen für ‚Punkt', ‚Gerade' etc. handelt (vgl. 6.11).

Auf F. Bachmann geht ein bemerkenswerter Aufbau der metrischen Geometrie zurück.[14] Im Unterschied zu Hilbert führt Bachmann die absolute Geometrie ohne Entscheidung über die Parallelenfrage als gemeinsamen Unterbau der Euklidischen und nicht-euklidischen Geometrie ein. Für die Grundbegriffe ‚Punkt', ‚Gerade', ‚Inzidenz' (von Punkt und Gerade), ‚Orthogonalität' (von Geraden) formuliert Bachmann folgende Axiome der ebenen absoluten Geometrie. 1) Inzidenzaxiome: Es gibt zwei Punkte. Zu je zwei verschiedenen Punkten gibt es genau eine Gerade, welche mit ihnen inzidiert. 2) Orthogonalitätsaxiome: Das Senkrechtstehen ist symmetrisch. Senkrechte Geraden haben einen Punkt gemeinsam. Durch jeden Punkt gibt es zu jeder Geraden eine Senkrechte, und wenn der Punkt auf der Geraden liegt (inzidiert), nur eine. Zentral ist die 3. Axiomengruppe über ‚Spiegelungen', die als involutorische, die Orthogonalität erhaltende Kollineationen eingeführt werden, welche die Gerade punktweise festhalten. Dabei heißt eine Punktabbildung $f$ involutorisch, wenn ihre doppelte Abbildung wieder auf den ursprünglichen Punkt abbildet, d.h. $f \circ f =$ Identität. Abb. 6.3 zeigt ein Beispiel einer solchen Spiegelung der Punkte $A$, $B$ an der Geraden $g$.

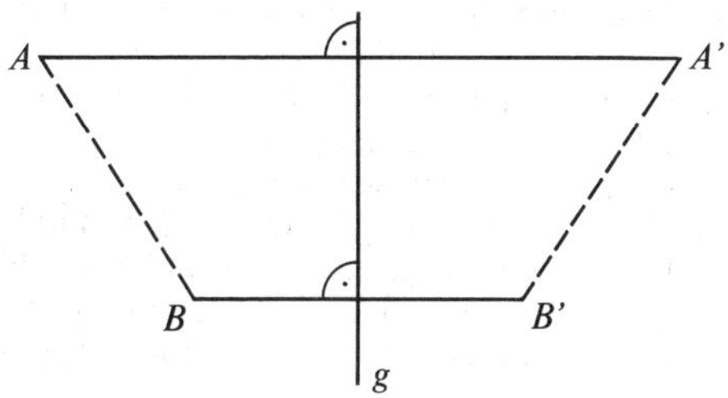


Abb. 6.3

Die Spiegelungsaxiome fordern im einzelnen: Zu jeder Geraden gibt es wenigstens eine Spiegelung an der Geraden. Das Produkt von Spiegelungen an drei Geraden, welche durch einen Punkt gehen oder auf einer Geraden senkrecht stehen, ist eine Spiegelung an einer Geraden.

Als Satz ergibt sich, daß die Spiegelungen an den Geraden eine Gruppe bilden. Bezeichnet man die Modelle dieses Axiomensystems als ‚metrische Ebenen', so heißt die Gruppe der Spiegelungen die Bewegungsgruppe der jeweiligen metrischen Ebene. Es gibt keine zu sich selbst orthogonalen Geraden und an jeder Geraden genau eine Spiegelung. Existiert ein Rechtseit in der metrischen Ebene, so heißt sie metrisch-euklidisch, im anderen Fall metrisch-nicht-euklidisch. Im Unterschied zu Hilbert wurde auf den Anordnungsbegriff verzichtet, im Unterschied zu Helmholtzens Einführung der absoluten Geometrie (vgl. 5.4) auf die Forderung freier Beweglichkeit. Die in Hilberts Aufbau mit der stetigen Bewegungsgruppe aus 5.43 ausgeschlossene sphärische Geometrie ist zugelassen. Mathematisch zeichnet sich der Bachmannsche Aufbau durch die Anschaulichkeit seines Grundbegriffs der Spiegelung aus. Für die weiteren technischen Details setzt er allerdings Vertrautheit mit algebraischen Hilfsmitteln der Gruppen-, Körper- und Ringtheorie voraus.

Mit Blick auf Kant wurden auch Versuche unternommen, die Grundbegriffe und ihre Eigenschaften von vornherein so zu bestimmen, daß die Euklidische Geometrie erzwungen wird. Solche Ansätze fanden sich ja z.B. bei J. Wallis (vgl. 4.31). Bei H. Dingler (1881–1954) trat in den 20-iger Jahren die Absicht hinzu, auch die physikalische Realgeltung der Euklidischen Geometrie zu erzwingen.[15)] Mathematische Präzisierungen des Dinglerschen Ansatzes gehen auf P. Lorenzen zurück. Als Grundbegriffe werden ‚Punkt', ‚Ebene', ‚Orthogonalität' gewählt, die durch Homogenitätsprinzipien eingeführt werden. Homogenitätsprinzipien klingen historisch bereits in Euklids Postulaten (z.B. ‚Ebene ist die Fläche, die gleichmäßig zwischen ihren Geraden liegt') an, bei Leibnizens Einführung geometrischer Formen (‚Die Punkte der Kugeloberfläche sind ununterscheidbar'), philosophisch bei Kants Charakterisierung der Anschauungsformen, aber auch bei Helmholtzens Forderung an die Geometrie der physikalischen Wirklichkeit.

Nach Leibniz heißen zwei Objekte $x$ und $y$ ununterscheidbar (indiscernibile), falls jede Eigenschaft $A$ von $x$ auch $y$ erfüllt und umgekehrt, d.h. formal $x = y :\leftrightarrow \bigwedge A\, (A(x) \leftrightarrow A(y))$. Lorenzen definierte daher zunächst die zulässigen Formeln $A(x)$ seiner Geometrie, die induktiv aus den Elementarformeln $P \in E$ (Punkt $P$ liegt auf Ebene $E$), $P_1 \in P_2$ (Punkt $P_1$ fällt auf Punkt $P_2$), $P_1\ E\ P_2$ (Ebene $E$ liegt zwischen $P_1$ und $P_2$), $g \dashv E$ (Gerade $g$ steht senkrecht auf Ebene $E$) aufgebaut werden. Das Homogenitätsprinzip H1 besagt, daß alle Punkte einer Ebene ununterscheidbar sind: (H1) $P_1 \in E \wedge P_2 \in E \wedge A(E, P_1) \rightarrow A(E, P_2)$. Dabei ist $A(E, P_i)$ eine zulässige Formel, die $E$ und $P_i$ als einzige freie Variablen enthält. Die Ebene zeichnet sich noch zusätzlich durch die Ununterscheidbarkeit ihrer beiden Seiten aus. So läßt sich z.B. bei einer Kugelfläche unterscheiden, auf welcher Seite der Kugel sich ein Punkt befindet: Jede Gerade, die durch einen Punkt des Inneren der Kugel gezogen wird, schneidet die Kugelfläche im Unterschied zu Punkten des Äußeren der Kugel. Zum Prinzip (H1) der inneren Homogenität wird daher noch ein Prinzip der äußeren Homogenität hinzugefügt:

(H2) $\neg P_1 \in E \wedge \neg P_2 \in E \wedge A(E, P_1) \rightarrow A(E, P_2)$.

Für die Orthogonalität einer Geraden $g$ zu einer Ebenen $E$ mit dem Fußpunkt $P$ lautet das Homogenitätsprinzip, daß alle Geraden von $E$ durch $P$ ununterscheidbar sein sollen hinsichtlich $g$:

(H3) $P \in g \wedge g \dashv E \wedge P \in g_1 \wedge g_1 \subset E \wedge P \in g_2 \wedge g_2 \subset E \wedge A(E, g, g_1) \rightarrow A(E, g, g_2)$

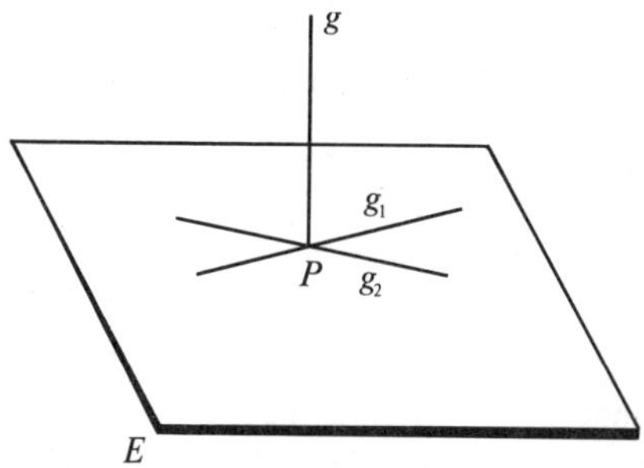


Abb. 6.4

Dabei steht $\subset$ für die Teilmengenrelation bzgl. Punkte. Geraden lassen sich dann als Schnitte von Ebenen und Punkte als Schnitte von Geraden bestimmen. Hinzu treten Axiome der Inzidenz und Anordnung. Setzt man noch das Meßbarkeitsaxiom voraus, so entsteht die Aufgabe, ein vollständiges Axiomensystem der Euklidischen Geometrie abzuleiten, d.h. nach dem Hilbertschen Aufbau bleiben die Kongruenzaxiome (III), das Parallelitätsaxiom (IV), das Vollständigkeitsaxiom (V.2). Die bisherigen Begriffe genügten jedenfalls, um Kongruenz und Parallelität zu definieren. Zunächst läßt sich die Parallelkongruenz von Punktpaaren $P_1$, $Q_1$ und $P_2$, $Q_2$ durch die Existenz eines Parallelogramms mit diesen Ecken definieren. Die Spiegelungskongruenz ergibt sich für den Spezialfall, daß $P_1$ und $P_2$ zusammenfallen. Dann heißen schließlich zwei Punktpaare kongruent, wenn es ein drittes Punktpaar gibt, das zu jedem der beiden Punktpaare parallel- oder spiegelungskongruent ist. Um das Wallissche Existenzkriterium für ähnliche Dreiecke und damit das Euklidische Parallelitätspostulat zu zeigen, mußten jedoch zu den Homogenitätsprinzipien zusätzliche Eindeutigkeitspostulate (z.B. für die Lotkonstruktion) angenommen werden.

Auf Dingler geht der Vorschlag zurück, die Homogenitätsprinzipien als technische Normen zur Herstellung realer Ebenen zu interpretieren (z.B. mit dem sogenannten ‚Drei-Platten-Verfahren', nach dem drei vorgeschliffene Quarzblöcke durch gegenseitiges Abschleifen eine homogene Ebene erzeugen sollen). Hier gilt allerdings festzuhalten: „Der Geometer blickt – im Sinne Platons gesprochen – nicht auf die Realisate im Material, sondern auf die Idee selbst, auf die reine Form. Erst durch das Wissen um die Homogenität wird die Anschauung realisierter Formen zu einer reinen Anschauung. Nur das Auge des Geistes ist dieser reinen Anschauung fähig. Daß sich hier auch der Kantische Terminus zwanglos mit dem platonischen zusammenfügen läßt, ist umso bemerkenswerter, als die Philosophie Kants ja wahrlich toto coelo verschieden von der Philosophie Platons ist. Trotzdem haben beide Philosophen dasselbe Phänomen einer nicht-empirischen Geometrie anschaulich vor Augen gehabt."[16)]

Von der mathematischen Frage eines formal alternativen Aufbaus der Geometrie zu Hilberts *Grundlagen* ist die philosophische und physikalische Frage nach der Realgeltung der Geometrie zu unterscheiden. Dingler hatte dazu die Vorstellung, daß der Bau physikalischer Meßapparate die Euklidischen Homogenitätsprinzipien voraussetze und die Euklidische Geometrie in diesem Sinn a priori, d.h. hier vor jeder konkreten physikalischen Messung und Erfahrung, vorausgesetzt werden müsse. Diese Auffassung führt auf das wissenschaftstheoretische Problem, wie im Minkowski-Raum (vgl. 5.35) die Kontraktion von praktisch starren Meßkörpern bei hoher Geschwindigkeit nahe $c$ zu interpretieren sei – ob als reale Längenkontraktion physikalischer Körper, die keine Revision der Euklidischen Geometrie erfordert oder als durch die hohe Bewegung veränderte Längenmessung. Da bisher kein vollständiges System aufgrund der Homogenitätsprinzipien vorliegt, wurden neuerdings auch andere Vorschläge gemacht, nach denen Euklidische Grundbegriffe wie Ebene und Orthogonalität durch Formungspostulate eingeführt werden, um dann Kongruenzsätze und Parallitätspostulat zu beweisen.[17)]

## 6.2 Entwicklungen und Anwendungen der Geometrie

Die vielen Forschungsspezialisierungen der Geometrie, welche die Mathematik dieses Jahrhunderts hervorgebracht hat, können hier nicht vollständig dargestellt werden. Stattdessen sollen zwei Entwicklungslinien wenigstens skizziert werden. Aus der Differentialgeometrie wird an E. Cartan's Theorie der symmetrischen Räume erinnert, die mathematikgeschichtlich an Lies gruppentheoretische Methode (vgl. 5.4) anschloß. Physikalisch ist dieser Ansatz von Interesse, da er die mathematische Grundlage heutiger kosmologischer Modelle nach A. Einstein und A. Friedmann bildet. Diese physikalische Anwendung ist auch von philosophischem Interesse, da sie die platonischen Ideen zur Symmetrie des Universums in neuer Weise aktualisiert (6.21). Der letzte Abschnitt 6.22 ist der algebraischen Geometrie gewidmet, die heute neben Topologie, Funktionentheorie, Zahlentheorie etc. eine der zentralen Disziplinen moderner Mathematik darstellt.

### 6.21 Differentialgeometrie und Kosmologie

Helmholtz hatte im 19. Jahrhundert die 3-dimensionalen Riemannschen Mannigfaltigkeiten mit konstanter Krümmung unter der physikalischen Annahme zu charakterisieren versucht, daß ein starker Meßkörper überall im Raum frei beweglich sei. Anschaulich setzt also Helmholtz voraus, daß der Raum überall „gleich beschaffen" und daher homogen sei. Nach der mathematischen Präzisierung von S. Lie, H. Weyl u.a. wurde eine stetige Gruppe von kongruenten Transformationen bzw. Isometrien vorausgesetzt und dann die Mannigfaltigkeiten mit konstanter Krümmung bestimmt (vgl. 5.43). Demgegenüber hatte Riemann Mannigfaltigkeiten von konstanter Krümmung vorausgesetzt und dann ihre Metrik eindeutig bestimmt (vgl. 5.41). Der Helmholtz-Liesche Gedanke, eine Mannigfaltigkeit unter der Voraussetzung einer stetigen Isometriegruppe zu konstruieren, wurde Ende der 20-iger Jahre von dem französischen Mathematiker E. Cartan verallgemeinert.

Cartan[18] versteht unter einem ‚symmetrischen Riemannschen Raum' eine Riemannsche Mannigfaltigkeit, in der die Spiegelung an einem beliebigen Punkt $A$ eine isometrische Transformation ist. Dabei ist eine Spiegelung dadurch definiert, daß man einem hinreichend nahe an $A$ gelegenen Punkt $M$ jenen Punkt $M'$ zuordnet, der erhalten wird, wenn man den geodätischen Bogen $MA$ konstruiert und ihn so verlängert, daß $MA$ und $AM'$ gleiche Länge haben. Unter einer Isometrie wird eine Koordinatentransformation $u^\mu \to \bar{u}^\mu$ verstanden, welche die Metrik der Mannigfaltigkeit forminvariant läßt, d.h. $\bar{g}_{\mu\nu} = g_{\mu\nu}$. Man sieht sofort, daß die Cartansche Symmetriebedingung äquivalent ist mit der Forderung, daß das Riemannsche Krümmungsmaß in einem beliebigen Punkt $A$ in Bezug auf ein beliebiges von $A$ ausgehendes Ebenenelement erhalten bleibt, wenn man dieses Ebenenelement auf einem beliebigen Weg parallel verschiebt. Eine Parallelverschiebung eines Vektors von einem Punkt $A$ nach einem infinitesimal benachbarten Punkt $A'$ ergibt sich nämlich aus den beiden aufeinander folgenden Spiegelungen an $A$ und am Mittelpunkt des geodätischen Bogens $AA'$. Ist nun die Spiegelung eine isometrische Transformation, so bleibt bei der Parallelverschiebung die Metrik und daher auch die Krümmung erhalten.

Ein symmetrischer Riemannscher Raum läßt eine transitive Gruppe von starren Verschiebungen zu. Transitivität bedeutet hier, daß jeder Punkt des Raumes in jeden anderen Punkt durch ein Element der Gruppe überführt werden kann. Sind nämlich $A$ und $B$ zwei hinreichend nahe gelegene Punkte, so ist das Produkt der Spiegelung an $A$ und an der Mitte des geodätischen Bogens $AB$ eine Isometrie, die $A$ in $B$ überführt.

Für den Physiker sind die infinitesimalen Isometrien von besonderem Interesse.[19] Ein Riemannscher Raum heißt nämlich homogen, wenn infinitesimale Isometrien existieren, die jeden Punkt $A$ in einen anderen Punkt $B$ unmittelbarer Nachbarschaft überführen. Ein Riemannscher Raum heißt isotrop in einem Punkt $A$, wenn infinitesimale Isometrien existieren, die $A$ fest lassen und keine Richtung von $A$ auszeichnen.[20] Ein Riemannscher Raum heißt isotrop, wenn er in jedem Punkt isotrop ist.

Isotrope Räume sind durch ihre Krümmungskonstante $K$ eindeutig bestimmt. Um ihre Eigenschaften zu studieren, genügt es daher, ein Beispiel für beliebiges $K$ zu konstruieren. Wir wählen eine $n$-dimensionale Kugel bzw. Pseudokugel in einem $(n + 1)$-dimensionalen flachen Raum mit der Metrik[21] $-d\tau^2 = C_{\mu\nu}\, du^\mu\, du^\nu + K^{-1}\, dv^2$, wobei $C_{\mu\nu}$ eine konstante $n \times n$ Matrix und $K$ eine Konstante ist (vgl. auch 5.41). Die Kugel/Pseudokugel ist gegeben durch $KC_{\mu\nu}u^\mu u^\nu + v^2 = 1$. Drückt man $v$ durch die übrigen Koordinaten aus, so erhält man $dv^2 = \dfrac{K^2(C_{\mu\nu}\, u^\mu du^\nu)^2}{v^2} = \dfrac{K^2(C_{\mu\nu}\, u^\mu du^\nu)^2}{1 - KC_{\mu\nu}u^\mu u^\nu}$, also

$-d\tau^2 = C_{\mu\nu}\, du^\mu\, du^\nu + \dfrac{K(C_{\mu\nu}\, u^\mu\, du^\nu)^2}{1 - KC_{\rho\sigma}\, u^\rho\, u^\sigma}$. Liegt eine $n$-dimensionale Metrik

vor, die lokal Euklidische Koordinatensysteme zuläßt, dann sind alle Eigenwerte der Metrik positiv. Für $K \neq 0$ kann daher $C_{\mu\nu}$ durch $|K|^{-1}$ mal die Einheitsmatrix ersetzt werden. Wir erhalten dann[22)]

$$ds^2 = \begin{cases} K^{-1}\left(d\mathbf{x}^2 + \dfrac{(\mathbf{x} \cdot d\mathbf{x})^2}{1 - \mathbf{x}^2}\right), \text{ falls } K > 0 \\ |K|^{-1}\left(d\mathbf{x}^2 + \dfrac{(\mathbf{x} \cdot d\mathbf{x})^2}{1 + \mathbf{x}^2}\right), \text{ falls } K < 0. \end{cases}$$

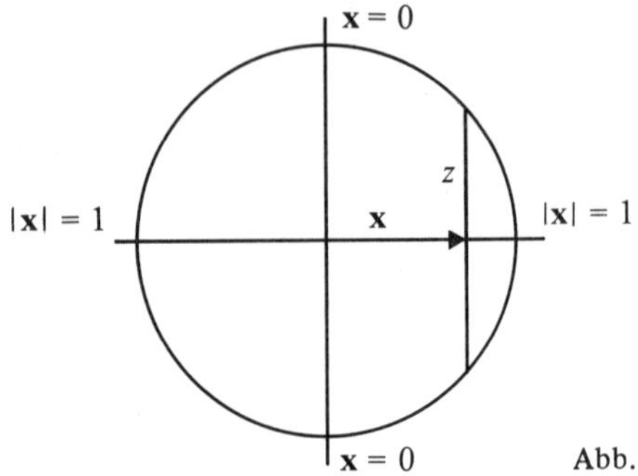


Abb. 6.5

Für $K = 0$ wird für $C_{\mu\nu}$ die Einheitsmatrix gesetzt, so daß $ds^2 = d\mathbf{x}^2$
Für $K > 0$ ist also eine Kugel mit $\mathbf{x}^2 + \nu^2 = 1$ in den flachen Raum mit $ds^2 = K^{-1}(d\mathbf{x}^2 + d\nu^2)$ eingebettet. Für die Koordinaten ist im allgemeinen $\mathbf{x}^2 \leqslant 1$. Da jedem $\mathbf{x}$ zwei Punkte entsprechen gemäß den beiden Wurzeln für $\nu$ in $\mathbf{x}^2 + \nu^2 = 1$, beträgt das $n$-dimensionale Kugelvolumen $V_n =$

$2 \int\limits_{\mathbf{x}^2 \leqslant 1} \sqrt{g}\, dx_1 \ldots dx_n$. Danach ist z.B. $V_1 = 2\pi K^{-\frac{1}{2}}$ der Umfang eines Kreises mit Radius $K^{-\frac{1}{2}}$, $V_2 = 4\pi K^{-1}$ die Fläche einer Kugel mit Radius $K^{-\frac{1}{2}}$. $V_3 = 2\pi^2 K^{-\frac{3}{2}}$ ist das Volumen eines 3-dimensionalen Raumes von positiver Krümmung.

Um den Umfang solcher Räume zu bestimmen, sind die Geodätischen gemäß der Differentialgleichung $\dfrac{d^2\mathbf{x}}{ds^2} + K\mathbf{x} = 0$ zu berechnen. Für den Abstand $L_n$ eines geodätischen Umfangs (z.B. Großkreis auf einer Kugel) ist allgemein $L_n = 2\pi K^{-\frac{1}{2}}$. Bei positiver Krümmung sind die betrachteten Räume also immer endlich (wegen $V_n$), aber unbegrenzt (wegen $L_n$). Für $K < 0$ ergibt sich im 2-dimensionalen Fall die hyperbolische Flächengeometrie.

Es lassen sich auch isotrope Unterräume von Riemannschen Mannigfaltigkeiten studieren, wie z.B. die Schar der Kugeloberflächen um ein gemeinsames Zentrum im 3-dimensionalen sphärischen Raum. Das Studium isotroper Unterräume ist – wie wir sehen werden – physikalisch von besonderem Interesse, da in physikalischen Mannigfaltigkeiten im allgemeinen nicht von der vollen Isotropie ausgegangen werden kann. Ein $m$-dimensionaler Unterraum mit Koordinaten $u^\mu$ in einem $n$-dimensionalen Raum mit zusätzlich $(n - m)$ Koordinaten $v^\rho$ heißt isotrop, wenn die Metrik des ganzen Raumes invariant ist gegen eine Gruppe infinitesimaler Isometrien $u^\mu \to \bar{u}^\mu, v^\rho \to \bar{v}^\rho = v^\rho$, wobei $\bar{u}^\mu$ die Punkte im Sinne der Isotropie festläßt und keine Richtungen auszeichnet. Es läßt sich unter Voraussetzung dieser Isometriegruppe die Metrik des ganzen Raumes bestimmen als $- d\tau^2 = g_{\rho\sigma}(v)\, dv^\rho\, dv^\sigma + f(v)\tilde{g}_{\mu\nu}(u)\, du^\mu du^\nu$, wobei $g_{\rho\sigma}(v)$ und $f(v)$ Funktionen nur von den $v$-Koordinaten sind und die Metrik $\tilde{g}_{\mu\sigma}(u)$ des $m$-dimensionalen Unterraumes funktional nur von den Koordinaten $u^\mu$ abhängt.

Handelt es sich um Unterräume mit nur positiven Eigenwerten der Metrik, die lokal Euklidische Koordinatensysteme zulassen, so können wir $\tilde{g}_{\mu\nu}(u)$ als Metrik unserer $m$-dimensionalen Kugeln bzw. Pseudokugeln auffassen,

so daß $- d\tau^2 = g_{\rho\sigma}(v)\, dv^\rho\, dv^\sigma + f(v) \left(d\mathbf{x}^2 + \dfrac{k(\mathbf{x} \cdot d\mathbf{x})^2}{1 - k\mathbf{x}^2}\right)$, wobei $f(v)$

für jedes $v$ die Krümmungskonstante $|K|^{-1}$ des Unterraumes bestimmt und $k = +1, -1$ oder $0$ ist, je nachdem, ob für den Unterraum $K > 0, K < 0$ oder $K = 0$ ist.

Die differentialgeometrische Möglichkeit, unter der Voraussetzung von Gruppen isometrischer Koordinatentransformationen die Metrik von Mannigfaltigkeiten zu bestimmen, erlangte in den 30-iger Jahren große Bedeutung in der physikalischen Kosmologie. 1929 wurden Rotverschiebungen in den Spektrallinien ferner Galaxien beobachtet, die physikalisch als Fluchtgeschwindigkeit der auseinanderstrebenden Galaxien interpretiert wurden. Bereits 1922 hatte A. Friedmann aufgrund der Einsteinschen Gravitationsgleichungen angeregt, von einer Expansion des Universums in der Zeit auszugehen.[23)] Dabei sollten alle Raumpunkte physikalisch die gleiche Entwicklung durchlaufen, und zwar zeitlich so korreliert, daß für einen Beobachter alle Punkte in einem festen Abstand von ihm gerade im gleichen Entwicklungsstadium erscheinen. In diesem Sinne mußte dem Beobachter $P$ der räumliche Zustand des Universums zu jedem Zeitpunkt homogen und isotrop erscheinen (Abb. 6.6). Geometrisch ist dazu unser Beobachter $P$ z.B. mit Standort in der Mitte der Milchstraße mit einem Standard-Koordinatensystem auszustatten. Die Richtung von drei räumlichen Koordinaten $x^\mu$ kann z.B. durch die Sichtlinien vom Standort zu typischen Galaxien bestimmt werden. Für die Zeitkoordinate $t$ kann als ‚kosmische Uhr' z.B. die Strahlentemperatur eines schwarzen Körpers gewählt werden, die überall monoton abnimmt.

Deshalb wird das ‚kosmische Standardkoordinatensystem' eines Beobachters durch Transformationen $x^\mu \to \bar{x}^\mu, t \to \bar{t} = t$ bestimmt, bei denen der physikalische Zustand unverändert bleibt, d.h. z.B. für das Gravitationspotential $g_{\mu\nu}$ und den Energie-Impuls Tensor $T_{\mu\nu}$ der Materie gilt Forminvarianz, also $g_{\mu\nu} = \bar{g}_{\mu\nu}$ und $T_{\mu\nu} = \bar{T}_{\mu\nu}$. Mathematisch wird also das Universum als eine 4-dimensionale Raum-Zeit Mannigfaltigkeit aufgefaßt, deren

3-dimensionale ‚räumliche' Unterräume isotrop und homogen sind. Dies war die Annahme des sogenannten ‚Kosmologischen Prinzips'.

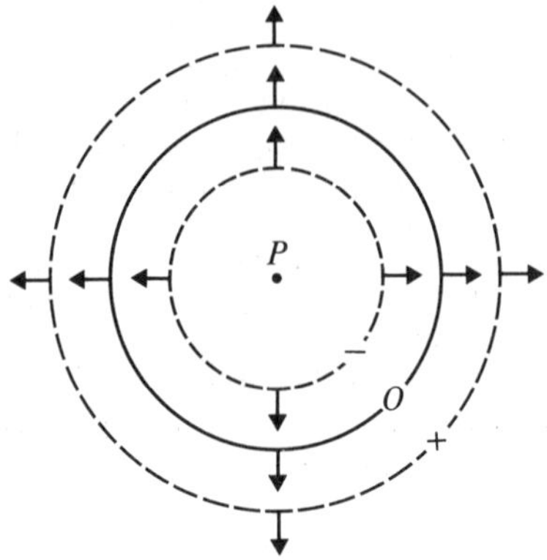


Abb. 6.6

P Beobachter
O Punkte, die zu einem Zeitpunkt alle die gleiche Entfernung zu $P$ haben
– Vergangenheit
+ Zukunft

Differentialgeometrisch handelt es sich also um die Annahme einer Isometriegruppe, die uns – rein mathematisch – die Angabe der ‚kosmischen' Metrik $-d\tau^2$ (s. oben!) des 4-dimensionalen Universums erlaubt.[24)] Um die 1935/36 von H. P. Robertson und A. G. Walker angegebene Form der Metrik zu erhalten, müssen nur neue Koordinaten $\int (-g(\nu))^{\frac{1}{2}}\, d\nu := t$ und die üblichen räumlichen Polarkoordinaten $x^1 = r \sin\theta \cos\varphi$, $x^2 = r\sin\theta \sin\varphi$ und $x^3 = r\cos\theta$ eingeführt werden. Dann ergibt sich für die oben angegebene Form $d\tau^2 = dt^2 - R^2(t)\left(\dfrac{dr^2}{1-kr^2} + r^2 d\theta^2 + r^2 \sin^2\theta\, d\varphi^2\right)$ mit $R(t) := \sqrt{f(\nu)}$. Die 3-dimensionale räumliche Metrik des isotropen Universums läßt sich jetzt leicht für konstantes $t$ angegeben durch

$$^3g_{rr} = \frac{R^2(t)}{1-kr^2},\ ^3g_{\theta\theta} = r^2\, R^2(t),\ ^3g_{\phi\phi} = r^2 \sin^2\theta\, R^2(t) \text{ und } ^3g_{\mu\nu} = 0$$

für $\mu \neq \nu$. Wegen $R(t) = \sqrt{f(\nu)}$ und $f(\nu) = |K(t)|^{-1}$ beträgt der 3-dimensionale Krümmungsskalar $^3K(t) = k\, R^{-2}(t)$.

Für $k = +1$ ergibt sich für das 3-dimensionale räumliche Volumen des Universums $V_3 = 2\pi^2\, R^3(t)$ und für den geodätischen Umfang $L_3 = 2\pi\, R(t)$. Für $k = +1$ läßt sich also das 3-dimensionale räumliche Universum als die Oberfläche einer Kugel vom Radius $R(t)$ im 4-dimensionalen Euklidischen Raum auffassen. Dabei wächst der ‚Weltradius' $R(t)$ im expandierenden Universum mit der Zeit $t$. Zu jedem Zeitpunkt ist das Universum also endlich (wegen $V_3$), aber unbegrenzt (wegen $L_3$). Diese Ergebnisse hatte A. Friedmann 1922 als Lösung der Einsteinschen Gravitationsgleichungen gefunden. Unter ihrer Voraussetzung läßt sich $R(t)$ auch berechnen.

Nach Robertson und Walker wurden auch andere kosmologische Prinzipien vorgeschlagen, die zu Metriken anderer kosmologischer Modelle führten. Erinnert sei an H. Bondis ‚Steady-State' Modell von 1948 und der verschärften Annahme eines räumlich und zeitlich homogenen und isotropen Universums. Erinnert sei an Gödels Annahme von 1949 eines homogenen, nicht isotropen Universums. Physikalisch haben sich allerdings seit der Entdeckung der isotropen K3-Strahlung (1965) und aufgrund der Statistiken der bisher beobachteten Galaxienverteilungen keine Anhaltspunkte für eine Inhomogenität oder Anisotropie (d.h. also eine unterschiedliche Expansion in verschiedenen Richtungen) ergeben. Die bisherigen Beobachtungen und Messungen sprechen für die Annahme eines räumlich isotrop und homogen expandierenden Universums ebenso wie Einsteins Gravitationstheorie und neuere physikalische Untersuchungen über frühe Zustände des Universums. Festzuhalten ist dabei, daß es sich bei der Isotropie- und Homogenitätsannahme des Universums um sehr großräumige ($\geqslant 10^{10}$ Lichtjahre) und langzeitliche ($\geqslant 10^{10}$ Jahre) Struktureigenschaften des Universums handelt. Homogenität bedeutet hier nur, daß alle Raumpunkte im Mittel einander gleichen. ‚Im Kleinen' liegen aufgrund unterschiedlicher Materiekondensationen einzelner Galaxien durchaus ‚Unregelmäßigkeiten' vor.

Im Vordergrund unserer geometriegeschichtlichen Untersuchung steht jedoch nicht der physikalische Aspekt der kosmologischen Modelle. Mathematisch ist vielmehr interessant, wie sich die gruppentheoretische Methode, wonach unter Voraussetzung von Isometriegruppen entsprechende Mannigfaltigkeiten konstruiert werden, von Lie bis Cartan in der Differentialgeometrie entwickelte und schließlich auch physikalische Anwendungen fand.

In der Kosmologie spielten Symmetrieprinzipien seit der Antike eine große Rolle. So wurden von Platon bis Kopernikus die Kugelschalen als vollkommene Planetenbahnen ausgezeichnet, die gruppentheoretisch durch stetige Drehungsgruppen bestimmt werden können. Platon zeichnete zudem die regulären Körper als letzte Bausteine des Universums aus, die gruppentheoretisch durch endliche Drehungsgruppen charakterisiert werden können. Der Unterschied zwischen den antiken und modernen Symmetrieauffassungen kann vor allem darin gesehen werden, daß die Symmetrie nicht mehr in einzelnen Körpern (reguläre Polyeder, Kugelschalen) gesucht wird, sondern in den mathematischen Gesetzen physikalischer Theorien, die sich als invariant gegen Transformationsgruppen erweisen. Die mathematische Leistung von Symmetrieprinzipien ist daher auch darin zu sehen, daß komplizierte Theoriezusammenhänge (wie sie z.B. in den Lösungen von Einsteins Gravitationsgleichungen vorliegen) in einfachen gruppentheoretischen Mustern (wie den Isometriegruppen) durchsichtig gemacht werden können. Ob es sich aber um Symmetrien der ‚Wirklichkeit' handelt, kann durch die mathematische Geometrie nicht beantwortet werden. Diese Frage ist bestenfalls durch die Physik zu lösen.[25)]

## 6.22 Algebraische Geometrie und Topologie

Die algebraische Geometrie hat sich in den letzten Jahrzehnten zu einer der tragenden Säulen der modernen Mathematik entwickelt. Sie stellt heute nicht nur – wie schon in früheren Jahrhunderten – das Bindeglied zwischen Algebra und Geometrie dar, sondern steht durch ihre Verwendung neuer algebraischer und topologischer Methoden in enger Verbindung z.B. mit Topologie, Funktionentheorie und Zahlentheorie. Historisch läßt sich die Entwicklung der algebraischen Geometrie seit dem 19. Jahrhundert als schrittweise Verallgemeinerung ihrer geometrischen Objekte von der Untersuchung algebraischer und rationaler Kurven, affinen und projektiven Mannigfaltigkeiten über quasiprojektive Mannigfaltigkeiten, abstrakte algebraische Mannigfaltigkeiten bis hin zu affinen und projektiven Schemata und algebraischen Räumen charakterisieren. Die Abstraktion geschah jedoch nicht l'art pour l'art, sondern rechtfertigt sich durch die Lösung klassischer und neuer Probleme und die dadurch sichtbar gewordenen Verbindungen verschiedener mathematischer Theorien.

Im 17. und 18. Jahrhundert wird unter algebraischer Geometrie das gesamte damals bekannte Anwendungsgebiet algebraischer Methoden auf die Geometrie, also insbesondere die analytische Geometrie seit Fermat und Descartes verstanden (vgl. 4.1). Besonders seit Descartes waren die algebraischen Kurven von Interesse. Dabei heißt eine Punktmenge ebene algebraische Kurve, wenn die Punktkoordinaten $(x, y)$ z.B. aus dem Körper k der reellen Zahlen sind und einer Gleichung $f(x, y) = 0$ genügen, wobei $f(x, y) = \sum_{\nu\mu}^{n} a_{\nu\mu} x^{\nu} y^{\mu}$ ein Polynom mit Koeffizienten $a_{\mu\nu}$ aus k ist. Spätestens seit dem 19. Jahrhundert kannte man aber auch andere Körper wie z.B. die Klasse der komplexen Zahlen.[25] So definieren z.B. $x^2 + 2y^2 = 0$ und $x^4 + y^4 = 0$ über den reellen Zahlen dieselbe Kurve (nämlich den Koordinatenursprung), während sie über den komplexen Zahlen verschiedene Kurven darstellen. Der Körper k kann also eventuell „zu wenige" Punkte zur Darstellung einer Kurve haben. Daher wird allgemein gefordert, daß k alle Nullstellen eines Polynoms mit Koeffizienten aus k enthält, d.h. k sei algebraisch abgeschlossen. Zerfällt das Polynom $f(x, y)$ in Faktoren z.B. $f = g \cdot h$, so ist die durch $f(x, y) = 0$ bestimmte Kurve die Vereinigung zweier Kurven, die durch $g(x, y) = 0$ und $h(x, y) = 0$ bestimmt werden. Wenn das Polynom $f(x, y)$ nicht weiter zerlegbar (irreduzibel) ist, heißt die durch $f(x, y) = 0$ bestimmte Kurve irreduzibel.

Seit Euler lassen sich Kurven auch in Parameterdarstellung (vgl. 4.13) angeben. Sind $\varphi(t)$ und $\psi(t)$ zwei rationale Funktionen (die nicht beide Konstanten sind) mit $f(\varphi(t), \psi(t)) = 0$, so heißt die durch $f(x, y) = 0$ dargestellte (ebene irreduzible algebraische) Kurve rational. Im 19. Jahrhundert erkannten verschiedene Geometer wie Poncelet, Plücker, Steiner und vor allem L. Cremona (1830–1903) die Möglichkeit, algebraische Kurven durch rationale Transformationen aufeinander zu beziehen. Als einfaches Beispiel einer solchen Transformation sei die schon von Plücker u.a. untersuchte Inversion bei gegebenem festen Kreis mit Radius $r$ um $O$ angegeben.[27] Der inverse Punkt $P'$ eines beliebigen von $O$ verschiedenen Punktes $P$ wird als derjenige Punkt auf dem Halbstrahl von $OP$ definiert, für den $OP \cdot OP' = r^2$ ist. Wie die Spiegelung besitzt diese Transformation unendlich viele Fixpunkte, die jedoch nicht auf einer Geraden, sondern auf einem Kreis liegen. Wie die Spiegelung ist diese Transformation involutorisch, d.h. $P'$ wird wieder auf den ursprünglichen Punkt $P$ abgebildet.

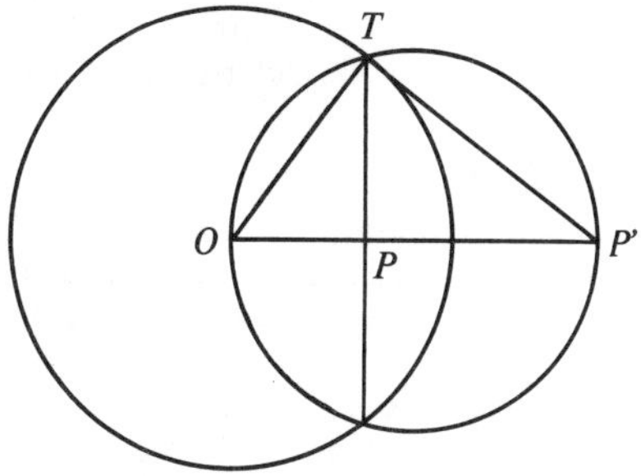


Abb. 6.7

Ist $P$ im Inneren des Kreises, dann ist der Tangentenschnittpunkt $P'$ in Abb. 6.7 der gewünschte inverse Punkt, da wegen der Ähnlichkeit der rechtwinkligen Dreiecke $OTP'$ und $OPT$ gilt $OP : r = r : OP'$. Liegt $P'$ außerhalb des Inversionskreises, dann liefert der Schnittpunkt $T$ des Kreises über $OP'$ mit dem Inversionskreis und das von $T$ auf $OP'$ gefällte Lot den gewünschten inversen Punkt $P$. $P$ und $P'$ sind also jeweils konstruierbar. Die entsprechenden Transformationen bilden Geraden- auf Kreispunkte und umgekehrt ab. Stellen wir algebraisch in $O$ ein Koordinatensystem mit $(x, y)$ für $P$ und $(x', y')$ für $P'$ auf, so gilt nach dem Pythagoras und Ähnlichkeitssatz (Abb. 6.8) $x' : \sqrt{x'^2 + y'^2} = x : \sqrt{x^2 + y^2}$. Wegen der Voraussetzung $r^2 = \sqrt{x'^2 + y'^2} \cdot \sqrt{x^2 + y^2}$ erhalten wir die rationale Transformation

$$x' = \frac{r^2 x}{x^2 + y^2} \quad \text{und entsprechend} \quad y' = \frac{r^2 y}{x^2 + y^2}.$$

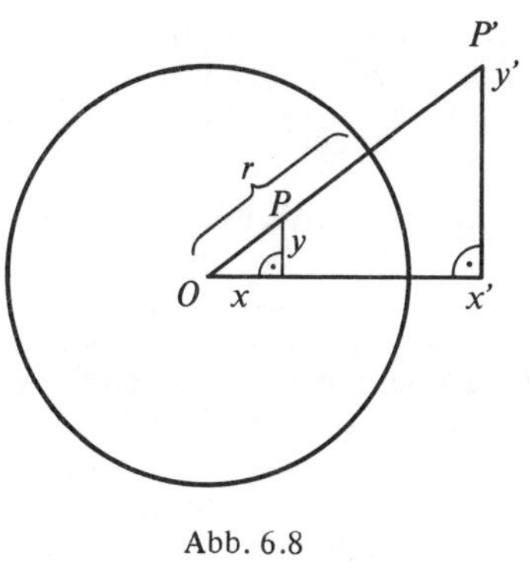


Abb. 6.8

Seien allgemein zwei algebraische Kurven $X$ und $Y$ mit $f(x, y) = 0$ und $g(u, v) = 0$ gegeben. Existieren rationale Funktionen $\varphi$, $\psi$ bzw. $\xi$, $\eta$, die auf $X$ bzw. $Y$ definiert sind, mit $\varphi(\xi(u, v), \eta(u, v)) = u$, $\psi(\xi(u, v), \eta(u, v)) = v$ bzw. $\xi(\varphi(x, y), \psi(x, y)) = x$, $\eta(\varphi(x, y), \psi(x, y)) = y$, so heißen beide Kurven birational isomorph. Nach den Kurvenklassifikationen von Pappos, Descartes, Newton u.a. (vgl. 4.1) stellt sich nun das Problem, die algebraischen Kurven in Klassen zueinander birationaler Kurven zu ordnen. Dabei bilden die rationalen Kurven, die ja zur Geraden birational isomorph sind, die einfachste Klasse. Dieses Klassifizierungsproblem ist bis heute noch nicht abschließend behandelt.

Im 19. Jahrhundert wurden bereits die Kurven- und Flächenuntersuchungen des 17./18. Jahrhunderts $n$-dimensional verallgemeinert (vgl. neben Riemanns Differentialgeometrie, Graßmann für die affine und Plücker u.a. für die projektive Geometrie). Sei $\mathrm{A}^n$ der $n$-dimensionale affine Raum mit Punkten $\alpha = (\alpha_1, \ldots, \alpha_n)$, deren Koordinaten $\alpha_i$ aus einem Körper k stammen. Eine affine Hyperfläche ist durch die Nullstellenmenge der Gleichung $f(x_1, \ldots, x_n) = 0$ gegeben, wobei das Polynom $f$ seine Koeffizienten aus k bezieht. Die geometrischen Objekte der algebraischen Geometrie sind für die affinen Geometer des 19. Jahrhunderts allgemein affine Untermengen von $\mathrm{A}^n$, die aus den gemeinsamen Nullstellen einer endlichen Anzahl von Polynomen mit Koeffizienten aus k bestehen. Das Klassifikationsproblem durch birationalen Isomorphismus läßt sich auf affine Untermengen übertragen.

Durch die Untersuchungen von Cayley und Klein hatte sich die projektive Geometrie als sehr reichhaltige Theorie erwiesen. So konnte die nichteuklidische (hyperbolische) Geometrie in Kleins Modell mit projektiver Metrik dargestellt werden (vgl. 5.42). Die projektive Geometrie war daher nicht mehr nur eine „schwächere" Theorie als die Euklidische, die weniger invariante Eigenschaften besitzt: „Projektive geometry is all geometry"[28], faßte Cayley diese Entwicklung emphatisch zusammen. Seit Plücker u.a. wurde in der projektiven Geometrie auch mit Koordinaten gearbeitet (vgl. 5.15). Sei $\mathrm{P}^n$ der $n$-dimensionale projektive Raum, dessen Punkte durch Verhältnisse $(\xi_0 : \ldots : \xi_n)$ mit $(n + 1)$ Komponenten $\xi_i$ aus k ohne $(0 : \ldots : 0)$ bestimmt sind. Die geometrischen Objekte der algebraischen Geometrie sind nun affine Untermengen aus $\mathrm{P}^n$, die aus den gemeinsamen Nullstellen einer endlichen Anzahl von Polynomen mit Koeffizienten aus k bestehen. In der heutigen algebraischen Geometrie werden affine und projektive Untermengen durch den gemeinsamen Obergriff der quasiprojektiven Mannigfaltigkeit erfaßt.[29]

Nachdem alle Geometrien in Koordinatendarstellung vorlagen, setzte sich seit Mitte des 19. Jahrhunderts der Gesichtspunkt durch, geometrische Eigenschaften durch algebraische Eigenschaften zu charakterisieren, die invariant gegen Koordinatentransformationen sind. Invariante Eigenschaften wurden auch in der Zahlentheorie untersucht. Wenn z.B. das binäre quadratische Polynom $f(x, y) = ax^2 + 2bxy + cy^2$ durch die linearen Transformationen $x = \alpha x' + \beta y'$ und $y = \gamma x' + \delta y'$ mit $\alpha\delta - \beta\gamma = r$ in $f'(x', y') = a'x'^2 + 2b'x'y' + c'y'^2$ transformiert wird, so gilt allgemein für die Diskriminante $D$ von $f$ und $D'$ von $f'$ die Beziehung $D' = r^2 D$, wobei in der Zahlentheorie $a, b, c, \alpha, \beta, \gamma, \delta$ ganze Zahlen und $r = 1$ sind. Algebraisch zeigt das Verschwinden der Diskriminanten $D$ einer Polynominalgleichung $f(x) = 0$ an, daß diese Gleichung mehrfache Nullstellen hat. Geometrisch bedeutet diese Bedingung, daß die durch $f(x) = 0$ dargestellte Punktfolge zwei zusammenfallende Punkte besitzt. Diese Eigenschaft ist sicher unabhängig von der Koordinatendarstellung. In diesem Sinne ist also z.B. die Diskriminante $D$ eine Invariante des Polynoms $f$.

Seit Untersuchungen von Cayley, J. J. Sylvester (1814–1897) und G. Salmon (1819–1904) um die Mitte des 19. Jahrhunderts konzentrierte sich die algebraische Geometrie auf die Untersuchung der Invarianten von binären Polynomen $f(x_1, x_2)$, ternären $f(x_1, x_2, x_3)$, quartinären $f(x_1, x_2, x_3, x_4)$ etc.[30]. Kennzeichnend für die Entwicklung dieser ‚Invariantentheorie' in der 2. Hälfte des letzten Jahrhunderts war, daß Invarianten für einzelne konkrete Polynome wirklich berechnet wurden. Ein einfaches Beispiel aus der großen Schar der Einzelergebnisse ist die Invariante $D_{12} = a_1c_2 - 2b_1b_2 + a_2c_1$ der beiden quadratischen Polynome $f_1(x_1, x_2) = a_1x_1^2 + 2b_1x_1x_2 + c_1x_2^2$ und $f_2(x_1, x_2) = a_2x_1^2 + 2b_2x_1x_2 + c_2x_2^2$, deren Verschwinden geometrisch bedeutet, daß $f_1$ und $f_2$ harmonische Punktpaare darstellen. Ebenso ist an F. Eisensteins Invariante $3b^2c^2 + 6abcd - 4b^3d - 4ac^3 - a^2d^2$ des binären kubischen Polynoms $f(x_1, x_2) = ax_1^3 + 3bx_1^2x_2 + 3cx_1x_2^2 + dx_2^3$ zu erinnern.[31] Naheliegenderweise stellte sich bei diesen Einzeluntersuchungen das allgemeine Problem, ob sich zu jedem Polynom gegebener Variablenzahl und gegebenen Grades das System aller möglichen Invarianten aus einer kleinsten Anzahl einzelner Invarianten vollständig erzeugen lasse. P. Gordan (1837–1912) wies seit 1868 für binäre Polynome, endliche Systeme von binären Polynomen, ternären quadratischen und kubischen Polynomen und für Systeme von zwei und drei ternären Polynomen endliche Systeme von Invarianten nach, aus denen sich das jeweilige System aller möglichen Invarianten vollständig bestimmen ließ (z.B. 54 Invarianten zur Erzeugung der Invarianten des ternären quadratischen Polynoms $f(x_1, x_2, x_3) = x_1^3x_2 + x_2^3x_3 + x_3^3x_1$).[32]

Nachdem D. Hilbert 1885 eine Dissertation zur Invariantentheorie geschrieben hatte, überraschte er 1888 die mathematische Welt durch einen völlig neuen Lösungsansatz des allgemeinen Problems.[33] Er zeigte nämlich allgemein, daß für eine Klasse unendlich vieler Polynome beliebigen Grades in $n$ Variablen immer eine endliche Anzahl $f_1, \ldots, f_m$ (Basis) existiert, so daß jedes Polynom $f$ der Klasse als Linearkombination $f = g_1f_1 + g_2f_2 + \ldots + g_mf_m$ geschrieben werden kann, wobei $g_1, \ldots, g_m$ passende Polynome mit $n$ Variablen (nicht notwendig aus der unendlichen Klasse) mit Koeffizienten aus demselben Bereich wie die Koeffizienten in der unendlichen Polynomenklasse sind. Das war der berühmte Hilbertsche Basissatz, der in moderner algebraischer Sprache besagt, daß jedes Ideal aus dem Polynomring k $[x_1, \ldots, x_n]$ mit Polynomen in $n$ Unbekannten $x_1, \ldots, x_n$ und Koeffizienten aus (dem kommutativen Körper) k eine endliche Basis besitzt. Dabei heißt die Unterklasse A eines Ringes R Ideal, wenn mit $a, b$ aus A auch $a - b$ aus A ist und für alle $a$ aus A und $r$ aus R gilt $a \cdot r \in$ A Allerdings sprach Hilbert im Anschluß an R. Dedekind von Modulen, die aber heute eine allgemeinere Bedeutung haben.

Neu war vor allem der abstrakte Gesichtspunkt Hilberts, der seinen Existenzsatz durch eine ‚reductio ad absurdum' – ohne effektive Angabe eines Konstruktionsverfahrens für Basen – bewies. Kein Wunder, daß Gordan den Hilbertschen Basissatz zunächst mit dem Ausruf quittierte: „Das ist keine Mathematik, sondern Theologie!", aber nach einer eigenen Vereinfachung des Hilbertschen Beweises zu der Überzeugung revidierte, „daß Theologie auch ihre Vorteile hat".[34] Die Vorteile der abstrakten algebraischen Begriffe, die vor allem aus L. Kroneckers und R. Dedekinds Zahlentheorie stammten und von Hilbert und seinen Schülern in der Modul-, Ring-, Körper- und Gruppentheorie weiterentwickelt wurden, lagen in der Reichweite der neuen Sätze, die unabhängig von einzelnen geometrischen Modellen gelten.

Ein berühmtes Beispiel ist Hilberts Nullstellensatz[35], der in algebraischer Sprache lautet: Sei $\mathsf{A}$ ein Ideal im Polynomring $k[x_1, \ldots, x_n]$ in $n$ Unbekannten über dem (kommutativen) Körper k. Dann existiert eine Nullstelle $\alpha = (\alpha_1, \ldots, \alpha_n)$ mit $\alpha_i$ $(1 \leqslant i \leqslant n)$ aus dem algebraischen Abschluß $\bar{k}$ von k und $f(\alpha) = 0$ für alle Polynome $f$ aus $\mathsf{A}$. Kurz: Die Nullstellenmenge $N_{\bar{k}}(\mathsf{A})$ des Polynominalideals $\mathsf{A}$ ist nicht leer. $N_{\bar{k}}(\mathsf{A})$ läßt sich als ein abstraktes geometrisches Punktgebilde (algebraische Menge) aus $\bar{k}$ auffassen, das algebraisch durch dasjenige Polynominalideal charakterisiert wird, dessen Polynome $f$ auf $N_{\bar{k}}(\mathsf{A})$ verschwinden, d.h. für die $f(x) = 0$ ist für alle $x$ aus $N_{\bar{k}}(\mathsf{A})$. Nach dem Nullstellensatz hat dieses ‚Verschwindungsideal' der Nullstellenmenge $N_{\bar{k}}(\mathsf{A})$ die Eigenschaft, daß für jedes seiner Polynome $f$ eine endliche Kombination $f^r$ aus $\mathsf{A}$ existiert und jedes Polynom $f$ mit einer Kombination $f^s$ aus $\mathsf{A}$ zum Verschwindungsideal gehört. Man sagt dazu kurz: Algebraische Mengen $N_{\bar{k}}(\mathsf{A})$ aus $\bar{k}$ werden reduzierten Polynomidealen $\mathsf{A}$ aus $k[x_1, \ldots, x_n]$ umkehrbar-eindeutig zugeordnet. Algebraische Mengen lassen sich auch schneiden und verknüpfen (wie z.B. Kurven und Flächen), was algebraisch Operationen mit den entsprechenden Polynomidealen entspricht. So gilt für eine beliebige Indexmenge $I$

$$\bigcap_{i \in I} N_{\bar{k}}(\mathsf{A}_i) = N_{\bar{k}}\Big(\sum_{i \in I} \mathsf{A}_i\Big) \text{ und } N_{\bar{k}}(\mathsf{A}) \cup N_{\bar{k}}(\mathsf{B}) = N_{\bar{k}}(\mathsf{A} \cdot \mathsf{B}) = N_{\bar{k}}(\mathsf{A} \cap \mathsf{B})$$

Der Hilbertsche Nullstellensatz grenzt also gewissermaßen allgemein den Bereich der geometrischen Gebilde ab, deren Eigenschaften durch die algebraische Methode der Idealtheorie bestimmt werden können. Diese Abgrenzung ist abstrakt, da der Nullstellensatz ohne konkrete Lösungsverfahren für die Existenz einer Nullstelle durch Rückgriff auf das Auswahlaxiom der Mengenlehre bzw. Zornsches Lemma bewiesen wird.[36] Damit ist jedoch weder die Anschauung noch die Untersuchung konkreter geometrischer Modelle aus der algebraischen Geometrie katapultiert. Vielmehr sind nun die „Planquadrate" der „geometrischen Landschaft" algebraisch abgesteckt, deren konkrete Untersuchung mit allen ihren anschaulichen Einzelheiten von den Mathematikern weiterbetrieben wird.

Diese heute schon als klassisch bezeichnete Periode der an Hilbert orientierten algebraischen Geometrie ist eng mit den Methoden der durch E. Noether, E. Artin und B. L. van der Waerden begründeten Algebra verbunden.[37] Mit B. L. van der Waerden, O. Zariski u.a. wurden auch topologische Methoden in der algebraischen Geometrie aufgenommen. So zeigen die oben angeführten Schnitt- und Vereinigungsgesetze der algebraischen Mengen, daß sie die Bedingungen für die abgeschlossenen Mengen einer Topologie auf $\bar{k}^n$

(Zariski-Topologie) erfüllen.[38] Die neuen abstrakten Objekte der algebraischen Geometrie wie z.B. affine und projektive Schemata, algebraische Räume etc., die in den letzten Jahrzehnten untersucht wurden, können ohne Kenntnis der neuen algebraisch-topologischen Methoden wie vor allem der Garbentheorie nicht beschrieben werden.[39] Diese Methoden, die zunächst für topologische und funktionentheoretische Untersuchungen entwickelt wurden[40], konnten seit den 50-iger Jahren von A. Grothendieck, F. Hirzebruch, A. Weil u.a. auf die algebraische Geometrie angewendet werden.[41] Daß es sich bei diesen modernen Untersuchungen nicht nur um abstrakte Algebra und Topologie handelt (die ja nach H. Weyl wie Teufel und Engel um die Seele des modernen Mathematikers kämpfen), sondern daß auch klassisch-geometrische Probleme gelöst werden, sei abschließend wenigstens mit einem Beispiel erwähnt. 1874 bewiesen A. von Brill und M. Noether (der Vater von Emmy Noether) den Satz von Riemann-Roch über die Anzahl von Konstanten in algebraischen Funktionen, die nirgends unendlich werden bis auf *m* vorgeschriebene Punkte.[42] Die von Brill und Noether angegebene Formel erlaubt die effektive Berechnung zentraler Eigenschaften algebraischer Funktionen, so wie bereits Plückers Singularitätenformel in anderer und einfacherer Hinsicht (vgl. 5.15) konkrete Berechnungen von Kurveneigenschaften ermöglicht hatte. Mit Hilfe der neuen algebraischen Methoden (kohärente algebraische Garben) konnte diese Formel von F. Hirzebruch und A. Grothendieck für projektiv-algebraische Mannigfaltigkeiten beliebiger Dimension (bei Grundkörpern beliebiger Charakteristik) verallgemeinert und bewiesen werden. Der Satz von Riemann-Roch-Hirzebruch-Grothendieck erwies sich als ein Höhepunkt in der jüngsten Entwicklungsphase der algebraischen Geometrie, dessen Würdigung eine Geschichte der jüngsten Topologie, Algebra, Funktionentheorie, Zahlentheorie etc. voraussetzen würde.[43]

Neben das Streben nach Abstraktion und begrifflicher Exaktheit, das schon die griechische Geometrie auszeichnete, tritt auch heute die konkrete Problemstellung, Rechnung und Anwendung. Hinter aller Abstraktion tauchen oft alte vertraute Begriffe z.B. der projektiven Geometrie auf, deren Eigenschaften sich dann als überaus reichhaltiger und komplizierter herausstellen, als das mit den algebraischen und analytischen Instrumentarien früherer Jahrhunderte sichtbar werden konnte. In dieser Hinsicht machte die Mathematik durchaus eine Erfahrung, die für die Entwicklung der Naturwissenschaften typisch ist. Der Ausbildungswert der Geometrie für die begriffliche Schulung und Anwendung erlernter Verfahren war seit ihren ersten Anfängen unbestritten. So bleibt am Ende trotz aller Spezialisierung geometrischer Forschung noch einmal an die Inschrift über der Platonischen Akademie zu erinnern – seinerzeit auch für Philosophen gedacht, im 19. Jahrhundert auf die technisch-wissenschaftlichen Akademien ausgeweitet, daß nämlich nach platonischen Anspruch keiner mit dem Studium der Wissenschaften beginnen solle, der nicht vorher Geometrie studiert habe.

**Anmerkungen:**

[1] B. Pascal, Über die Methode und über die Psychologie des Gelehrten, Abt. 2: Vom geometrischen Beweis (Zitiert nach: Pascal – Vermächtnis eines großen Herzens, Leipzig 1938, 43

[2] Vgl. G. Frege, Neuer Versuch der Grundlegung der Arithmetik, in: Nachgelassene Schriften (Hrsg. H. Hermes, F. Kambartel, F. Kaulbach), Hamburg 1969 Bd. 1, 298 ff.; ders., Erkenntnisquellen der Mathematik und der mathematischen Naturwissenschaften, in: e.d., 286 ff.; H. G. Steiner, Frege und die Grundlagen der Geometrie I, II, in: Math. phys. Semesterber. 10 1964, 175–186; 11 1965, 35–47

[3] D. Hilbert; Grundlagen der Geometrie, Stuttgart [9]1962, 2

[4] D. Hilbert, e.d., 3

[5] D. Hilbert, e.d., 30

[6] D. Hilbert, e.d., 36 f.

[7] Vgl. G. Frege, Grundgesetze der Arithmetik, 2 Bde., Jena 1903, Bd. 2; vgl. auch die moderne Rekonstruktion von F. Kutschera, Freges Begründung der Analysis, in: Arch. math. Logik u. Grundlagenforschung 9 1966, 102–111

[8] Nach dem Mengenbildungsprinzip der Fregeschen (naiven) Mengenlehre existiert für alle Aussageformen $A(x)$ eine Menge $M$ mit $\bigwedge x\ (x \in M \leftrightarrow A(x))$. Es ist insbesondere $A(x) :\leftrightarrow \neg x \in x$ eine zulässige Aussageform. Also existiert nach dem genannten Prinzip eine Menge $M$ mit $\bigwedge x\ (x \in M \leftrightarrow \neg x \in x)$. Zum Objektbereich des Allquantors $\bigwedge x \ldots$ gehört insbesondere $M$ selber, d.h. es folgt der Widerspruch $M \in M \leftrightarrow \neg M \in M$. Durch die Russellsche Typentheorie bzw. axiomatische Mengenlehren sind solche Widersprüche ausgeschlossen, obwohl prinzipiell kein Widerspruchsfreiheitsbeweis im allgemeinen vorliegt. Vgl. z.B. P. Suppes, Axiomatic Set Theory, Princeton etc. [3]1965.

[9] Vgl. K. Mainzer, Stetigkeit u. Vollständigkeit in der Geometrie, in: W. Balzer/A. Kamlah (Hrsg.), Aspekte der physikalischen Begriffsbildung – Theoretische Begriffe und operationale Definition, Braunschweig/Wiesbaden 1979, 127–146

[10] A. Heyting, Intuitionism, Amsterdam 1956, 16

[11] A. Heyting, e.d., 49 ff. Zur intuitionistischen Vorzugsstellung der Arithmetik vgl. auch L. E. J. Brouwer, Points and Space, in: Canad. J. Math. 6 1954, 1–17

[12] H. Weyl, Das Kontinuum, Leipzig 1918

[13] P. Lorenzen, Differential und Integral, Eine konstruktive Einführung in die klassische Analysis, Frankfurt a.M. 1965, 32. Dort gibt Lorenzen ein allgemeines induktives Schema zur Erzeugung definiter Objekte an.

[14] F. Bachmann, Aufbau der Geometrie aus dem Spiegelungsbegriff, Berlin/Göttingen/Heidelberg 1959. Vgl. auch J. Diller, Metrische Ebenen mit freier Beweglichkeit, Diss. Kiel 1963.

[15] Vgl. z.B. H. Dingler, Die Grundlagen der Geometrie, Ihre Bedeutung für Philosophie, Mathematik, Physik und Technik, Stuttgart 1933

[16] P. Lorenzen, Das Begründungsproblem der Geometrie als Wissenschaft der räumlichen Ordnung, in: Philos. Nat. 6 1961, 415–431; ders., Methodisches Denken, Frankfurt a.M. 1968, 132 ff.

[17] P. Lorenzen, Eine konstruktive Theorie der Formen räumlicher Figuren, in: Zentralblatt f. Didaktik Math. 9/2 1977, 95–99; P. Janich, Zur Protophysik des Raumes, in: Protophysik (Hrsg. G. Böhme) Frankfurt 1976, 83–130

[18] Vgl. E. Cartan, Les espaces riemanniens symmétriques, in: Verh. Intern. Mathem.-Kongr. Zürich 1932 I, 152–161; vgl. auch S. Helgason, Differential Geometry and Symmetric Spaces, New York 1962 (dort ausführliche Quellenzusammenstellung zu E. Cartan).

[19] Für die Darstellung vgl. S. Helgason, s. Anm. 18; S. Weinberg, Gravitation and Cosmology, New York 1972, 375 ff.

[20] Isotrope Räume lassen sich als ‚maximal symmetrische' Räume charakterisieren, deren Metriken forminvariant sind gegen infinitesimale Isometrien $\bar{u}^{\mu} = u^{\mu} + \epsilon\ \xi^{\mu}(x)$ mit $|\epsilon| \leqslant 1$: Die Bestimmung der Isometriegruppe reduziert sich hier auf die Aufgabe,

die nach W. Killing (1892) benannten kovarianten Vierer-Vektoren $\xi_\sigma = g_{\mu\sigma}\,\xi^\mu$ mit $O = \xi_{\sigma|\rho} + \xi_{\rho|\sigma}$ für kovarianten Ableitungen zu bestimmen. Maximal symmetrische Räume der Dimension $n$ besitzen demnach maximal $n(n+1)/2$ unabhängige Killing-Vektoren.

[22] Unter dieser Voraussetzung ist die Metrik ‚räumlich', daher $ds^2$.

[23] Für den physikalischen Hintergrund vgl. B. Kanitscheider, Vom absoluten Raum zur dynamischen Geometrie, Mannheim 1976, 42 ff.; J. Schmid-Burgk, Die Struktur des Universums, in: Sterne und Weltraum 1979 5, 164 ff.; K. Mainzer, Astronomie, in: Enzyklopädie Philosophie u. Wissenschaftstheorie (Hrsg. J. Mittelstraß) Mannheim 1980

[24] Vgl. K. Mainzer, Symmetric Spaces and Cosmology, in: Logic, Methodology and Philosophy of Science VI (Hrsg. L. J. Cohen/H. Pfeiffer/K. P. Podewski/J. Los), Amsterdam 1980

[25] W. V. O. Quine, Word and Object, New York 1960, 253 f.

[26] Von abstrakter Körpertheorie spricht erst E. Steinitz, Algebraische Theorie der Körper, in: Crelles J. d. reinen u. angew. Mathem. 137, 1910, 167–309

[27] J. Plücker, Analytisch geometrische Entwicklungen I, Essen 1928; A. F. Möbius, Theorie der Kreisverwandtschaft, in: Abh. Königl. Sächs. Ges. Wiss. 2 1855, 529–565, Ges. Werke Bd. II Leipzig 1886, 243–345; L. Cremona, Gior. di Mat., 1 1863, 305–311; M. Noether, Math. Ann. 3 1871, 165–227

[28] A. Cayley, Collected Mathem. Papers, 2 Cambridge 1889, 592. Cayley bezeichnet dort ‚projective' mit ‚descriptive'. Sein Anspruch trifft zwar für die Euklidische, nicht-euklidische und affine Geometrie zu, jedoch nicht für die Topologie und Riemannsche Geometrie im allgemeinen.

[29] Vgl. z.B. I. R. Schafarewitsch, Grundzüge der algebraischen Geometrie, Braunschweig 1972, 43 ff.

[30] Der Begriff ‚Invariante' in diesem Zusammenhang geht auf Sylvester zurück: Vgl. Collected Math. Papers 4 Bde., Cambridge 1904–1911, Bd. 1, 273

[31] F. Eisenstein, in: J. f. Math. 27 1844, 89–106, 319–321

[32] P. Gordan, in: Math. Ann. 1880, 217–233. Einen Überblick zur Entwicklung der ‚Invariantentheorie' liefert C. S. Fisher, Die letzten Invariantentheoretiker, in: Wissenschaftssoziologie 2 (Hrsg. P. Weingart) Frankfurt 1974, 153–183; ders., The Death of a Mathematical Theory, in: Arch. f. History of Exact Sciences III 1966, 137–159

[33] D. Hilbert, Ges. Abh. 3 Bde., Berlin 1932–1935, Bd. 2, 199–257

[34] P. Gordan, in: Nachrichten Königl. Ges. Wiss. Göttingen 1899, 240–242; vgl. auch M. Kline, Mathematical Thought from Ancient to Modern Times, New York 1972, 930 f.

[35] D. Hilbert, Über die Theorie der algebraischen Formen, in: Math. Ann. 36 1890, 473–534; Ges. Abh. (s. Anm. 32) Bd. 2, 199–257

[36] Vgl. auch H. J. Nastold, Algebraische Geometrie, Vorlesungsausarbeitung am Math. Institut der Universität Münster 1970, Kap. VII

[37] E. Artin, Algebra I–II, Vorlesungsausarbeitung am Math. Institut der Universität Hamburg 1961; B. L. van der Waerden, Algebra – Unter Benutzung von Vorlesungen von E. Artin und E. Noether, Berlin/Heidelberg/New York [7]1966 ([1]1936)

[38] Vgl. O. Zariski, Generalized local rings, in: Samma Bras. Math., I 1946, 169–195

[39] Vgl. H. Grauert/R. Remmert, Bilder und Urbilder analytischer Garben, in: Ann. Math. 68 1958, 393–443

[40] Vgl. J. Leray, L'anneau spectral et l'anneau filtré d'homologie d'un espace localement compact et d'une application continue, in: J. Math. Pures Appl. 29 1950, 1–139; ders., L'homologie d'un espace fibré dont la fibre est connexe, in: J. Math. Pures Appl. 29, 1950, 169–213

[41] A. Grothendieck/J. Dieudonné, Eléments de Géométrie Algébrique I, Berlin/Heidelberg/New York; F. Hirzebruch, Topological Methods in Algebraic Geometry, Berlin/Heidelberg/New York [3]1978

[42] A. v. Brill/M. Noether, Über die algebraischen Funktionen und ihre Anwendung in der Geometrie, in: Math. Ann. 7 1874 269–310; beiden Autoren verdankt man auch

die historische Arbeit: Die Entwicklung der Theorie der algebraischen Funktionen in älterer und neuerer Zeit, in: Jahresber. Deutsch. Math.-Ver. 3 1892/1893

[43] F. Hirzebruch, S. Anm. 41, Chapt. 4, Appendix 1

# Literaturverzeichnis


Africa, T. W., Copernicus' Relation to Aristarchus and Pythagoras, in: Isis 52 1961, 403–409

Alembert, J. l. R. d', Œuvres de d'A. I–V, Paris 1821–1822, repr. Œuvres complètes I–V, Genf 1967

Alembert, J. l. R. d', Traité de dynamique, Paris 1743, ²1758, dt. Abhandlung über Dynamik, Leipzig 1899

Alembert, J. l. R. d', siehe: Encyclopédie

Alexandroff, P., Über den allgemeinen Dimensionsbegriff und seine Beziehungen zur elementaren geometrischen Anschauung, in: Math. Ann. 98 1928, 617–636

Alexandroff, P./Hopf, H., Topologie I, Berlin 1932

Alexandrow, A. D., Kurven und Flächen, Berlin 1959

Apollonius, Conica 2 Bde. (Hrsg. J. L. Heiberg), Leipzig 1890/1893, dt. A. Czwalina; engl. Treatise on Conic Sections (Hrsg. T. L. Heath), Cambridge 1896

Archimedes, Archimedis Opera Omnia, 3 vol. (Hrsg. J. L. Heiberg),Leipzig ²1913-1915; engl. The Works of Archimedes with the Method of Archimedes (Hrsg. T. L. Heath), Cambridge ²1912, New York 1953

Aristarch von Samos, On the Sizes and Distances of the Sun and Moon. Text, Translation and Notes, in: T. L. Heath, Aristarchus of Samos, The Ancient Copernicus, Oxford 1913, 1959, 351–414

Aristoteles, Werke I gr. dt. (Hrsg. u. Übers. C. Prantl) Leipzig 1854

Armitage, A., Copernicus. The Founder of Modern Astronomy, London 1938, ³1971

Artin, E., Galoissche Theorie, Leipzig 1959, ²1965

Artin, E., Algebra I–II, Ausarb. der von E. Artin im SS 1961 und WS 1961/1962 gehaltenen Vorles., Mathem. Inst. Univ. Hamburg 1961/1962

Bachmann, F., Aufbau der Geometrie aus dem Spiegelungsbegriff, Berlin/Göttingen/Heidelberg 1959

Baldus, R., Nichteuklidische Geometrie. Hyperbolische Geometrie der Ebene, Berlin 1927, Hrsg. F. Löbell, Berlin ⁴1964

Baldus, R., Zur Steinerschen Definition der Projektivität, in: Math. Ann. 90 1922/1923, 86 ff.

Becker, O., Beiträge zur phänomenologischen Begründung der Geometrie und ihrer physikalischen Anwendungen, in: Jb. Philos. phänomen. Forsch. 6, Halle 1923, 385–560, Tübingen ²1973

Becker, O., Mathematische Existenz, in: Jb. Philos. phänomen. Forsch. 8, Halle 1927, 441–809, Tübingen ²1973

Becker, O., Die apriorische Struktur des Anschauungsraumes, in: Philos. Anz. 4 1930, 129–162

Becker, O., Eudoxos-Studien I–IV, in: Quellen und Studien zur Geschichte der Mathematik, Astronomie und Physik, Abt. B (Studien), 2 1933; 311–333, 369–387, 3 1936, 236–244, 370–410

Becker, O., Grundlagen der Mathematik in geschichtlicher Entwicklung, Freiburg/München 1954, ²1964, Frankfurt 1975

Becker, O., Die Rolle der euklidischen Geometrie in der Protophysik, in: Phil. Nat. 8 1964, 49–64

Behnke, H., Vorlesung über Differentialgeometrie, Münster ⁸1967

Behnke, H., Der Strukturwandel der Mathematik in der ersten Hälfte des 20. Jahrhunderts, in: Arbeitsgemeinschaft für Forschung des Landes Nordrhein-Westfalen, Heft 2 Köln/Opladen 1956, 7–58

Behnke, H./Bachmann, F./Fladt, K./Kunle, H. (Hrsg.), Grundzüge der Mathematik Bd. II A/B (Geometrie), Göttingen ²1967/1971

Bell, E. T., The Development of Mathematics, New York 1940
Bell, E. T., Die großen Mathematiker, Düsseldorf/Wien 1967
Beltrami, E., Saggio di interpretazione della geometrica non-euclidea, in: Giorn. di Mat. VI 1868, 284–312
Beltrami, E., Teoria fondamentale degli spazii di curvatura costante, in: Ann. di Mat. (2) II 1868–1869, 232–255
Berkeley, G., Versuch einer neuen Theorie der Gesichtswahrnehmung (Hrsg. u. Übers. R. Schmidt), Leipzig 1912
Berkeley, G., Schriften über die Grundlagen der Mathematik und Physik (Hrsg. u. Einl. W. Breidert), Frankfurt 1969
Bernoulli, Jak., Opera I–II, Genf 1744 (repr. I–II, Brüssel 1967); Die Werke I– (Hrsg. Naturforsch. Ges. in Basel), Basel 1969 ff (bisher Bde. I u. III)
Bernoulli, Joh., Opera omnia I–IV, Genf/Lausanne 1742, repr. I–IV (Hrsg. J. E. Hofmann) Hildesheim 1968
Bieberbach, L., Theorie der geometrischen Konstruktionen, Basel/Stuttgart 1952
Blaschke, W., Über die Differentialgeometrie von Gauß, in: Jahresber. Dt. Math. ver. 52 1942, 61–71
Blaschke, W., Analytische Geometrie, Wolfenbüttel/Hannover 1948, Basel/Stuttgart $^{2}$1954
Blaschke, W., Griechische und anschauliche Geometrie, München 1953
Blaschke, W., Kreis und Kugel, Berlin $^{2}$1956
Blaschke, W., Projektive Geometrie, Basel/Stuttgart $^{3}$1954
Blumenberg, H., Kopernikus im Selbstverständnis der Neuzeit, in: Abh. Akad. Wiss. Lit. Mainz, geistes- u. sozialwiss. Kl. 9 1964, Nr. 5, Wiesbaden 1965
Blumenberg, H., Kosmos und System. Aus der Genesis der kopernikanischen Welt, in: Studium Generale 10 1957, 61–80
Blumenberg, H., Die Genesis der kopernikanischen Welt, Frankfurt 1975
Bolyai, J., La science absolue de l'espace, in: Mémoires de la Société des Sciences de Bordeaux 5 1867, 207–248
Bolzano, B., Versuch einer objektiven Begründung der Lehre von den drei Dimensionen des Raumes, in: Abh. Kgl. Böhm. Ges. Wiss. 5. Folge, H. 3, Prag 1845, 201–215
Bolzano, B., Anti-Euklid, in: Acta hist. rer. nat. nec. techn. 11, Prag 1967, 203–216
Bondi, H., Cosmology, Cambridge 1952, $^{2}$1960
Bonola, R., La geometrica non-euclidea. Esposizione storico-critica del suo sviluppo, Bologna 1906; dt. H. Liebmann, Die nicht-euklidische Geometrie, historich-kritische Darstellung ihrer Entwicklung, Leipzig/Berlin 1908, $^{3}$1921
Bopp, E., Starrer Körper und Euklidische Geräte, in: Phil. Nat. 3 1956, 383–391, 5 1958, 55–65
Bourbaki, N., Eléments d'histoire des mathématiques, Paris 1960, dt. Elemente der Mathematikgeschichte, Göttingen 1971
Brahe, T., Opera omnia I–XV (Hrsg. J. L. E. Dreyer), Kopenhagen 1913–1929
Breidert, W., Die nichteuklidische Geometrie bei Thomas Reid, in: Sudhoffs Archiv 58 1974, Heft 3, 235–253
Brill, A./Noether, M., Die Entwicklung der Theorie der algebraischen Funktionen in älterer und neuerer Zeit, in: Jahresber. dt. Math.ver. 3 1892–1893, 107–566
Brill, A./Noether, M., Über algebraische Funktionen, in: Math. Ann. 7 1874, 269–310
Brill, A., Ebene algebraische Kurven und algebraische Funktionen, Braunschweig 1925
Brouwer, L. E. J., Collected Works, Bd. 1 Philosophy and Foundations of Mathematics (Hrsg. A. Heyting), Bd. 2 Geometry, Analysis, Topology, and Mechanics (Hrsg. H. Freudenthal), Amsterdam, Oxford/New York 1975/1976
Bruins, E. M./Rutten, M. (Hrsg.), Textes mathématiques de Suse, Paris 1961
Brunschvicg, L., Les étapes de la philosophie mathématique, Paris 1912
Burckhardt, J. J., Die Bewegungsgruppen der Kristallographie, Basel 1947
Busemann, H., Geometry of Geodesics, New York 1955

Boyer, C. B., Cartesian geometry form Fermat to Lacroix, in: Scripta Mathematica 13 1947, 133–153
Boyer, C. B., Note on an early graph of statitistical data, in: Isis 37 1947, 148–149
Boyer, C. B., History of Analytic Geometry, New York 1956
Cantor, M., Vorlesungen über Geschichte der Mathematik, 4 Bde. Leipzig Bd. 1 [1]1880, [3]1907, Bd. 2 [1]1892, [2]1899/1900, Bd. 3 [1]1898, [2]1900/1901, Bd. 4 1908
Carnot, L. N. M., Géométrie de position, Paris 1803; dt. Geometrie der Stellung, Altona 1810
Carnot, H., Mémoires sur Carnot par son fils, 2 Bde. Paris 1861/1863
Carnap, R., Der Raum. Ein Beitrag zur Wissenschaftslehre, in: Kant-Studien, Erg.-Heft 56, Berlin 1922
Carnap, R., Dreidimensionalität des Raumes und Kausalität. Eine Untersuchung über den logischen Zusammenhang zweier Fiktionen, in: Ann. Philos. 4 1924/1925, 105–130
Cartan, E. J., Œuvres complètes, 6 Bde., Paris 1953–1955
Cassirer, E., Individuum und Kosmos in der Philosophie der Renaissance, Leipzig/ Berlin 1927, Darmstadt [5]1977
Cassirer, E., Das Erkenntnisproblem in der Philosophie und Wissenschaft der neueren Zeit, 3 Bde., Berlin 1906–1920, 4. Bd. Stuttgart 1957
Cassirer, E., Philosophie und exakte Wissenschaft, (Hrsg. W. Krampf), Frankfurt 1969
Cauchy, A. L., Œuvres complètes, 26 Bde., Paris 1882–1958 (publiées sous la direction scientifique de l'Académie des sciences . . .)
Cavalieri, F. B., Geometria indivisibilibus continuorum quadam ratione promota, Bononiae [1]1635, [2]1653
Cavalieri, F. B., Exercitationes geometricae sex, Boniniae 1647
Cayley, A., Collected Mathematical Papers, 13 Bde., (Hrsg. A. R. Forsyth), Cambridge 1889–1898
Chasles, M., Aperçu historique sur l'origine et le développement des méthodes en géométrie, Brüssel 1837, Paris [2]1875; dt. Geschichte der Geometrie hauptsächlich mit Bezug auf die neueren Methoden, Wiesbaden 1968
Chasles, M., Sur la doctrine des porismes d'Euclide, in: Correspondance mathématique et physique X 1838, 1–20
Clagett, M. (Hrsg.), N. Oresme and the Medieval Geometry of Qualities and Motions, Madison 1968
Clairaut, A. C., Recherches sur les courbes à double courbure, Paris 1731
Coolidge, J. L., A History of Geometrical Methods, Oxford 1940
Coolidge, J. L., A History of the Conic Sections and Quadric Surfaces, Oxford 1945, repr. New York 1968
Courant, R./Robbins, H., What is Mathematics? New York [1]1941, dt. Was ist Mathematik? Berlin/Göttingen/Heidelberg [1]1962, [2]1967
Coxeter, H. S. M., Introduction to Geometry, New York 1961, dt. Unvergängliche Geometrie, Basel/Stuttgart 1963
Coxeter, H. S. M., Gauss as a Geometer, in: Historia Mathematica 4 1977, 379–396
Cramer, G., Introduction à l'analyse des lignes courbes algébrique, Genf 1750
Crowe, M. J., A History of Vector Analysis, Notre Dame 1967
Daniels, N., Thomas Reid's Inquiry. The Geometry of Visibles and the Case for Realism, New York 1974
Dedekind, R., Stetigkeit und irrationale Zahlen, Braunschweig 1872, [7]1965
Dehn, M., Die Grundlagen der Geometrie in historischer Entwicklung, Berlin 1926
Dehn, M., Über den Rauminhalt, in: Math. Ann. 54 1902, 465–478
Desargues, G., Œuvres, 2 Bde., Paris 1864 (Hrsg. N. G. Poudra)
Descartes, R., Œuvres et correspondance, 12 Bde. (Hrsg. C. Adam/P. Tannery), Paris 1897–1910
de Vries, H., How Analytic Geometry became a Science, in: Scripta Mathematica 14 1948, 5–15

de Witt, C./de Witt, B. S. (Hrsg.), Relativity, Groups and Topology, New York 1964
Dick, A., Emmy Noether, Basel/Stuttgart 1967
Dieudonné, J. A., La géométrie des groupes classiques, Berlin/Göttingen/Heidelberg 1955, [3]1971
Dieudonné, J. A., Algèbre linéaire et géométrie élémentaire, Paris [1]1964, [3]1968
Dijksterhuis, E. J., De Mechanisering van het Wereldbeeld, Amsterdam [1]1950, dt. Die Mechanisierung des Weltbildes, Berlin/Göttingen/Heidelberg 1956
Diller, J., Metrische Ebenen mit freier Beweglichkeit, Diss. Kiel 1963
Diller, J., siehe; Hessenberg
Dingler, H., Die Grundlagen der angewandten Geometrie. Eine Untersuchung über den Zusammenhang zwischen Theorie und Erfahrung in den exakten Wissenschaften, Leipzig 1911
Dingler, H., Über den Zirkel in der empirischen Begründung der Geometrie, in: Kant-Studien 30 1925, 310 ff.
Dingler, H., Die Grundlagen der Geometrie. Ihre Bedeutung für Philosophie, Mathematik, Physik und Technik, Stuttgart 1933
Dingler, H., Geometrie und Wirklichkeit, in: Dialectica 9 1955 Nr. 3/4, 341 ff., 10 1956 Nr. 1, 80 ff.
Diophant, Diophanti Alexandrini Opera Omnia, 2 Bde. gr. lat (Hrsg. P. Tannery), Leipzig 1893/1895; dt. A. Czwalina, Göttingen 1952; engl. T. L. Heath, Cambridge [2]1910
Disteli, M., Die Steinerschen Schließungsprobleme nach darstellend-geometrischer Methode, Leipzig 1888
Dreyer, J. L. E., A History of Astronomy from Thales to Kepler, Cambridge Mass. 1905, New York [2]1953
Dreyer, J. L. E., Tycho Brahe. A Picture of Scientific Life and Work in the 16th Century, Edinburgh [1]1890, repr. New York 1963; dt. Karlsruhe 1894, repr. Walluf 1972
Dubislaw, W., Zur Wissenschaftstheorie der Geometrie, in: Blätter für deutsche Philosophie 4 1930, 368–381
Duhem, P., Le système du monde. Histoires des doctrines cosmologiques de Platon à Copernic, 10 Bde., Paris 1914–1959
Duhem, P., Études sur Léonard da Vinci, 3 Bde., Paris 1906–1913
Duhem, P., Oresme, in: Catholic Encyclopedia 11 1911, 296–297
Ebbinghaus, J., Kants Lehre von der Anschauung a priori, in: Zeitschrift für deutsche Kulturphilosophie 10 1944, 169–186
Eddington, A. S., The Expanding Universe, Cambridge 1933, Ann Arbor 1958, dt. Dehnt sich das Weltall aus? Stuttgart 1933
Einstein, A., Grundzüge der Relativitätstheorie, Braunschweig [4]1965, repr. 1973
Einstein, A., Geometrie und Erfahrung, in: Sitzungsber. Preuss. Akad. Wiss. 1921, 123–130
Encyclopédie, ou Dictionnaire raisonné des sciences, des arts et des métiers, pur une société de gens de lettres. Mis en ordre et publié part M. Diderot ... et quant à la partie mathématique par M. d'Alembert, 35 Bde., Paris 1751–1780
Enzyklopädie Philosophie und Wissenschaftstheorie (Hrsg. J. Mittelstraß), 3 Bde., Mannheim/Wien/Zürich 1980
Eneström, G., Über das angebliche Vorkommen krummliniger Koordinaten bei Leibniz, in: Bibliotheca Mathematica 10 1909/1910, 43–47
Eneström, G., Die Briefwechsel zwischen Leonard Euler und Johann I. Bernoulli, in: Bibliotheca Mathematica 4 1903, 344–388
Engel, F./Stäckel, P. (Hrsg.), Die Theorie der Parallellinien von Euklid bis auf Gauß. Eine Urkundensammlung zur Vorgeschichte der nichteuklidischen Geometrie, Leipzig 1895, repr. New York/London 1968
Engel, F./Stäckel, P. (Hrsg.), Urkunden zur Geschichte der nichteuklidischen Geometrien, 2 Bde., Leipzig 1898/1913

Erdmann, B., Die Axiome der Geometrie. Eine philosophische Untersuchung der Riemann-Helmholtzschen Raumtheorie, Leipzig 1877
Ernst, W., Julius Plücker, Bonn 1933
Ertel, H., Entwicklungsphasen der Geophysik, Berlin 1953
Eudoxos, Die Fragmente des Euxodos von Knidos (Hrsg., Übers., Komm. F. Lasserre), Berlin 1966
Euklid, Euclidis elementa 5 Bde. gr. lat. (Hrsg. J. L. Heiberg), Leipzig 1883–1888; dt. Die Elemente (Übers. C. Thaer), Leipzig 1933, repr. Darmstadt 1962/1971; engl. The 13 Books of Euclid's Elements translated from the Text of Heiberg with Introduction and Commentary by T. L. Heath, 3 Bde., New York 1956
Euler, L., Opera Omnia, 46 Bde., Leipzig/Berlin/Zürich 1911–1957 (Hrsg. F. Rudio/A. Krazer/P. Stäckel)
Eves, H., An Introduction to the History of Mathematics, [1] 1953, New York/Chicago/London/Sidney u.a. [4] 1976
Fano, G., Sui postulati fondamentali della geometria proietivva, in: Giornale di Matematiche, 30 1892, 106 ff.
Fano, G./Carrus, S., Exposé parallèle du développement de la géometrie synthétique et de la géométrie analytique pendant le 19ième siècle, in: Encyclopédie des sciences mathématiques 3, 185–259
Feigl, G., Geschichtliche Entwicklung der Topologie, in: Jahresber. Dt. Math.-Ver. 37 1928, 273–286
Fejes Tóth, L., Reguläre Figuren, Leipzig 1965
Fejes Tóth, L., Lagerungen in der Ebene, auf der Kugel und im Raum, Berlin/Göttingen/Heidelberg 1953
Fermat, P. de, Œuvres 4 Bde. (Hrsg. P. Tannery/C. Henry) Paris 1891–1922
Feyerband, P. K., Von der beschränkten Gültigkeit methodischer Regeln, in: Neue Hefte für Philosophie (Hrsg. R. Bubner/K. Cramer/R. Wiehl), Bd. 2/3, Göttingen 1972, 124–171
Fink, E., Zur ontologischen Frühgeschichte von Raum, Zeit und Bewegung, Den Haag 1957
Fircke, R./Klein, F., Vorlesungen über die Theorie der automorphen Funktionen, Bd. 1, Leipzig 1897
Fleckenstein, J. O., Die Erweiterung des kosmischen Raumbegriffs in der Geschichte der Raummessung, in: Studium Generale 11, Heft 1, 1958, 29–34
Ford, L. R., Automorphic Functions, New York [2] 1929
Forder, H. G., The Foundations of Euclidean Geometry, London [1] 1927, New York 1958
Fréchet, M., Les dimensions d'un ensemble abstrait, in: Math. Ann. 68 1910, 145–168
Freudenthal, H., Neuere Fassungen des Riemann-Helmholtzsch-Lieschen-Raumproblems, in: Math. Z. 63 1956, 374–405
Freudenthal, H., Le développement de la notion d'espace depuis Kant, in: Revue française des sciences et des techniques 3 1959, 3–13
Freudenthal, H., Die Orientierung des Raumes, in: Math. Phys. Semesterber. 10, Heft 2 1964, 322–327
Freudenthal, H., Die Grundlagen der Geometrie um die Wende des 19. Jahrhunderts, in: Math. Phys. Semesterber. 7, Heft 1, 1960, 2–25
Frey, G., Einführung in die philosophischen Grundlagen der Mathematik, Hannover 1968
Frege, G., Grundgesetze der Arithmetik, Jena [1] 1893, repr. Hildesheim/Darmstadt 1962
Frege, G., Nachgelassene Schriften und wissenschaftlicher Briefwechsel (Hrsg. H. Hermes/F. Kambartel/F. Kaulbach) 2 Bde., Hamburg 1969/1976
Fritz, K. von, Grundprobleme der Geschichte der antiken Wissenschaft, Berlin/New York 1971
Galilei, G., Opere 20 Bde. (Ristampa della Ed. Nazionale), Florenz 1929–1939

Galois, E., Œuvres mathématiques, (publiées sous les auspices de la Société mathématique de France), Paris 1897
Garnier, J. G., Géométrie analytique ou application de l'algèbre à la géométrie, Paris [2]1813
Gauss, C. F., Werke, 12 Bde., Göttingen 1870–1927 (Hrsg. K. Ges. Wiss. Göttingen)
Gauss, C. F., Allgemeine Flächentheorie, Leipzig [4]1912
Gent, W., Die Philosophie des Raumes und der Zeit, 2 Bde., Bonn 1926/1930, repr. Hildesheim 1962
Gent, W., Leibnizens Philosophie der Zeit und des Raumes, in: Kant-Studien 31 1926, 61–88
Gergonne, J. D., Essai sur l'expression analytique des courbes indépendamment de leur situation sur un plan, in: Annales Mathématiques pures et appliquées 4 1813/1814, 42–55
Gillings, R. J., Mathematics in the Time of the Pharaohs, Cambridge Mass. 1972
Gödel, K., An Example of a New Type of Cosmological Solutions of Einstein's Field Equations of Gravitation, in: Rev. Mod. Phys. 21 1949, 447 ff.
Gonseth, F., La géométrie et le problème de l'espace, 4 Bde. Neuchâtel 1945–1949
Grassmann, H. G., Ges. math. u. phys. Werke, 3 Bde. (Hrsg. Kgl. sächsische Ges.Wiss.) Leipzig 1894–1911
Grauert, H./Remmert, R., Bilder und Urbilder analytischer Garben, in: Ann. Math. 68 1958, 393–443
Greenwood, T., Origines de la géométrie analytique, in: Revue Trimestrielle Canadienne 34 1948, 166–179
Gregory, J., Exercitationes Geometricae, London 1668
Gröbner, W., Algebraische Geometrie, 2 Bde., Mannheim 1968/1970
Gromoll, D./Klingenberg, W./Meyer, W., Riemannsche Geometrie im Großen, Berlin/Heidelberg/New York 1968
Grotemeyer, K. P., Topologie, Mannheim/Wien/Zürich 1969
Grothendieck, A., Eléments de géométrie algébrique, New York 1967
Grothendieck, A./Dieudonné, J. A., Eléments de géométrie algébrique I, Berlin/Heidelberg/New York 1970
Grünbaum, A., Philosophical Problems of Space and Time, New York 1963, London 1964, Dordrecht [2]1973
Hankel, H., Zur Geschichte der Mathematik im Altertum und Mittelalter, Leipzig 1874
Hausdorff, F., Dimension und äußeres Maß, in: Math. Ann. 79 1919, 157–179
Hausdorff, F., Grundzüge der Mengenlehre, Leipzig 1914
Heath, T. L., A History of Greek Mathematics 2 Bde., Oxford 1921
Heath, T. L., Greek Astronomy, London/Toronto 1932
Heiberg, J. L., Die Kenntnisse des Archimedes über die Kegelschnitte, in: Zeitschrift für Mathematik und Physik 25 1880 (Histor.-Liter. Abt.), 41–67
Heisenberg, W., Wandlungen in den Grundlagen der Naturwissenschaft, Stuttgart [9]1959
Helmholtz, H. von, Schriften zur Erkenntnistheorie (Hrsg. P. Hertz/M. Schlick), Berlin 1921
Helgason, S., Differential Geometry and Symmetric Spaces, New York/London 1962
Henry, V., Das erkenntnistheoretische Raumproblem in seinem gegenwärtigen Stande, Kant-Studien Erg.-Heft 34, Berlin 1915
Herbart, J. F., Sämtliche Werke 13 Bde. (Hrsg. G. Hartenstein), Leipzig 1850–1890
Hermes, H., Einführung in die mathematische Logik, Stuttgart 1963
Hertz, H., Die Prinzipien der Mechanik, Leipzig 1894, repr. Darmstadt 1963
Hessenberg, G., Grundlagen der Geometrie, Berlin 1930, neu bearbeitet von J. Diller, Berlin [2]1967
Hessenberg, G., Ebene und sphärische Trigonometrie, Leipzig 1899, Hrsg. H. Kneser, Berlin [5]1957
Heyting, A., Intuitionism. An Introduction, Amsterdam 1956
Hilbert, D., Grundlagen der Geometrie, Leipzig 1899, Hrsg. mit Supplementen P. Bernays, Stuttgart [11]1972

Hilbert, D./Cohn-Vossen, S., Anschauliche Geometrie, Berlin 1932, repr. Darmstadt 1973

Hilton, H., Mathematical Crystallography and the Theory of Groups of Movements, Oxford 1903

Hintikka, J./Remes, U., The Method of Analysis. Its Geometrical Origin and its General Significance, Dordrecht/Boston 1974

Hirzebruch, F., Neue topologische Methoden in der algebraischen Geometrie, Berlin/Göttingen/Heidelberg [2]1962, engl. Topological Methods in Algebraic Geometry, Berlin/Heidelberg/New York [3]1978

Hölder, A., Anschauung und Denken in der Geometrie, Leipzig 1900, repr. Darmstadt 1968

Hofmann, J. E., Geschichte der Mathematik 3 Bde., Berlin 1957, [2]1963

Hopf, H., Zum Clifford-Kleinschen Raumproblem, in: Math. Ann. 95 1926, 313 ff.

Hopf, H., siehe: Alexandroff

Hospital, G. F. A. de l', Traité analytique des sections coniques, Paris 1707

Hübner, K., Kritik der wissenschaftlichen Vernunft, Freiburg/München 1978

Hume, D., A Treatise of Human Nature (Hrsg. L. A. Selby-Bigge), Oxford 1888

Hund, F., Geschichte der physikalischen Begriffe, 2 Bde., Mannheim/Wien/Zürich [2]1978

Hurewicz, W./Wallmann, H., Dimension Theory, Princeton [1]1941, [2]1948

Husserl, E., Philosophie der Arithmetik, Halle a.S. 1891, Husserliana Bd. 12 Den Haag 1970

Husserl, E., Ding und Raum, Vorlesungen 1907, Husserliana Bd. 16, Den Haag 1973

Huygens, C., Œuvres complètes 22 Bde. (publiées par la Société hollandaise des Sciences) La Haye, 1888–1950

Ivins, W. M., Art and Geometry, Cambridge Mass. 1946

Jammer, M., Concepts of Space. The History of Theories of Space in Physics, Cambridge 1954, New York [2]1960; dt. Das Problem des Raumes. Die Entwicklung der Raumtheorien, Darmstadt 1960

Jammer, M., Concepts of Mass in Classical and Modern Physics, Cambridge Mass. 1961; dt. Der Begriff der Masse in der Physik, Darmstadt 1964, [2]1974

Janich, P., Zur Protophysik des Raumes, in: Protophysik (Hrsg. G. Böhme), Frankfurt 1976, 83–130

Jung, H., Algebraische Flächen, Hannover 1925

Juschkewitsch, A. P., Geschichte der Mathematik im Mittelalter, Leipzig 1964

Kästner, A. G., Geschichte der Mathematik 4 Bde., Göttingen 1796–1800

Kambartel, F., Erfahrung und Struktur. Bausteine zu einer Kritik des Empirismus und Formalismus, Frankfurt [1]1968, [2]1975

Kambartel, F., Theorie und Begründung, Frankfurt 1976

Kanitscheider, B., Philosophisch-historische Grundlagen der physikalischen Kosmologie, Stuttgart 1973

Kanitscheider, B., Vom absoluten Raum zur dynamischen Geometrie, Mannheim/Wien/Zürich 1976

Kant, I., Ges. Schriften (Hrsg. Kgl. Preuß. Akad. Wiss.), Berlin 1902 ff., repr. Berlin 1968

Karpinski, L. C., Is there progress in mathematical discovery and did the Greeks have analytic geometry? in: Isis 27 1937, 46–52

Kaulbach, F., Die Metaphysik des Raumes bei Leibniz und Kant, Köln 1960

Kaulbach, F., Philosophie der Beschreibung, Köln/Graz 1968

Kaulbach, F., Immanuel Kant, Berlin 1969

Kepler, J., Opera omnia 8 Bde. (Hrsg. C. Frisch), Frankfurt 1858–1871

Kiefer, A., Die Einführung der homogenen Koordinaten durch K. W. Feuerbach, Straßburg 1910

Killing, W., Einführung in die Grundlagen der Geometrie, Paderborn 1893

Klein, F., Ges. mathem. Abh., 3 Bde. (Hrsg. R. Fricke/A. Ostrowski/H. Vermeil/E. Bessel-Hagen), Berlin 1921–1923

Klein, F., Vorlesungen über die Entwicklung der Mathematik im 19. Jahrhundert, Berlin 1926
Klein, F., Elementarmathematik vom höheren Standpunkt aus, 3 Bde., 1. Bd. (Berlin [1]1908, [4]1933, repr. 1968), 2. Bd. (Berlin [1]1908, [3]1925, repr. 1968), 3. Bd. (Berlin [1]1902, [3]1928, repr. 1968)
Klein, F., Vorlesungen über nicht-euklidische Geometrie, Berlin 1928, repr. Berlin/Heidelberg/New York 1968
Kleinpeter, H., Die Entwicklung des Raum- und Zeitbegriffs in der neueren Mathematik und Mechanik und seine Bedeutung für die Erkenntnistheorie, in: Arch. f. syst. Philos. 4 1898, 32–43
Kline, M., Mathematical Thought from Ancient to Modern Times, New York 1972
Klingenberg, W., Grundlagen der Geometrie, Mannheim/Wien/Zürich 1971
Knorr, W. R., The Evolution of the Euclidean Elements, Dordrecht 1975
Koecher, M., Die Geodätischen von Positivitätsbereichen, in: Math. Ann. 135 1958, 192–202
Körner, S., The Philosophy of Mathematics. An Introductory Essay, London 1960; dt. Philosophie der Mathematik. Eine Einführung, München 1968
Kötter, E., Die Entwicklung der synthetischen Geometrie von Monge bis auf Staudt 1847, Leipzig 1901
Kohler, Grundsätzliches zur Geometrie der Sinnesräume, in: Wiener Zeitschrift f. Phil., Psych. u. Päd. 4, Heft 4, 1953, 224 ff.
Krafft, F., Geschichte der Naturwissenschaft I. Die Begründung einer Wissenschaft von der Natur durch die Griechen, Freiburg 1971
Krazer, A., Zur Geschichte der graphischen Darstellung von Funktionen, Karlsruhe 1915
Kropp, G., Geschichte der Mathematik. Probleme und Gestalten, Heidelberg 1969
Kuhn, T. S., The Copernican Revolution. Planetary Astronomy in the Developement of Western World, Cambridge 1957, [2]1966
Kutschera, F., Freges Begründung der Analysis, in: Arch. math. Logik u. Grundlagenf. 9 1966, 102–111
Lacroix, S. F., Cours de mathématiques. Bd. 4, Traité de trigonométrie rectiligne et sphérique et application de l'algèbre à la géométrie, Paris 1798–1799
Lagrange, J. L., Œuvres, 14 Bde., (Hrsg. J. A. Serret) Paris 1867–1892
Lahire, P. de, Nouveaux éléments des sections coniques, les lieux géométriques, la construction ou effection des équations, Paris 1679
Lakatos, I., Proofs and refutations, in: The British Journal for the Philosophy of Science, 14 1963–1964, 53–56; dt. Beweise und Widerlegungen. Die Logik mathematischer Entdeckungen, Braunschweig/Wiesbaden 1979
Lambert, J. H., Theorie der Parallellinien, in: Magazin für reine und angewandte Mathematik 1786, 137–164 (2. Stück), 325–358 (3. Stück), siehe: Engel/Stäckel, Die Theorie der Parallellinien von Euklid bis auf Gauß
Lambert, J. H., Anmerkungen und Zusätze zur Entwerfung der Land- und Himmelskarten (1772), (Hrsg. A. Wangerin), Leipzig 1894
Lambert, J. H., Schriften zur Perspektive (Hrsg. M. Steck), Berlin 1943
Lang, S., Introduction to Algebraic Geometry, New York/London 1958
Lanczos, C., Space through the Ages, New York 1969
Launay, L. de, Un grand francais. Monge. Fondateur de l'école polytechnique, Paris 1933
Lefschetz, S., Algebraic Geometry, Princeton N. J. 1953
Legendre, A. M., Réflexions sur différentes manières de démontrer la théorie des parallèles ou le théorème sur la somme des trois angles du triangle, Paris 1833
Leibniz, G. W., Die philosophischen Schriften (Hrsg. C. I. Gerhardt) 7 Bde., Berlin 1875–1890
Leibniz, G. W., Mathematische Schriften (Hrsg. C. I. Gerhardt) 7 Bde., Berlin/Halle 1849–1863
Leibniz, G. W., Hauptschriften zur Grundlegung der Philosophie 2 Bde. (Hrsg. E. Cassirer, Übers. A. Buchenau), Hamburg [3]1966

Leibniz, G. W., Der Briefwechsel von Gottfried Wilhelm Leibniz mit Mathematikern (Hrsg. C. I. Gerhardt), Berlin 1899
Lenk, H., Bemerkungen zur Begründung der Geometrie aus homogenen Grundformen, in: Konstruktionen versus Positionen, Beiträge zur Diskussion um die konstruktive Wissenschaftstheorie (Hrsg. K. Lorenz), Berlin/New York 1979, 254–265
Levi, F., Geometrische Konfigurationen, Leipzig 1929
Levi-Civita, T., Der absolute Differentialkalkül und seine Anwendungen in Geometrie und Physik, Berlin 1928
Lie, S., Über die Grundlagen der Geometrie, Leipzig 1890/1891, repr. Darmstadt 1967
Lie, S./Engel, F., Theorie der Transformationsgruppen 3 Bde. Leipzig 1888–1893
Liebmann, H., Nichteuklidische Geometrie, Berlin ³1923
Liebmann, H., Synthetische Geometrie, Leipzig/Berlin 1934
Lingenberg, R., Grundlagen der Geometrie I, Mannheim 1969
Listing, J. B., Der Census Räumlicher Complexe, in: Abh. Kgl. Ges. Wiss. Göttingen 10 1861, 97–182
Lobatschewskij, N. I., Zwei geometrische Abhandlungen (dt. F. Engel), Leipzig 1898/1899
Lobatschewskij, N. I., Pangeometrie, Leipzig 1902
Locke, J., An Essay Concerning Human Understanding, 2 Bde. (Hrsg. A. C. Fraser), Oxford 1894
Lorenz, K., Die Begründung des principium identitatis indiscernibilium, in: Studia Leibnitiana Supplementa III, Wiesbaden 1969, 149–159
Lorenz, K./Mittelstrass, J., Die methodische Philosophie Hugo Dinglers, in: H. Dingler, Die Ergreifung des Wirklichen, Kap. I–IV, Frankfurt 1969, 7–55
Lorenzen, P.,/Schwemmer, O., Konstruktive Logik, Ethik und Wissenschaftstheorie, Mannheim ²1975
Lorenzen, P., Das Begründungsproblem der Geometrie als Wissenschaft der räumlichen Ordnung, in: Philos. Nat. 6 1960, 415–431
Lorenzen, P., Differential und Integral. Eine konstruktive Einführung in die klassische Analysis, Frankfurt 1965
Lorenzen, P., Eine konstruktive Theorie der Formen räumlicher Figuren, in: Zentralbl. f. Didaktik Math. 9/2 1977, 95–99
Lorenzen, P., Eine Revision der Einsteinschen Revision, in: Philos. Nat. 16 1976, 383–391
Lorenzen, P., Relativistische Mechanik mit klassischer Geometrie und Kinematik, in: Math. Z. 155 1977, 1–9
Loria, G., Da Descartes e Fermat a Monge e Lagrange. Contributo alla storia della geometria analitica, in: Reale Accademia dei Lincei. Atti. Memorie della classe di scienze fisiche, matematiche e naturali 14 1923, 777–845
Loria, G., Descartes géomètre, in: Etudes sur Descartes, Revue de Métaphysique et de Morale 44 1937, 199–220
Loria, G., Perfectionnements, évolution, métamorphoses du concept de ‚coordonnées'. Contribution à l'histoire de la géométrie analytique, in: Mathematica 18 1942, 125–145; 20 1944, 1–22; 21 1945, 66–83
Loria, G., Spezielle algebraische und transzendente ebene Kurven. Theorie und Geschichte (dt. F. Schütte), Leipzig ¹1902, ²1910/1911 (2 Bde.), ital. Mailand 1930
Loria, G., Storia delle mathematiche, 3 Bde., Turin 1929–1933
Mach, E., Die Mechanik. Historisch-kritisch dargestellt, Leipzig 1883, ⁹1933, repr. Darmstadt 1973
Mach, E., Erkenntnis und Irrtum. Skizzen zur Psychologie der Forschung, Leipzig ³1917
MacLaurin, C., A Treatise of Algebra, London 1748
Mainzer, K., Der Konstruktionsbegriff in der Mathematik, in: Philos. Nat. 12, Heft 4, 1970, 367–412
Mainzer, K., Objektivität durch konstruktive Verfahren, in: Kant-Studien 66, Heft 4, 1975, 446–465

Mainzer, K., Is the intuitionistic Bar-Induction a constructive principle? in: Notre Dame J. Formal Logic 18; no. 4, 1977, 583–588
Mainzer, K., Wissenschaftsgeschichte und Philosophie der Mathematik und Informatik, in: IDM (= Inst. Didaktik Math.) Materialien u. Studien (Hrsg. H. G. Steiner) 12, Bielefeld 1978, 211–227
Mainzer, K., Wie ist die Entwicklung apriorischer Wissenschaften möglich? in: Akten des 11. Dt. Kongr. Philos. Göttingen 1975 (Hrsg. G. Patzig/E. Scheibe/W. Wieland), Hamburg 1977, 411–417
Mainzer, K., Symmetrie und Invarianz, in: Akten des 16. Weltkongr. Philos. (Hrsg. A. Diemer), Düsseldorf 1978, 409–412
Mainzer, K., Stetigkeit und Vollständigkeit in der Geometrie, in: Aspekte der physikalischen Begriffsbildung. Theoretische Begriffe und operationale Definitionen (Hrsg. W. Balzer/A. Kamlah), Braunschweig/Wiesbaden 1979, 127–146
Mainzer, K., Symmetric Spaces and Cosmology, in: Logic, Methodology and Philosophy of Science VI (Hrsg. L. J. Cohen/H. Pfeiffer/K. P. Podewski/J. Łos), Amsterdam 1980
Mainzer, K., siehe ‚Enzyklopädie' (u.a. ‚Algorithmentheorie', ‚Astronomie', ‚Determinismus', ‚Geometrie', ‚Gravitation')
Mainzer, K., siehe ‚Historisches Wörterbuch' (u.a. ‚Kontinuum', ‚Mathematik', ‚Mechanik', ‚Modell')
Medicus, F., Kants transzendentale Ästhetik und die nicht-euklidische Geometrie, in: Kant-Studien 3, Heft 3, 1899, 261–300
Mehra, J., Einstein, Hilbert, and the Theory of Gravitation, Dordrecht 1974
Menger, K., Dimensionstheorie, Leipzig/Berlin 1928
Menger, K., Kuratowski, C., Remarques sur la théorie axiomatique de la dimension, in: Monatsh. Math. u. Phys. 37 1930, 169–174
Meschkowski, H., Nichteuklidische Geometrie, Braunschweig [4] 1971
Meschkowski, H., Grundlagen der euklidischen Geometrie, Mannheim [2] 1974
Meschkowski, H., Denkweisen großer Mathematiker, Braunschweig [2] 1967
Minkowski, H., Raum und Zeit, in: Ges. Werke Bd. 2, New York 1967, 431 ff.
Mittelstaedt, P., Philosophische Probleme der modernen Physik, Mannheim 1963, [5] 1976
Mittelstaedt, P., Der Zeitbegriff in der Physik. Physikalische und philosophische Untersuchungen zum Zeitbegriff in der klassischen und in der relativistischen Physik, Mannheim 1976
Mittelstaedt, P., Klassische Mechanik, Mannheim 1970
Mittelstrass, J., Die Rettung der Phänomene. Ursprung und Geschichte eines antiken Forschungsprinzips, Berlin 1962
Mittelstrass, J., Neuzeit und Aufklärung. Studien zur Entstehung der neuzeitlichen Wissenschaft und Philosophie, Berlin/New York 1970
Mittelstrass, J., siehe ‚Enzyklopädie'
Möbius, A. F., Ges. Werke 4 Bde., Leipzig 1885–1887
Monge, G., Feuilles d'analyse, Paris [1] 1795, [5] 1850
Monge, G., Géométrie descriptive, Paris 1798, repr. Paris 1922
Monge, G./Hachette, J. N. P., Application de l'algèbre à la géométrie. Traité des surfaces du second degré, Paris [3] 1813
Moskauer Papyrus (Hrsg. W. W. Struve/B. A. Turajeff), Quellen und Studien zur Geschichte der Mathematik, Astronomie und Physik, A 1, Berlin 1930
Nastold, H. J., Differentialrechnung in der analytischen Geometrie IV, Berlin/Heidelberg/New York 1967
Nastold, H. J., Algebra I–II, Vorlesungsarb. WS 68/69, SS 69, Mathem. Institut Univ. Münster
Nastold, H. J., Algebraische Geometrie I–II, Vorlesungsausarb. WS 69/70, SS 70, Mathem. Institut Univ. Münster

Nelson, L., Bemerkungen über die nicht-euklidische Geometrie und den Ursprung der mathematischen Gewißheit (1905/1906), in: Ges. Schriften (Hrsg. P. Bernays/G. Heckmann/G. Henry-Hermann/S. Körner u.a.), Bd. 3, Hamburg 1974, 3–52
Neugebauer, O., Vorlesungen über die Geschichte der antiken mathematischen Wissenschaften, 1. Bd. Vorgriechische Mathematik, Berlin/Heidelberg/New York [1]1934, [2]1969
Neugebauer, O., The Exact Sciences in Antiquity, Providence [2]1957
Neugebauer, O., Archimedes and Aristarchus, in: Isis 34 1942/1943, 4–6
Neugebauer, O., The Astronomical Origin of the Theory of Conic Sections, in: Proc. Amer. Philos. Soc. 92 1948, 136–138
Neugebauer, O. (Hrsg.), Mathematische Keilschrifttexte, I–III, Quellen u. Studien zur Geschichte der Mathematik, Astronomie u. Physik A 3, Berlin 1935/1937
Neugebauer, O./Sachs, A. (Hrsg.), Mathematical Cuneiform Texts, New Haven Conn. 1945
Newton, I., Opera quae extant omnia, 5 Bde. (Hrsg. S. Horsley), London 1779–1785
Newton, I., Opuscula mathematica, philosophica et philologica, 3 Bde., (Hrsg. I. Castillioneus), Lausanne/Genf 1744
Newton, I., The Mathematical Papers of Isaac Newton, 1. Bd. (1664–1666) (Hrsg. D. T. Whiteside), Cambridge 1967
Nielsen, N., Géomètres français sous la Révolution, Kopenhagen 1927
Noether, E., Idealtheorie in Ringbereichen, in: Math. Ann. 83 1921, 24–66
Noether, M., siehe: Brill
Norden, A. P., Elementarnoe vvedenie v geometriju Lobačevskogo, Moskau 1953, dt. Elementare Einführung in die Lobatschewskische Geometrie, Berlin 1958
Novy, L., Origins of Modern Algebra, Leyden 1973
Otte, M. (Hrsg.), Mathematiker über Mathematik, Berlin 1974
Oresme, Der ‚Tractatus de latitudinibus formarum' des Oresme, in: Bibliotheca Mathematica 13 1913, 115–145 (Hrsg., Komm. H. Wieleitner)
Pappos von Alexandrien, Collectiones, 3 Bde. (Hrsg. F. Hultsch) Berlin 1876/1878; fr. La Collection mathématique, 2 Bde. (Hrsg. P. Ver Eecke), Paris 1933
Parent, A., Essais et recherches de mathématique et de physique, 3 Bde., Paris [2]1713
Pascal, B., Œuvres 14 Bde. (Hrsg. L. Brunschvicg), Paris 1904–1914
Pasch, M., Vorlesungen über neuere Geschichte, Leipzig 1882; neu bearbeitet von M. Dehn, Berlin 1926
Patzig, G., Die frühgriechische Philosophie und die moderne Naturwissenschaft, in: Neue Deutsche Hefte 7 1960–1961, 302–315
Patzig, G., Die Aristotelische Syllogistik. Logisch-philologische Untersuchungen über das Buch A der ‚Ersten Analytiken', Göttingen [2]1963
Peano, G., Calcolo geometrico secondo l'Ausdehnungslehre di Grassmann, preceduto dalle operazioni della logica deduttiva, Turin 1888
Perron, O., Nichteuklidische Elementargeometrie der Ebene, Stuttgart 1962
Pestalozzi, J. H., Ausg. Werke (Hrsg. H. Schneider), Leipzig 1930
Petrow, A. S., Einstein-Räume, Berlin 1964
Philip, J. A., Pythagoras and early Pythagoreanism, Toronto 1968
Piaget, J., Der Strukturalismus, Freiburg 1973
Pickert, G., Analytische Geometrie, Leipzig 1953, [6]1967
Pickert, G., Projektive Ebenen, Berlin/Göttingen/Heidelberg 1955
Platon, Sämtliche Werke (Übers. F. Schleiermacher), Hamburg 1957–1959
Pietzker, F., Die Gestaltung des Raumes. Kritische Untersuchung über die Grundlagen der Geometrie, Leipzig 1891
Plücker, J., Ges. wiss. Abhandlungen, 2 Bde. (Hrsg. A. Schoenflies), Leipzig 1895–1896
Pohlke, K., Lehrbuch der darstellenden Geometrie, Berlin [4]1876
Poincaré, H., Œuvres, 11 Bde., (publiées sous les auspices de l'Académie des sciences. . .), Paris 1916–1956

Polya, G., Mathematics of Plausible Reasoning, 2 Bde., Princeton 1954
Poncelet, J. V., Applications d'analyse et de géométrie, qui ont servi de principal fondement au Traité des propriétés projectives des figures, 2 Bde., Paris 1862–1864
Poncelet, J. V., Traité des propriétés projectives des figures, 2 Bde., Paris ²1865
Prag, A., John Wallis, in: Quellen und Studien zur Geschichte der Mathematik, Astronomie und Physik, B 1 1931, 381–412
Proklos Diadochos, In primum Euclidis elementorum commentarii (Übers. L. Schönberger, Hrsg. M. Steck), Halle 1945
Ptolemaios, K., Opera omnia, 3 Bde. (J. L. Heiberg u.a.), Leipzig 1898–1952
Putnam, H., An Examination of Grünbaum's Philosophy of Geometry, in: B. Baumrin (Hrsg.), Philosophy of Science II, New York 1963, 205–255
Quine, W. V. O., Word and Object, Cambridge Mass. 1960
Quine, W. V. O., Ontological Relativity and Other Essays, New York/London 1969, ²1971; dt. Ontologische Relativität und andere Schriften, Stuttgart 1975
Quine, W. V. O., The Roots of Reference, La Salle Ill. 1974; dt. Die Wurzeln der Referenz, Frankfurt 1976
Redei, L., Begründung der euklidischen und nicht-euklidischen Geometrie nach F. Klein, Budapest 1965
Reich, K., Die Geschichte der Differentialgeometrie von Gauß bis Riemann (1828–1868), in: Arch. His. Ex. Sci. 11 1973, 273–382
Reichenbach, H., Philosophie der Raum-Zeit-Lehre, in: ders., Gesammelte Werke Bd. 2 (Hrsg. A. Kamlah/M. Reichenbach), Braunschweig 1977
Reidemeister, K., Anschauung als Erkenntnisquelle, in: Zeitschrift f. Philos. Forsch. 1 1946, 197–210
Reidemeister, K., Raum und Zahl, Berlin/Göttingen/Heidelberg 1957
Reidemeister, K., Das exakte Denken der Griechen, Hamburg 1949
Reidemeister, K., Vorlesungen über Grundlagen der Geometrie, Berlin 1930, repr. Berlin/Heidelberg/New York 1968
Remmert, R./Grauert, H., Steinsche Räume, Göttingen 1969
Remmert, R., siehe Grauert
Rhind Mathematical Papyrus (Hrsg. A. B. Chase/L. S. Bull/H. P. Manning/R. C. Archibald) 2 Bde. New York 1927–1929
Ricci, G./Levi-Civitat, T., Méthode de calcul différentiel absolu, in: Math. Ann. 54 1901, 125–201
Riemann, G. F. B., Ges. mathem. Werke u. wissensch. Nachlaß (Hrsg. R. Dedekind/H. Weber; Hrsg. der Nachträge M. Noether/W. Wirtinger), Leipzig ²1892, repr. New York 1953
Roberval, G. P. de, Divers ouvrages, in: Mémoires de l'Académie Royale des Sciences depuis 1666 jusqu'à 1699, Bd. 6, Paris 1730, 1–478
Russell, B., An Essay on the Foundations of Geometry, Cambridge 1897
Russell, B., Sur les axiomes de la géométrie, in: Revue de Métaphysique et de Morale 7 1899, 684 ff.
Saccheri, G., Euclides ab omni naevo vindicatus: sive conatus geometricus quo stabiliuntur prima ipsa universae Geometriae Principia, Mailand 1733
Sachs, E., Die fünf Platonischen Körper. Zur Geschichte der Mathematik und Elementenlehre, Platon und die Pythagoreer, Berlin 1917
Schafarewitsch, I. R., Grundzüge der algebraischen Geometrie, Braunschweig 1972
Scheffel, W., Aspekte der platonischen Kosmologie, Leiden 1976
Schmithüsen, J., Geschichte der geographischen Wissenschaft von den ersten Anfängen bis zum Ende des 18. Jahrhunderts, Mannheim 1970
Schoenflies, A., Entwicklung der Mengenlehre und ihrer Anwendungen, Leipzig/Berlin ²1913
Schoenflies, A./Dehn, M., Einführung in die analytische Geometrie der Ebene und des Raumes, Berlin ²1931
Scholz, H., Das Vermächtnis der Kantischen Lehre vom Raum und der Zeit, in: Kant-Studien 29, Heft 1/2, 1924, 21–69

Scholz, H./Hasse, H., Die Grundlagenkrise der griechischen Mathematik, in: Kant-Studien 33, 1928, 4–34
Scholz, H., Warum haben die Griechen die Irrationalzahlen nicht aufgebaut? in: Kant-Studien 33 1928, 35–72
Scholz, H., Mathesis Universalis. Abhandlungen zur Philosophie als strenger Wissenschaft (Hrsg. H. Hermes/F. Kambartel/J. Ritter), Basel/Stuttgart 1961
Schulz, D. J., Das Problem der Materie in Platons Timaios, Bonn 1966
Schur, F., Räume konstanten Krümmungsmaßes, in: Math. Ann. 27 1886, 537 ff.
Scott, C. A., On the Intersections of Plane Curves, in: Bull. Amer. Math. Soc. 4 1897–1898, 260–273
Scriba, C. J., Studien zur Mathematik des John Wallis (1616–1703), Wiesbaden 1966
Seidenberg, A., The Ritual Origin of Geometry, in: Archive for History of Exact Sciences 1 1962, 488–527
Serre, J. P., Géométrie algébrique et géométrie analytique, in: Ann. Inst. Fourier 6 1956, 1–42
Smith, D. E., A Source Book in Mathematics, New York 1959
Speiser, A., Theorie der Gruppen von endlicher Ordnung, Basel [4] 1956
Sperner, E., Einführung in die analytische Geometrie und Algebra 2 Bde., Göttingen 1948/1951, 1. Bd. [7] 1969, 2. Bd. [6] 1979
Stäckel, P., C. F. Gauß als Geometer, Leipzig 1918
Stäckel, P., siehe: Engel
Stahl, W. H., The Greek Heliocentric Theory and its Abandonment, in: Transact. Amer. Philol. Ass. 76 1945, 321–332
Stahl, W. H., Ptolemy's Geography. A Select Bibliography, Lincoln 1954
Staudt, K. G. C. von, Geometrie der Lage, Nürnberg 1847
Staudt, K. G. C. von, Beiträge zur Geometrie der Lage, 3 Hefte, Nürnberg 1856/1857/1860
Steele, A. D., Über die Rolle von Zirkel und Lineal in der griechischen Mathematik, in: Quellen und Studien zur Geschichte der Mathematik, Astronomie und Physik, B 3 1934–1936, 287–369
Stegmüller, W., Das Universalienproblem, einst und jetzt, in: Arch. f. Philos. 1956, 192–225
Stegmüller, W., Probleme und Resultate der Wissenschaftstheorie und Analytischen Philosophie, Bd. 2: Theorie und Erfahrung, Berlin/Heidelberg/New York 1973
Steiner, J., Ges. Werke, 2 Bde. (Hrsg. K. Weierstraß), Berlin 1881–1882
Steiner, H. G., Historische Bemerkungen zur vollständigen Induktion und zur Charakterisierung der natürlichen Zahlen, in: Der Mathematikunterricht 13 1967, Heft 3, 81–97
Steiner, H. G., Grundlagen und Aufbau der Geometrie in didaktischer Sicht, Münster [2] 1975
Steiner, H. G., Zur Entwicklungsgeschichte des philosophischen Unterrichts unter besonderer Berücksichtigung der Beziehungen zur Mathematik, in: IDM-Materialien und Studien 12, Bielefeld 1978, 3–57
Steinitz, E., Algebraische Theorie der Körper, in: Crelle's Journal 137 1910, 167–309, neu hrg. H. Hasse/R. Baer, Berlin/Leipzig 1930
Stenzel, J., Zahl und Gestalt bei Plato und Aristoteles, Leipzig/Berlin 1924, [2] 1933
Stirling, J., Lineae tertii ordinis Neutonianae, London 1717, Paris [2] 1797
Stolz, O., Zur Geometrie der Alten, insbesondere über ein Axiom des Archimedes, in: Math. Ann. 22, 1883, 504–519
Ströker, E., Philosophische Untersuchungen zum Raum, Frankfurt 1965
Ströker, E., Wissenschaftsgeschichte als Herausforderung, Frankfurt 1976
Strubecker, K., Differentialgeometrie, 3 Bde., Berlin [2] 1964–1969
Struik, D. J., Abriß der Geschichte der Mathematik, Berlin 1961
Sylvester, J. J., Coll. Mathem. Papers, 4 Bde., Cambridge 1904–1911
Szabó, A. S., Anfänge des Euklidischen Axiomensystems, in: Archive for Exact Sciences 1 1960, 38–106

Szabó, A. S., Anfänge der griechischen Mathematik, München/Wien 1969
Taylor, C., The Geometry of Kepler and Newton, in: Cambridge Philosophical Society, Transactions 18 1900, 197–219
Thiel, C., Grundlagenkrise und Grundlagenstreit. Studie über das normative Fundament der Wissenschaften am Beispiel von Mathematik und Sozialwissenschaft, Meisenheim a. G. 1972
Thompson, D'Arcy W., On Growth and Form, 2 Bde., London 1952
Thomson, J. O., History of Ancient Geography, Cambridge 1948
Thoren, V. E., An Early Instance of Deductive Discovery. Tycho Brahe's Lunar Theory, in: Isis 58 1967, 19–36.
Timerding, H. E., Kant und Gauß, in: Kant-Studien 26 1923, 16–40
Toeplitz, O., Das Verhältnis von Mathematik und Ideenlehre bei Plato, in: Quellen u. Studien der Mathem., Astronomie u. Physik B 1, Berlin 1931, 3–33
Torretti, R., Philosophy of Geometry from Riemann to Poincaré, Dordrecht/Boston/London 1978
Toth, I., Non-Euclidean Geometry before Euclid, in: Scientific American, Nov. 1969, 87–98
Treder, H. J. (Hrsg.), Gravitationstheorie und Äquivalenzprinzip. Lorentz-Gruppe, Einstein-Gruppe und Raumstruktur, Berlin 1971
Unsöld, A., Der neue Kosmos, Heidelberg/New York 1967, [2]1974
van der Waerden, B. L., Einführung in die algebraische Geometrie, Berlin 1939
van der Waerden, B. L., Algebra I. Unter Benutzung von Vorlesungen von E. Artin und E. Noether, Berlin/Heidelberg/New York [7]1966, [8]1971
van der Waerden, B. L., Ontwakende Wetenschap, Groningen 1954, [2]1966; dt. Erwachende Wissenschaft, Basel/Stuttgart 1956, [2]1966
van der Waerden, B. L., Die Astronomie der Pythagoreer, Amsterdam 1951
Varignon, P., Nouvelle formation de spirales, in: Mémoires de l'Académie des Sciences 1704, 69–131
Veblen, O./Young, W., Projective Geometry, 2 Bde., Boston Mass. 1910/1916, repr. New York 1965
Veblen, O., Projektive Relativitätstheorie, Berlin 1933
Veronese, G., Fondamenti di geometria a più dimensioni e a più specie di unità rettilinee, esposti in forma elementare, Padua 1891; dt. Grundzüge der Geometrie von mehreren Dimensionen und mehreren Arten gradliniger Einheiten in elementarer Form entwickelt. Leipzig 1894
Viete, F., Opera mathematica (Hrsg. F. van Schooten), Lugduni batavorum 1646
Vogel, K., Vorgriechische Mathematik I: Vorgeschichte und Ägypten, Hannover/Paderborn 1958
Vuillemin, J., La philosophie de l'algèbre I: Recherches sur quelques concepts et méthodes de l'Algèbre moderne, Paris 1962
Wallis, J., Operum mathematicorum, 2 Bde., Oxford 1656–1657
Wallis, J., Opera mathematica, 3 Bde., Oxford 1693–1699
Weatherburn, C. E., Elementary Vector Analysis, London 1921
Weatherburn, C. E., Differential Geometry of three Dimensions, London 1931
Weaver, J. H., The Duplication Problem, in: Amer. Math. Monthly 23 1916, 106–113
Weber, H./Epstein, P./Jakobsthal, W., Enzyklopädie der Elementar-Mathematik. Bd. 2: Elemente der Geometrie, Leipzig 1915
Weil, A., Foundations of Algebraic Geometry, New York 1946
Weil, A., Courbes algébriques et variétés abéliennes, Paris 1971
Weinberg, S., Gravitation and Cosmologie. Principles and Applications of the General Theory of Relativity, New York 1972
Westman, R. S. (Hrsg.), The Copernican Achievement, Berkeley/Los Angeles/London 1975
Weyl, H., Das Kontinuum. Kritische Untersuchungen über die Grundlagen der Analysis, Leipzig 1918, repr. Leipzig 1932, New York (1960)

Weyl, H., Mathematische Analyse des Raumproblems, Berlin 1923, repr. Darmstadt 1963
Weyl, H., Raum, Zeit, Materie. Vorlesungen über allgemeine Relativitätstheorie, Berlin [5]1923, repr. Darmstadt 1961
Weyl, H., Philosophie der Mathematik und Naturwissenschaft, München/Berlin 1927, München [3]1966 (erw.)
Weyl, H., Theorie der Darstellung kontinuierlicher halbeinfacher Gruppen durch lineare Transformationen, in: Math. Z. 23 1925, 271–309, 24 1926, 328–395, 789–791
Weyl, H., Ges. Abhandlungen 4 Bde. (Hrsg. K. Chandrase Kharan), Berlin/Heidelberg/New York 1968
Whitehead, A. N., The Principle of Relativity, Cambridge 1922
Whittacker, E., From Euclid to Eddington. A Study of Conceptions of the External World, New York 1958
Wheeler, J. A., Geometrodynamics, New York 1962
Wieland, W., Die aristotelische Physik. Untersuchungen über die Grundlegung der Naturwissenschaft und die sprachlichen Bedingungen der Prinzipienforschung bei Aristoteles, Göttingen 1962
Wieleitner, H., Die Geburt der modernen Mathematik. Bd. 1: Analytische Geometrie, Karlsruhe 1924
Wieleitner, H., Über den Funktionsbegriff und die graphische Darstellung bei Oresme, in: Bibliotheca Mathematica 14 1914, 193–243
Wieleitner, H., Zur Frühgeschichte der Räume von mehr als drei Dimensionen, in: Isis 7 1925, 486–489
Whitrow, G. J., Why Physical Space has three Dimensions, in: Brit. J. Philos. Sc. 6 1955/1956, 13–31
Wussing, H., Die Genesis des abstrakten Gruppenbegriffs, Berlin 1969
Zariski, O., Generalized local rings, in: Summa Bras. Math. 1 1946, 169–195.
Zariski, O., An Introduction to the theory of Algebraic Surfaces, Berlin/Heidelberg/New York 1969, [2]1971 (Algebraic Surfaces)
Zeuthen, H. G., Die Lehre von den Kegelschnitten im Altertum, Kopenhagen 1886
Zeuthen, H. G., Geschichte der Mathematik im Altertum und Mittelalter, Kopenhagen 1896
Zeuthen, H. G., Geschichte der Mathematik im 16. und 17. Jahrhundert, Leipzig 1903

# Personenverzeichnis

(ohne Namen, die nur in den Anmerkungen oder im Literaturverzeichnis erscheinen)

## G



## H



## J



## K



## L



## M



## N



## O

## P



## R



## S



## T



## U



## W



## Z

# Sachverzeichnis

## N



## O



## P



## Q



## R



## S



## T